全国高等专科教育机械工程类专业规划教材

数控技术实训

主　编　孙小捞
副主编　邹　武　王　莹　潘旭红
参　编　黄桂琴　段　雷　贾利晓　崔　琦
主　审　梁新合

机械工业出版社

本书在内容选择上，突出实用性，以当前国内外流行的三大数控系统（SIEMENS、FANUC、华中）为主线，兼顾理论与实际操作，重点突出实训操作，列举了大量的实训操作例子，通过这些例子的训练，可以掌握各种数控系统的编程、机床加工参数的选用，提高操作者的实际动手能力。在编写方式上，力求通俗易懂、图文并茂，使学习者容易理解和记忆。章前有导读，数控车削加工实训、数控铣削加工实训、数控加工中心加工实训和计算机辅助编程加工实训等章末附有练习题。

本书可以作为高等专科学校机械和电子类各专业“数控技术实训”课程教材，也可以作为职业大学、业余大学、电视大学及函授大学机械工程类各专业的“数控技术实训”课程教材或教学参考书，同时可供机电工程有关技术人员参考。

图书在版编目（CIP）数据

数控技术实训/孙小捞主编．—北京：机械工业出版社，2007.5（2016.2重印）
全国高等专科教育机械工程类专业规划教材
ISBN 978-7-111-21487-8

Ⅰ．数…　Ⅱ．孙…　Ⅲ．数控机床-高等学校：技术学校-教材
Ⅳ．TG659

中国版本图书馆CIP数据核字（2007）第069283号

机械工业出版社（北京市百万庄大街22号　邮政编码100037）
责任编辑：郑　丹　汪光灿　版式设计：冉晓华
责任校对：陈延翔　　　　　责任印制：李　妍
三河市国英印务有限公司印刷
2016年2月第1版第5次印刷
184mm×260mm·16.25印张·398千字
11001—12900册
标准书号：ISBN 978-7-111-21487-8
定价：35.00元

凡购本书，如有缺页、倒页、脱页，由本社发行部调换

电话服务
社服务中心：（010）88361066
销售一部：（010）68326294
销售二部：（010）88379649
读者购书热线：（010）88379203

网络服务
门户网：http://www.cmpbook.com
教材网：http://www.cmpedu.com

前　言

本书作为全国高等专科教育机械工程类规划教材，是根据“高职高专教育专业人才培养目标及规格”的要求，结合我国当前普通高等专科学校数控技术专业发展的实际情况编写的。

随着科学技术的进步，数控技术也飞速发展。数控技术是现代机械系统、机器人、FMS、CIMS、CAD/CAM等高新技术的基础，是典型的机电一体化高新技术。当前，社会对数控技术人才的需求越来越多，要求也越来越高，而我国数控技术人才的缺口还相当大，加快高素质数控技术人才的培养成为当务之急。《数控技术实训》就是为快速、高质量培养数控技术人才而编写的。

本书在内容选择上，突出实用性，以当前国内外流行的三大数控系统（SIEMENS、FANUC、华中）为主线，兼顾理论与实际操作，重点突出实训操作，列举了大量的实训操作例子，通过这些例子的训练，可以掌握各种数控系统的编程及机床加工参数的选用，提高操作者的实际动手能力。在编写方式上，力求通俗易懂、图文并茂，使学习者容易理解和记忆。章前有导读，数控车削加工实训、数控铣削加工实训、数控加工中心加工实训等章末附有练习题。

本书共分十二章，第一章介绍了数控机床的安全操作守则、实训的目的和方法；第二、三、四章是数控车床的基本介绍、编程和实训操作；第五、六、七章是数控铣床的基本介绍、编程和实训操作；第八、九、十章是数控加工中心的基本介绍、编程和实训操作；第十一、十二章是计算机辅助编程加工介绍和实训操作；最后是附录，介绍一些工艺参数的推荐值。

本书由洛阳理工学院孙小捞任主编，洛阳理工学院邹武、王莹和九江学院潘旭红任副主编。本书编写分工为：第一、十一章第一、二、四、五节 、附录由段雷编写，第十一章第三节由贾利晓编写，第二、三章由黄桂琴编写，第四章由邹武编写，第五章由邹武和崔琦编写，第六、七章由孙小捞和王莹编写，第八章由潘旭红编写，第九章由王莹和潘旭红编写，第十章由孙小捞和潘旭红编写，第十二章由崔琦和贾利晓编写。本书由河南科技大学梁新合高级工程师任主审，他为本书提供了许多宝贵的意见和建议。本书在编写过程中参阅了国内外同行的相关文献资料，得到了许多专家和同行的支持与帮助，在此一并表示衷心的感谢。

本书是作者多年从事数控加工教学与实训工作的总结，但由于水平和经验有限，书中难免存在一些错误和疏忽，敬请读者批评指正。

编　者

2006年12月

目　录

第一章 绪 论

第一节 数控机床安全操作守则

数控机床科技含量高，在操作上比普通机床要复杂得多，必须严格按照操作规程操作，才能保证机床正常运行和人身安全。作为一个熟练的操作人员，必须在了解加工零件的要求、工艺路线、机床特性后，方可操作机床完成各项加工任务。为了保证操作人员正确合理地使用数控机床，保证数控机床的正确运转，必须制定比较完整的数控机床操作规程。

1. 数控机床操作安全规定

1）严格遵守劳动纪律，不迟到，不早退，工作中不打闹，坚守岗位；上班前和工作中不饮酒。

2）进入岗位前必须按规定穿戴好劳动保护用品，进入作业现场不准穿高跟鞋、拖鞋、凉鞋、短裤，不准戴头巾和围巾，不准赤脚、赤膊，不准敞衣工作。

3）认真执行岗位责任制，严格遵守操作规程，集中精力做好本职工作，不做与本职工作无关的事。

4）非本岗操作者、维护使用人员，未经批准不得进入工作现场和触动机床及辅助设备。

5）严格执行交接班制度，交接班记录完整。

6）下班前必须清理现场，切断电源，关闭门窗。

7）实行定期维护和保养制度，保证机床安全运行。

8）一旦发生事故，应立即采取措施防止事故扩大，保护现场，同时报告有关部门。

2. 工件进行加工前的注意事项

1）查看工作现场是否存在可能造成不安全的因素，若存在应及时排除。

2）检查液压系统油标是否正常；检查润滑系统油标是否正常；检查切削液容量是否正常；按规定加好润滑油和切削液；手动润滑的部位先要进行手动润滑。

3）检查工作台上工件是否正确夹紧、可靠。

4）检查刀具是否正确，回转是否正常。

3. 开机安全规定

1）按顺序开机，查看机床是否显示报警信息。

2）机床通电后，检查各开关、按钮和按键是否正常、灵活，机床有无异常现象。

3）各坐标轴手动或自动回参考点。回参考点时要注意，不要和机床上的工件、夹具等发生碰撞。

4）为了使机床达到热平衡状态，一般应使机床运转 15min 以上。

4. 关机安全规定

1）清洁工作台、零件及台面铁屑等杂物，整理工作现场。

2）在手动方式下，将各坐标轴置于相应行程的中间位置。

3）按机床关机顺序关闭机床，断电。

第二节 数控实训的目的及方法

随着 CAD/CAM 一体化技术和局域网技术的普及和应用，目前多数企业在新产品设计开发、工艺过程编制和数控机床程序编制的效率和质量上都得到了明显的提高，企业的技术管理与生产管理已经进入了网络化时代，社会对从事三维产品设计、数控加工高级工程技术人员的需求越来越大，其中数控加工是实践性很强的课程，数控专业的培养方向是应用型人才，数控人才应具备从事零件的数控程序编制与加工、数控设备的操作与维护、数控设备的安装与调试等工作的能力。为了达到上述要求，除了让学生掌握必备的理论知识外，还必须让学生得到相当的实践锻炼，因此，在数控专业教学中必须安排实训教学，对学生的实践能力进行训练。数控实训的目的就是培养德智体全面发展，面向制造行业，从事三维产品设计，数控自动编程、加工，数控设备安装、调试、维修和数控加工技术管理的高级专门人才。

经过数控实训，应达到以下目的：

1）基本掌握三维设计软件及编程软件的使用。

2）掌握数控机床的基本原理和基本操作。

3）具备数控加工中等复杂零件手工编程能力。

4）掌握数控加工工艺的特点，能选择合适的加工方法、加工刀具和工艺参数进行编程加工。

5）了解数控设备一般维修保养常识。

第二章　数控车床简介

数控车床是常用的数控设备之一，主要由车床主体、数控系统、伺服驱动系统、辅助装置几部分组成，这里我们主要了解的是车床结构和功能。车床主要用于回转类和盘类零件的加工，可以完成车外圆、车端面、车螺纹等工艺类型的加工。所用的车刀有外圆车刀、端面车刀、螺纹车刀等不同类型，并可以通过回转刀架实现快速换刀。此外，借助于标准夹具（如三爪自定心卡盘）或专用夹具，不仅可以可靠地保证加工质量，提高生产率，还可以有效地拓展车削加工工艺范围。下面分别从这几方面加以介绍。

第一节　数控车床的机械结构

数控车床的机械结构形式与卧式车床类似，主要由床身、主轴箱、自动转位刀架、进给系统、尾座等部分组成，如图 2-1 所示。由于加入了计算机数控系统，动力源采用了伺服电动机或步进电动机，使得主运动和进给运动系统的机械结构与卧式车床又有所不同，刀架是通过指令实现自动换刀的，除此之外还有一些便于控制的辅助装置。

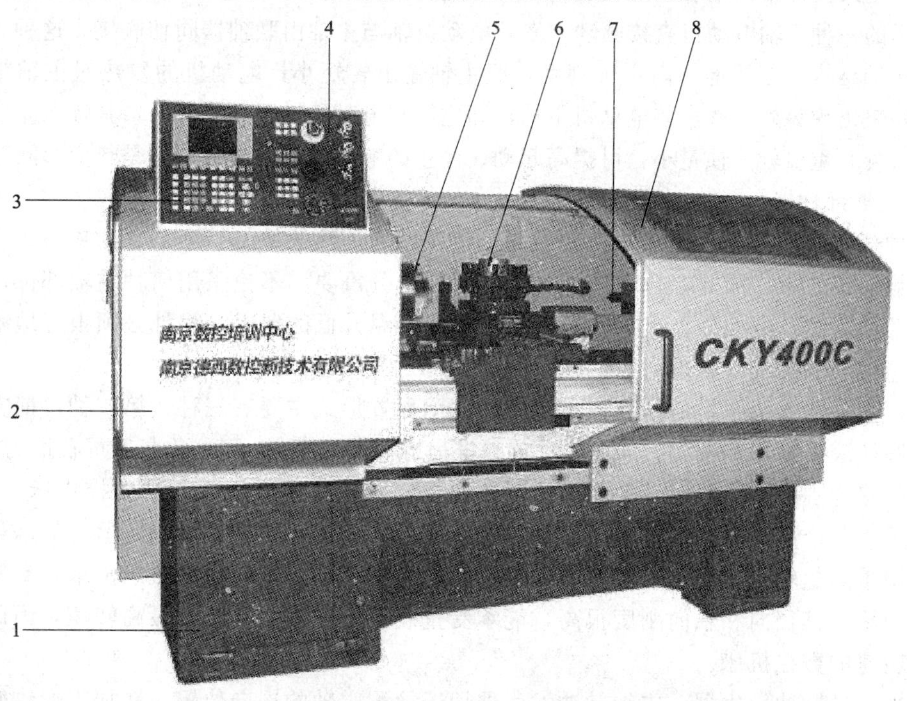

图 2-1　数控车床的组成

1—床身　2—控制柜　3—控制面板　4—机床操作面板　5—主轴　6—转位刀架　7—尾座　8—防护门

一、主传动系统及主轴部件

1. 主传动系统

数控车床的主传动系统提供切削加工所需的主切削运动。由于机床的工艺范围很宽，加工工件的尺寸范围大，因此其主传动系统要求有较大的调速范围和较高的极限转速，以便在各种切削条件下获得最佳切削速度，从而满足加工精度、生产率的要求。所以，现代数控机床的主运动广泛采用无级变速传动，用直流或交流主轴伺服电动机，通过图 2-2 所示的传动方案带动主轴旋转。大中型数控机床采用图 2-2a 方案较多，在主轴箱内增加两对变速齿轮，使主轴转速范围分为高速及低速两种，这种分段无级变速，确保低速时的大转矩，满足机床对转矩特性的要求。对于高速及低速这两种转速的变换，一般采用机械变挡，滑移齿轮常用液压拨叉或电磁离合器来改变其位置。对一些小型的或调速范围不太大的数控车床，常采用图 2-2b 方案，电动机通过定比带传动或齿形带传动驱动主轴旋转，可以避免齿轮传动的噪声与振动。另外，还采用如图 2-2c 所示的一种主轴电动机直接驱动方案，电动机轴与主轴由联轴器同轴联接，这种方案大大简化了主轴结构，有效地提高主轴刚度，但主轴输出转矩小，电动机的发热对主轴精度影响大。近年来出现另外一种内装电动机主轴，即主轴与电动机转子合二为一，其优点是主轴部件结构更紧凑，重量轻，惯量小，可提高起动、停止的响应性能，缺点同样是热变形问题。

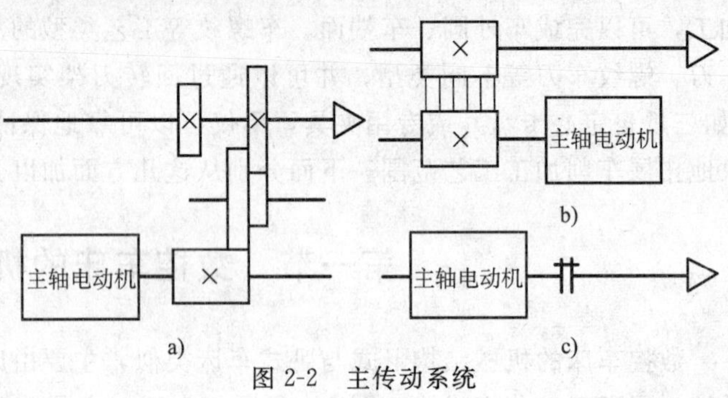

图 2-2　主传动系统

2. 主轴部件

主轴部件是机床的主要部件，它的回转精度影响工件的加工精度，它的功率大小与回转速度影响加工效率，因此，合理选择主轴的部件十分重要。不论采用何种主轴部件，都应当满足传动精度高、刚性好、抗振性好、耐磨性好、温升低的要求，另外必须很好地解决工件的装夹、轴承的配置、轴承间隙调整、润滑和密封等问题。

（1）主轴的支承　目前，数控车床主轴支承配置形式主要有三种，第一种：前支承采用双列短圆柱滚子轴承和 60°角接触双列向心推力球轴承，后支承采用成对向心推力球轴承，此结构的综合刚度高，可以满足强力切削的要求，所以普遍应用于各种数控机床。第二种：前支承采用多个高精度向心推力球轴承，这种配置具有良好的高速性能，但它的承载能力较小，适用于高速轻载和精密数控机床。第三种：前支承采用双列圆锥滚子轴承，后支承为圆锥滚子轴承，其径向和轴向刚度很高，能承受重载荷，但限制了主轴最高转速，因此多运用于中等转速的数控机床。

（2）主轴脉冲发生器　主轴脉冲发生器用于检测主轴的周向位置。在加工螺纹时，数控车床主轴与进给丝杠间虽然没有机械传动联接，但由于安装有与主轴同步回转的脉冲编码器，主轴转一转，脉冲发生器发出多个进给脉冲，这些脉冲信号经数控系统处理，用于控制进给系统的电动机转动，使主轴回转与进给丝杠的回转运动相匹配，以保证车削螺纹时，获得精确的螺纹导程数值，这是实现螺纹切削的必要条件。为了防止乱扣，脉冲编码器在发出计数脉冲的同时，还要发出同步脉冲（每转发一个脉冲，同步脉冲用于对计数脉冲进行校正），以保证每次进给时刀具都从工件同一点切入。脉冲编码器一般不直接安装在主轴上，而是通过一对齿轮或同步齿形带（传动比1∶1）同主轴连接。

二、进给传动系统

1. 对进给系统的要求

进给运动是切削加工的另一个成形运动。由于被加工工件的轮廓精度和位置精度都要受到进给运动的传动精度、灵敏度和稳定性的直接影响，所以要求数控机床进给系统具有传动准确、无间隙、传动效率高、传动灵敏等特点，因此，要求进给传动链间的各环节要满足几点要求：第一，运动件间的摩擦阻力小；第二，消除传动系统中的间隙；第三，传动系统的精度和刚度高。

2. 进给伺服系统的分类

数控车床的进给传动系统一般采用伺服系统驱动。进给伺服系统按其控制方式不同可分为开环控制系统和闭环控制系统。闭环控制方式通常是具有位置反馈的伺服系统。根据位置检测装置所在位置的不同，闭环系统又分为半闭环系统和全闭环系统。半闭环系统具有将位置检测装置装在丝杠端头和装在电动机轴端两种类型。前者把丝杠包括在位置检测环内，后者则完全置机械传动部件于位置检测环之外。全闭环系统的位置检测装置安装在工作台上，机械传动部件整个被包括在位置环之内。开环系统的定位精度比闭环系统低，但它结构简单，造价低廉。由于影响定位精度的机械传动装置的磨损、惯性及间隙的存在，故开环系统的精度和快速性较差。全闭环系统控制精度高，快速性能好，但由于机械传动部件在控制环内，所以系统的动态性能不仅取决于驱动装置的结构和参数，而且还与机械传动部件的刚度、阻尼特性、惯性、间隙和磨损等因素有很大关系，故必须对机电部件的结构参数进行综合考虑才能满足系统的要求，因此全闭环系统对机床的要求比较高，且造价也较昂贵。闭环系统中采用的位置检测装置有脉冲编码器、旋转变压器、感应同步器、磁尺、光栅尺和激光干涉仪等。

3. 进给伺服系统的组成

数控车床的伺服系统一般由驱动控制单元、驱动元件、机械传动部件、执行件和检测反馈环节等组成。驱动控制单元和驱动元件组成伺服驱动系统。机械传动部件和执行元件组成机械传动系统。检测元件与反馈电路组成检测系统。其中机械传动系统又分纵向（Z轴）进给传动系统和横向（X轴）进给传动系统，二者的组成是相同的，都是由伺服电动机（开环控制系统采用步进电动机）带动滚珠丝杠驱动溜板和刀架完成X向和Z向的进给运动，由此可见其传动方式和结构特点与卧式车床截然不同。进给伺服系统中常用的驱动装置是伺服电动机，伺服电动机有直流伺服电动机和交流伺服电动机之分，直流伺服电动机具有良好的宽调速性能，输出转矩大，过载能力强，但由于使用机械换向，很容易磨损而不能正常工作；交流伺服电动机能采用宽调速伺服驱动系统，可以实现较大的进给速度范围，较高的快速移动速度，并且具有可靠性高、基本上不需要维护等特点而被广泛采用。

三、床身和导轨的布局

机床的布局是指根据机床所需成形运动而确定的各部件的位置关系，合理的布局能顺利完成工件和刀具的相对运动，保证加工精度，还要方便操作、调整和维修，并且要求外形美观，结构紧凑。数控车床床身底座是整个机床的基础，是机床的主体，一般用来放置导轨、主轴箱等重要部件。床身的结构对机床的布局有很大的影响，它的结构形式决定了机床的总体布局。

1. 床身

按照床身导轨面与水平面的相对位置，床身有如图 2-3 所示的 5 种布局形式。一般来说，中、小规格的数控车床采用斜床身和平床身斜滑板的居多，只有大型数控车床或小型精密数控车床才采用平床身，立床身采用的较少。平床身工艺性好，易于加工制造，由于刀架水平放置，对提高刀架的运动精度有好处，但床身下部空间小，排屑困难，刀架横滑板较长，加大了机床的宽度尺寸，影响外观。平床身斜滑板结构，再配置上倾斜的导轨防护罩，这样既保持了平床身工艺性好的优点，床身宽度也不会太大。斜床身和平床身斜滑板结构在现代数控车床中被广泛应用，是因为这种布局形式具有以下特点：容易实现机电一体化；机床外形整齐、美观，占地面积小；容易设置封闭式防护装置；容易排屑和安装自动排屑器；从工件上切下的炽热切屑不至于堆积在导轨上影响导轨精度；宜人性好，便于操作；便于安装机械手，实现单机自动化。

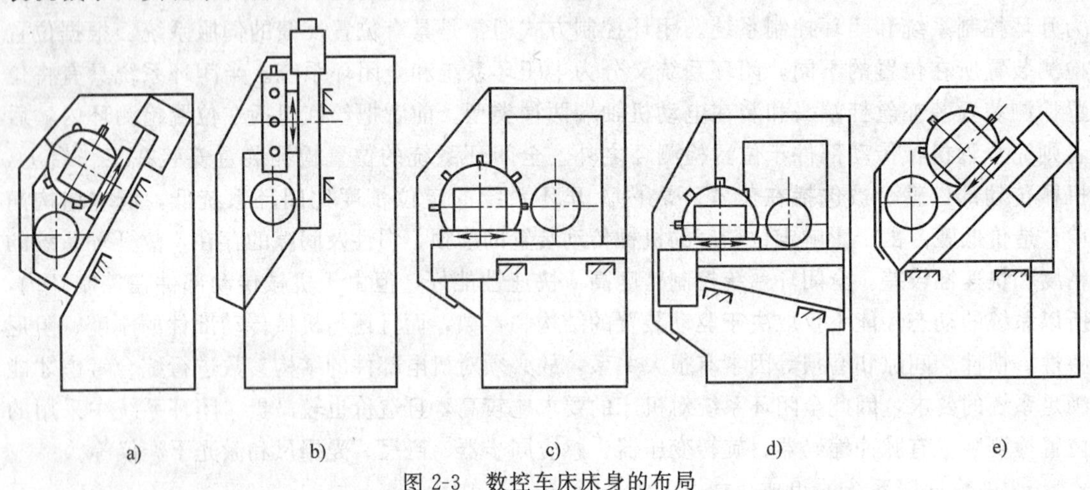

图 2-3 数控车床床身的布局

a) 后斜床身—斜滑板 b) 直立床身—直立滑板 c) 平床身—平滑板 d) 前斜床身—平滑板 e) 平床身—斜滑板

2. 导轨

车床的导轨可分为滑动导轨和滚动导轨两种。

滑动导轨具有结构简单、制造方便、接触刚度大等优点，但传统滑动导轨摩擦阻力大，磨损快，动、静摩擦因数差别大，低速时易产生爬行现象。目前，数控车床已不采用传统滑动导轨，而是采用带有耐磨粘贴带覆盖层的滑动导轨和新型塑料滑动导轨，它们具有摩擦性能良好和使用寿命长等特点。导轨刚度的大小、制造是否简单，能否调整，摩擦损耗是否最小以及能否保持导轨的初始精度，在很大程度上取决于导轨的横截面形状。车床滑动导轨的横截面形状常采用山形截面和矩形截面。山形截面，如图 2-4a 所示，这种截面导轨导向精度高，导轨磨损后靠自重下沉自动补偿，下导轨用凸形有利于排污物，但不易保存油液。矩形截面，如图 2-4b 所示，这种截面导轨制造维修方便，承载能力大，新导轨导向精度高，但磨损后不能自动补偿，需用镶条调节，影响导向精度。

滚动导轨的优点是摩擦因数小，动、静摩擦因数很接近，不会产生爬行现象，可以使用油脂润滑，数控车床导轨的行程一般较长，因此滚动体必须循环，根据滚动体的不同，滚动

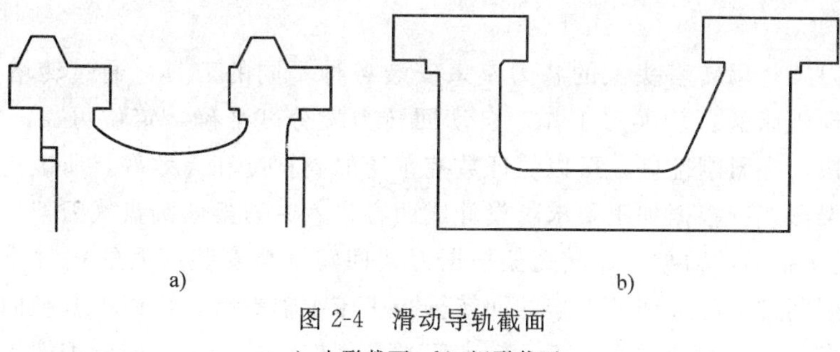

图 2-4　滑动导轨截面

a）山形截面　b）矩形截面

导轨可分为滚珠直线导轨和滚柱直线导轨，如图 2-5 所示。后者的承载能力和刚度都比前者高，但摩擦因数略大。

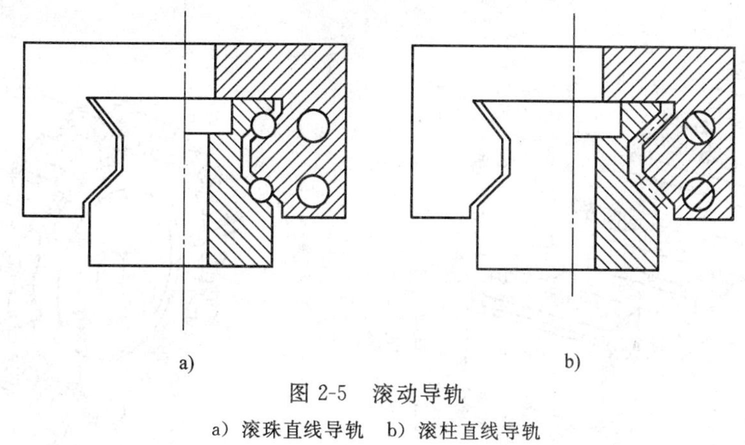

图 2-5　滚动导轨

a）滚珠直线导轨　b）滚柱直线导轨

第二节　数控车床的刀架结构及刀具安装

数控车床的刀架是机床的重要组成部分，是直接完成切削加工的执行部件，刀架在结构上必须具有良好的强度和刚度，以承受粗加工时的切削抗力，所以其结构直接影响机床的切削性能和切削效率。由于切削加工精度在很大程度上取决于刀尖位置，而加工过程中刀尖位置一般不进行人工调整，所以要求数控车床选择可靠的定位方案和合理的定位结构，以保证有较高的重复定位精度。此外，刀架的设计还应满足换刀时间短、结构紧凑和安全可靠等要求。

按换刀方式的不同，数控车床的刀架系统主要有排式刀架、回转刀架等多种形式。不同的刀架，刀具的安装方式也有所不同。随着数控车床的不断发展，刀具结构形式也在不断翻新。

1. 排式刀架

排式刀架一般用于小规格数控车床，以加工棒料或盘类零件为主。它的结构形式为夹持着各种不同用途刀具的刀架沿着机床的 X 坐标轴方向排列在横向滑板上。刀具的典型布置方式如图 2-6 所示。这种刀架在刀具布置和机床调整等方面都较为方便，可以根据具体工件的车削工艺要求，任意组合各种不同用途的刀具，一把刀具完成车削任务后，横向滑板只要按程序沿 X 轴移动预先设定的距离后，第二把刀就到达加工位置，这样就完成了机床的换刀动作。这种换刀方式迅速省时，有利于提高机床的生产效率。

2. 回转刀架

自动回转刀架是用转塔头上的各刀座来安装各种不同的刀具，通过转塔头的旋转、分度、定位来实现机床的自动换刀工作。自动回转刀架分度准确，定位可靠，重复定位精度高，转位速度快，夹紧刚性好，可以保证数控车床的高精度和高效率，所以是数控车床目前普遍采用的刀架形式。根据加工要求可设计成四方、六方刀架或圆盘式刀架，并相应地安装4把、6把或更多把刀的刀架。回转刀架根据刀架回转轴与安装底面的相对位置，分为卧式刀架和立式刀架两种。卧式回转刀架的回转轴与机床主轴平行，可以在其径向与轴向安装刀具，径向刀具多用作外圆及端面加工，轴向刀具多用作内孔加工。回转刀架工位数最多可达20个，但最常用的有8、10、12、14工位四种。全功能数控车床大多数配置8工位或12工位卧式刀架，如图2-7所示。经济型数控车床配置的是4工位立式刀架或6工位立式刀架，如图2-8所示。

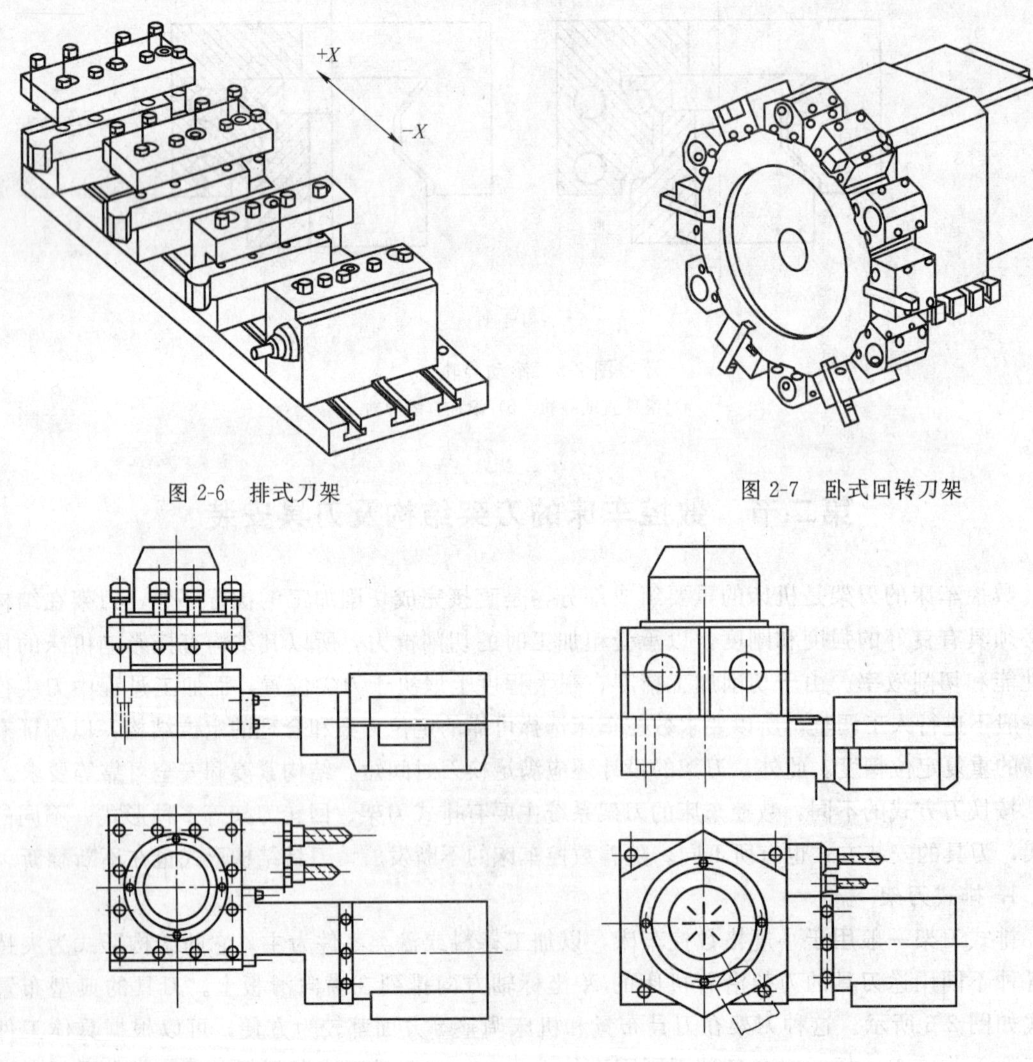

图2-6　排式刀架

图2-7　卧式回转刀架

图2-8　立式回转刀架

a）四方刀架　b）六方刀架

3. 回转刀架的换刀过程

回转刀架按工作原理又分为螺母升降转位式、电磁式和液压式等多种方式，每种回转刀架的换刀过程是相似的。刀架的换刀动作可分为刀架抬起、刀架转位、刀架下降和刀架锁紧等几个步骤，它的动作是由数控系统发出的 M 指令完成的。

第三节　常用刀具和加工工艺范围

一、数控机床上使用刀具的特点

与卧式车床加工方法相比，数控加工对刀具提出了更高的要求，不仅要求安装调整方便，同时需要刚性好，精度高，而且要求尺寸稳定，刀具寿命长，断屑和排屑性能好，以满足数控机床高效率的要求。为了能够实现数控机床上刀具高效、多能、快换和经济的目的，数控机床上的刀具要具备下列特点：

1）刀片和刀具几何参数和切削参数规范化、典型化。

2）刀片或刀具材料及切削参数与被加工工件的材料相匹配。

3）对刀柄的强度、刚性及耐磨性的要求高。

4）对刀柄的转位、重复定位精度的要求高。

5）刀片和刀柄高度的通用化、规则化、系列化。

对于刀具的选择，需从多方面考虑，除工件的材料和工艺要求外，还要考虑刀具的材料、几何形状、大小等因素，所以我们从几个方面对刀具进行分类。

二、刀具的分类

1. 按刀具的材料分类

按制造刀具所采用的材料可以将刀具分为：高速钢刀具、合金刀具、硬质合金可转位刀具和焊接硬质合金刀具。目前，数控机床用得最普遍的刀具是硬质合金刀具。

（1）高速钢刀具　这种刀加工铜件和其他硬度比较低的材料时常用，价格便宜，但易磨损。进口的高速钢刀含有 Co、Mn 等合金，较耐用，精度也高，如 LBK、YG 等。

（2）合金刀具（也称 CAB 刀）刀具是用合金材料制成，耐高温，耐磨损，能加工高硬度材料（如烧焊过的模具），一般厂家都不会大量采用。这种刀因耐高温，所以转速通常会比较高，加工效率及质量都比高速钢刀具要好，但低转速时容易崩刀。

（3）硬质合金可转位刀具　这种刀因刀片是可以更换的，且刀片是合金材料做成的，通常又有涂层，耐用，价格便宜，是加工钢料最好的刀具。刀片有方形、菱形、圆形等，如图 2-9 所示。方形、菱形刀片只能用两个角，而圆形刀片一圈都可以用，更耐用一些，常用的有直径 25×R5、直径 12×R0.4 等几种。还有一种半圆刀片，即球形刀片用于曲面加工，常用的有 R5、R6 等几种。它们适用于可转位外圆车刀、端面车刀、仿形车刀等。这些刀片多采用机械夹固的方式装在刀头上，再与刀柄连接，但对刀柄安装基准面的精度提出了更高的要求。对这些刀具的刀柄和刀头国家都有标准及系列化型号。

（4）焊接硬质合金刀具　焊接硬质合金刀具是指刀体用普通钢材制造，在刀体的前面用焊接的方法将硬质合金刀片焊接而成，其刀具价格便宜，在零件精度要求不高的条件下经常采用。

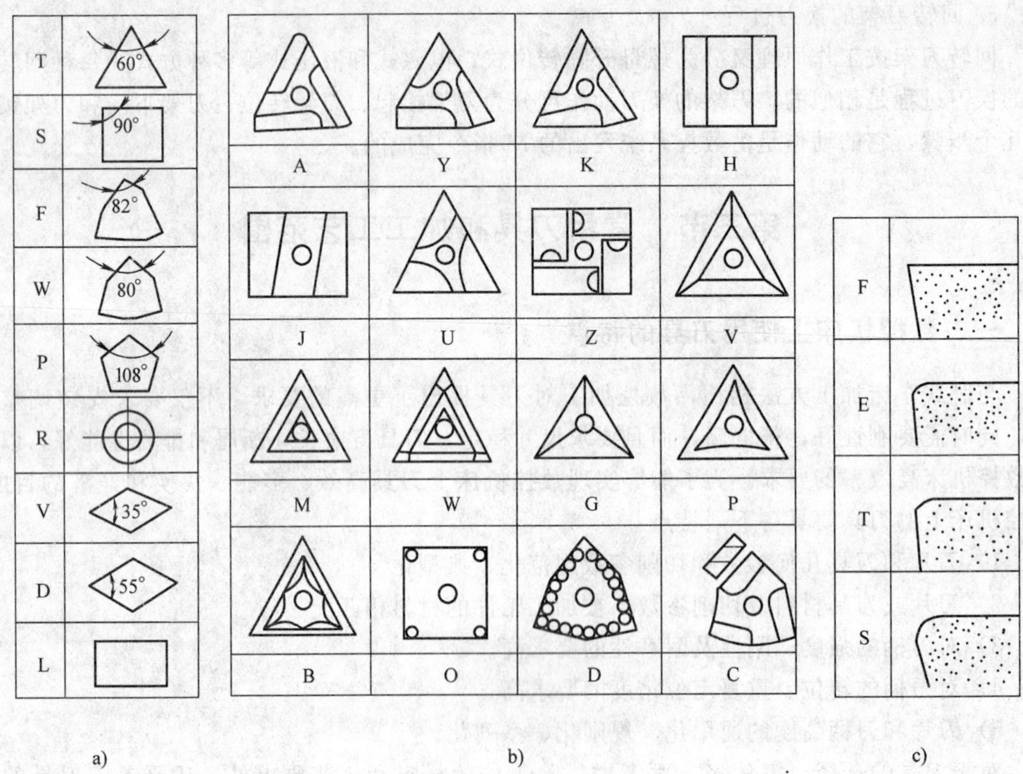

图 2-9 硬质合金可转位刀片

a）刀片形状 b）卷屑槽型 c）刃口形状

2. 按车刀的形状分类

按数控车削常用车刀的形状一般分为尖形车刀、圆弧形车刀以及成形车刀三类。

(1) 尖形车刀 尖形车刀是以直线形切削刃为特征的车刀，这类车刀的刀尖由直线形的主副切削刃构成，如90°内外圆车刀、左右端面车刀、车槽（切断）车刀及刀尖倒角很小的各种外圆和内孔车刀。尖形车刀几何参数（主要是几何角度）的选择方法与普通车削时基本相同，应结合工件的特点（如加工路线、加工干涉等）进行全面的考虑，并应兼顾刀尖本身的强度。

(2) 圆弧形车刀 圆弧形车刀是以圆弧形切削刃为特征的车刀，该车刀圆弧刃每一点都是圆弧形车刀的刀尖，因此，刀位点不在圆弧上而在该圆弧的圆心。圆弧形车刀可以用于车削内外表面，特别适合于车削各种光滑连接（凹形）的成形面。选择车刀圆弧半径时应考虑两点：一是车刀切削刃的圆弧半径应小于或等于零件凹形轮廓上的最小曲率半径，以免发生加工干涉；二是该半径不宜选择太小，否则不但制造困难，还会因刀尖强度太弱或刀体散热能力差而导致车刀损坏。

(3) 成形车刀 成形车刀也称样板车刀，其加工零件的轮廓形状完全由车刀刀刃的形状和尺寸决定。在数控车削加工中，常见的成形车刀有小半径圆弧车刀、非矩形车槽刀和螺纹刀等。在数控加工中，应尽量少用或不用成形车刀。

3. 按加工工艺的种类分类

按加工工艺的种类来分有车刀、钻头、镗刀或粗加工刀、半精加工刀、精加工刀和超精加工刀等。数控车床上常用的刀具如图 2-10 所示。

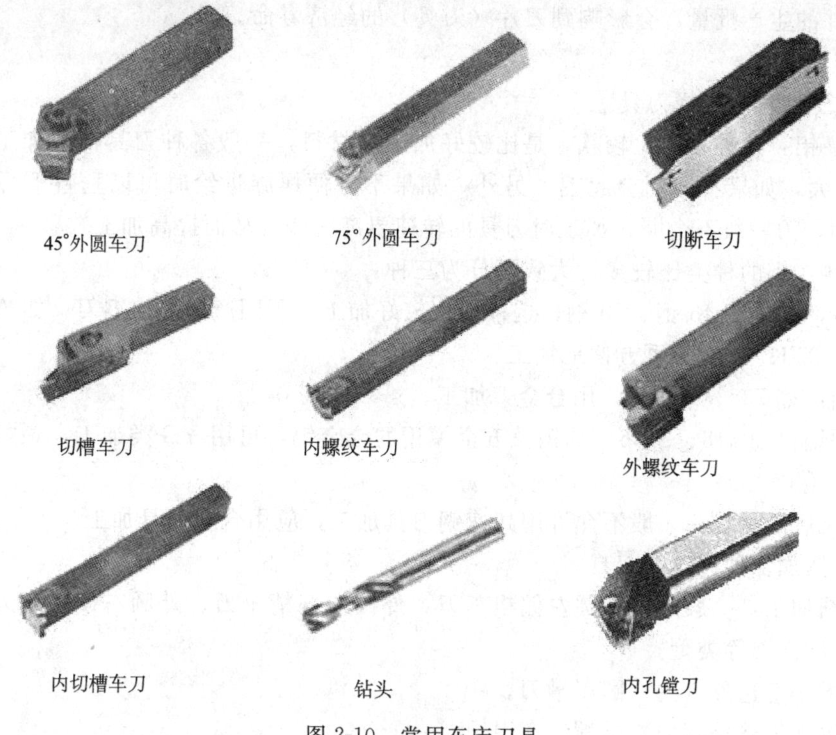

图 2-10　常用车床刀具

数控机床上使用的刀具材料主要是各类硬质合金；从应用刀具的结构方面看，数控机床主要采用机夹可转位刀片的刀具，但是对不同的加工工艺，需要具体对待。另外，在数控车床或车削加工中心上车削零件时，应根据车床的刀架结构和可以安装刀具的数量，合理、科学地安排刀具在刀架上的位置，并注意避免刀具在静止和工作时刀具与机床、刀具与工件以及刀具相互之间的干涉现象。

三、刀具的选用

1. 选择刀具需考虑的因素

刀具的选择是数控加工工艺中重要内容之一。选择刀具通常要考虑机床的加工能力、工序内容、工件材料等因素。还要根据零件的材料种类、硬度以及加工表面粗糙度值要求和加工余量等已知条件来决定刀片的几何结构（如刀尖、圆角）、进给量、切削速度和刀片牌号。归纳起来应该考虑的要素有以下几点。

1）工件材料的类别：有色金属（铜、铝、钛及其合金）；黑色金属（碳钢、低合金钢、工具钢、不锈钢、耐热钢等）；复合材料；塑料类等。

2）工件材料性能的状况：包括硬度、韧性、组织状态等（铸、锻、轧、粉末冶金）。

3）切削工艺的类别，如车、钻、镗、粗加工、精加工、超精加工、内孔、外圆等。

4）工件的几何形状（连续切削或间断切削、刀具的切入或退出角度）、精度（尺寸公差、形位公差、表面粗糙度）、加工余量等因素。

5）要求刀片（刀具）能承受的切削用量，包括背吃刀量、进给量、切削速度等。

6）生产现场的条件（操作间断时间、振动、电力波动或突然中断）。

7）工件的生产批量，会影响到刀片（刀具）的经济寿命。

2. 刀具的选用

（1）按工件材料选择刀具

1）铜、铝：这种材料比较软，是比较好加工的材料，一般各种刀具都能加工。铜虽较软，但韧性大，如果不锋利会起毛。另外，如果不方便螺旋进给时可以垂直下刀（进给量 $f<0.5$mm），刀一般不会断，加工时刀具的转速要高一些，从而提高加工效率。

2）钢料：钢的种类比较多，大致可分为三种：

● 软钢，如国产 45 钢、50 钢，这种料比较好加工，用国产的高速钢刀，如 AIA；进口的如 LBK、STK、YG 等可方便地加工。

● 硬钢：如 738、p20 等，用合金刀加工。

● 很硬钢：如 718、S136、油钢及五金模用的合金钢，可用 YG 类加工，最好用合金刀具加工。

3）淬火后的材料。一般不允许用高速钢刀具加工，应用合金刀具加工。

（2）根据加工种类选择刀具

1）外圆加工，一般选用外圆左偏粗车刀、外圆左偏精车刀、外圆右偏粗车刀、外圆右偏精车刀、端面刀等类型。

2）挖槽一般选外（内）圆车槽刀。

3）螺纹加工选外（内）圆螺纹车刀。

4）内孔加工主要选择麻花钻、粗镗孔刀和精镗孔刀、扩孔钻、铰刀。

（3）选择刀具的大小

1）尽可能选择大的刀具，因为刀具大则刚性高，刀具不易断，可以采用大的切削用量，提高加工效率。加工质量有保证。

2）根据加工的背吃刀量选择刀具，背吃刀量越大，刀具越大。

3）根据工件大小选刀具，工件大的选大刀具，反之选取小刀具。

上面所述只是一般情况下的选择，具体加工时情况千变万化，要根据工件材料的硬度、要求精度及刀具情况具体选择。此外，对所选择的刀具，在使用前都需对刀具尺寸进行严格的测量以获得精确数据，并由操作者将这些数据输入控制系统，经程序调用而完成加工过程，从而加工出合格的工件。

第四节　数控车床的辅助装置

数控机床除数控装置和机床本体以外，辅助装置主要有：气、液压系统；冷却系统；润滑系统；排屑和工件整理系统。

一、气、液压系统

（1）液压系统　现代数控机床在实现整机的全自动化控制过程中，除数控系统外，还需配备液压和气动装置来辅助实现整机的自动运行功能。液压系统在数控车床上可用于主轴分段无级变速、液压驱动的回转刀架的换刀和尾座夹紧工件等辅助动作。液压传动装置由于使用工作压力高的油性介质，机械结构更紧凑，动作平稳可靠，易于调节，噪声较小，但要配置液压泵和油箱。一个完整的液压系统是由能源部分、执行机构部分、控制部分、辅助部分等组成。液压系统中，各种控制阀可采用分散布局、就近安装的原则，分别装在数控机床的有关零部件上，电磁阀上标有序号号码，便于用户维修。为减少液压系统的发热，液压泵采用变量泵。油箱内安装的过滤器，应定期用汽油或超声波振动清洗。

（2）气压系统　气动装置的气源容易获得，机床可以不必再单独配置动力源，装置结构简单，工作介质不污染环境，工作速度快，动作频率高，适合于完成频繁起动的辅助工作，过载时比较安全，不易发生过载损坏机件等事故，所以通常用气动夹具来实现自动夹紧工件。

二、润滑与冷却系统

数控机床的润滑系统常采用电动间歇润滑泵自动润滑，需要润滑的部位有各动静导轨间、滚珠丝杠与丝杠副间和主轴支撑与主轴间等多处。

数控机床的冷却系统主要是为了冷却刀具与工件，同时起冲屑作用。冷却泵打出的切削液经主轴前端的喷嘴喷向工件，对刀具和工件起冷却、冲屑作用。冷却泵的起、停由数控程序指令予以控制。

三、排屑和工件整理装置

为了数控机床的自动切削加工顺利进行和减少切屑发热的影响，数控机床应具有合适的排屑装置。在数控车床的切屑中往往混合着切削液，排屑装置应从其中分离出切屑，并将它们送入切屑收集箱内；而切削液则被回收到切削液箱。排屑装置是一种具有独立功能的附件，我国专业工厂近几年来已研制和生产多种排屑装置。数控机床排屑装置的结构和工作形式应根据机床的种类、规格、加工工艺特点，工件的材质和使用的切削液种类等来选择。

当批量自动加工时，例如棒料自动上料的数控车床应有工件整理装置，以便将工件与切屑分离。

第三章　数控车削加工常用数控系统简介及编程

本章把现在国内使用较多的三种数控车床系统 SIEMENS、FANUC 和华中数控系统加以介绍，通过学习，应掌握三种数控系统的编程要点。要注意的是，在进行数控车削加工编程与操作时，不同厂家的数控系统，其数控指令的功能不完全相同，操作方法也不一样。

第一节　FANUC 0i—T 数控系统简介

FANUC Series 0 系列 CNC 是日本 FANUC 公司在 20 世纪 80 年代中期推出的，具有较高可靠性和性能价格比的 CNC 产品。它的特点是体积小，价格低，多用于小型数控机床。FANUC Series 0 系列 CNC 有多种规格，FANUC 0i—T 是其中的一种，它属于 0T 系列，主要用于车削加工。

一、FANUC 0i—T 数控系统操作面板

FANUC 0i—T 数控系统操作面板如图 3-1 所示。

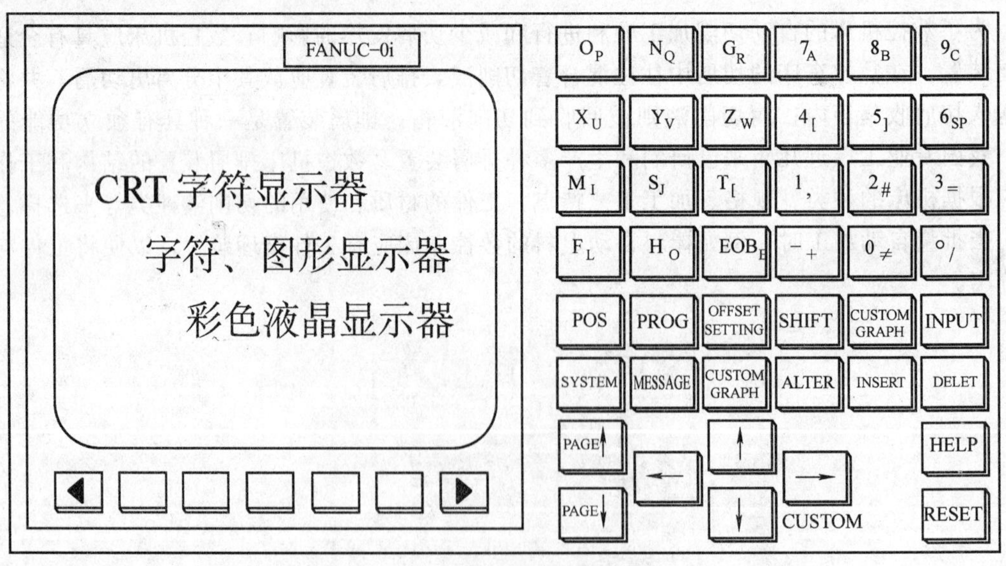

图 3-1　数控系统操作面板

该系统的数控操作面板键盘包括下面具体功能：

(1) 地址/数字键

- 数字键：0～9；
- 字母键：A～Z；
- 运算符号：“＋”、“－”、“＊”、“/”、“＝” 等；
- 特殊字符：“.”、“,”、“［”、“］”、“♯”、“SP” 和 “EOB” 等。

(2) 功能键，功能键涵盖了 FANUC 系统的几大类功能，各功能键说明如下：

● POS：位置屏幕调用键，调用机床当前位置、速度、监控等显示信息。

● PROG：程序屏幕调用键，显示、编辑、检查程序，显示文件目录、任务单操作等。

● OFFSET/SETTING：补偿/设定屏幕调用键，进行刀具补偿、刀具寿命管理，修改基本环境、工件坐标系、用户宏变量等。

● SYSTEM：系统屏幕调用键，访问参数系统、诊断系统，进行 PMC 程序监控，波形诊断，设定螺距误差补偿等。

● MESSAGE：信息屏幕调用键，查询报警信息、报警历史信息、操作信息等。

● GRAPH：图形屏幕调用键，刀具轨迹图形编辑。

以上功能键屏幕的具体内容都有丰富的软键盘菜单命令，使用方法请查阅相关说明书。

(3) 编辑键

● ALTER：修改键，修改当前光标位置的命令和数据。

● INSERT：插入键，把命令插入到当前光标位置。

● DELETE：删除键，删除当前光标位置的命令或数据。

(4) 其他

● RESET：复位键，复位 CNC，清除报警，光标回程序初始位置等。

● HELP：帮助键，帮助屏幕调用键，查询报警、操作、参数等的帮助信息。

● SHIFT：上档键，用于输入同一键钮上有两个符号的顶部字符。

● INPUT：输入键，编辑输入确认。

● CAN：清除键，删除当前光标位置的前一个字符。

● ←↑→↓：光标移动键，移动光标位置。

● PAGE↑、PAGE↓：分别向上和向下翻页。

二、FANUC 0i—T 数控系统工作方式

FANUC 0i—T 数控系统有以下几种工作方式，由操作方式的开关控制。

1) 编辑 (EDIT)：在该方式下编辑零件加工程序。

2) 自动 (MEM 或 AUTO)：用存储在 CNC 内存中的零件程序连续运行机床加工零件。

3) MDI：该方式可用于自动加工，也可用于数据（参数、刀偏量、坐标系等）的输入。

4) 手动 (JOG)：用手按住机床操作面板上的各轴各方向按钮使所选轴向该方向连续地移动。可用倍率旋钮改变速率。

5) 手轮：用手轮（手摇脉冲发生器）手动调整机床的位置。

6) 快速：快速进给方式。

7) 回零 (REF 或 ZRN)：手动返回参考点方式。

8) DNC：联机通信、计算机直接加工控制方式。

第二节　SIEMENS SINUMERIK 802S 数控系统简介

德国 SIEMENS 公司是生产数控系统的著名厂商之一。产品系列有 SINUMERIK 3、8、810/820、850/880、840/810 和 802 等系列。

SIEMENS SINUMERIK 802S 是 20 世纪 90 年代中后期推出的经济型 CNC 控制系统，它集成了所有的 CNC、PLC、HMI 和 I/O 于一身，其特性如下：

1）结构紧凑，高度集成于一体的数控单元、CNC 操作面板、机床控制面板和输入输出单元。

2）机床调试配置数据少，系统与机床匹配更快速、更容易。

3）简单而友好的编程界面，保证了生产的快速进行，优化了机床的使用。

4）操作面板提供了所有的数控操作、编程和机床控制动作的按键以及 8inLCD 显示器，同时还提供 12 个带有 LED 的用户自定义键。工作方式选择（6 种）、进给速度修调、主轴速度修调、数控起动与数控停止、系统复位均采用按键形式进行操作。

5）SIEMENS SINUMERIK 802S 提供脉冲及方向信号的步进驱动接口，采用开环步进电动机驱动。

6）SIEMENS SINUMERIK 802S 可控制 3 个进给轴和 1 个主轴。除三个进给轴外，SINUMERIK 802S 提供一个±10V 的接口用于连接主轴驱动。

7）SIEMENS SINUMERIK 802S 控制软件已经存储在数控部分的 Flash-EPROM（闪存）上，Toolbox 软件工具（调整所用的软件工具）包含在标准的供货范围内。系统不再需要电池，免维护设计。采用电容防止掉电引起的数据丢失。

一、SIEMENS SINUMERIK 802S 操作面板

SIEMENS SINUMERIK 802S 超薄操作面板如图 3-2 所示。

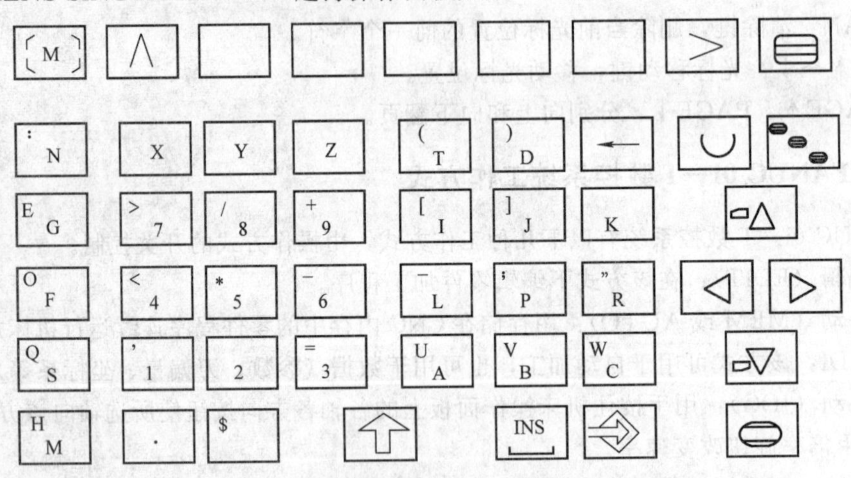

图 3-2　SINUMERIK 802S 操作面板

该系统的键盘包括下面具体内容：

键	名称	键	名称
	软菜单键		垂直菜单键
M	加工显示		报警应答器
Λ	返回键		选择/转换键
>	菜单扩展键		回车/输入键
	区域转换键		上档键

光标向上键 上档：向上翻页　　光标向下键/上档：向下翻页

光标向左键　　光标向右键

删除键（退格键）　　空格/插入键

数字键（上档符号键）　　字母键（上档字符键）

二、主菜单及菜单树

主菜单及菜单树如图 3-3 所示。

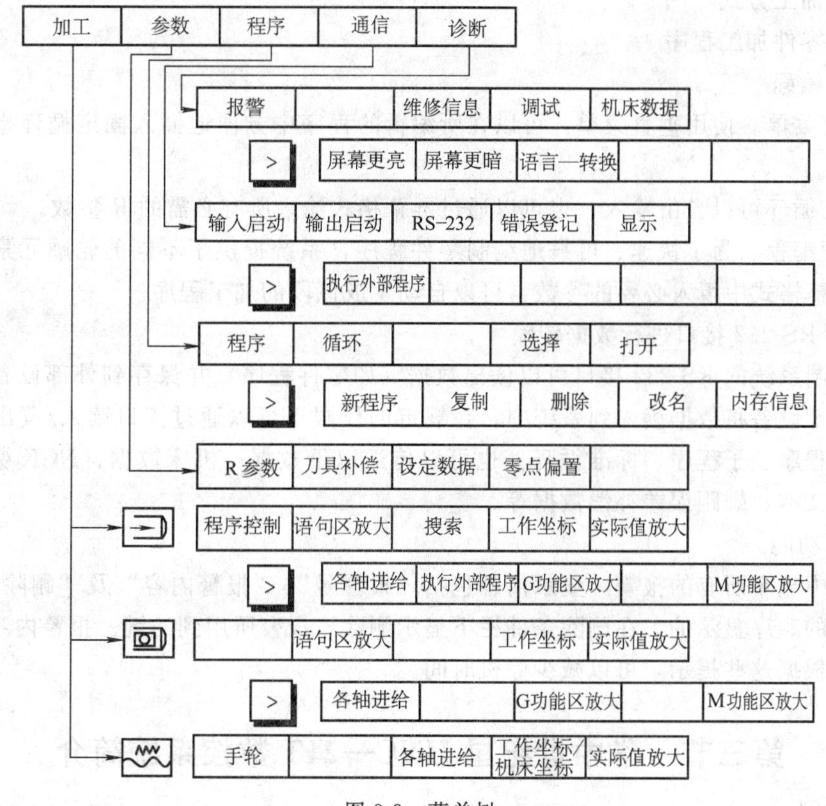

图 3-3　菜单树

三、SIEMENS SINUMERIK 802S 数控系统的主要控制功能

1. 回参考点

系统在进行自动加工之前必须回参考点。

2. 参数设定

在 CNC 加工工件之前，必须通过参数的输入和修改，对机床、刀具进行调整，具体调整内容有：

1）输入刀具参数及刀具补偿参数。刀具参数包括刀具几何参数、磨损量参数和刀具型号参数。不同类型的刀具均有一个确定的参数数量。每把刀具有一个刀具号（T 号）。

2）输入和修改零点偏置值。

3）编程设定数据。

4）R 参数的设定，“R 参数”的窗口中列出了系统中所用到的所有“R 参数”，需要时可以修改这些参数。一般用于子程序。

3. 手动运行方式操作

手动控制运行指 JOG 方式和 MDA 运行方式。在 JOG 运行方式中可以点动坐标轴运行，还可以选择手轮，手轮的作用与手动方式的作用相同，即用手轮控制各坐标轴的移动。在 MDA 运行方式下可以编制一个零件程序段加以执行，但不能加工由多个程序段描述的轮廓（如倒圆或倒角等）。

4. 自动加工方式

5. 编辑零件加工程序

6. 辅助编程

1）垂直菜单。使用垂直菜单，可以在所编辑的程序中方便地插入固定循环指令和三角函数。

2）加工循环可以自由输入，也可以通过屏幕格式输入所有必需的 R 参数。

3）轮廓编程。为了快速、可靠地编制零件程序，系统提供了不同的轮廓元素。编程时只需要在屏幕格式中填入必要的参数，可以自动生成该段的加工程序。

7. 通过 RS-232 接口进行数据传输

通过控制系统的 RS-232 接口可以读出数据（如零件程序）并保存到外部设备中，同样也可以从外部设备将数据读入到系统中。在规定的权限下可以通过接口读入/读出相应的文件有：零件程序、子程序、标准循环。也可以传送以下数据：机床数据、NCK 数据、PLC 数据、报警文本、螺距误差补偿数据等。

8. 诊断功能

在窗口中显示所有的报警，显示内容包括“报警号”、“报警内容”及“删除条件”。报警是按时间的顺序显示的。在删除条件栏下显示删除该报警所用到的键。报警内容栏下显示报警文本。根据这些提示，可以减少停机时间。

第三节　华中世纪星 HNC—21T 数控系统简介

华中世纪星 HNC—21T 是一基于 PC 的车床 CNC 数控装置，是武汉华中数控股份有限公司在国家“八五”、“九五”科技攻关重大科技成果——华中Ⅰ型（HNC—1T）高性能数控装置的基础上，为满足市场要求开发的高性能经济型数控装置，性能价格比较高。HNC—21T 采用彩色 LCD 液晶显示器，内装式 PLC，可与多种伺服驱动单元配套使用，具有开放性好、结构紧凑、集成度高、可靠性好、性能价格比高、操作维护方便的特点。后来对世纪星 HNC—21/22 进行精简，出现世纪星 HNC—18i/19i，基本保留了世纪星 HNC—21/22 的全部指令和功能，主要区别是显示屏的尺寸和控制轴数。华中—2000 型数控系统（HNC—2000）是在华中Ⅰ型（HNC—1）高性能数控系统的基础上开发的高档数控系统。

本节主要介绍 HNC—21T 数控系统的技术规格、操作台构成及软件界面的组成。

一、主要技术规格

- 最大控制轴数 4 轴，最大联动轴数 4 轴，主轴数为 1 个。
- 最大编程尺寸 99999.999mm。
- 最小设定单位 0.001mm。
- 直线圆弧螺纹插补。
- 小线段连续高速插补。
- 用户宏程序简单循环复合循环。
- 直径/半径编程。
- 自动加减速控制（S 曲线）。
- 加速度平滑控制。
- MDI 功能。
- M、S、T 功能。
- 故障诊断与报警。
- 字操作界面。
- 屏幕程序在线编辑与校验功能。
- 参考点返回。
- 工件坐标系 G54～G59。
- 加工轨迹彩色图形仿真加工过程实时图形显示。
- 加工断点保护/恢复功能。
- 轴向螺距补偿（最多 5000 点）。
- 反向间隙补偿。
- 刀具偏置与磨损补偿刀具几何补偿刀尖半径补偿。
- 主轴转速及进给速度倍率控制。
- CNC 通信功能 RS-232。
- 网络功能支持 NT、Novell、Internet 网络。
- 支持 DIN/ISO 标准 G 代码零件程序容量硬盘网络。
- 不需 DNC，最大可直接执行 2GB 的程序。
- 内部二级电子齿轮。
- 内部已提供标准 PLC 程序也可按要求自行编制 PLC 程序。

二、世纪星 HNC—21T 操作台结构

世纪星 HNC—21T 车床数控装置操作台为标准固定结构，共由显示器、NC 键盘和机床控制面板 MCP 三部分组成，如图 3-4 所示。操作台的左上部为 7.5in 彩色液晶显示器，用于汉字菜单系统状态故障报警的显示和加工轨迹的图形仿真。NC 键盘包括精简型 MDI 键盘和 F1～F10 十个功能键。标准化的字母数字式 MDI 键盘介于显示器右边，急停按钮之间，其中的大部分键具有上档键功能，当 Upper 键有效时指示灯亮输入的是上档键，F1～F10 十个功能键位于显示器的正下方，NC 键盘用于零件程序的编制参数输入 MDI 及系统管理操作等。标准机床控制面板的大部分按键除急停按钮外位于操作台的下部，急停按钮位于

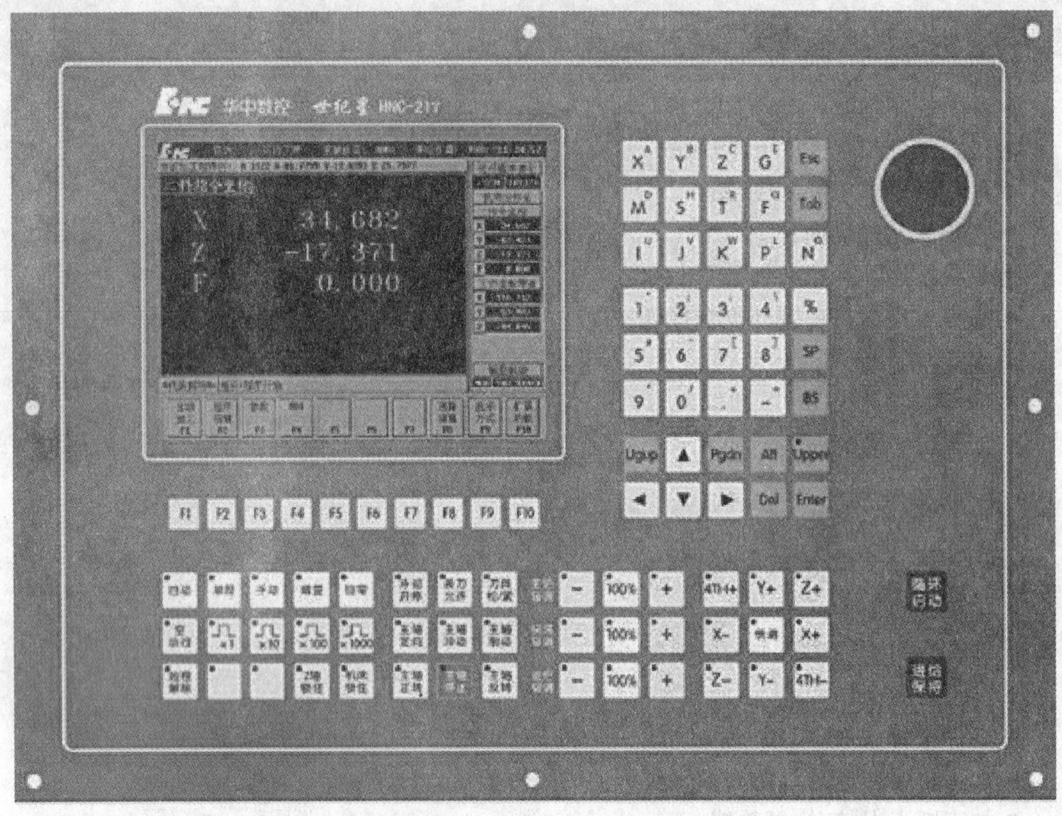

图 3-4　华中世纪星车床数控装置操作台

操作台的右上角，机床控制面板用于直接控制机床的动作或加工过程控制。

三、软件操作界面

1. 界面的组成

HNC—21T 的软件操作界面如图 3-5 所示。其界面由如下几个部分组成：

(1) 图形显示窗口　可以根据需要用功能键 F9 设置窗口的显示内容。

(2) 菜单命令条　通过菜单命令条中的功能键 F1～F10 来完成系统功能的操作。

(3) 运行程序索引　它包括自动加工中的程序名和当前程序段行号。

(4) 选定坐标系下的坐标值　坐标系可在机床坐标系/工件坐标系/相对坐标系之间切换，显示值可在指令位置/实际位置/剩余进给/跟踪误差/负载电流/补偿值之间切换。

(5) 工件坐标零点　工件坐标系零点在机床坐标系下的坐标。

(6) 倍率修调　包括主轴转速修调、进给速度修调和快速修调。

(7) 辅助机能　自动加工中的 MST 代码。

(8) 当前加工程序行　当前正在或将要加工的程序段。

(9) 当前加工方式、系统运行状态及当前时间　系统工作方式根据机床控制面板上相应按键的状态决定，可在自动、单段、手动、增量、回零、急停、复位等之间切换。系统工作状态在运行正常和出错间切换。系统时钟显示当前系统时间。

操作界面中最重要的一块是菜单命令条，系统功能的操作主要通过菜单命令条中的功能

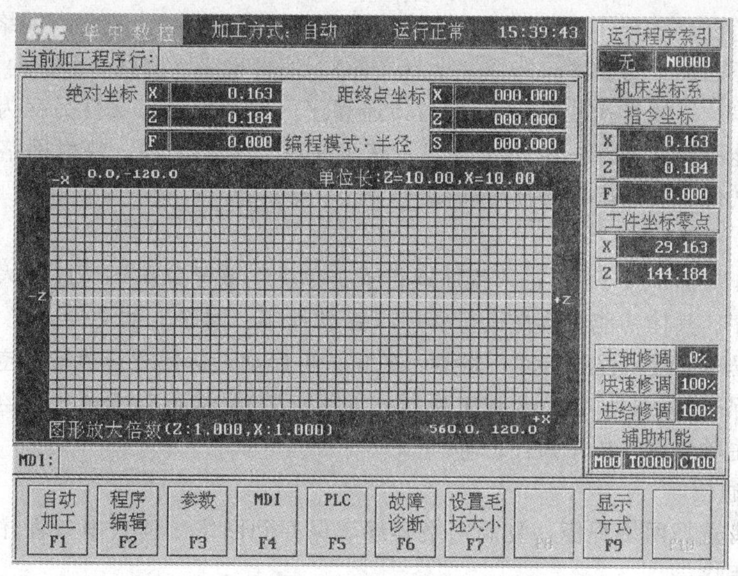

图 3-5　HNC—21T 的软件操作界面

键 F1～F10 来完成，由于每个功能包括不同的操作菜单，采用层次结构，即在主菜单下选择一个菜单项后数控装置会显示该功能下的子菜单，用户可根据该子菜单的内容选择所需的操作，如图 3-6 所示。

2. 世纪星 HNC—21T 的菜单结构

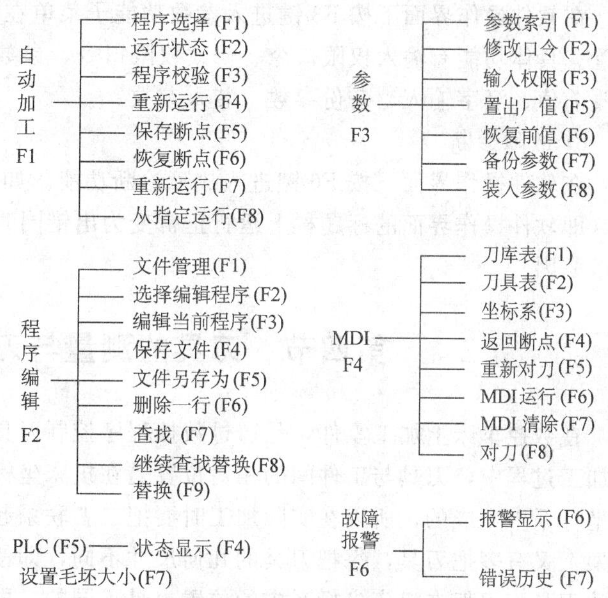

图 3-6　功能菜单结构

四、华中世纪星 HNC—21T 数控系统的主要控制功能

1. 机床手动操作

机床手动操作主要包括移动机床坐标轴（点动进给、点动快速移动、点动进给速度选择、增量、手摇），控制主轴（正转、反转、停止、点动、速度修调），机床锁住，刀位转换，卡盘松紧，切削液开关，数据输入（MDI）运行等内容。机床手动操作主要由机床控制面板上的相应键完成。

2. 数据设置

数据设置的内容主要包括坐标系数据设置、刀库数据设置、刀具数据设置。数据设置的操作是在该软件操作界面下按 F4 键进入 MDI 功能子菜单后，在相应的子菜单下采用手动数据输（MDI）方式输入相应的数据。

3. 程序输入与文件管理

在软件操作界面下按 F2 键进入编辑功能子菜单，在该子菜单下可以对零件程序进行编辑、存储与传递以及对文件进行管理。具体功能有选择程序（磁盘程序、网络程序，读入串口程序、当前正在加工的程序、选择一个新文件），编辑程序（删除一行、向下查找字符串、向下替换字符串、继续查找替换），存储与传递程序（保存程序、文件另存为、串口发送）。文件管理的功能有新建目录、更改文件名、拷贝文件、删除文件、映射网络盘、断开网络盘、接收串口文件、发送串口文件等功能。

4. 程序运行

在软件操作界面下按 F1 键进入程序运行子菜单，在该子菜单下可以装入检验并自动运行一个零件程序。具体功能有选择运行程序（磁盘程序、网络上的文件、正在编辑的程序、DNC 程序），程序校验，程序启动、暂停、中止、再启动，从任意行执行，空运行，单段运行，加工断点保存与恢复（定位至加工断点、重新对刀），运行时干预（进给速度修调、快移速度修调、主轴修调、机床锁住）等。

5. 网络与通信

具体功能有选择网络程序，复制网络程序，保存到网络，读入串口程序，发送串口程序，加工串口程序等。

6. 显示

在一般情况下（除编辑功能子菜单外）按 F9 键将弹出显示方式菜单，在该菜单下可以设置显示模式、显示值、显示坐标系、图形放大倍数、夹具中心绝对位置、内孔直径、毛坯大小等。

7. 参数设置

在软件操作界面下按 F3 键进入参数功能子菜单在该子菜单下可对系统参数进行查看与设置。具体功能有输入权限口令、修改权限口令、参数查看与设置、恢复为出厂值、恢复为修改前值、汉字输入、备份参数、装入参数。

8. 故障诊断

在软件操作界面下按 F6 键进入故障诊断功能。如果在系统启动或加工过程中出现了错误（即软件操作界面的标题栏上运行正常变为出错同时不停地闪烁）可用故障诊断功能诊断出错原因。

第四节　刀具的测量与刀尖偏移补偿

在数控车床上加工零件，是通过数控程序控制刀具与工件间的相对移动来实现的，但是在加工过程中，刀具与工件间的相对位置是在机床坐标系中衡量的，而编程是脱离机床在工件坐标系中完成的，所以在实际加工时要把二者联系起来，是通过对刀来实现的。数控车床刀架上又有多把刀具，每把刀具的几何尺寸不同，即使加工同一个工件，不同的工序采用不同的刀具，刀架在机床坐标系中的位置也是不同的，即加工程序不同。为了使一个工件有一固定加工程序，可采用刀具的几何补偿功能。另外，通常在编程时都将车刀刀尖作为一点来考虑，即所谓假设刀尖，但实际上放大来看刀尖是带有圆角的，所以还应该有刀具的刀尖半径补偿功能。刀具补偿功能的作用主要在于简化编程，即在编制程序时可以只按零件轮廓进行编制。在加工前，操作者测量实际的刀具长度、半径和确定补偿正负符号，作为刀具补偿参数输入数控系统，使得由于换刀或刀具磨损带来刀具尺寸参数变化时，虽用原程序，却仍能加工出合乎尺寸要求的零件轮廓。

一、刀具的补偿

刀具的补偿分刀具的几何位置补偿和磨损补偿。如图 3-7 所示，刀具几何补偿是指补偿刀具形状和刀具安装位置与编程时理想刀具或基准刀具的偏移，刀具磨损补偿则是指用于当刀具使用磨损后刀具头部与原始尺寸的误差。这些补偿数据通常是通过对刀后采集到的，而且必须将这些数据准确地储存到刀具数据库中，然后通过程序中的刀补代码来提取并执行。刀补指令用 T 代码表示，FANUC 和华中数控常用 T 代码格式为 T××××，即 T 后可跟 4 位数，其中前 2 位表示刀具号，后两位表示刀具补偿号，当补偿号为 0 或 00 时，表示不进行补偿或取消刀具补偿。西门子系统的格式为 T××，D××，即 T 后可跟 2 位数表示刀具号，D 后两位表示刀具补偿号，当补偿号为 0 或 00 时，表示不进行补偿或取消刀具补偿。若设定刀具几何和磨损补偿同时有效时，刀补量是两者的矢量和。即：$\Delta X=\Delta X_j+\Delta X_m$、$\Delta Z=\Delta Z_j+\Delta Z_m$。$\Delta X_j$ 表示该刀具相对基准刀具的刀偏数据，ΔZ_m 表示磨损量。基准刀具的刀位点在机床中的位置由对刀来确定。

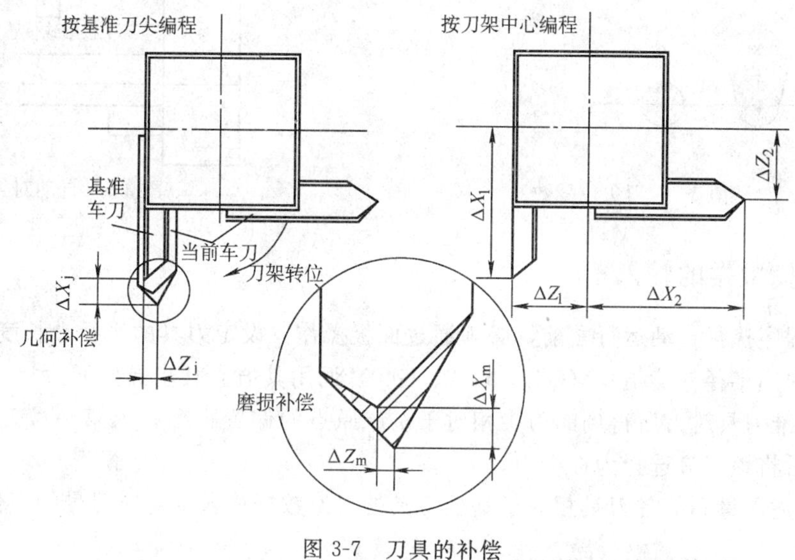

图 3-7　刀具的补偿

二、刀尖半径补偿

为了提高刀具耐用度并减小加工表面粗糙度值，车刀刀尖常磨成半径不大的圆弧。为此，在编程时必须对刀具半径进行补偿。对具有刀具半径自动补偿功能的数控系统，可直接按轮廓尺寸编程。补偿的原则取决于刀尖圆弧中心的方向，它总是与切削表面法向里的半径矢量不重合，因此，补偿的基准点是刀尖中心。通常，刀具长度和刀尖半径的补偿是按一个假想的刀刃为基准，分别以 X 和 Z 的基准点来测量刀具长度及刀尖半径 R（对刀仪上是以十字刻线为准），以及用于假想刀尖半径补偿所需的刀尖位置数，如图 3-8 所示中的 1～9。在输入刀补参数时把刀具半径和刀尖位置数一起输入。

三、刀偏数据的测定

刀偏数据就是各刀具相对于基准刀具的几何补偿，可通过下述方法获得其偏置数据：

方法一：用试切对刀法，先用基准车刀试切，过程为先用已选好的刀具作标准刀具将工件外圆表面车一刀，保持 X 向尺寸不变，Z 向退刀，然后停止主轴运动，测量工件外圆直径将其作为 X 向的偏移量。再将工件右端面车一刀，沿 X 向退刀，将右端面与机床原点距离输入数控系统，即完成这把刀具 Z 向对刀过程。系统内部完成了编程零点的设置功能。获得 X_1、D_1、Z_1、L_1，换刀后再去试切，获得另一组数据 X_2、D_2、Z_2、L_2，则该刀号刀具的几何偏置为：$\Delta X=X_2-X_1-(D_2-D_1)$，$\Delta Z=Z_2-Z_1-(L_2-L_1)$。

方法二：自动对刀，刀尖以设定的速度向接触式传感器接近，当刀尖与传感器接触并发出信号，数控系统立即记下该瞬间的坐标值，并自动修正刀具补偿值。自动对刀过程如图 3-9 所示，由此获得各刀具相对于基准刀具的偏差。

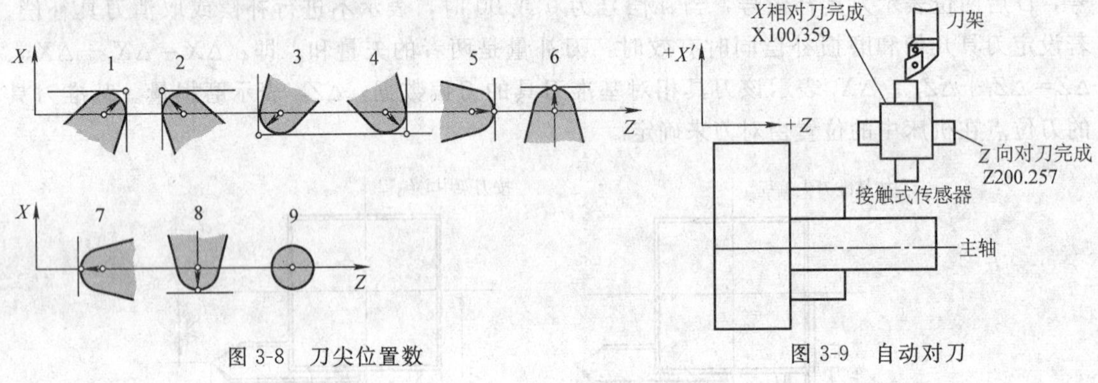

图 3-8　刀尖位置数　　　　图 3-9　自动对刀

四、刀偏数据的输入

在加工程序执行自动运行之前，必须通过面板操作，设定刀具的半径、长度补偿值，以便加工程序中用半径补偿指令（G41、G42、G40）调用其值。其步骤如下：

1）将基准刀具对刀所得到的刀尖相对于机床原点的偏置距离存入第一号刀具的刀偏寄存器中，然后将该刀具选择为标准刀。

2）将上述测量到的各刀具相对于基准刀具的刀偏数据输入到对应刀号的刀偏寄存器中。

五、对刀点和换刀点的确定

（1）对刀点的确定　“对刀点”就是在数控加工时，刀具相对于工件运动的起点，程序就是从这一点开始的，对刀点也可以叫做“程序起点”或“起刀点”。在编制程序时，应首先考虑对刀点位置的选择。选定的原则是：选定的对刀点位置应使程序编制简单；对刀点在机床上容易找正；加工过程中检查方便；引起的加工误差小。

（2）换刀位置的确定　车床换刀时需要让刀架转位，因此应在远离工件的位置上进行，防止刀具与工件、机床或夹具干涉，此时刀具的刀位点即称为换刀点。对带参考点功能的机床来说，换刀位置通常就设在机床参考点上。

六、刀补功能的实现

刀补功能应当在切削进程启动之前完成，能够防止从工件外部起刀带来的过切现象。在 G00 或者 G01 指令行中用 G41 或 G42 指令来下达命令。在切削过程中一直起作用，最后到切削进程完成后，在返回起刀点时，在 G00 或者 G01 指令行中用 G40 来取消命令。

第五节　车削加工的基本编程

通过数控技术课程的学习，我们已知道，数控加工是把编好的加工程序输入数控装置，数控装置再将输入的信息进行运算处理后转换成驱动伺服机构的指令信号，最后由伺服机构控制机床的各种动作，自动地加工出零件。由此可看出，用数控机床加工零件，编制程序是一项重要的工作，它对有效利用数控机床起主要作用。数控加工的程序编制过程也称为数控编程。为了编制出适合某一数控机床实用的加工程序，在编程前必须对该数控机床的规格、性能、切削范围、CNC 系统所具备的功能、编程指令及指令格式等有较全面的了解，并将机床的运动过程、零件的工艺过程、切削用量和进给路线等都编入程序，最后通过上机床进行加工模拟、试切加工等来验证程序的正确性、合理性。由此可以看出，数控编程是集工艺于程序中，且其实践性很强。通过本节的学习，要求掌握数控编程的基本知识（基本数控指令、指令格式等），数控编程的一般步骤、基本方法和常用编程技巧。

一、数控车床的编程基础

1. 数控加工的工艺路线分析

理想的加工程序不仅应保证加工出符合图样的合格工件，同时应能使数控机床的功能得到合理的应用和充分的发挥，必须在编程之前正确地确定加工方案。由于生产规模的差异，对于同一零件的加工方案是有所不同的，应选择经济、合理的工艺方案。

（1）加工工序划分　在数控机床上加工零件，工序可以比较集中，应一次装夹尽可能多的完成工序。常用的工序划分原则有以下两种：

1）保证精度的原则。数控加工要求工序尽可能集中，粗、精加工常在一次装夹下完成，为减少热变形和切削力变形对工件的尺寸形状、位置精度和表面粗糙度值的影响，将粗、精加工分开进行。对轴类或盘类零件，将待加工面先粗加工，留少量余量精加工，来保证表面质量要求。

2）提高生产效率的原则。在数控加工中，为减少换刀次数，节省换刀时间，应将需用同一把刀加工的加工部位全部完成后，再换另一把刀来加工其他部位。同时应尽量减少空行程，用同一把刀加工工件的多个部位时，应以最短的路线到达各加工部位。实际生产中，数控加工工序要根据具体零件的结构特点、技术要求等情况综合考虑。

（2）加工路线的确定　在数控加工中，加工路线指刀具从对刀点开始运动起，直至结束加工程序所经过的路径，包括切削加工的路径及刀具引入、返回等非切削空行程。加工路线的确定首先必须保证被加工零件的尺寸精度和表面质量，其次考虑数值计算简单、进给路线尽量短、效率较高等。

2. 零件的装夹

（1）数控机床上夹具的选择原则　数控加工对夹具主要有三大要求：一是夹具应有可靠的定位基准；二是夹具应具有足够的精度和刚度；三是能缩短辅助时间。所以选用夹具时，通常考虑以下几点：

1）尽量选用可调整夹具、组合夹具或其他通用夹具。

2）装卸工件要迅速方便，可采用液压或气动夹具，以减少机床的停机时间。

3）夹具在机床上安装要准确可靠，以保证工件在正确的位置上加工。

(2) 数控机床上零件的安装方法

数控机床上零件的安装方法与普通机床相似，但要注意以下两点：

1）力求设计、工艺与编程的基准统一，有利于提高编程时数值计算的简便性和精确性。

2）尽量减少装夹次数，尽可能在一次定位装夹后，加工出全部待加工表面。

为此数控车床上的装夹主要有两类：一类用于盘类或短轴类零件，工件毛坯装夹在带可调卡爪的卡盘中，由卡盘传动旋转；另一类用于长轴类零件，毛坯装在主轴顶尖和尾座顶尖间，工件由主轴上的卡盘传动旋转。

3. 切削用量的确定

数控编程时，编程人员必须确定每道工序的切削用量，并以指令的形式写入程序中。切削用量包括切削速度、背吃刀量及进给量等。对于不同的加工方法，需要选用不同的切削用量。切削用量的选择原则是：保证零件加工精度和表面粗糙度值，充分发挥刀具切削性能，保证刀具寿命；并充分发挥机床的性能，最大限度提高生产率、降低成本。

(1) 主轴转速的确定　主轴转速应根据允许的切削速度和工件直径共同决定为 $n=1000v_c/(\pi D)$，式中 v_c 为切削速度，单位为 m/min，由刀具寿命决定；n 为主轴转速，单位为 r/min；D 为工件直径，单位为 m。计算的主轴转速 n 最后要根据机床说明书选取机床有的或较接近的转速。

(2) 进给速度的确定　进给速度是数控机床切削用量中的重要参数，主要根据零件的加工精度和表面粗糙度值要求以及刀具、工件的材料性质选取。最大进给速度受机床刚度和进给系统的性能限制。确定进给速度的原则：

1）当工件质量要求能够得到保证时，为提高生产效率，进给速度一般在 100～200mm/min 范围内选取。

2）在切断、加工深孔或用高速钢刀具加工时，宜选择较低的进给速度，一般在 20～50mm/min 范围内选取。

3）当加工精度要求高、表面粗糙度值要求较小时，进给速度选小些，一般在 20～50mm/min 范围内选。

4）刀具空行程时，特别是远距离的选定最高进给速度。

(3) 背吃刀量的确定　背吃刀量根据机床、工件和刀具的刚度来决定，在刚度允许的条件下，应尽可能使背吃刀量等于工件的加工余量，这样可以减少进给次数，提高生产效率。为了保证加工表面质量，可留少量精加工余量，一般为 0.2～0.5mm。

总之，切削用量的具体数值应根据机床性能、相关的手册并结合实际经验用类比方法确定。同时，使切削速度、背吃刀量及进给量三者能相互适应，以形成最佳切削用量。

二、数控车床的编程特点

1）在一个程序段中，根据图样尺寸，可以采用绝对编程、增量编程，FANUC 系统还可以在一个零件加工程序中二者混合编程。但不同的系统，二者使用的方式不同，FANUC 系统用字地址加以区别，如字地址 X、Z 表示绝对编程，字地址 U、W 表示增量值编程。SIEMENS 系统用指令 G90 表示绝对编程，G91 表示增量编程。华中数控 HNC—21T 世纪星两种方法都可以用，但其中表示增量的字符 U、W 不能用于循环指令 G80、G81、G82、G71、G72、G73、G76 程序段中，但可用于定义精加工轮廓的程序中。

2）车床上，工件的毛坯多为圆棒料或铸锻件，加工余量较大，所以为简化编程，数控装置常具备不同形式的固定循环，可进行多次重复切削循环。

3）由于被加工零件的径向尺寸在图样上标注和测量时，都是以直径值表示，所以直径方向用绝对值编程时，X 以直径值表示；用增量值编程时，以径向实际位移的 2 倍值表示并附方向符号。也可以使用半径编程，但是很少使用。

4）为提高工件的径向尺寸精度，X 轴方向的脉冲当量常取 Z 轴的一半。

5）因为工件的尺寸可以用米制或英制表示，所以编程时可以用米制或英制指令编程。

FANUC 系统与 SIEMENS 系统在具体使用上也有所不同。FANUC 和华中数控系统用 G21、G20 分别表示米制和英制。SIEMENS 系统用指令 G71、G70 分别表示米制和英制。该机床出厂时一般设定为米制状态。G20 和 G21 是两个可互相取代的 G 指令。

三、数控车床常用数控系统指令

1. SIEMENS SINUMERIK 802S 数控系统常用指令

（1）SIEMENS SINUMERIK 802S 常用的 G 功能（见表 3-1）

表 3-1　SIEMENS SINUMERIK 802S 常用的 G 功能

地址	含　义	说　明	编程格式
G0	快速移动	运动指令，模态有效	G0 X_Z_
G1 *	直线插补		G1 X_Z_F_
G2	顺时针圆弧插补		G2 X_Z_I_K_F_圆心和终点 G2 X_Z_CR=_F_半径和终点 G2 AR=_I_K_F_张角和圆心 G2 AR=_X_Z_F_张角和终点
G3	逆时针圆弧插补		G3　…;其他同 G2
G5	中间点圆弧插补	运动指令，模态有效	G5 X_Z_IX=_KZ=_F_
G33	恒螺距螺纹的切削		G33 Z_K_SF=_圆柱螺纹 G33 X_I_SF=_横向螺纹 G33 Z_X_K_SF=_锥螺纹，Z 方向位移大于 X 方向位移 G33 Z_X_I_SF=_锥螺纹，X 方向位移大于 Z 方向位移
G4	暂停时间	特殊运行，程序段方式有效	G4 F_或 G4 S_自身程序段
G74	回参考点		G74 X_Z_自身程序段
G75	回固定点		G75 X_Z_自身程序段
G158	可编程的偏置	写存储器，程序段方式有效	G158 X_Y_Z_自身程序段
G25	主轴转速下限		G25 S_自身程序段
G26	主轴转速上限		G26 S_自身程序段
G17	（在加工中心孔时要求）	平面选择	
G18 *	Z/X 平面		

（续）

地址	含义	说明	编程格式
G40 *	刀尖半径补偿方式的取消	刀尖半径补偿模态有效	
G41	调用刀尖半径左补偿，刀具在轮廓左侧移动		
G42	调用刀尖半径右补偿，刀具在轮廓右侧移动		
G500 *	取消可设定零点偏置	模态有效	
G54	第一可设定零点偏置		
G55	第二可设定零点偏置		
G56	第三可设定零点偏置		
G57	第四可设定零点偏置		
G53	按程序段方式取消可设定零点偏置	程序段方式有效	
G60 *	准确定位	定位性能，模态有效	
G64	连续路径方式		
G9	准确定位，单程序段有效	程序段方式准停，程序段方式有效	
G601 *	在G60、G9方式下精准确定位	准停窗口，模态有效	
G602	在G60、G9方式下粗准确定位		
G70	英制尺寸	模态有效	
G71 *	米制尺寸		
G90 *	绝对尺寸	模态有效	
G91	增量尺寸		
G94	进给率F，单位mm/min	模态有效	
G95 *	主轴进给率F，单位mm/r		
G96	恒定切削速度（F单位mm/r，S单位m/min）		
G97	取消恒定切削速度		
G450 *	圆弧过渡	刀尖半径补偿时拐角特性模态有效	
G451	等距线的交点，刀具在工件转角处不切削		
G22	半径尺寸	模态有效	
G23	直径尺寸		

注：带 * 的功能表示在程序启动时自动生效。

（2）SIEMENS SINUMERIK 802S 数控系统的 M 功能　SIEMENS SINUMERIK 802S 常用的 M 功能见表 3-2。

M 辅助功能，从 M00～M99，用于进行开关操作，一个程序段中最多有 5 个 M 功能。

2. FANUC 0i—T 常用指令

（1）FANUC 0i—T 常用的 G 功能　FANUC 0i-T 常用的 G 功能见表 3-3。

表 3-2 SIEMENS SINUMERIK 802S 常用的 M 功能

地址	功　能	说　明
M0	程序停止	用 M0 停止程序的执行后，按"启动"键，加工继续执行
M1	程序有条件停止	与 M0 一样，但仅在"条件停有效"功能被软键或接口信号触发后才生效
M2	程序结束	在程序的最后一段被写入
M30		预定没用
M3	主轴顺时针旋转	
M4	主轴逆时针旋转	
M5	主轴停	
M6	更换刀具	在机床数据有效时用 M6 更换刀具，其他情况下直接用 T 指令进行
M40	自动变换齿轮级	
M41 至 M45	齿轮级 1 到齿轮级 5	
M70		预定没用
M…	其他的 M 功能	没有定义，可由机床生产厂家自由设定

表 3-3 FANUC 0i—T 常用的 G 功能

地址	含　义	编 程 格 式
G00	快速定位	G00　X(U)_Z(W)_
G01	直线插补	G01　X(U)_Z(W)_F_
G02	圆弧插补(顺时针)	G02　X(U)_Z(W)_R_F_
		G02　X(U)_Z(W)_I_K_F_
G03	圆弧插补(逆时针)	同 G02
G04	暂停	G04　X(U)_
G28	回原点	G28　X_Z_
G32	单一螺纹切削	G32　X(U)～Z(W)F_
G40	刀具半径补偿取消	G40　G0(G1)X_Z_
G41	刀具半径左补偿	G41　G0(G1)X_Z_
G42	刀具半径右补偿	G42　G0(G1)X_Z—
G50	最高转速设定(坐标系设定)	G50　S_或 G50　X_Z_
G96	周速一定	G96　S_
G97	周速一定取消	G97　S_或 G97
G98	每分钟进给	G97　F_
G99	每转进给	G98　F_

（2）FANUC 0i-T 常用的 M 功能（见表 3-4）

表 3-4 FANUC 0i—T 常用的 M 功能

地　址	功　能	地　址	功　能
M00	程序停	M10	卡盘夹紧
M02	程序结束	M11	卡盘松开
M03	主轴正转	M20	尾座顶紧
M04	主轴反转	M21	尾座退回
M05	主轴停	M30	程序结束并返回起始点
M07	切削液开	M98	子程序调用
M09	切削液关	M99	子程序结束
T	换刀，前二位数刀号，后二位数刀补号		

3. 华中世纪星 HNC—21T 数控系统常用指令

(1) 华中世纪星 HNC—21T 数控系统的 G 功能（见表 3-5）

表 3-5 华中世纪星 HNC—21T 数控系统常用的 G 功能

地 址	含 义	编 程 格 式
G00	快速定位	G00 X_ Z_
G01	直线插补	G01 X(U)_Z(W)_F_
G02	圆弧插补(顺时针)	G02 X(U)_Z(W)_R_F_ G02 X(U)_ Z(W)_I_K_F_
G03	圆弧插补(逆时针)	同 G02
G04	暂停	G04 P_
G20	英寸输入	G20
G21	毫米输入	G21
G28	返回到参考点	G28 X_Z_
G29	由参考点返回	G29 X_Z_
G32	单一螺纹切削	G32 X_ Z_ R_ E_ P_ F_
G36	直径编程	G36
G37	半径编程	G37
G40	刀具半径补偿取消	G40 G00(G01)X_Z_
G41	刀具半径左补偿	G41 G00(G01)X_Z_
G42	刀具半径右补偿	G42 G00(G01)X_Z_
G53	直接机床坐标系编程	G53 X_Z_
G54	坐标系选择	G54
G55	坐标系选择	G55
G56	坐标系选择	G56
G57	坐标系选择	G57
G58	坐标系选择	G58
G59	坐标系选择	G59
G90	绝对值编程	G90
G91	增量值编程	G91
G92	工件坐标系设定	G92 X_Z_
G94	每分钟进给	G94 F_
G95	每转进给	G95 F_
G96	恒线速度有效	G96 S_
G97	取消恒线速度	G97

(2) 华中世纪星 HNC—21T 数控系统的 M 功能（见表 3-6）

表 3-6 华中世纪星 HNC—21T 数控系统常用的 M 功能

地 址	功 能	地 址	功 能
M00	程序停止	M07	切削液打开
M02	程序结束	M09	切削液停止
M03	主轴正转	M30	程序结束并返回起始点
M04	主轴反转	M98	子程序调用
M05	主轴停止	M99	子程序结束
M06 T	换刀,前二位数刀号,后二位数刀补号		

第六节　固定循环与子程序

固定循环是为完成某种加工将多个程序行的指令按约定的执行次序综合成的一个程序段。如钻孔固定循环是将快速点定位、按进给速度钻入工件、达到给定的深度后快速退回几个步骤放到一起组成一个固定循环。子程序也是将有几个固定顺序或反复出现的程序行按规定的格式独立写成的一段程序。固定循环与子程序有相似的功能，但固定循环一般是系统软件本身带有的，而子程序是用户根据自己的需要自己编写的程序。子程序可以被主程序调用，并且可以被多次调用，也可以被其他子程序调用，这个过程称为子程序的嵌套调用。固定循环也可以被主程序调用，并且可以被多次调用，也可以被其他子程序调用，但一般不能被固定循环调用。使用固定循环和子程序都可使编程工作大大简化，进一步提高编程效率。但不同的控制系统使用的具体方式不同，在 FANUC 数控系统中固定循环用 G 指令实现的，而在 SIMENS SINUMERIK 数控系统中固定循环是用固定循环子程序实现的，下面对常用系统的固定循环与子程序分别加以介绍。

一、子程序

1. FANUC 0i—T 数控系统的子程序

(1) 子程序的结构　子程序与主程序必须存在于同一文件中，主程序的结束指令用 M02 或 M30，而子程序的结束指令用 M99，如图 3-10 所示。

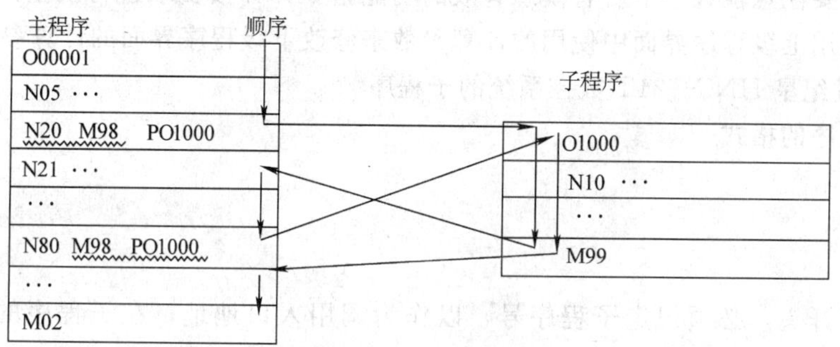

图 3-10　子程序的结构

(2) 子程序的程序号　为方便的选择某一个子程序，应给子程序一个编号，子程序的开始为 O 地址指定的程序号，如：O1000。与主程序的程序编号的方法相同。

(3) 子程序的调用　在一个程序（子程序或主程序）中可以用程序名调用子程序，调用语句格式如下：M98　PO1000　L6（调用子程序 O1000，调用 6 次）；如果采用 M98 PO1000 则表示调用次数的默认值为 1。只允许二层子程序嵌套。

2. SIEMENS SINUMERIK 802S 数控系统的子程序

(1) 子程序的结构　SINUMERIK 802S 的子程序与主程序在结构上是一样的，但是子程序的结束语句除了用 M2 指令外，还可以用 RET 指令结束，二者是有区别的，RET 要求占用一个独立语句段，用 RET 指令结束子程序，返回子程序时不会中断 G64 连续路径运行方式，用 M2 指令则会中断 G64 运行方式，如图 3-11 所示。

(2) 子程序的命名　为方便的选择某一个子程序，应给子程序取一个名字，程序名可以

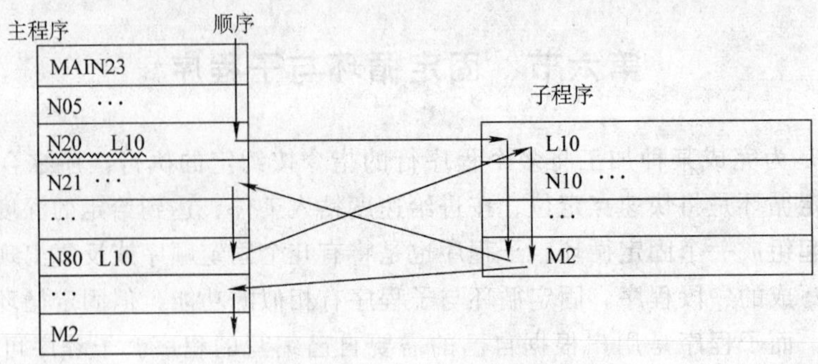

图 3-11 子程序的结构

自由的取，但必须符合如下规定：开始两个符号必须是字母，其他符号为字母、数字或下画线，最多 8 个字符，没有分隔符，如：BUCHSE7。另外，子程序还可以使用地址字 L，其后可以有 7 位整数，如 L0128。

（3）子程序的调用　在一个程序（子程序或主程序）中可以用程序名调用子程序，调用语句要占用一个独立的程序段。如：N20　L0128（调用子程序 L0128）；如果要求多次连续的执行某一子程序，则在编程时必须在所调用子程序的程序名后地址 P 下写入调入次数，次数范围为 1～9999。如：N10　L785　P3（调用子程序 L785，执行 3 次）。子程序的嵌套深度可以为三层。

（4）注意事项　在子程序中可以改变模态有效的 G 功能，如 G90 到 G91 的变换。在返回调用程序时要注意检查一下所有模态有效的功能指令，并按要求进行调整。对于 R 参数，不要无意识地用上级程序界面中使用的计算参数来修改下级程序界面的计算参数。

3. 华中世纪星 HNC—21T 数控系统的子程序

（1）子程序的格式

% ****

…

M99

在子程序开头，必须规定子程序号，以作为调用入口地址；在子程序的结尾用 M99，以控制执行完该子程序后返回主程序。

（2）调用子程序的格式

M98　P_L_

M98 用来调用子程序；P：被调用的子程序号；L：重复调用次数。HNC—21T 子程序嵌套调用的深度最多可以有九层。G65 指令的功能和参数与 M98 相同。

二、固定循环

1. FANUC 0i—T 数控系统的标准循环指令

FANUC 0i—T 的标准循环指令见表 3-7。

其中字地址的含义分别为：

- F：切削进给量。
- S：主轴转速。
- T：刀具代号。

表 3-7 FANUC 0i—T 标准循环指令

地址	含 义	编 程 格 式
G70	精车加工循环	G70 P(ns)_Q(nf)_
G71	轴向切削循环	G71 U(△d)_R(e)_ G71 P(ns)_Q(nf)_U(△u)_W(△w)_F(f)_S(s)_T(t)… N(ns)_… … N(nf)_…
G72	径向切削循环	G72 W(△d)_R(e)_ G72 P(ns)_Q(nf)_U(△u)_W(△w)_F(f)_S(s)_T(t)… N(ns)_… … N(nf)_…
G73	成形切削循环	G73 U(△i)_W(△k)_R(d)_ G73 P(ns)_Q(nf)_U(△u)_W(△w)_F(f)_S(s)_T(t)… N(ns)_… … N(nf)_…
G74	*Z* 轴钻深孔循环	G74 R(e)_ G74 X(u)_Z(w)_P(△i)_Q(△k)_R(△d)_F(f)_
G75	*X* 轴切槽循环	G75 R(e)_ G75 X(u)_Z(w)_P(△i)_Q(△k)_R(△d)_F(f)_
G76	螺纹切削复式循环	G76 P(m)(r)(a)_Q(△dmin)_R(d)_ G76 X(u)_Z(w)_R(i)_P(k)_Q(△d)_F(f)_
G90	内/外径切削单一循环	G90 X(U)_Z(W)_F_
G92	螺纹切削单一循环	G92 X(U)_Z(W)_I_F_
G94	端面切削单一循环	G94 X(U)_Z(W)_F_

- △d：背吃刀量。
- e：退刀行程。
- ns：精加工形状程序的第一个程序段号。
- nf：精加工形状程序的最后一个程序段号。
- △u：*X* 方向精加工预留量的距离及方向。
- △w：*Z* 方向精加工预留量的距离及方向。
- △i：*X* 方向退刀距离（半径指定）。
- △k：*Z* 方向退刀距离。
- d：分割次数，这个值与粗加工重复次数相同。
- m：精加工重复次数。
- r：倒角量，本指令是状态指定，在另一个值指令前不会改变。
- a：刀尖角度，可选择 80°、60°、55°、30°、29°、0°，用 2 位数指定。
- △dmin：最小背吃刀量。
- i：螺纹部分的半径差。如果 i=0，可作一般直线螺纹切削。
- k：螺纹高度。这个值在 *X* 轴方向用半径值指定。

- △d：第一次的背吃刀量（半径值）（在 G76 中）。
- f：螺纹导程。
- X、Z：圆柱面切削的终点坐标值。
- U、W：圆柱面切削的终点相对于循环起点坐标增量值。
- I：圆锥面切削的起点相对于终点的半径差值。
- K：端面切削的起点相对于终点在 Z 方向的坐标分量。

2. SIEMENS SINUMERIK 802S 数控系统的标准循环子程序

SIEMENS SINUMERIK 802S 的固定循环是以子程序的方式存在的，如用于凹槽切削、坯料切削或螺纹切削等都是子程序，只要把系统带有的子程序传送到 CNC 中保存就可以直接调用，但在调用循环子程序时应注意下面一些事项：

1）调用一个子程序之前必须已经对该循环的传递参数赋值，循环结束以后传递参数的值保持不变。

2）使用加工循环时用户必须事先保留参数 R100 到 R249，保证这些参数只用于加工循环而不被其他程序中的其他地方使用。

3）在调用循环之前 G23 必须有效；如果在循环中没有用于设定进给值、主轴转速和主轴方向的参数，则零件程序中必须编程这些参数。

4）在子程序中可以改变模态有效的 G 功能，如 G90 到 G91 的变换。

5）在返回调用程序时要注意检查一下所有模态有效的功能指令，并按要求进行调整。

6）对于 R 参数，不要无意识地用上级程序界面中使用的计算参数来修改下级程序界面的计算参数。

表 3-8 是 SIEMENS SINUMERIK 802S 可调用的标准循环子程序。

表 3-8　SIEMENS SINUMERIK 802S 可调用的标准循环子程序

地　址	含　义	参数及其含义
LCYC82	钻削沉孔加工	R101：退回平面（绝对平面）；R102：安全距离；R103：参考平面（绝对平面）；R104：最后钻深（绝对值）；R105：在此钻削深度停留时间
LCYC83	深孔钻削	R101：退回平面（绝对平面）；R102：安全距离，无符号；R103：参考平面（绝对平面）；R104：最后钻探（绝对值）；R105：在此钻削深度停留时间（断屑）；R107：钻削进给率；R108：首钻进给率；R109：在起始点和排屑时停留时间；R110：首钻深度（绝对）；R111：递减量，无符号；R127：加工方式：断屑＝0，排屑＝1
LCYC93	切槽循环	R100：横向坐标轴起始点；R101：纵向坐标轴起始点；R105：加工类型，数值 1～8；R106：精加工余量，无符号；R107：刀具宽度，无符号；R108：切削深度，无符号；R114：槽宽，无符号；R115：槽深，无符号；R116：角，无符号，范围 0°～89.999°；R117：槽沿倒角；R118：槽底倒角；R119：槽底停留时间
LCYC94	凹凸切削循环	R100：横向坐标轴起始点，无符号；R101：纵向坐标轴起始点；R105：形状定义：值 55 为形状 E；值 56 为形状 F
LCYC95	毛坯切削循环	R105：加工类型，数值为：1、2…12；R106：精加工余量，无符号；R108：切削深度，无符号；R109：粗加工切入角；R110：粗加工时的退刀量；R111：粗切进给率；R112：精切进给率

（续）

地　址	含　义	参数及其含义
LCYC97	螺纹切削	R100：螺纹起始点直径；R101：纵向轴螺纹起始点；R102：螺纹终点直径；R103：纵向轴螺纹终点；R104：螺纹导程值，无符号；R106：精加工余量，无符号；R105：加工类型数值 1 表示外螺纹，2 表示内螺纹；R109：空刀导入量，无符号；R110：空刀退出量，无符号；R111：螺纹深度，无符号；R112：起始点偏移，无符号；R113：粗切削次数，无符号；R114：螺纹线数，无符号
LCYC840	带补偿夹具切削内螺纹	R101：退回平面（绝对）；R102：安全距离；R103：参考平面（绝对）；R104：最后钻深（绝对）；R106：螺纹导程值；R126：攻螺纹时主轴旋转方向
LCYC84	不带补偿夹具切削内螺纹	R101：退回平面（绝对）；R102：安全距离；R103：参考平面（绝对）；R104：最后钻深（绝对）；R106：螺纹导程值；R112：攻螺纹速度；R105：在螺纹终点处时停留时间；R113：退刀速度
LCYC85	镗孔	R101：退回平面（绝对）；R102：安全距离；R103：参考平面（绝对）；R104：最后钻深（绝对）；R107：钻削进给率；R108：退刀时进给率；R105：在此钻削深度停留时间

LCYC93 的 R105 确定的加工方式有表 3-9 中的八种。

表 3-9　LCYC93 的 R105 确定的加工方式

数值	纵向/横向	外部/内部	起始点位置	数值	纵向/横向	外部/内部	起始点位置
1	纵向	外部	左边	5	纵向	外部	右边
2	横向	外部	左边	6	横向	外部	右边
3	纵向	内部	左边	7	纵向	内部	右边
4	横向	内部	左边	8	横向	内部	右边

LCYC95 的 R105 切削加工方式有表 3-10 中的十二种。

表 3-10　LCYC95 的 R105 切削加工方式

数值	纵向/横向	外部/内部	粗加工/精加工/综合加工	数值	纵向/横向	外部/内部	粗加工/精加工/综合加工
1	纵向	外部	粗加工	7	纵向	内部	精加工
2	横向	外部	粗加工	8	横向	内部	精加工
3	纵向	内部	粗加工	9	纵向	外部	综合加工
4	横向	内部	粗加工	10	横向	外部	综合加工
5	纵向	外部	精加工	11	纵向	内部	综合加工
6	横向	外部	精加工	12	横向	内部	综合加工

各循环子程序的编程格式都是相同的，自身程序段有效，即

N10　R101＝_R102＝_…；

N20　LCYC××。

3. 华中 HNC—21T 世纪星数控系统标准循环指令

华中数控 HNC—21T 世纪星标准循环指令如表 3-11 所示。

表 3-11　华中 HNC—21T 世纪星标准循环指令

地　址	含　义	编　程　格　式
G70	精车加工循环	G70　P(ns)_Q(nf)_
G71	内(外)径粗车复合循环	G71　U(△d)_R(r)_P(ns)_Q(nf)_X(△x)_Z(△z)_F(f)_S(s)_T(t)_;无凹槽 G71 U(△d)_R(r)_P(ns)_Q(nf)_E(e)_F(f)_S(s)_T(t)_;有凹槽 N(ns)_…;在 ns 的程序段中应包含 G00/G01 指令 … N(nf)_…
G72	端面粗车复合循环	G72　W(△d)_R(r)_P(ns)_Q(nf)_X(△x)_Z(△z)_F(f)_S(s)_T(t)_ N(ns)_…;在 ns 的程序段中应包含 G00/G01 指令 … N(nf)_…
G73	闭环车削复合循环	G73　U(△I)_W(△K)_R(r)_P(ns)_Q(nf)_X(△x)_Z(△z)_F(f)_S(s)_T(t)_ N(ns)_… … N(nf)_…
G76	螺纹切削复合循环	G76　C(c)_R(r)_E(e)_A(a)_X(x)_Z(z)_I(i)_K(k)_U(d)_V(△dmin)_Q(△d)_P(p)_F(L)_
G80	内/外径切削单一循环	G80　X(U)_Z(W)_I_　F_
G81	端面切削单一循环	G81　X(U)_Z(W)_　K_　F_
G82	螺纹切削单一循环	G82　X(U)_Z(W)_　I_　(K_)F_

其中字地址的含义分别为：

- X、Z：圆柱面切削的终点坐标值。
- U、W：圆柱面切削的终点相对于循环起点坐标增量值。
- △d：背吃刀量（在 G71、G72 中）。
- r：每次退刀量（在 G71、G72 中）。
- ns：精加工路径第一程序段的顺序号。
- nf：精加工路径最后程序段的顺序号。
- △x：*X* 方向精加工余量。
- △z：*Z* 方向精加工余量。
- F：切削进给量。
- S：主轴转速。
- T：刀具代号。
- e：精加工余量，其为 *X* 方向的等高距离；外径切削时为正，内径切削时为负（在 G73 中）。
- △I：*X* 轴方向的粗加工总余量。
- △k：*Z* 轴方向的粗加工总余量。
- r：粗切削次数（在 G73 中）。

● c：精整次数（1～99），为模态值。

● r：螺纹 Z 向退尾长度（00～99），为模态值（在 G76 中）。

● e：螺纹 X 向退尾长度（00～99），为模态值（在 G76 中）。

● a：刀尖角度（二位数字），为模态值；在 80°、60°、55°、30°、29°和 0°六个角度中选一个。

● x、z：绝对值编程时，为有效螺纹终点的坐标；增量值编程时，为有效螺纹终点相对于循环起点的有向距离（用 G91 指令定义为增量编程，使用后用 G90 定义为绝对编程）。

● i：螺纹两端的半径差。

● k：螺纹高度；该值由 X 轴方向上的半径值指定。

● △dmin：最小背吃刀量（半径值）。

● d：精加工余量（半径值）。

● △d：第一次切削深度（半径值）。（在 G76 中）。

● p：主轴基准脉冲处距离切削起始点的主轴转角。

● L：螺纹导程（同 G32）。

● I：圆锥面切削的起点相对于终点的半径差值。

● K：端面切削的起点相对于终点在 Z 方向的坐标分量。

第四章　数控车削加工实训

本章主要介绍数控车削的几个实例，包括外圆加工、螺纹加工、内圆加工和综合加工。通过这些实例的训练，可以使学生基本上掌握数控车削的特点和加工方法。

第一节　实训一　外圆加工

实例一

1. 零件图样要求

图 4-1 所示为轴类零件，毛坯为 $\phi30$mm 的棒料，材料为 45 钢，端面已平，车削外圆尺寸至图中要求。

2. 加工工艺路线制订

(1) 装夹与定位　此为短轴类零件，轴心线为工艺基准，用三爪自定心卡盘夹持 $\phi30$mm 外圆，使工件伸出卡盘约 90mm，一次装夹完成粗精加工。

(2) 工步顺序　从右端至左端轴向进给切削。

1) 粗车零件轮廓，留 0.5mm 精车余量。

2) 精车外圆到尺寸。

3) 切断。

(3) 工艺参数　根据制定的加工工艺，确定加工工艺参数：机床转速为 1000r/min，精加工余量为 0.5mm；粗加工时进给速度为 0.25mm/r；精加工时，进给速度为 0.15mm/r。

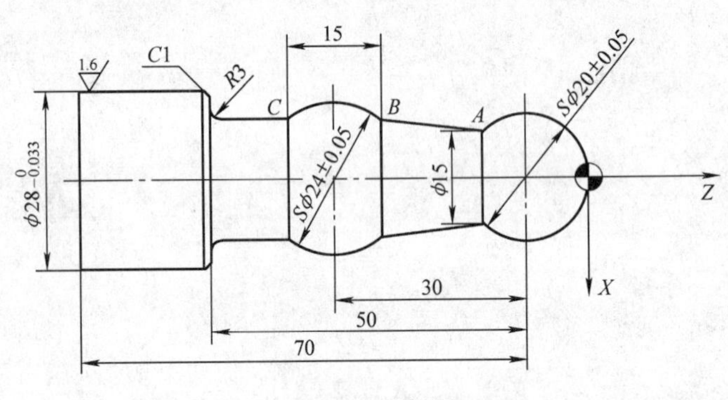

图 4-1　零件图

(4) 确定工件坐标系、对刀点和换刀点　根据零件的尺寸标注特点及基准统一的原则，选择零件右端面与轴心线的交点为工件原点，建立 *XOZ* 工件坐标系，如图 4-1 所示。采用手动试切对刀方法把该点作为对刀点。换刀点设置在工件坐标系下 X40、Z10 处。

3. 使用机床和数控系统的说明

(1) 机床型号和主要功能　机床型号为南京第二机床厂生产的 CQK6132 型数控车床，该机床是用 SINUMERIK 802S 控制的两坐标数控车床，适用于加工几何形状复杂的盘类零件和轴类零件。

(2) 技术参数，见表 4-1。

(3) 数控系统　采用 SIEMENS SINUMERIK 802S 数控系统。

4. 数控加工使用的刀具、工具和量具

表 4-1 CQK6132 型数控车床技术参数

工作台	最大回转直径/mm	320
	顶尖距/mm	400
	中滑板上最大回转直径/mm	135
主轴	主轴孔径/mm	ϕ28
	主轴转速(二段无级变速)/r/min	120～1200
		300～3000
电动机	主轴电动机功率/kW	2.2
	回转刀架直流电动机/kW	0.06
系统最小设定单位	纵向/mm	0.01
	横向定位精度/mm	0.005

(1) 刀具　工件材料为 45 钢，比较好加工，用国产的高速钢刀如 AIA、进口的如 LBK、STK、YG 等可方便地加工。根据外形加工要求，选用两把刀具（见图 4-2），T01 为外圆车刀，T02 为切断刀。同时把两把刀在自动换刀刀架上安装好，且都对好刀，把它们的刀偏值输入相应的刀具参数中。

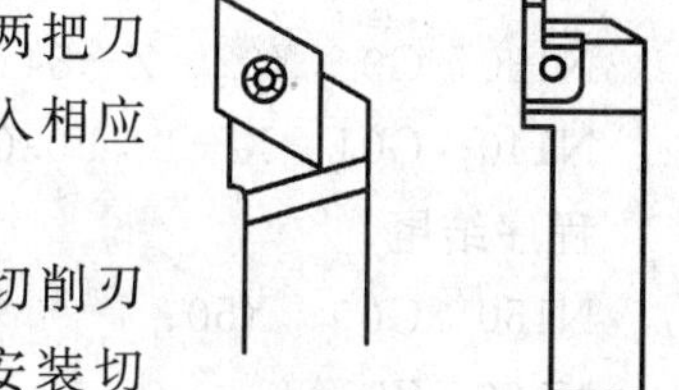

图 4-2　车刀选择

(2) 刀具装夹　刀具安装在刀架上，调整安装高度，使切削刃与工件轴线等高。刀架的 1 号刀位安装外圆刀，2 号刀位安装切断刀。

(3) 工具、夹具　这主要包括卡盘扳手、六角头扳手、铜棒等。

(4) 量具　它主要包括游标卡尺、外径千分尺、表面粗糙度工艺样板等。

5. 编制加工程序与输入程序

(1) 编程分析　该零件结构要素有圆柱面、圆锥面、圆弧面、倒角、倒圆，表面有一定的粗糙度值要求，故加工时应该分粗加工和精加工两个阶段，粗加工采用外圆粗切刀，精加工采用外圆精切刀。本例为简便起见采用一把刀具进行。

车床编程有直径编程和半径编程两种方式，本例采用直径编程。采用直径尺寸编程时与零件图样中的尺寸标注一致，这样可避免尺寸换算过程中可能造成的错误，给编程带来很大方便。西门子数控系统中有毛坯切削循环 LCYC95，使用该循环可以实现对内外轮廓的粗、精加工，本例采用这个方法。

(2) 数值计算（见表 4-2）

表 4-2　轮廓节点计算

点	坐　标	点	坐　标
A	(15，−16.6144)	*C*	(18.736，−47.5)
B	(18.736，−32.5)		

轮廓上节点坐标的计算一般有两种方法：手工计算和计算机辅助计算。手工计算时间长且容易出错，而利用 AutoCAD、CAXA 等绘图软件按 1∶1 比例绘制零件图形后则很容易获得节点的准确坐标。

(3) 加工程序清单

```
● WYJG1.MPF;                                  加工主程序
程序头
N10  G90  G54  G23  G95;                      绝对尺寸编程，零点偏置，直径编程
N20  G0  X40  Z10;                            刀具移动到起始点
N30  T01  M6  M3  S1000;                      准备外圆车刀，启动主轴、
N40  M8;                                      开启切削液
程序主干
_CNAME="LK1"                                  轮廓子程序名
R105=9  R106=0.5  R108=3  R109=7;             设置循环参数
R110=1.5  R111=0.25  R112=0.15;
N100  LCYC95;                                 调用切削循环
N110  G0  X40  Z10;                           回到换刀点
N120  T02  M6  G55;                           准备切槽刀，建立新的坐标系
N130  G0  X32  Z-84;                          快速移动到位
N140  G01  X-1  F0.05;                        切断工件
程序结尾
N150  G00  X50;                               按不同的坐标顺序分别移动到起始点
N160  Z60;
N170  M30;
● LK1.SPF;                                    轮廓子程序
N10  G01  X0;
N20  Z0;
N30  G03  X15  Z-16.614  CR=10;               走到A点
N40  G01  X18.736  Z-32.5;                    走到B点
N50  G03  X18.736  Z-47.5  CR=12;             走到C点
N60  G01  Z-60  RND=3;                        切φ20mm，并倒R3mm角
N70  X28  CHF=1;                              倒角
N80  Z-84;
N90  M2;
```

(4) 需要注意的问题

1) 编程一般步骤：分析图样，确定加工路线。

- 选定编程原点；
- 计算轮廓节点的坐标值；
- 合理布置刀具，确定起刀点；
- 选用合理的切削用量，正确运用编程指令编程。

2) 对于数控车床，视刀架前后放置方式不同，其 X 正向亦不相同（见图 4-3），编程时要特别注意主轴旋转方向。对于前置式刀架，圆弧指令 G2、G3 的方向与实际轮廓刚好相反。

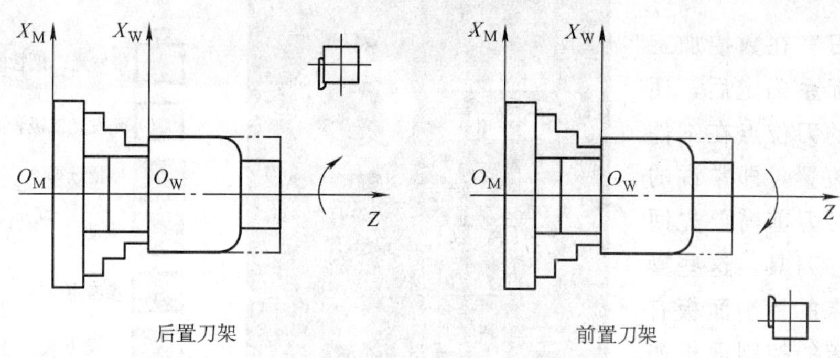

图 4-3 车床刀架的布置

3）数控程序由程序头、程序主干及程序尾组成。一般地，程序头包括程序号、建立工件坐标系、启动主轴、开启切削液、从起刀点快进到工件要加工的部位附近等准备工作；程序主干则是由具体的车削轮廓的各程序段组成，有必要的话可含子程序调用；程序尾包括快速返回起刀点、关主轴和切削液、程序结束停机等。

（5）输入加工程序　程序的输入有多种形式，如果程序比较短可通过手动数据输入方式（MDI）；如果程序比较长可通过通信接口将加工程序输入机床。

在操作面板上按区域转换键“▤”回到主菜单，再按“程序”键，按菜单扩展键“>”，按“新程序”键，输入新程序名称，如 WYJG1（注意：程序名前 2 位用字母，后面几位可以是数字或字母，但不能有空格或其他符号。程序名前 8 位有效），按“确认”键，即进入编辑状态，可以输入程序。注意：程序内容是自动保存的。

如果程序较长，可以先在计算机上用文本编辑器输入，然后通过 RS-232 接口将程序传入到系统中，当然，也可以将程序从数控机床传输到外部设备（如计算机）中。在进行数据传输时，RS-232 接口必须与外部计算机系统通信设定相符合。

西门子 802S 可以通过 PCIN 软件进行数据输入与输出。输入程序时先在 802S 中的“通信”菜单下选择的“输入启动”等待数据输入，然后在计算机中用 PCIN 软件发送程序数据即可。需要注意的是，若要通过这种方式传送程序，必须加上程序头，如下所示：

%_N_PROG_MPF

其中 PROG 是程序名。

6. CQK6132 型数控车床操作与首件加工

（1）加工前准备工作

● 检查机床的外表是否正常，注意电控柜的门是否关上，卡盘上的扳手是否取下。

● 首先应打开电源总开关，使系统上电。机床的总开关是位于电箱侧面的黄红开关。打开开关，风机旋转，电源指示灯亮，系统上电自检，整个机床处于待工作状态。系统自检结束后，输出 NC 准备好信号。此时方可按下控制面板上绿色“ON”按钮，驱动模块上电，机床各相关各部位上电，工作指示灯亮，这时可以操作整个机床了。

（2）刀具安装　本机床刀架为四方回转刀架，刀架侧面有数字标记，按照程序的设置在相应的工位安装需要的刀具，并调整刀具刃口的高度和工件轴线等高。

（3）装夹工件　本例中工件安装在三爪自定心卡盘上。工件装夹时要夹牢，以免工件飞出造成事故；完成装夹后，要注意将卡盘扳手及其他调整工具取出拿开，以免主轴旋转后甩出造成事故。

(4) 对刀　在数控加工中，工件坐标系确定后，还要确定刀具的刀位点在工件坐标系中的位置，即常说的对刀问题。对刀前需要先回参考点，建立刀具，这些操作需要对机床的控制面板有所了解，机床的控制面板如图 4-4 所示。

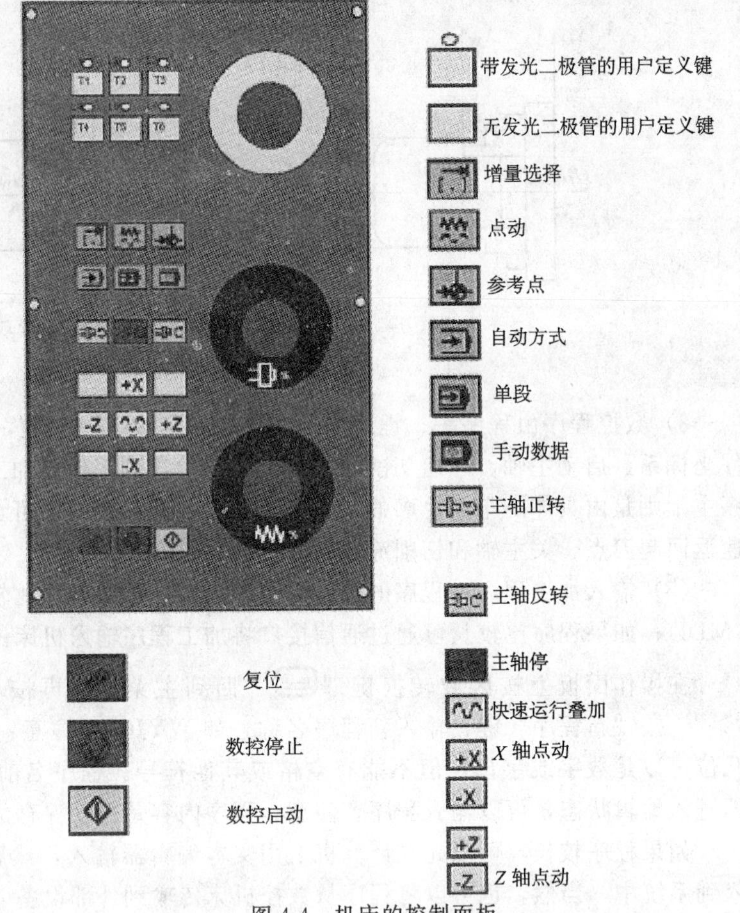

图 4-4　机床的控制面板

- 回参考点

数控机床的 CNC 系统在自动方式工作时必须先回参考点，在手动方式（JOG 方式）下进行回参考点操作。

按“→◆”键将机床工作方式选择到回参考点方式，本机床采用正回参考点方式。分别按“＋Z”、“＋X”键使机床回参考点，此时，屏幕上的＋Z○＋X○（○表示未回参考点）应分别变为＋Z◕＋X◕（◕表示已回参考点）。如回参考点中间松开按键，则机床停止运动。如果机床已经超程还不能回参考点（系统显示 021614 报警），则表明机床主轴或工作台在开始回参考点时已经越过机床减速开关。此时，先按“//”（复位）键，然后按“⩘⩘”键进入 JOG 方式（手动状态），这时可以按“－Z”或“－X”键（哪一个方向出现超程按哪一个）解除超程，使其回到机床减速开关前面一侧，以便机床重新回参考点。若工作台已经减速并向相反方向运动时松开“＋X”或“＋Z”键，则机床停止运动，系统显示 020005 报警，表示未找到接近开关信号，这时按“⊜”键可消除报警，再按“＋X”或“＋Z”键，直到工作台完全停止移动。如果系统仍然显示 020005 报警，则表示接近开关信号未传至系统，需要检查接近开关间隙或接线故障。正常情况下，机床开机后只需要回一次参考点。只有硬限位超程或紧急停止等比较高级的报警才会使机床失去已建立的参考点，这时，系统必须再回参考点。注意：自动加工和对刀之前必须先建立参考点。

在 CNC 进行工作之前，必须通过参数的输入和修改对机床、刀具进行调整。

刀具参数包括刀具几何参数、磨损量参数和刀具型号参数。不同类型的刀具均有一个确定的参数数量。每个刀具有一个刀具号（T 号）。

建立新刀具：依次按“参数”→“刀具补偿”→“菜单扩展”→“新刀具”软键，出现输入窗口，输入新的 T 号，按“确认”键确认输入，刀具补偿窗口打开，见图 4-5 所示画面。刀具补偿分长度补偿和半径补偿，参数表结构随刀具不同而不同。上下左右移动光标到要修改的区域，输入相应数值，按输入键确认。

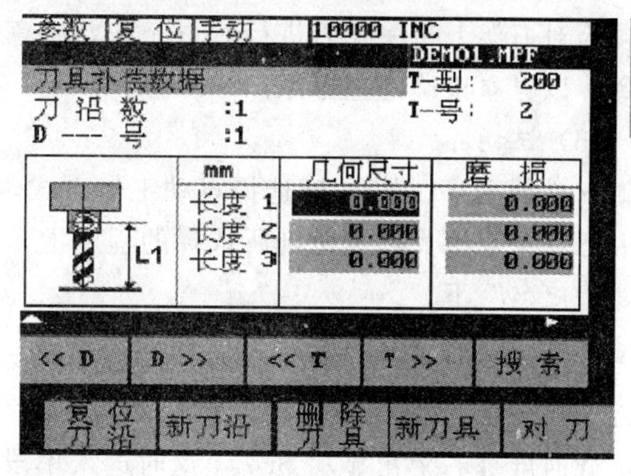

图 4-5 “刀具补偿”画面

● 手动对刀

常见的对刀方法有三种：试切法对刀、机外对刀仪对刀和自动对刀，各类数控车床的对刀方法各有差异，可查阅机床说明书。本例采用试切法对刀。

按“ ”键进入 JOG 方式（手动状态）。按 键启动主轴。

按“+X”、“−X”、“+Z”、“−Z”键使刀架移动，也可以同时按下“ ”键使工作台快速（G00 速度，由机床参数确定）移动。此时的速度可以通过进给速度修调开关（进给速度修调手轮）调整。然后按“ ”键使工作台以步进增量方式运行，连续按“ ”键可以选择 1、10、100、1000 四种不同的增量（单位为 0.001mm），此时，每次按方向键工作台和主轴运动相应的增量。

通过手动的方法用已选好的刀具将工件外圆表面车一小段，保持 *X* 向尺寸不变，沿 *Z* 向退刀（见图 4-6a），记下此时 *X* 坐标值，然后按 键使主轴停止运动，测量工件外圆直径，用 *X* 坐标减外圆直径，记录所得值为 *X* 方向偏移量。将工件右端面车一刀，沿 *X* 向退刀（见图 4-6b），记录此时的 *Z* 坐标值为 *Z* 方向偏移量。

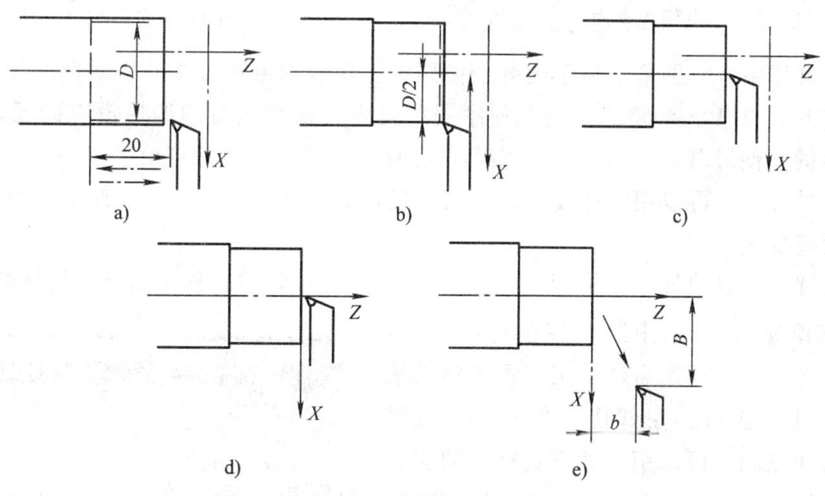

图 4-6 试切法对刀

a）试切外圆 b）试切端面 c）定位在轴心 d）重置零点 e）移到起刀点

按系统面板软键“参数”选择“零点偏移”进入零点偏置画面，如图 4-7 所示。把光标移动到 G54 的 *X* 坐标输入区，输入刚才记录的 *X* 偏移量；同样输入 *Z* 坐标偏移量，即完成这把刀具 *Z* 向对刀过程。此时刀尖（车刀的刀位点）当前位置就在编程零点（即工件原点）上。同样的过程可以对切断刀，并将其偏移量存入 G55 寄存器中（由于是前置刀架，对刀时以切断刀的左尖点为准)。802S 可以设定 G54～G57 四个编程原点，也就是说用这种办法可以为对刀架上每一把刀进行对刀。需要注意的是程序中每换一把刀都必须调用相应的偏置指令，以建立正确的坐标系。

(5) 试切

● 选择程序。按键选择自动工作方式，再按软键“程序”，打开程序目录窗口，用光标上下移动键将光标定位到所选择的程序上，按软键“选择”，被选择的程序名显示在屏幕区“程序名”下。

● 程序运行方式有自动方式和单段方式。加工第一件时，为了安全起见，采用单段运行方式。先按“ ”(自动方式)键，再按“加工”键，显示如图 4-8 所示画面，再按键，此时屏幕右上角显示 SBL，这时进入单段运行状态。此时按下 NC 启动键，系统就执行一段程序，再次按下 NC 启动键，系统执行下一条程序段，如此直至程序结束。

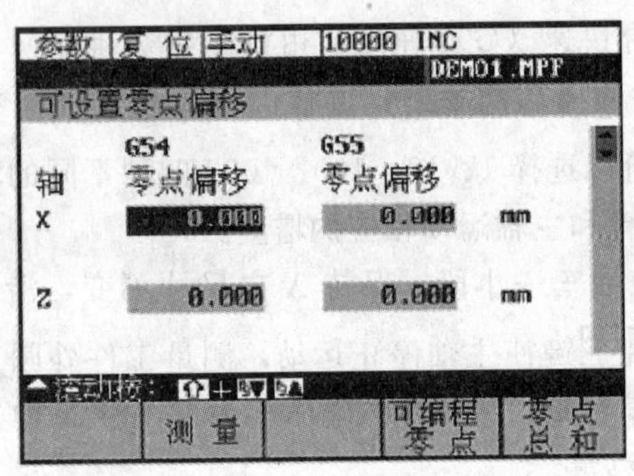

图 4-7　零点偏置画面

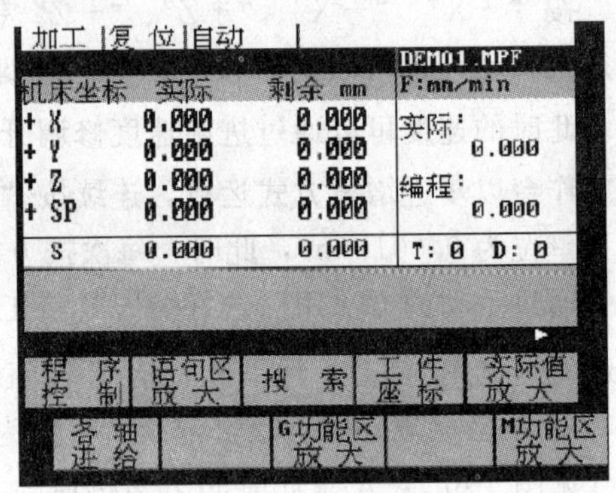

图 4-8　自动运行方式

在运行过程中可以屏幕上显示的剩余值判断工作台和主轴可能的移动量，若发现编程错误，及时按下数控停止键。当一个程序用单段方式连续运行两遍后没有问题时，就可以再按一次键，使屏幕右上角不显示 SBL，这时程序将连续运行直至结束。

在加工过程中，可以用“速度修调开关”进行进给速度调节，可以使工作台或主轴运动停止、变慢或变快。

按红色键，可以使程序在执行中停止(暂停)，再按键，程序由停止处继续向下执行。按//键(复位键)，可以中断正在执行的程序，机床动作全部停止，再次启动加工时程序将从第一段(句)开始执行。在试切一件后，测量零件，如果尺寸正确，可以用连续方式进行加工。

在自动加工方式下，如果有必要，按“程序控制”，可以对程序运行状态进行控制，如图 4-9 所示。按“ ”键或“ ”键，使方框阴影处于你需要选择的地方，按“ ”键输入即可。一般应选择“ROV”，表示在自动加工方式下，用进给倍率开关可以对进给速度进行调整。

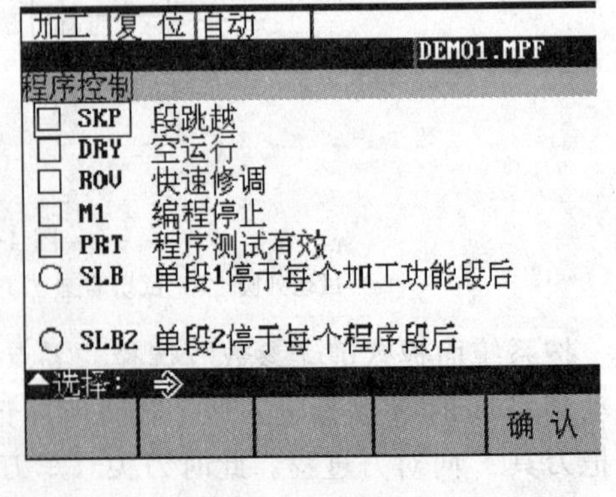

图 4-9　程序控制

(6) 数据记录　记录对刀时测量的值，为以后设置编程原点（G54）提供数据。同时，还可以记录首件试切零件的测量值和中间抽检的零件数据值，以便以后检查用。

7. 加工过程

(1) 中间抽检　进行连续加工时，应定期抽检，防止出现废品。

(2) 刀具磨损后调整　如果加工时间较长，刀具可能会磨损，这时，应该在刀具表中记录磨损量并加以补偿，或更换新的刀具。

(3) 其他注意事项　加工过程中，操作人员要及时调整切削液的方向和大小，注意润滑油液面的高低。工作完毕后，应将机床导轨、工作台擦干净，并认真填写工作日志。

8. 关闭机床

先按下控制面板上的急停按钮，然后关掉机床控制柜侧面的主电源开关。

实例二

1. 零件图样要求

图 4-10 所示为轴类零件，毛坯为 $\phi100$ 的棒料，材料为 45 钢，端面已平，车削外圆尺寸至图中要求。

2. 加工工艺路线制订

(1) 装夹与定位　此为短轴类零件，轴心线为工艺基准，用三爪自定心卡盘夹持 $\phi100$ 外圆，使工件伸出卡盘约 60mm，一次装夹完成加工。

(2) 工步顺序　从右端至左端轴向进给切削。该零件不需要精车，将轮廓加工出来即可。

(3) 工艺参数　根据制定的加工工艺，确定加工工艺参数：机床转速为 800r/min，加工时进给速度为 0.2mm/r。

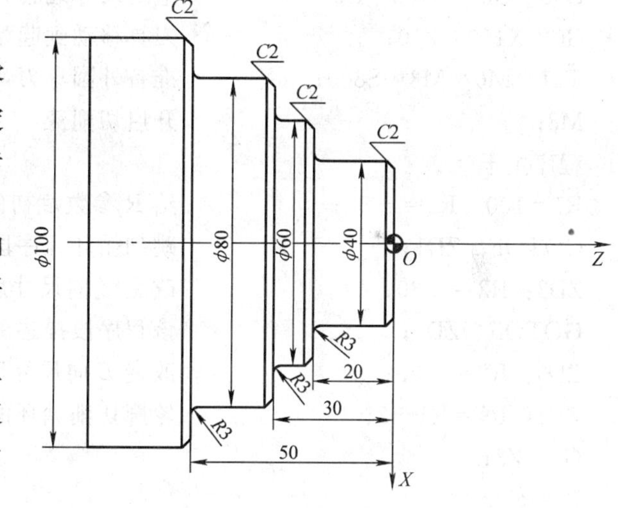

图 4-10　零件图

(4) 确定工件坐标系、对刀点和加工起始点　根据零件的尺寸标注特点及基准统一的原则，选择零件右端面轴心线的交点为工件原点，建立 XOZ 工件坐标系，如图 4-10 所示。采用手动试切对刀方法把该点作为对刀点。

进刀时采用快速进给接近工件切削起点附近的某个点，再改用切削进给，以减少空进给的时间，提高加工效率。加工起始点的确定与工件毛坯余量大小有关，应以刀具快速走到该点时刀尖不与工件发生碰撞为原则。本例起始点设置在工件坐标系下 X150、Z10 处。

3. 使用机床和数控系统的说明

(1) 机床型号和主要功能　机床型号为南京第二机床厂生产的 CQK6132 型数控车床。

(2) 技术参数　见前面表 4-1 所述。

(3) 数控系统　采用 SIEMENS SINUMERIK 802S 数控系统。

4. 数控加工使用的刀具、工具和量具

(1) 刀具　根据外形加工要求，选用一把外圆车刀 T01，安装在刀架的 1 号刀位上，对完刀后将刀偏值输入零点偏置参数 G54 寄存器中。

(2) 刀具装夹　刀具安装在刀架上，调整安装高度，使切削刃与工件轴线等高。刀架的 1 号刀位安装外圆刀。

(3) 工具、夹具　包括卡盘扳手、六角头扳手、铜棒等。

(4) 量具　主要是游标卡尺。

5. 编制加工程序与输入程序

(1) 编程分析　该零件结构要素有圆柱面、倒角、倒圆，其中倒角有 4 处和倒圆有 3 处，对于这些重复和类似的结构要素，在编程时往往可以使用西门子数控系统中“R”参数编程。“R”参数编程的实质，就是用变量“R”编写出“子程序”，并根据“R”数值的条件，多次调用“子程序”，以简化编程。本例采用这个方法。

(2) 加工程序清单

```
WYJG2.MPF;                        加工主程序
程序头
G90  G54  G23  G95;               绝对尺寸编程，零点偏置，直径编程
G0  X150  Z10;                    刀具移动到起始点
T01  M6  M3  S800;                准备外圆车刀，启动主轴
M8;                               开启切削液
程序主干
R1=100  R2=-50;                   给 R 参数赋初值 R1 表示 X 尺寸，R2 表示 Z 向尺寸
GOTOF  ZD1;                       跳到循环程序段 ZD1 该程序段描述的轨迹见图 4-11a
ZD2: R2=-30;                      改变 Z 向尺寸后跳到循环程序段 ZD1
GOTOF  ZD1;                       该程序段描述的轨迹见图 4-11b
ZD3: R2=-20;                      改变 Z 向尺寸后跳到循环程序段 ZD1
ZD1: R1=R1-2;                     轮廓切削循环的程序段
G0  Z2;
X=R1-8;
G1  X=R1  Z-2  F0.2;
G1  Z=R2  RND=3;
G1  X=R1+18;
G1  X=R1+22  Z=R2-2;
IF  R1>80  GOTOB  ZD1;            通过 IF 语句控制循环语句切削的轴段
IF  R1>60  GOTOB  ZD2;
IF  R1>40  GOTOB  ZD3;
程序结尾
G0  X150  Z10;                    回到起始点
M9;                               关切削液
M2;
```

(3) 需要注意的问题　合理选用“R”参数编程，可以提高某些零件的加工精度（多选节点）和编程效率，它也是手工编制复杂零件程序的主要方法之一，在不具备计算机自动编

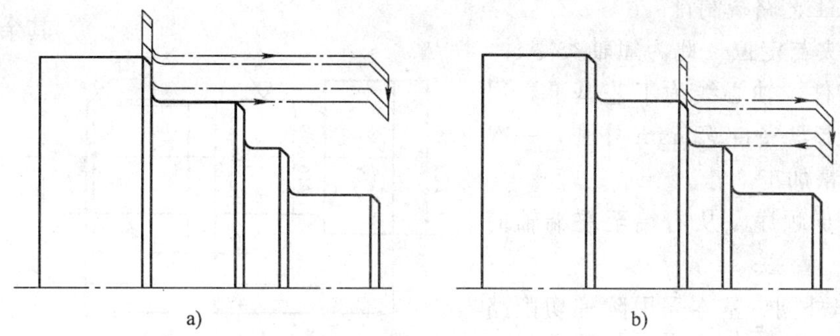

图 4-11 循环切削轨迹

程的情况下一般常采用这种方法。例如，用“R”参数编程的方法编制整圆的程序，若不用圆弧插补，可将圆均分成 360 份，再用直线插补连接。生产中常用的零件，如凸轮、齿轮、离合器、螺旋线等都可用“R”参数编程。

（4）输入加工程序　通过手动数据输入方式（MDI）输入程序。

6. CQK6132 型数控车床操作与首件加工

（1）加工前准备工作

● 检查机床的外表是否正常，注意电控柜的门是否关上，卡盘上的扳手是否取下。

● 首先应打开电源总开关，使系统上电。机床的总开关是位于电箱侧面的黄红开关。打开开关，风机旋转，电源指示灯亮，系统上电自检，整个机床处于待工作状态。系统自检结束后，输出 NC 准备好信号。此时方可按下控制面板上绿色“ON”按钮，驱动模块上电，机床各相关各部位上电，工作指示灯亮，这时可以操作整个机床了。

（2）刀具安装　本机床刀架为四方回转刀架，刀架侧面有数字标记，按照程序的设置在相应的工位安装需要的刀具，并调整刀具刃口的高度和工件轴线等高。

（3）装夹工件　本例中工件安装在三爪自定心卡盘上。工件装夹时要夹牢，以免工件飞出造成事故，完成装夹后，要注意将卡盘扳手及其他调整工具取出拿开，以免主轴旋转后甩出造成事故。

（4）对刀　用试切法完成对刀。

（5）试切

● 选择输入的程序作为加工程序。

● 仔细检查程序无误后，将进给修调调置 0，按下 NC 启动键，逐渐调大进给倍率，注意观察程序执行情况，几次循环进给没问题后即可全速运行。

7. 关闭机床

加工完毕后，先按下控制面板上的急停按钮，然后关掉机床控制柜侧面的主电源开关。

第二节　实训二　螺纹加工

实例三

1. 零件图样要求

如图 4-12 所示工件，毛坯为 ϕ25mm×65mm 棒材，材料为 45 钢。

2. 加工工艺路线制订

(1) 装夹与定位　此为短轴类零件，对短轴类零件，轴心线为工艺基准，用三爪自定心卡盘夹持 ϕ25mm 外圆，一次装夹完成粗精加工。

(2) 工步顺序　从右端至左端轴向进给切削。

① 粗车外圆。基本采用阶梯切削路线，为编程时数值计算方便，圆弧部分可用同心圆车圆弧法，分三刀车完。

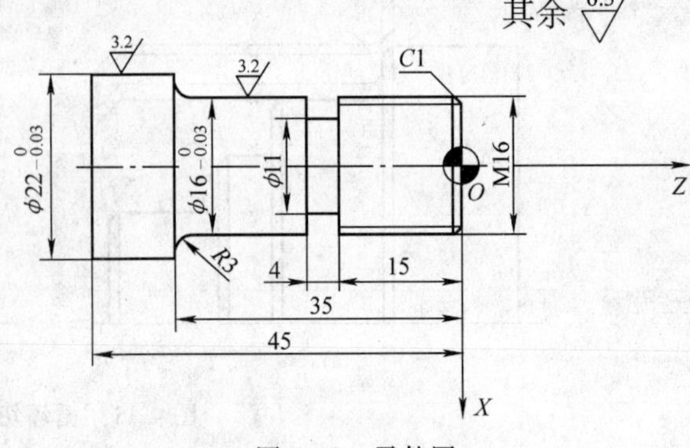

图 4-12　零件图

② 自右向左精车右端面及各外圆面：车右端面→倒角→切削螺纹外圆→车 ϕ16mm 外圆→车 R3mm 圆弧→车 ϕ22mm 外圆。

③ 切槽。

④ 车螺纹。

⑤ 切断。

(3) 工艺参数　根据制定的加工工艺，确定加工工艺参数：

- 粗加工时机床转速为 500r/min，精加工时机床转速为 800r/min。
- 精加工余量为 0.5mm。
- 粗加工时，进给速度为 100mm/min；精加工时，进给速度为 50mm/min。

(4) 确定工件坐标系、对刀点和换刀点　根据零件的尺寸标注特点及基准统一的原则，编程原点选择零件右端面轴心线的交点为工件原点，建立 XOZ 工件坐标系，如图 4-12 所示。采用手动试切对刀方法把该点作为对刀点。换刀点设置在工件坐标系下 X30、Z150 处。

3. 使用机床和数控系统的说明

(1) 主要功能和用途　以武汉华中数控股份有限公司生产的 CJK6032—4 型数控机床为例进行操作介绍。该机床是二轴联动的经济型变频主轴卧式数控车床，可加工各种盘类、轴类零件，可自动完成内、外圆柱面、圆弧面、螺纹等表面的加工，并能进行切槽、钻、扩、铰等加工。

(2) 技术参数（见表 4-3）。

表 4-3　CJK6032—4 型数控机床技术参数

项　　目		参　　数
床身上最大工件回转直径/mm		ϕ320
拖板上最大工件直径/mm		ϕ160
最大工件长度/mm		1000
主轴转速范围/r·min^{-1}		35～2180 无级变速
主轴通孔直径/mm		ϕ38
主轴内孔锥度		Morse No. 5
主轴端外锥体锥度		D4
刀架刀位数(个)		4
车刀刀杆最大尺寸(宽×高)/mm		18×18
工作进给最小设定单位	纵向(Z)/mm	0.0075
	横向(X)/mm	0.004

（续）

项　　目		参　数
刀架快移速度	纵向(Z)/m・min^{-1}	3
	横向(X)/m・min^{-1}	2
尾座顶尖套内孔锥度		Morse No. 3
尾座顶尖套最大移动距离/mm		100
主电动机功率/kW		2.2
纵向(Z)步进电动机转矩/N・m		10
横向(X)步进电动机转矩/N・m		5
机床外形尺寸(长×宽×高)/mm		1735×803×1360
机床净重/kg		450

（3）数控系统　采用华中 HNC-21T 数控系统。

4. 数控加工使用的刀具、工具和量具

（1）刀具　根据加工要求，选用四把刀具，T01 为粗加工刀，选 90°外圆车刀；T02 为精加工刀，选尖头车刀；T03 为切槽刀，刀宽为 4mm；T04 为 60°螺纹刀。刀具布置如图 4-13所示。工件材料为 45 钢，选择高速钢车刀或可转位车刀均可，推荐选择后者。

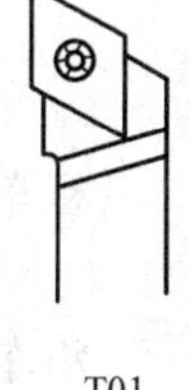

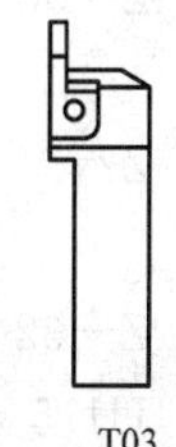

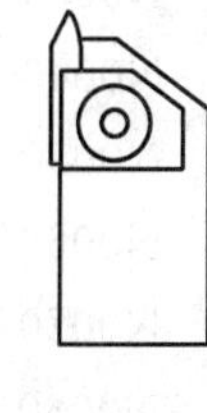

图 4-13　刀具选择

（2）刀具装夹　刀具安装在刀架上，调整安装高度，使切削刃与工件轴线等高。刀架的 1 号刀位安装外圆粗车刀，2 号位安装外圆精车刀，3 号位安装切槽刀，4 号位安装螺纹刀。对这 4 把刀分别进行对刀操作，把它们的刀偏值输入相应的刀具参数中。

（3）工具、夹具　选用卡盘扳手、六角头扳手、铜棒。

（4）量具　选用游标卡尺、外径千分尺、表面粗糙度工艺样板。

5. 编制加工程序与输入程序

（1）编程分析　该零件结构要素有圆柱面、退刀槽、倒圆、螺纹，表面有一定的粗糙度值要求，故加工时应该分粗加工和精加工两个阶段；粗加工采用外圆粗切刀，精加工采用外圆精切刀，以保证工件的表面质量和尺寸精度。

本例采用直径编程方式，HNC—21T 数控系统中直径编程指令是 G36。

本例中各个轴段直径尺寸相差不大，结构要素相对简单，故安排外圆粗切 3 次，精切 1 次，并没有使用轮廓切削循环。螺纹的切削采用系统提供的螺纹切削复合循环 G76。

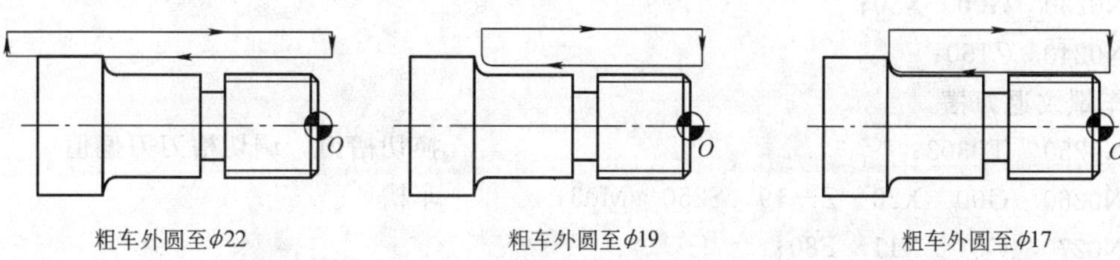

图 4-14　粗加工进给轨迹

(2) 粗加工进给轨迹（见图 4-14）

(3) 加工程序清单

O1234；　　加工主程序，O 为字母

程序头

%1234；

N0005　G90　G94　G36；　　绝对尺寸编程，零点偏置

N0010　G00　Z2　S500　T0101　M03；　　准备外圆车刀（建立工件坐标系）启动主轴

N0015　M07；　　开启切削液

程序主干

外形粗加工

N0020　X22；　　粗车外圆得 ϕ22mm

N0030　G01　Z－50　F100；

N0040　X30；

N0050　G00　Z2；

N0060　X19；　　粗车外圆得 ϕ19mm

N0070　G01　Z－32　F100；

N0080　G02　U1.5　W－1.5　R1.5；　　粗车圆弧一刀得 R1.5mm

N0090　G00　X30；

N0100　Z2；

N0110　X17；　　粗车外圆得 ϕ17mm

N0120　G01　Z－32　F100；

N0130　G02　U2.5　W－2.5　R2.5；　　粗车圆弧二刀得 R2.5mm

N0140　G00　X30　Z150；

外形精加工

N0150　T0202；　　精车刀，调精车刀刀偏值

N0160　X0　Z2；

N0170　G01　Z0　F50　S800　M03；　　精加工

N0180　X16　C1；

N0200　Z－32；

N0210　G02　U3　W－3　R3；

N0220　G01　X22　Z－50；

N0230　G00　X30；

N0240　Z150；

车螺纹退刀槽

N0250　T0303；　　换切槽刀，调切槽刀刀偏值

N0260　G00　X20　Z－19　S250　M03；　　车槽

N0270　G01　X11　F80；

N0280　X20；

```
N0290  G00  X30  Z150;
车螺纹
N0300  T0404;                                        换螺纹刀，调螺纹刀刀偏值
N0310  G00  X18  Z5  S200  M03;                      至螺纹循环加工起始点
N0320  G76  C1  A60  X14.376  Z-17  I0               车螺纹循环
K0.812  U0.1  V0.1  Q0.6  P0  F1.5;
N0330  G00  X30  Z150;
切断
N0340  T0303;                                        换切槽刀，调切槽刀刀偏值
N0350  G00  X30  Z-49  S200  M03;                    车断
N0360  G01  X-1  F50;
程序结尾
N0370  G00  X30;
N0380  Z150;
N0390  M09;                                          关切削液
N0400  M30;
```

（4）需要注意的问题　在使用螺纹循环指令之前，需要在手册查找所切制螺纹的螺距、螺纹高度、线数等数据。本例中 M16 螺纹的螺距为 1.5mm，螺纹高度是 0.812mm，单线。

（5）输入加工程序

1）手动输入程序。在系统的软件操作界面下按 F2 键进入编辑功能子菜单。在编辑功能子菜单下可以对零件程序进行编辑存储与传递以及对文件进行管理。

2）串口输入操作。如果程序较长，可以先在计算机上用文本编辑器输入，然后通过 RS-232 接口将程序传入到系统中，当然，也可以将程序从数控机床传输到外部设备（如计算机）中。读入串口程序编辑的操作步骤如下：

- 在“选择编辑程序”菜单中用▲▼选中“串口程序”选项，按 Enter 键，系统提示“正在和发送串口数据的计算机联络”。
- 在上位计算机上执行 DNC 程序，并在该程序中执行“发送 DNC”操作。上位计算机上提示“正在和接收数据的 NC 装置联络”。
- 联络成功后开始传输文件。上位计算机上有进度条显示传输文件的进度，并提示“请稍等，正在通过串口发送文件，要退出请按 Alt-E”；HNC-21T 的命令行提示“正在接收串口文件”。
- 传输完毕上位计算机上弹出对话框提示文件发送完毕，HNC—21T 的命令行提示“接收串口文件完毕”，编辑器将调入串口程序到编辑缓冲区。

3）在进行数据传输时，RS-232 接口必须与数据保护设备匹配。表 4-4 是 HNC-21T 数控系统通信设定标准。

6. CJK6032—4 型数控机床操作与首件加工

（1）机床上电

- 检查机床状态是否正常。
- 检查电源电压是否符合要求，接线是否正确。

表 4-4　HNC-21T 数控系统通信设定标准

参　　数	设 置 值	参　　数	设 置 值
端口号(1 2)	2	校验位	1
波特率/(bit/s)	9600	数据长度	8
停止位	1		

- 按下急停按钮。
- 机床上电。
- 检查风扇电动机运转是否正常。
- 检查面板上的指示灯是否正常。

接通数控装置电源后 HNC—21T 自动运行系统软件，此时液晶显示器显示软件操作界面，工作方式为“急停”。

(2) 刀具安装　本机床刀架为四方回转刀架，刀架侧面有数字标记，按照程序的设置在相应的工位安装需要的刀具，并调整刀具刃口的高度和工件轴线等高。

(3) 装夹工件　本例中工件安装在三爪自定心卡盘上。工件装夹时要夹牢，以免工件飞出造成事故；完成装夹后，一定要将卡盘扳手及其他调整工具取出拿开，以免主轴旋转后甩出造成事故。

(4) 对刀　需要对机床的控制面板有所了解，如图 4-15 所示。机床控制面板用于直接控制机床的动作或加工过程，标准机床控制面板的大部分按键（除急停按钮外）位于操作台的下部。

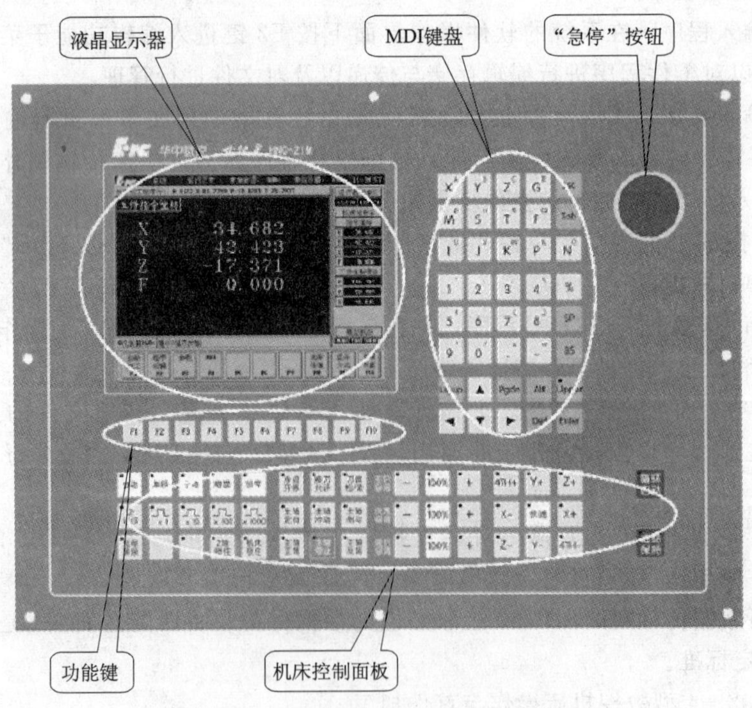

图 4-15　华中世纪星车床数控装置操作台

1) 回参考点（回零）。控制机床运动的前提是建立机床坐标系，为此，系统接通电源，复位后首先应进行机床各轴回参考点操作。方法如下：

● 如果系统显示的当前工作方式不是回零方式，按一下控制面板上面的“回零”按键，确保系统处于“回零”方式。

● 按一下“+X”，X 轴回到参考点，用同样的方法使用“+Z”按键，使 Z 轴回参考点。所有轴回参考点后，即建立了机床坐标系。注意：一般应先使 X 轴回参考点。

注意：

● 在每次电源接通后必须先完成各轴的返回参考点操作，然后再进入其他运行方式，以确保各轴坐标的正确性。

● 同时按下“X”和“Z”轴向选择按键，可使 X、Z 轴同时返回参考点。请注意刀架是否会与工件或其他物体碰撞。

● 在回参考点前，应确保回零轴位于参考点的回参考点方向相反侧（如 X 轴的回参考点方向为正，则回参考点前应保证 X 轴当前位置在参考点的负向侧），否则应手动移动该轴，直到满足此条件。

● 在回参考点过程中若出现超程请按住控制面板上的“超程解除”按键向相反方向手动移动该轴，使其退出超程状态。

2）手动对刀

● 按 F4 键进入 MDI 功能子菜单，按 F8 键，进入刀具偏置值自动设置方式，如图 4-16 所示。

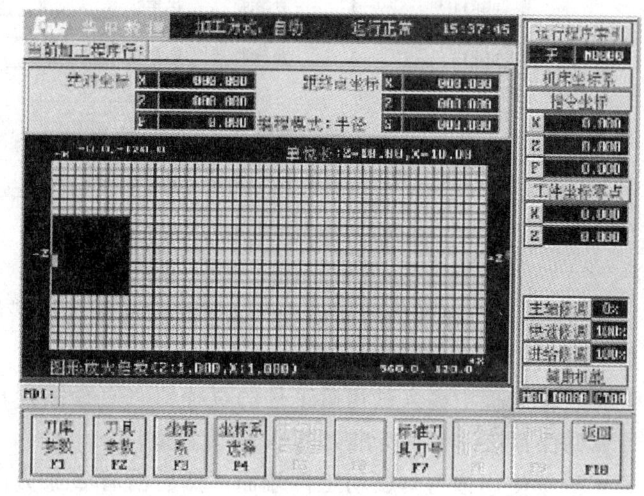

图 4-16　刀具偏置数据自动设置画面

● 按 F7 键弹出如图 4-17 所示输入框。

● 输入正确的标准刀具刀号，本例中输入 1，也就是将外圆粗车刀作为基准刀具。

● 使用标准刀具试切工件外径，然后沿着 Z 轴方向退刀。

华中数控

请选择标准刀具刀号(1~99)：

图 4-17　标准刀号输入框

● 按 F8 键，在弹出的菜单中用▲▼移动光标选择“标准刀具 X 值”，告诉系统现在对的是 X 轴。

● 在输入框中输入试切工件的直径，系统将自动记录试切后标准刀具 X 轴机床坐标值。

● 使用标准刀具试切工件端面，然后沿着 Z 轴方向退刀。

● 按 F8 键，在弹出的菜单中用▲▼移动光标选择“标准刀具 Z 值”，告诉系统现在对的是 Z 轴。

● 按回车键，系统将自动记录试切后标准刀具 Z 轴机床坐标值，至此基准刀具的对刀完成。

● 按 F2 键弹出如图 4-18 所示对话框，用▲▼移动蓝色亮条选择要设置刀具偏置的刀补（例如：T0202），使用该刀补对应的刀具（T02）试切工件外径，然后沿着 Z 轴方向退刀。

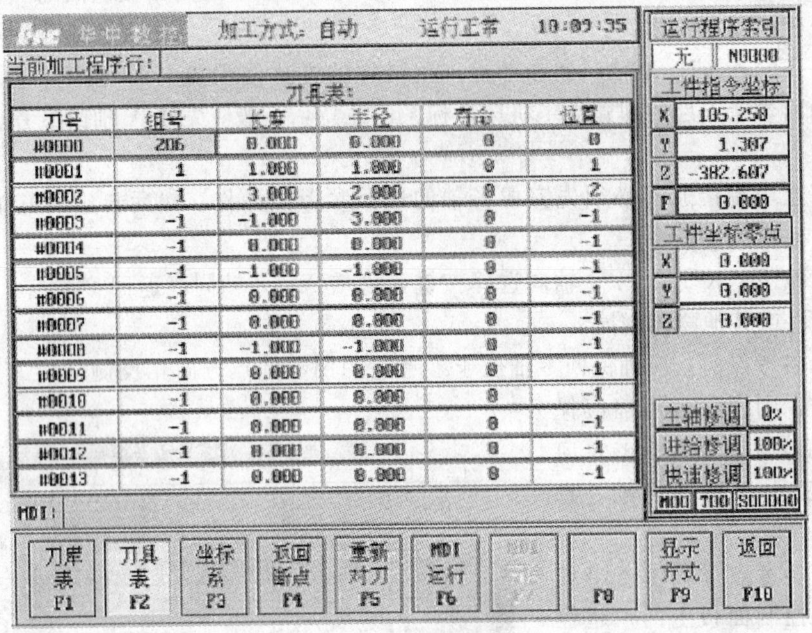

刀具表：

刀号	组号	长度	半径	寿命	位置
#0000	206	0.000	0.000	0	0
#0001	1	1.000	1.000	0	1
#0002	1	3.000	2.000	0	2
#0003	-1	-1.000	3.000	0	-1
#0004	-1	0.000	0.000	0	-1
#0005	-1	-1.000	-1.000	0	-1
#0006	-1	0.000	0.000	0	-1
#0007	-1	0.000	0.000	0	-1
#0008	-1	-1.000	-1.000	0	-1
#0009	-1	0.000	0.000	0	-1
#0010	-1	0.000	0.000	0	-1
#0011	-1	0.000	0.000	0	-1
#0012	-1	0.000	0.000	0	-1
#0013	-1	0.000	0.000	0	-1

图 4-18　刀具表

● 按 F9 键，在弹出的菜单中用▲▼移动光标选择“X 轴补偿”，告诉系统现在根据基准刀具 T01 计算 T02 的 X 轴刀补。

● 在输入框中输入试切后工件的直径值（直径编程）或半径值（半径编程），系统将自动计算并保存该刀相对标准刀的 X 轴偏置值。

● 继续使用该刀具试切工件端面，然后沿着 Z 轴方向退刀。

● 按 F9 键，在弹出的菜单中用▲▼移动光标选择“Z 轴补偿”，告诉系统现在根据基准刀具 T01 计算 T02 的 Z 轴刀补。

● 在输入框中输入试切端面到标准刀具试切端面沿 Z 轴的距离，系统将自动计算并保存该刀相对标准刀的 Z 轴偏置值，至此完成 T02 刀具的对刀操作。用同样方法对另外两把刀进行对刀。

这样设置好后，在程序中使用“T0101”的刀具指令即可自动按机床坐标系的偏置关系建立起一个工件坐标系，程序中就不再需要使用 G92 或 G54 指令来建立工件坐标系了（参见程序清单）。这种方法实际上是直接将工件零点在机床坐标系中的坐标值设置到刀偏地址寄存器中了。

（5）试切

1）首先选择程序。在软件操作界面下按 F1 键进入程序运行子菜单，再按 F1 键将弹出“选择运行程序”子菜单，通过该菜单选择需要加工的程序（本例中程序名为 O1234）。

2）进行程序校验。该功能用于对调入加工缓冲区的零件程序进行检查并提示可能的错误。尚未在机床上运行的新程序在调入后最好先进行校验，运行正确无误后再启动自动运行。校验运行时机床不动作，并以图形方式显示校验的结果。

程序校验运行的操作步骤如下：

● 按机床控制面板上的“自动”按键进入程序运行方式。

● 在程序运行子菜单下按 F3 键，此时软件操作界面的工作方式显示改为“校验运行”。

● 按机床控制面板上的“循环启动”按键，程序校验开始。

● 若程序正确，校验完后光标将返回到程序头，且软件操作界面的工作方式显示改回为“自动”；若程序有错，命令行将提示程序的哪一行有错。

3）经校验无误后可正式启动运行。按一下机床控制面板上的“自动”按键（指示灯亮），进入程序运行方式；按一下机床控制面板上的“循环启动”按键（指示灯亮），机床开始自动运行调入的零件加工程序。

当然也可像前面介绍的西门子系统那样“单步”运行，一般在试切一件后，测量零件。如果尺寸正确，可以用连续方式进行加工。

（6）数据记录　记录对刀时测量的值，为以后设置编程原点（G54、G55、G56、G57）提供数据。同时，还可以记录首件试切零件的测量值和中间抽检的零件数据值，以便以后检查用。

7. 关闭机床

加工完后关闭机床的顺序为：

● 按下控制面板上的急停按钮，断开伺服电源。

● 断开数控电源。

● 断开机床电源。

实例四

1. 零件图样要求

如图 4-19 所示工件，零件材料为 45 钢，其他表面均已加工，只需车双线螺纹 M42×2。

2. 加工工艺路线制订

（1）装夹与定位　此为短轴类零件，轴心线为工艺基准，用三爪自定心卡盘夹持工件左端外圆，使工件伸出卡盘约 60mm。

（2）工步顺序　该零件其他表面不需要精车，将螺纹加工出来即可。螺纹的车削分为粗切削和精切削。

（3）工艺参数　根据制定的加工工艺，确定加工工艺参数：机床转速为 1000r/min，加工时进给速度为 0.3mm/r，精车时余量为 1mm。

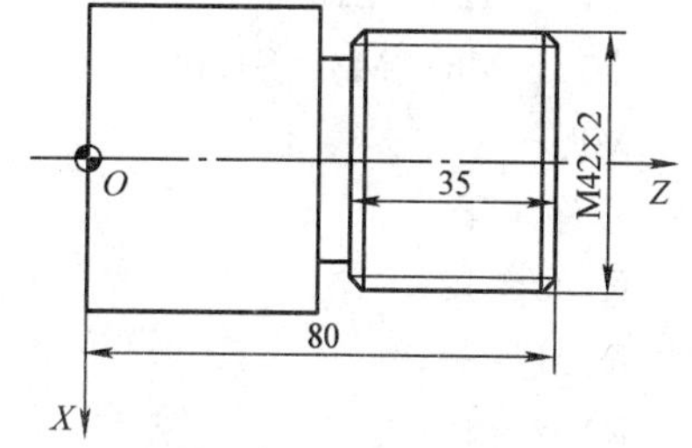

图 4-19　零件图

（4）确定工件坐标系、对刀点和换刀点　编程原点选择零件左端面与轴心线的交点为工件原点，建立 *XOZ* 工件坐标系，如图 4-19 所示。采用手动试切对刀方法把该点作为对刀点。换刀点设置在工件坐标系下 X120、Z100 处。

3. 使用机床和数控系统的说明

（1）机床型号和主要功能　机床为南京第二机床厂生产的 CQK6132 型数控车床。

（2）技术参数（见表 4-1）

（3）数控系统　采用 SIEMENS SINUMERIK 802S 数控系统。

4. 数控加工使用的刀具、工具和量具

（1）刀具　根据外形加工要求，选用一把螺纹车刀 T01，安装在刀架的 1 号刀位上，对完刀后将刀偏值输入零点偏置参数 G54 寄存器中。

(2) 刀具装夹　刀具安装在刀架上，调整安装高度，使切削刃与工件轴线等高。刀架的1号刀位安装螺纹车刀。

(3) 工具、夹具　包括卡盘扳手、六角头扳手、铜棒等。

(4) 量具　是指游标卡尺、螺纹规等。

5. 编制加工程序与输入程序

(1) 编程分析　该零件结构要素主要为双线螺纹，西门子数控系统提供了螺纹切削循环 LCYC97，本例采用该指令编程，循环指令参数见表 4-5。

表 4-5　循环 LCYC97 参数

参　数	含　　义	参　数	含　　义
R100	螺纹起始点直径	R109	空刀导入量
R101	纵向轴螺纹起点	R110	空刀退出量
R102	螺纹终点直径	R111	螺纹深度
R103	纵向轴螺纹终点	R112	起点偏移量
R104	螺纹导程	R113	粗切削次数
R105	加工类型:1 外螺纹 2 内螺纹	R114	螺纹头数
R106	精加工余量		

(2) 加工程序清单

```
LWJG2. MPF;                    加工主程序
程序头
G90  G54  G23  G95;            绝对尺寸编程，零点偏置，直径编程
G0   X120  Z100;               刀具移动到起始点
T01  M6  M3  S1000;            准备外圆车刀，启动主轴
M8;                            开启切削液
程序主干
R100=42;
R101=80;
R102=42;
R103=45;
R104=2;
R105=1;
R109=12;
R110=6;
R111=4;
R112=0;
R113=3;
R114=2;
LCYC97;
程序结尾
```

G0　X120　Z100；　　　　　　　　　　　回到起始点

M9；　　　　　　　　　　　　　　　　　关切削液

M2；

（3）需要注意的问题

● 在西门子系统和华中 HNC—21T 数控系统中螺纹切削一般都有两种加工方法：华中 HNC-21T 系统中是采用 G32 直进式切削方法和 G76 斜进式切削方法；西门子 802S 系统中是 G33 和 LCYC95。由于切削方法的不同，编程方法也不同，造成加工误差也不同。G32 和 G33 编程背吃刀量分配方式一般为常量值，双刃切削，其每次背吃刀量一般由编程人员编程给出；G76、LCYC95 切削循环自动决定循环次数和粗切削余量。其中 G76 背吃刀量分配方式一般为递减式，其切削为单刃切削，其背吃刀量由控制系统来计算给出。

在加工误差方面，G32 直进式切削方法，由于两侧刃同时工作，切削力较大，而且排屑困难，因此在切削时，两切削刃容易磨损。在切削螺距较大的螺纹时，由于背吃刀量较大，刀刃磨损较快，从而造成螺纹中径产生误差；但是其加工的牙形精度较高，因此一般多用于小螺距螺纹加工。由于其刀具移动切削均靠编程来完成，所以加工程序较长；由于刀刃容易磨损，因此加工中要做到勤测量。

G76 斜进式切削方法，由于为单侧刃加工，加工刀刃容易损伤和磨损，使加工的螺纹面不直，刀尖角发生变化，而造成牙形精度较差。但由于其为单侧刃工作，刀具负载较小，排屑容易，并且背吃刀量为递减式。因此，此加工方法一般适用于大螺距螺纹加工。由于此加工方法排屑容易，刀刃加工工况较好，在螺纹精度要求不高的情况下，此加工方法更为方便。在加工较高精度螺纹时，可采用两刀加工完成，即先用 G76 加工方法进行粗车，然后用 G32 加工方法精车。但要注意，刀具起始点要准确，不然容易乱扣，造成零件报废。

● 加工螺纹时车刀安装得过高或过低，工件装夹不牢或车刀磨损过大，都有可能造成啃刃现象，应该加以注意。

第三节　实训三　内圆加工

实例五

1. 零件图样要求

加工图 4-20 所示的套筒零件，毛坯直径为 ϕ50mm，长为 55mm，材料为 45 钢，未注倒角 C1。假定外圆表面已经过粗加工，留径向余量（双边）0.5mm。

2. 加工工艺路线制订

（1）装夹与定位　此为短轴类零件。对短轴类零件，轴心线为工艺基准。粗加工外表面用三爪自定心卡盘夹持 ϕ50mm 外圆，加工内孔时也要以外圆表面来装夹定位，最后精加工外圆表面时以心轴、顶尖来装夹定位。

（2）工步顺序　此工件完整加工路线如下，本例从第二步开始。

1）装夹 ϕ50mm 的外圆，找正。粗加工 ϕ42mm 的外圆（留余量）→粗加工 ϕ34mm 的外圆（留余量）→精加工 ϕ42mm 的外圆→切槽→倒角→切断。

2）用软爪装夹 ϕ34mm 外圆（避免给该表面带来深的压痕），加工内孔，路线为：加工端面→粗加工 ϕ22mm 的内孔→精加工 ϕ22mm 的内孔→切槽（ϕ24mm×16mm）。

3）工件套心轴，两顶尖装夹，精车 ϕ34mm 的外圆。

（3）工艺参数　根据制定的加工工艺，确定加工工艺参数。

● 机床转速：外圆粗加工时为 500r/min，内孔加工时为 500r/min，ϕ34mm 精加工时为 1000r/min；

● 精加工余量为 0.5mm。

● 进给率：粗加工外圆面时进给速度为 200mm/min，内孔加工和外圆表面精加工时，进给速度为 50mm/min。

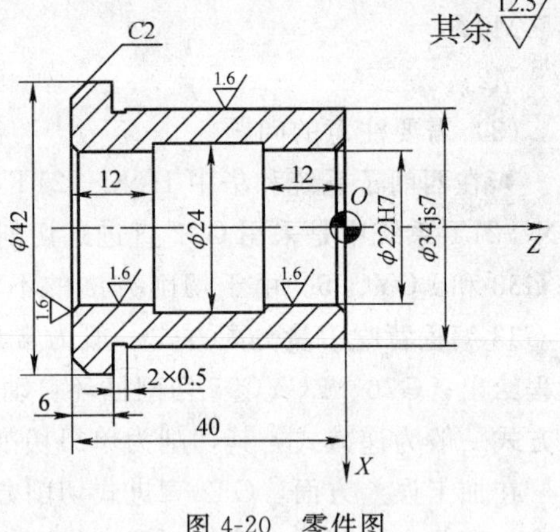

图 4-20　零件图

（4）确定工件坐标系、对刀点和换刀点　根据零件的尺寸标注特点及基准统一的原则，选择零件右端面与轴心线的交点为编程原点，建立 *XOZ* 工件坐标系，如图 4-20 所示。采用手动试切对刀方法把该点作为对刀点。换刀点设置在工件坐标系下 X100、Z100 处。

3. 使用机床和数控系统的说明

（1）机床型号　本例使用 CJK6032-4 型数控机床，该机床为前置四刀位刀架。

（2）数控系统　采用华中 HNC-21T 数控系统。

4. 数控加工使用的刀具、工具和量具

（1）刀具　所选刀具尺寸及刀具号见表 4-6。

表 4-6　刀具号

类别 / 刀号	刀具名称	用途
T1	45°端面刀	加工零件左端面
T2	内孔车刀	车 ϕ22mm 内孔
T3	刀宽为 4mm 的切槽刀	车 ϕ24mm×16mm 的槽
T4	外圆正偏刀	精车外圆

（2）刀具装夹　刀具安装在刀架上，调整安装高度，使切削刃与工件轴线等高。刀架的 1 号刀位安装端面车刀，2 号刀位安装内孔车刀，3 号刀位安装切槽刀，4 号刀位安装外圆精车刀。对这 4 把刀分别进行对刀操作，把它们的刀偏值输入相应的刀具参数中。

（3）工具、夹具　包括卡盘扳手、六角头扳手、铜棒等。

（4）量具　包括游标卡尺、外径千分尺、内径千分尺、表面粗糙度工艺样板等。

5. 编制加工程序

（1）编程分析　该零件结构要素有圆柱面、退刀槽、倒角、内孔等，为减少热变形和切削力变形对工件的形状、位置精度、尺寸精度和表面粗糙度值的影响，应将粗、精加工分开进行。对此轴类零件来说，将外圆表面先粗加工，留少量余量精加工，然后加工内孔，最后精加工重要的外圆表面，以这种做法（粗精分开、互为基准）来保证质量要求。另外，粗加工采用外圆粗切刀，精加工采用外圆精切刀，也是为了保证工件的表面质量和尺寸精度。

（2）程序清单

● 加工内孔的程序

```
%7102;                              程序名
N10  G92  X100  Z100;               设置工件坐标系
N20  M03  S500;                     主轴正转，转速 500r/min
N30  M06  T0101;                    换刀补号为 01 的 01 号刀（端面车刀）
N40  G90  G00  X44  Z0;             快速定位到 φ44mm 直径处
N50  G01  X20  F50;                 车端面
N60  G00  Z50;                      刀尖快速定位到距端面 50mm 处
N70  X100;                          刀尖快速定位到 φ100mm 直径处
N75  T0100;                         清除刀偏
N80  M06  T0202;                    换刀补号为 02 的 02 号刀（内孔刀）
N90  G00  X18  Z2;                  刀尖快速定位
N100  G80  X21.6  Z－41  F200;      粗车 φ22mm 外圆，留径向余量 0.4mm
N110  G01  X26  Z1  F50;
N120  X22  Z－1;                    倒角 C1
N130  Z－40.5;                      精车 φ22mm 的内孔
N140  G01  X18;                     刀尖退至 φ18mm 直径处
N150  Z100;
N160  X100;
N165  T0100;                        清除刀偏
N170  M06  T0303;                   换刀，使用 4mm 的内孔切槽刀
N180  G00  X18  Z2;
N190  Z－16.5;                      刀尖快速定位
N200  G01  X23.5  F50;              切退刀槽
N210  X20;                          退刀至 φ20mm 直径处
N220  G81  X23.5  Z－20.5  F50;     切槽
N230  G81  X23.5  Z－24.5  F50;
N240  G81  X23.5  Z－28  F50;
N250  G01  Z－28;                   刀尖移动定位
N260  X24;                          精加工槽
N270  Z－16;
N280  X20;                          退刀至 φ20mm 直径处
N290  G00  Z100;                    刀尖快速退至距端面 100mm 处
N300  X100;                         刀尖快速退刀至 φ100mm 直径处
N310  T0000;                        清除刀偏
N315  M05;                          主轴停
N320  M02;                          程序结束
```

● 精车 ϕ34mm 外圆的程序

```
%7103;                        程序名
N10  G92  X100  Z100;          设置工件坐标系
N20  M03  S1000;               主轴正转，转速 1000r/min
N30  M06  T0101;               外圆精车刀
N40  G00  Z2;
N50  X36;
N60  G01  X30  Z1  F50;
N70  X34  Z-1;                 倒角 C1
N80  Z-34;                     精车 φ34mm 的外圆
N90  G01  X45;
N100  G00  X100  Z100;         刀尖快速定位到 φ100mm 直径处，距端面 100mm
N110  T0000;                   清除刀偏
N115  M05;                     主轴停
N120  M02;                     程序结束
```

6. 首件加工

（1）对刀　对刀过程和前面所述类似，不再赘述。

（2）试切　在单段模式下进行试切。

（3）测量　测量加工尺寸，检验是否正确。

7. 关闭机床

加工完后关闭机床的顺序为：

- 按下控制面板上的急停按钮，断开伺服电源。
- 断开数控电源。
- 断开机床电源。

第四节　实训四　综合训练

实例六

1. 零件图样要求

编制图 4-21 所示零件的加工程序。

工艺条件：工件材质为铝，毛坯为直径 φ54mm、长 200mm 的棒料。

2. 加工工艺路线制订

（1）装夹与定位　此为短轴类零件。对短轴类零件，轴心线为工艺基准。用三爪自定心卡盘夹持 φ54mm 外圆，一次完成粗精加工。

（2）工步顺序　此工件完整加工路线如下：

1）装夹 φ54mm 的外圆，找正。粗加工毛坯右端面两次。

2）粗加工外径至 φ52.6mm→粗加工工件外轮廓。

3）精车外轮廓。

4）车两线螺纹 M20×3(P1)。

5）切断。

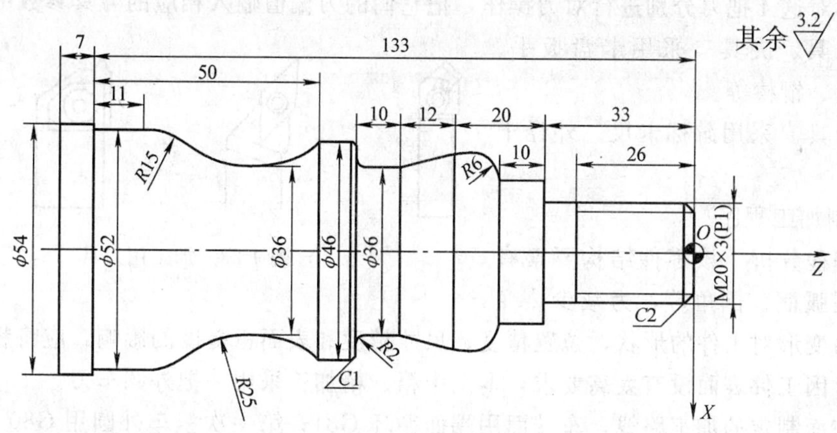

图 4-21　零件图

(3) 工艺参数　根据制定的加工工艺，确定加工工艺参数：

● 机床转速：外圆粗加工时为 500r/min，精加工时为 800r/min，车螺纹时为 200r/min。

● 精加工余量为 0.3mm。

● 进给率：粗加工外圆面时进给速度为 100mm/min，精加工时进给速度为 50mm/min。

(4) 确定工件坐标系、对刀点和换刀点　根据零件的尺寸标注特点及基准统一的原则，编程原点选择零件右端面与轴心线的交点，建立 *XOZ* 工件坐标系，如图 4-21 所示。

采用手动试切对刀方法对刀，对刀点在毛坯右侧端面，也就是说使工件原点在对刀点左边（3mm），如图 4-22 所示。

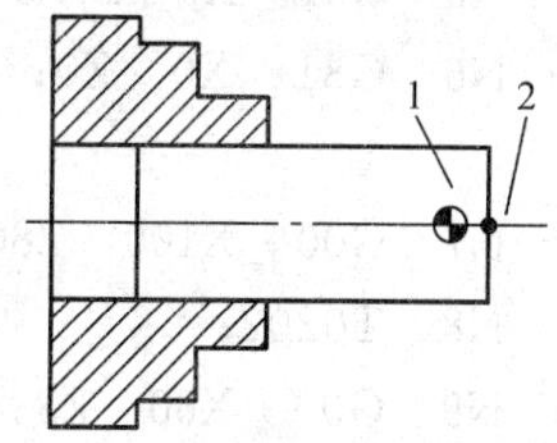

图 4-22　编程原点和对刀点

1—编程原点　2—对刀点

换刀点设置在工件坐标系下 X100，Z80 处。

3. 使用机床和数控系统的说明

(1) 机床型号　本例使用 CJK6032—4 型数控机床，该机床为前置四刀位刀架。

(2) 数控系统　采用华中 HNC—21T 数控系统。

4. 数控加工使用的刀具、工具和量具

(1) 刀具　所选刀具尺寸及刀具号见表 4-7 和图 4-23。

表 4-7　刀具号

类别 / 刀号	刀具名称	用途
T0101	端面刀	加工零件右端面
T0202	外圆车刀	粗、精车外圆轮廓
T0303	螺纹刀	车 M20 的螺纹
T0404	刃宽为 4mm 的切槽刀	切断

(2) 刀具装夹　刀具牢靠地安装在刀架上，调整安装高度，使切削刃与工件轴线等高。刀架的 1 号刀位安装端面车刀，2 号刀位安装外圆车刀，3 号刀位安装螺纹刀，4 号刀位安

装切槽刀。对这 4 把刀分别进行对刀操作，把它们的刀偏值输入相应的刀具参数中。

(3) 工具、夹具　采用卡盘扳手、六角头扳手、铜棒等。

(4) 量具　采用游标卡尺、外径千分尺。

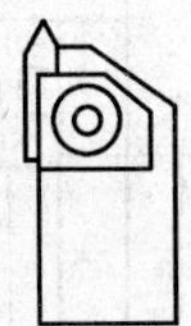

图 4-23　加工用刀具

5. 编制加工程序

(1) 编程分析　该零件结构要素有圆柱面、圆弧面、倒角等，为减少热变形和切削力变形对工件的形状、位置精度、尺寸精度和表面粗糙度的影响，应将粗、精加工分开进行。因工件表面没有太高要求，本例中粗、精加工采用一把外圆车刀。

根据前面制定的加工路线，车端面用端面循环 G81；第一次粗车外圆用 G80 去除余量，第二次用 G71 粗车轮廓；车螺纹用 G82 循环，分三次切深，用 G76 光整。

(2) 程序清单

```
%3333
程序头
N1  T0101;                              换一号端面刀，确定其坐标系
N2  M03  S500;                          主轴以 500r/min 正转
主程序
N3  G00  X100  Z80;                     到程序起点或换刀点位置
N4  G00  X60  Z5;                       到简单端面循环起点位置
N5  G81  X0  Z1.5  F100;                简单端面循环，加工过长毛坯
N6  G81  X0  Z0;                        简单端面循环加工，加工过长毛坯
N7  G00  X100  Z80;                     到程序起点或换刀点位置
N8  T0202;                              换二号外圆刀，确定其坐标系
N9  G00  X60  Z3;                       到简单外圆循环起点位置
N10  G80  X52.6  Z-133  F100;           简单外圆循环，加工过大毛坯直径
N11  G01  X54;                          到复合循环起点位置
N12  G71  U1  R1  P16  Q32  E0.3;       外径粗切复合循环加工，留精加工余量 0.3mm
N13  G00  X100  Z80  M05;               粗加工后，到换刀点位置
N15  G00  G42  X70  Z3  M03  S800;      到精加工始点，加入刀尖圆弧半径补偿
N16  G01  X10  F100;                    精加工轮廓开始，到倒角延长线处
N17  X19.95  Z-2;                       精加工倒 C2 角
N18  Z-33;                              精加工螺纹外径
N19  G01  X30;                          精加工 Z33mm 处端面
```

```
N20  Z—43；                                          精加工 φ30mm 外圆
N21  G03  X42  Z—49  R6；                            精加工 R6mm 圆弧
N22  G01  Z—53；                                     精加工 φ42mm 外圆
N23  X36  Z—65；                                     精加工下切锥面
N24  Z—73；                                          精加工 φ36mm 槽径
N25  G02  X40  Z—75  R2；                            精加工 R2mm 过渡圆弧
N26  G01  X44；                                      精加工 Z75 处端面
N27  X46  Z—76；                                     精加工倒 C1 角
N28  Z—84；                                          精加工 φ46mm 槽径
N29  G02  Z—113  R25；                               精加工 R25mm 圆弧凹槽
N30  G03  X52  Z—122  R15；                          精加工 R15mm 圆弧
N31  G01  Z—133；                                    精加工 φ52mm 外圆
N32  G01  X54；                                      退出已加工表面，精加工轮廓结束
N33  G00  G40  X100  Z80；                           取消半径补偿，返回换刀点位置
N34  M05；                                           主轴停
N35  T0303；                                         换三号螺纹刀，确定其坐标系
N36  M03  S200；                                     主轴以 200r/min 正转
N37  G00  X30  Z5；                                  到简单螺纹循环起点位置
N38  G82  X19.3  Z—20  R—3  E1  C2  P120  F3；       加工两线螺纹，背吃刀量 0.7mm
N39  G82  X18.9  Z—20  R—3  E1  C2  P120  F3；       加工两线螺纹，背吃刀量 0.4mm
N40  G82  X18.7  Z—20  R—3  E1  C2  P120  F3；       加工两线螺纹，背吃刀量 0.2mm
N41  G82  X18.7  Z—20  R—3  E1  C2  P120  F3；       光整加工螺纹
N42  G76  C2  R—3  E1  A60  X18.7  Z—20  K0.65  U0.1  V0.1  Q0.6  P240  F3
N43  G00  X100  Z80  M05；                           返回程序起点位置
N44  T0404；
N45  M03  S400；                                     主轴以 400r/min 正转
N46  G00  X60  Z—144；                               到切断起点位置
N47  G01  X—1  F80；                                 切断
N48  G00  X60；                                      X 方向退刀
程序尾
N49  G00  Z80；                                      返回程序起点位置
N44  M30；                                           主程序结束并复位
```

6. CJK6032—4 型数控机床操作与首件加工

(1) 加工前准备工作

- 检查机床的外表是否正常，特别是注意电控柜的门是否关上，卡盘上有无杂物存在。
- 检查操作面板上的急停按钮是否按下，如没有按下，应按下，以减少开机时对数控

系统的冲击。然后打开电控柜外面的机床主电源开关。

● 机床上电；检查风扇电动机运转是否正常；检查面板上的指示灯是否正常。

(2) 数控机床操作与对刀

● 回参考点。数控机床的 CNC 系统在自动方式工作时必须先回参考点。

● 手动对刀。按“手动”键进入手动方式，依次完成四把刀具的对刀操作，每对完一把刀后，按一下“刀位转换”按键，转塔刀架转动一个刀位。注意在输入 Z 轴偏置数据时，使得工件原点位于对刀点左侧 3mm。

(3) 试切

● 先选择程序。在系统主操作界面下，按“F1”键，进入程序功能子菜单，此时，可以对程序进行编辑、存储、校验等操作。

在程序功能子菜单，按 F1 键，弹出“选择程序”画面。可以“电子盘”、“软驱”和“DNC”三种方法选择已有的程序。

在程序功能子菜单，按 F2 键，可以编辑程序。在程序功能子菜单，按 F3 键，可以新建程序。在编辑状态下或程序功能子菜单下，按 F4 键可以保存程序。在程序功能子菜单，按 F5 键，可以对程序文件进行校验。在程序功能子菜单，按 F7 键，可以让程序从头重新运行。

● 刀具补偿和刀库表的设置。在 MDI 功能子菜单下，按 F4 键进入刀具补偿功能子菜单，可以进行刀具长度、半径、寿命和位置等的设置。

● 第一件加工，为了安全起见，先进行程序检查。

程序校验功能用于对调入加工缓冲区的零件程序进行检查并提示可能的错误。尚未在机床上运行的新程序在调入后最好先进行校验，运行正确无误后再启动自动运行。校验运行时机床不动作，并以图形方式显示校验的结果。

也可以利用“机床锁住”功能，检查程序的正确性。在自动运行开始前按一下“机床锁住”按键，指示灯亮，再按“循环启动”按键，系统继续执行程序，显示屏上的坐标轴位置信息变化，但不输出伺服轴的移动指令，所以机床停止不动。这个功能用于校验程序。需要注意的是：在自动运行过程中，只在运行结束时方可解除机床锁住；每次执行此功能后需再次进行回参考点操作才能进行自动加工。

在试切一件后，测量零件，如果尺寸正确，可以用连续方式进行加工。

(4) 数据记录　试切对刀时应记录测量值，为随后设置编程原点提供数据。同时还可以记录首件试切零件的测量值和中间抽检的零件数据值，以便以后检查用。

7. 加工过程

(1) 中间抽检　进行连续加工时，应定期抽检，防止出现废品。

(2) 刀具磨损后调整　如果加工时间较长，刀具可能会磨损，这时，应该将磨损量记录在刀具表中加以补偿，或更换新的刀具。

(3) 其他注意事项　在加工过程中，操作人员不得离开机床，定期用气枪吹铝屑，及时调整切削液的方向和大小。注意润滑油液面的高低。工件测量必须在主轴完全停止后进行。

加工完后，及时清理铝屑和机床。

8. 关闭机床

加工完后关闭机床的顺序为：

● 按下控制面板上的急停按钮断开伺服电源。

● 断开数控电源。

● 断开机床电源。

实例七

1. 零件图样要求

编制图 4-24 所示零件的加工程序。

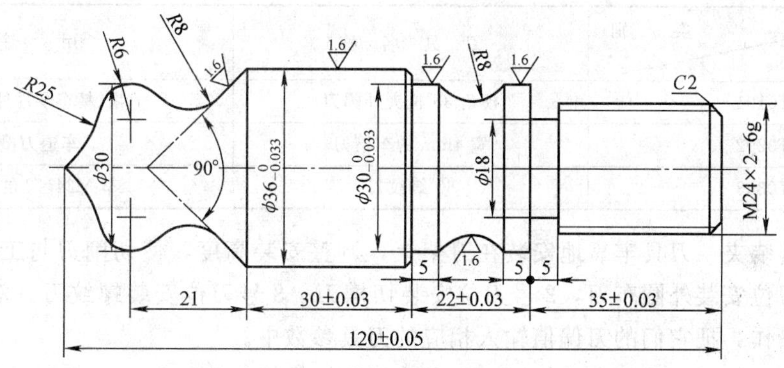

图 4-24　零件图

工艺条件：毛坯为直径 ϕ40mm、长 125mm 的棒料，45 钢。

2. 加工工艺路线制订

(1) 装夹与定位　此为短轴类零件。对短轴类零件，轴心线为工艺基准。用三爪自定心卡盘夹持 ϕ40mm 外圆，分两次完成加工，先完成图样左端的车削，然后调头车图中右端表面。

(2) 工步顺序　此工件完整加工路线如下：

1) 装夹 ϕ40mm 的外圆，找正。

2) 先粗加工图中工件左端轮廓，直至 ϕ36mm 轴段。

3) 精车上述轴段轮廓一次至图样要求。

4) 调头，先粗车图示零件的右端轮廓。

5) 精车一遍达到图样要求。

6) 用切槽刀车螺纹退刀槽。

7) 用螺纹刀车螺纹。

(3) 工艺参数　根据制定的加工工艺，确定加工工艺参数。

● 机床转速：车曲线轮廓为 600r/min，车直线轮廓为 800r/min，车退刀槽时为 500r/min，车螺纹时为 800r/min。

● 精加工余量为 0.5mm（直径）。

● 进给率：粗加工外圆面时进给速度为 0.3mm/r，精加工时进给速度为 0.08mm/r。

(4) 确定工件坐标系、对刀点和换刀点　根据零件的尺寸标注特点及基准统一的原则，选择工件右端面轴心线的交点为编程原点，建立 *XOZ* 工件坐标系。采用手动试切对刀方法对刀，工件原点在毛坯端面中心，如图 4-24 所示。换刀点在 X100　Z100 处，换刀点应设在工件或夹具的外部，以换刀时不碰工件及其他部件为准。

3. 使用机床和数控系统的说明

(1) 机床型号　本例使用 CK6136i 型数控机床。

(2) 数控系统　采用 FNAUC 0i—TB 数控系统。

4. 数控加工使用的刀具、工具和量具

(1) 刀具　所选刀具尺寸及刀具号见表 4-8。

表 4-8　刀具号

类别 / 刀号	刀具名称	用途
T0101	楔角 35°机夹外圆刀	粗、精车零件外轮廓
T0202	宽 4mm 的车槽刀	车退刀槽
T0303	60°螺纹刀	车 M24×2 的螺纹

(2) 刀具装夹　刀具牢靠地安装在刀架上，调整安装高度，使切削刃与工件轴线等高。刀架的 1 号刀位安装外圆车刀，2 号刀位安装切槽刀，3 号刀位安装螺纹刀。对这 3 把刀分别进行对刀操作，把它们的刀偏值输入相应的刀具参数中。

(3) 工具、夹具　采用卡盘扳手、六角头扳手、铜棒、垫铁。

(4) 量具　采用游标卡尺、外径千分尺、M24×2—6g 外螺纹规。

5. 编制加工程序

(1) 编程分析　该零件结构要素有圆柱面、圆弧面、倒角等，为减少热变形和切削力变形对工件的形状、位置精度、尺寸精度和表面粗糙度的影响，应将粗、精加工分开进行。因工件表面有一定的要求，本例中粗、精加工采用不同的进给率。

根据前面制定的加工路线，粗车外圆用 G71 去除余量，第二次用 G70 精车轮廓；车螺纹用 G78 循环。

(2) 程序清单

```
O0004;                                  前面是字母 O，先车图样左端的轮廓
N10  M03  S600;
N20  T0101;                             楔角 35°机夹刀
N30  G00  X40  Z5;
N40  G71  U1  R1;
N50  G71  P60  Q140  U0.5  W0  F0.3;
N60  G00  X0  Z5  S1200;
N70  G01  Z0;
N80  G02  X18  Z-6  R25;
N90  G03  X30  Z-12  R6;
N100  G03  X26.19  Z-16.39  R6;
N110  G02  X21.1  Z-22.24  R8;
N120  G02  X25.79  Z-27.89  R8;
N130  G01  X36  Z-33;
N140  G01  Z-65;
```

```
N150  G00  X40  Z5;
N160  G70  P60  Q140  F0.08;
N170  G00  X100  Z100;
N180  T0100;
N190  M30;

O0002;                                      前面是字母 O，调头，重新装夹
N10  M03  S800;
N20  T0101;                                 35°机夹刀，车图样右端的轮廓
N30  G00  X40  Z5;
N40  G71  U2  R1;
N50  G71  P60  Q170  U0.5  W0  F0.2;
N60  G00  X0  Z5  S1200;
N70  G01  Z0;
N80  X20;
N90  X23.8  Z−2;
N100  Z−35;
N110  X30  C0.5;
N120  Z−40;
N130  G02  X24.58  Z−46  R8;
N140  X30  Z−52  R8;
N150  G01  Z−57;
N160  X36  C1;
N170  Z−58;
N180  G00  X40  Z5;
N190  G70  P60  Q170  F0.08;
N200  G00  X100  Z100;
N210  T0100;
N220  S500;
N230  T0202;                                换车槽刀，车退刀槽
N240  G00  X31  Z−35;
N250  G01  X18  F0.05;
N260  X25;
N270  W1;
N280  X18;
N290  G00  X35;
N300  G00  X100  Z100;
N310  T0200;
N320  T0303;                                换 60°螺纹刀，车螺纹
```

```
N330  S800;
N340  G00  X24  Z10;
N350  G78  X23.5  Z-31  F2;
N360  X23;
N370  X22.7;
N380  X22.4;
N390  X22.1;
N400  X21.8;
N410  G00  X100  Z100;
N420  T0300;
N430  M30;
```

小　结

本章主要是数控车削加工实训的实例。数控车床主要用于加工轴类、盘类等回转体零件，可以完成内、外圆、圆锥面、成形表面、螺纹和端面等工序的车削加工。数控加工指令丰富，各种系统有各自的编程指令和一些特殊的规定，操作时应对照机床说明书仔细阅读、掌握。重点和难点是加工工艺的制定。

练　习　题

4-1　图 4-25 所示为轴类零件，毛坯为外径为 ϕ350mm 的棒料，材料为 45 钢，要求加工至图示尺寸。

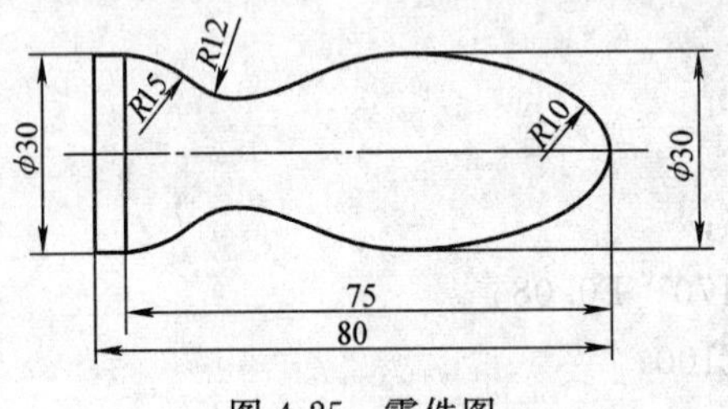

图 4-25　零件图

4-2　图 4-26 所示为轴类零件，毛坯为 ϕ45mm 的棒料，材料为 45 钢，车削外圆尺寸至图中要求，表面

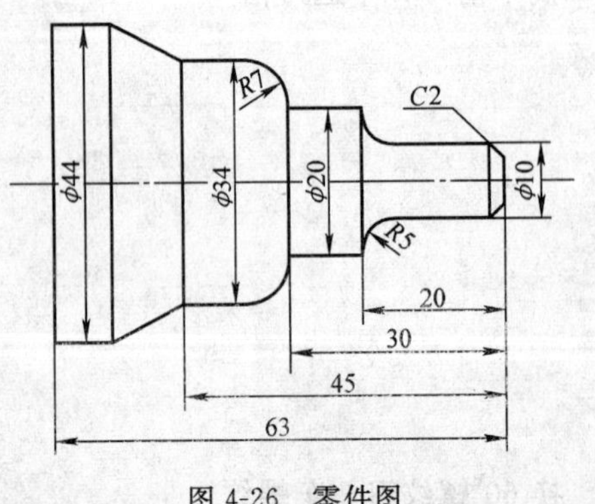

图 4-26　零件图

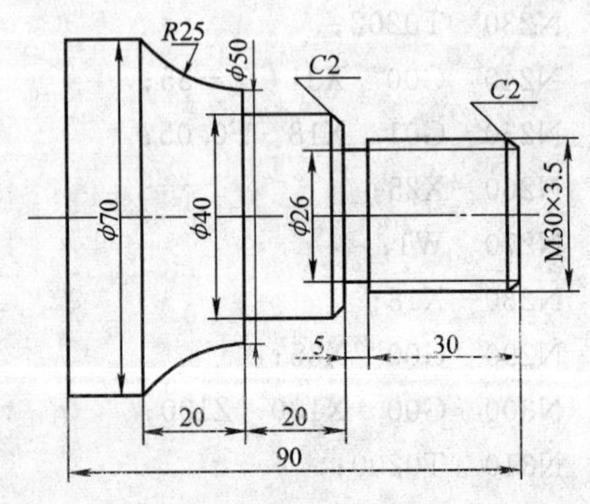

图 4-27　零件图

粗糙度值要求为 $R_a 3.2\mu m$。

4-3　图 4-27 所示为轴类零件，毛坯为外径 $\phi 70mm$ 的棒料，材料为 45 钢，端面已平，并已经打中心孔，要求粗精车外圆及螺纹。

4-4　图 4-28 所示为轴类零件，毛坯为外径 $\phi 40mm$ 的棒料，材料为铝，要求完成内、外圆及螺纹（3 线）的加工。

4-5　图 4-29 所示为轴类零件，毛坯为外径 $\phi 30mm$ 的棒料，材料为 45 钢，要求加工至图示尺寸。

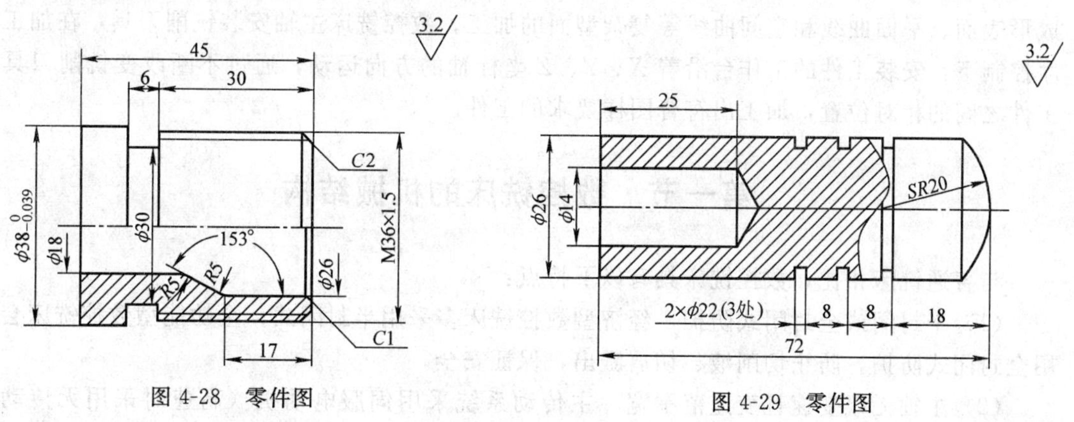

图 4-28　零件图　　　　图 4-29　零件图

4-6　图 4-30 所示为轴类零件，毛坯为外径 $\phi 60mm$ 的棒料，材料为 45 钢，要求完成外圆及螺纹（2 线）的加工。

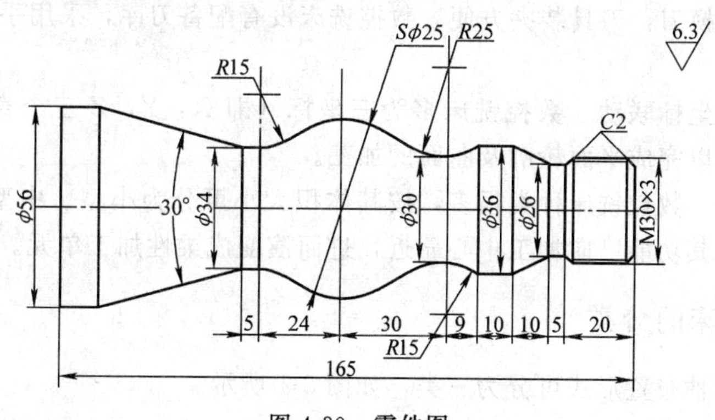

图 4-30　零件图

4-7　图 4-31 所示为轴类零件，毛坯为外径 $\phi 60mm$ 的棒料，材料为 45 钢，要求完成外圆的加工。

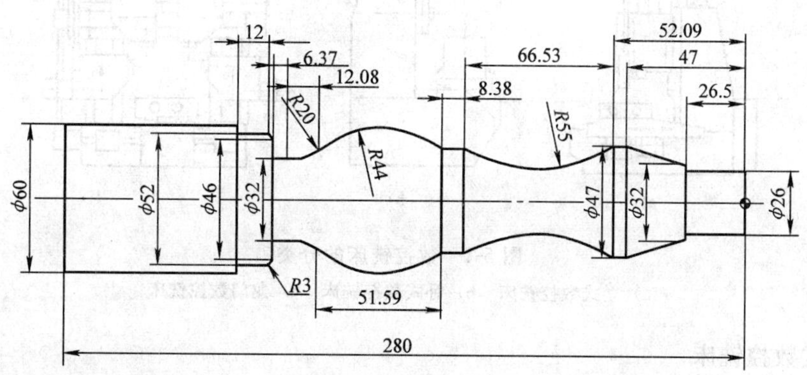

图 4-31　零件图

第五章　数控铣床简介

数控铣床是主要采用铣削方式加工工件的数控机床，能完成各种平面、沟槽、螺旋槽、成形表面、平面曲线和空间曲线等复杂型面的加工。数控铣床主轴安装铣削刀具，在加工程序控制下，安装工件的工作台沿着 X、Y、Z 坐标轴的方向运动，通过不断改变铣削刀具与工件之间的相对位置，加工出符合图样要求的工件。

第一节　数控铣床的机械结构

与普通铣床相比，数控铣床具有以下特点：

(1) 半封闭或全封闭式防护　经济型数控铣床多采用半封闭式；全功能型数控铣床会采用全封闭式防护，防止切削液、切屑溅出，保证安全。

(2) 主轴无级变速且变速范围宽　主传动系统采用伺服电动机（高速时采用无传动方式—电主轴）实现无级变速，且调速范围较宽，这既保证了良好的加工适应性，同时也为小直径铣刀工作形成了必要的切削速度。

(3) 采用手动换刀，刀具装夹方便　数控铣床没有配备刀库，采用手动换刀，刀具安装方便。

(4) 一般为三坐标联动　数控铣床多为三坐标（即 X，Y，Z 三个直线运动坐标）、三轴联动的机床，可以完成平面轮廓及曲面的加工。

(5) 应用广泛　数控铣床种类很多，按其体积大小可分为小型、中型和大型数控铣床，其中规格较大的，其功能已向加工中心靠近，进而演变成柔性加工单元。

一、数控铣床的分类

数控铣床按主轴布置形式可分为三类，如图 5-1 所示。

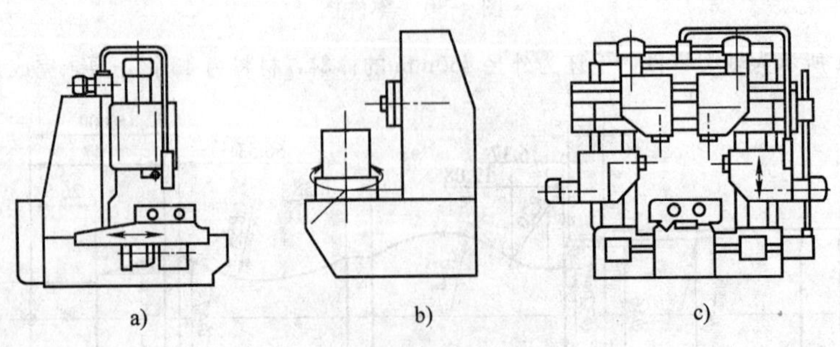

图 5-1　数控铣床的分类

a) 立式数控铣床　b) 卧式数控铣床　c) 龙门数控铣床

1. 立式数控铣床

立式数控铣床的主轴轴线与工作台面垂直，是数控铣床中数量最多的一种，应用范围最广。立式数控铣床一般为三坐标（X、Y、Z）联动，结构简单，工件安装方便，加工时便于观察，但不便于排屑。图 5-2 所示为立式数控铣床图片。

2. 卧式数控铣床

卧式数控铣床的主轴轴线与工作台面平行，主要用来加工箱体类零件。一般配有数控回转工作台以实现四轴或五轴加工，从而扩大功能和加工范围，很容易做到对工件进行“四面加工”，在许多方面胜过带数控转盘的立式数控铣床，所以目前已得到很多用户的重视。卧式数控铣床相比立式数控铣床，结构复杂，在加工时不便观察，但排屑顺畅。

3. 龙门式数控铣床

工作台宽度在 630mm 以上的数控铣床，多采用龙门式布局，在结构上采用对称的双立柱结构，以保证机床整体刚性、强度，主轴可在龙门架的横梁与溜板上运动，而纵向运动则由龙门架沿床身移动或由工作台移动实现。龙门式数控铣床功能向加工中心靠近，用于大工件、大平面的加工，主要在汽车、航空航天、机床等行业使用。图 5-3 所示为龙门式数控铣床图片。

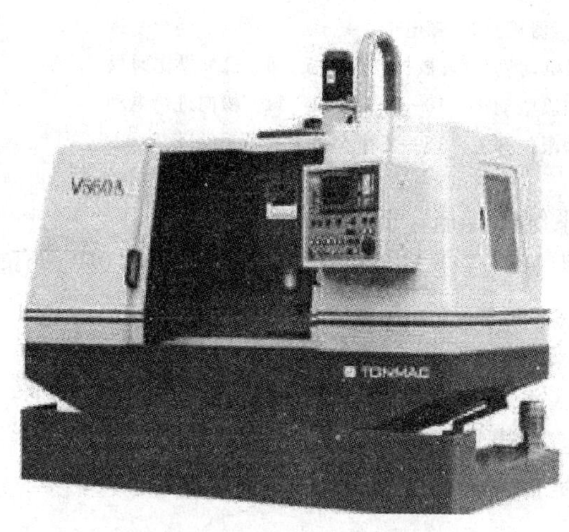

图 5-2　立式数控铣床

图 5-3　龙门式数控铣床图片

对立式数控铣床而言，若按 Z 轴方向运动的实现形式又可有工作台升降式和刀具升降式（固定工作台）。立式升降台数控铣床由于受工作台本身重量的影响，使得采用不能自锁的滚珠丝杠导轨有一定的技术难度，故一般多用于垂直工作行程较大的场合。当垂直工作行程较小时，则常用刀具升降的固定工作台式数控铣床，刀具主轴在小范围内运动，其刚性较容易保证。

二、数控铣床的结构

数控铣床一般由机床本体、数控系统、进给伺服系统、冷却润滑系统等几大部分组成。机床本体是数控机床的主体，包括：床身、立柱等支承部件；主轴等运动部件；工作台、刀架以及进给运动执行部件、传动部件；此外还有冷却、润滑、转位和夹紧等辅助装置。与传统机床相比，数控铣床的外部造型、整体布局、传动系统与刀具系统的部件结构以及操作机构等都发生了很大的变化，这种变化的目的是为了满足数控技术的要求和充分发挥数控机床的特点。图 5-4 所示是 XK5032 型立式数控铣床的外形结构图。

(1) 主轴箱　包括主轴箱体和主轴传动系统，用于装夹刀具并带动刀具旋转，主轴转速范围和输出扭矩对加工有直接的影响，要求动平衡性很高，刚性好，回转精度高，有良好的热稳定性，能传递足够的力矩和功率。

(2) 进给伺服系统　由进给电动机和进给执行机构组成，按照程序设定的进给速度实现刀具和工件之间的相对运动，包括直线进给运动和旋转运动。

(3) 控制系统　数控铣床运动控制的中心，执行数控加工程序控制机床进行加工。

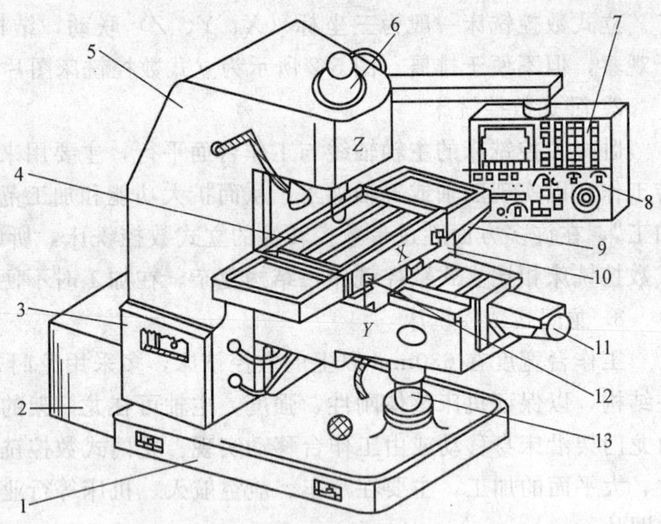

图 5-4　数控铣床的结构

1—底座　2—变压器箱　3—强电柜　4—纵向工作台　5—床身立柱　6—Z 轴伺服电动机　7—数控操作面板　8—机械操作面板　9—纵向进给伺服电动机　10—横向溜板　11—横向进给电动机　12—行程限位开关　13—工作台支配（可手动升降）

(4) 辅助装置　如液压、气动、润滑、冷却系统和排屑、防护等装置。

(5) 机床基础件　通常是指底座、立柱、横梁等，它是整个机床的基础和框架，应具有很好的动、静刚度，热刚度和最佳的阻尼特性。

把数控机床各种部件的基本单元作为基础，按不同功能、规格和价格设计成多种模块，用户按需要选择最合理的功能模块配置成整机。这不仅能降低数控机床的设计和制造成本，而且能缩短设计和制造周期，最终赢得市场。目前，模块化的概念已开始从功能模块向全模块化方向发展，它已不局限于功能的模块化，而是扩展到零件和原材料的模块化。

三、数控铣床的使用要求

数控铣床是一种全自动化的机床，但是像装卸工件和刀具、清理刀屑、观察加工情况和调整等辅助工作，还得由操作者来完成，因此，在使用方面有特定要求：

(1) 便于同时操作和观察　数控机床的操作按钮开关都放在数控装置上，对于小型数控机床，将数控装置放在机床的近旁，一边在数控装置上进行操作，一边观察机床的工作情况，还是比较方便的。但是对于尺寸较大的机床，要设置吊挂按钮站，可由操作者移至需要和方便的位置，对机床进行操作和观察。对于龙门铣床这一点尤为重要。

(2) 刀具、工件装卸、夹紧方便　数控铣床的刀具和工件的装卸和夹紧松开，均由操作者来完成，要求易于接近装卸区域，而且安装装夹机构要省力简便。

(3) 排屑和冷却　数控机床的效率高，切屑多，排屑是个很重要的问题，机床的结构布局要便于排屑。

四、数控铣床的发展趋势

(1) 全封闭结构数控铣床　其效率高，一般都采用大流量与高压力的冷却和排屑措施；

铣床的运动部件也采用自动润滑装置，为了防止切屑与切削液飞溅，避免润滑油外泄，将铣床做成全封闭结构，只在工作区处留有可以自动开闭的门窗，用于观察和装卸工件。

(2) 高速铣削数控铣床　我们一般把主轴转速为 8000～40000r/min 的数控铣床称为高速铣削数控铣床，其进给速度可达 10～30m/min。这种数控铣床采用全新的机床结构（主体结构及材料变化）、功能部件（电主轴、直线电动机驱动进给）和功能强大的数控系统，并配以加工性能优越的刀具系统，可对大面积的曲面进行高效率、高质量的加工。高速铣削是数控加工的一个发展方向。目前，其技术正日趋成熟，并逐渐得到广泛应用，但机床价格昂贵，使用成本较高。

五、数控铣床的主要技术参数

数控铣床的主要技术参数包括工作台面积、各坐标轴行程、主轴转速范围、切削进给速度范围、定位精度、重复定位精度等。其具体内容及作用如表 5-1 所示。

表 5-1　数控铣床主要技术参数

类　别	主　要　内　容	作　　用
尺寸参数	工作台面积(长×宽)、承重	影响加工工件的尺寸范围(重量)、编程范围及判断刀具、工件、机床之间是否干涉
	各坐标最大行程	
	主轴移动距离	
	主轴端面到工作台距离	
接口参数	工作台 T 形槽参数	影响工件及刀具安装
	主轴孔锥度、直径	
运动参数	主轴转速范围	影响加工质量及编程参数
	工作台快进、工进速度范围	
动力参数	主轴电动机功率	影响切削负荷
	伺服电动机额定转矩	
精度参数	定位精度、重复定位精度	影响加工精度
	分度精度(回转工作台)	

第二节　主轴部件的端部结构与刀柄

一、数控铣床的主传动系统

数控机床主传动系统包括主轴电动机、传动系统和主轴部件，其作用就是产生不同的主轴切削速度以满足不同的加工条件要求。对主传动系统的基本要求是：有较宽的调速范围，可增加机床加工适应性，便于选择合理切削速度使切削过程始终处于最佳状态；有足够的功率和转矩，使数控加工方便实现低速时大转矩，高速时恒功率，以保证加工高效率；有足够的传动精度，各零部件应具有足够精度、刚度、抗振性，使主轴运动高精度，从而保证数控加工高精度；噪声低，运动平稳，使数控机床工作环境良好。

主传动系统的变速方式，一般有三种：

（1）采用变速齿轮传动　采用几对齿轮降速，用液压拨叉自动变速，电动机主轴仍为无级变速，并实现主轴的正反启动、停止、制动。该方式转矩大，噪声大，一般用于较低速加工。

（2）采用同步齿形带传动　采用直流或交流主轴伺服电动机，由同步齿形带传动至主轴。该方式主轴箱及主轴结构简单，主轴部件刚性好；传动效率高、平稳、噪声小；不需润滑；但由于输出转矩小，低速性能不太好，在中档机床中应用较多。

（3）采用主轴电动机直接驱动　亦称一体化主轴、电主轴，由主轴电动机直接驱动，电动机、主轴合二为一，主轴为电动机的转子（见图 5-5）。电主轴是一套组件，它包括电主轴本身及其附件：电主轴、高频变频装置、油雾润滑器、冷却装置、内置编码器、换刀装置，一般应用于高速机床。

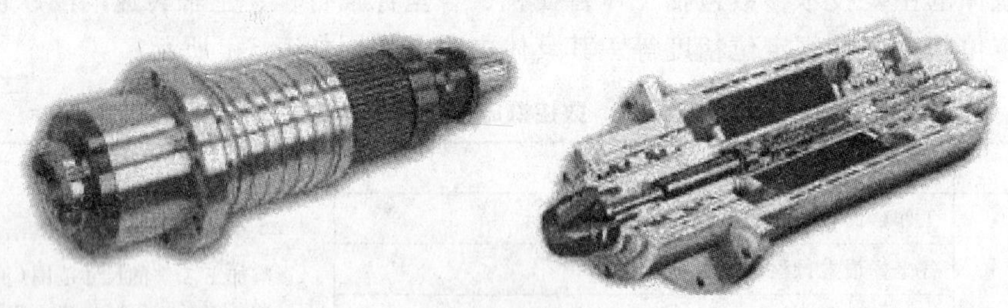

图 5-5　电主轴

二、主轴部件

主轴部件（见图 5-6）是机床的一个关键部件，主轴部件质量的好坏直接影响加工质量。无论哪种机床的主轴部件都应满足下述几个方面的要求：主轴的回转精度部件的结构刚度和抗振性、运转温度和热稳定性以及部件的耐磨性和精度保持能力等。主轴部件包括以下几个方面：

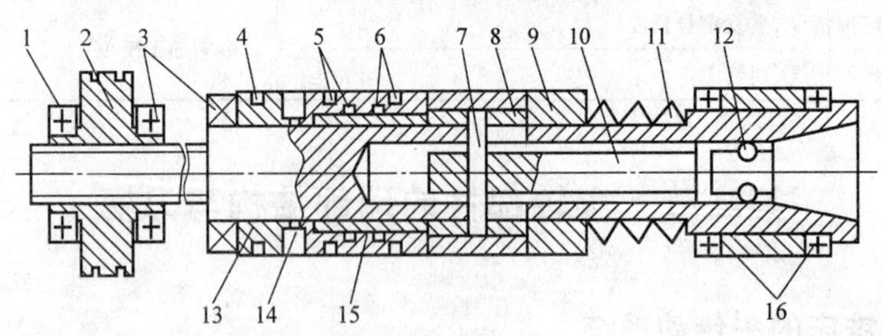

图 5-6　主轴结构

1、3、16—轴承　2—带轮　4、5、6—密封圈　7—圆锥销　8—推力套　9—轴套
10—推力杆　11—碟形弹簧　12—钢球　13—定位套　14—进气孔　15—活塞

（1）轴承　数控机床主轴轴承的支承形式、轴承材料、安装方式均不同于普通机床，其目的是保证足够的主轴精度。

（2）主轴准停装置　满足刀具交换时，刀柄键槽位置必须固定的要求。

（3）自动夹紧和切屑清除装置　自动夹紧一般由液压或气压装置予以实现；而切屑清

除则通过设于主轴孔内的压缩空气喷嘴来实现，其孔眼分布及其角度是影响清除效果的关键。

（4）润滑与冷却　主轴在结构上要保证好良好冷却润滑，尤其是在高转速场合，通常采用循环式润滑系统。主轴的冷却以减少轴承及切割磁力线发热，有效控制热源为主。

三、主轴端部的结构形状

主轴端部用于安装刀具或夹持工件的夹具，在设计要求上，应能保证定位准确，安装可靠，联接牢固，装卸方便，并能传递足够的转矩。如图 5-7 所示，数控铣床的主轴为一中空轴，其前端为锥孔，与刀柄相配，在其内部和后端安装有刀具自动夹紧机构，用于刀具装夹。

主轴端部的结构形状都已标准化，在数控铣床上多采用气压或液压装夹刀具，常见的刀具自动夹紧机构主要由拉杆、拉杆端部的夹头、碟形弹簧、活塞、气缸等组成。夹紧状态时，碟形弹簧通过拉杆及夹头，拉住刀柄的尾部，使刀具锥柄和主轴锥孔紧密配合；松刀时，通过气缸活塞推动拉杆，压缩碟形弹簧，使夹头松开，夹头与刀柄上的拉钉脱离，即可拔出刀具，进行新、旧刀具的交换，新刀装入后，气缸活塞后移，新刀具又被碟形弹簧拉紧。

刀杆尾部的拉紧结构，除上述的以外，还有如图 5-8a 所示的弹簧夹头结构。它有拉力放大作用可用较小的液压推力产生较大的拉紧力；如图 5-8b 所示为钢球拉紧结构。端面键的作用是带动铣刀旋转，传递运动和动力。需注意的是，不同的机床，其刀具自动夹紧机构结构不同，与之适应的刀柄及拉钉规格亦不同。

图 5-7　主轴端部

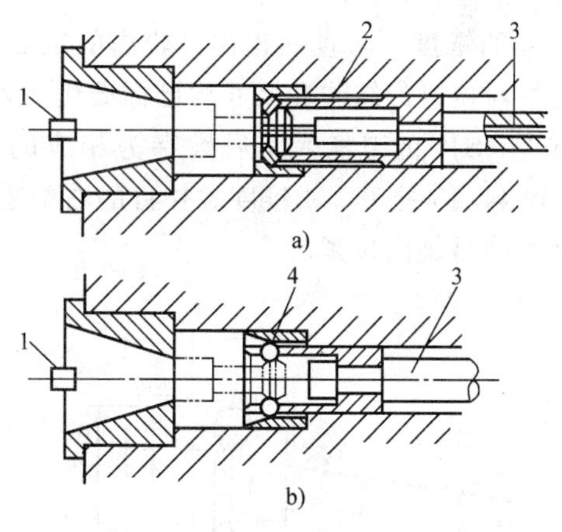

图 5-8　拉紧结构

a）结构一　b）结构二

1—端面键　2—弹簧爪　3—拉杆　4—钢球

自动清除主轴孔内的灰尘和切屑是换刀过程中的一个不容忽视的问题。如果主轴锥孔中落入了切屑、灰尘或其他污物，在拉紧刀杆时，锥孔表面和刀杆的锥柄就会被划伤，甚至会使刀杆发生偏斜，破坏刀杆的正确定位，影响零件的加工精度，甚至会使零件超差报废。为了保持主轴锥孔的清洁，常采用的方法是使用压缩空气经主轴内部通道吹屑，清除主轴孔内杂物。

四、刀柄

（1）刀柄的作用和型号　数控铣床使用的刀具通过刀柄与主轴相连，刀柄通过拉钉和主轴内的拉刀装置固定在主轴上，由刀柄夹持传递速度、转矩，如图 5-9 所示。刀柄的强度、刚性、耐磨性、制造精度以及夹紧力等对加工有直接的影响。

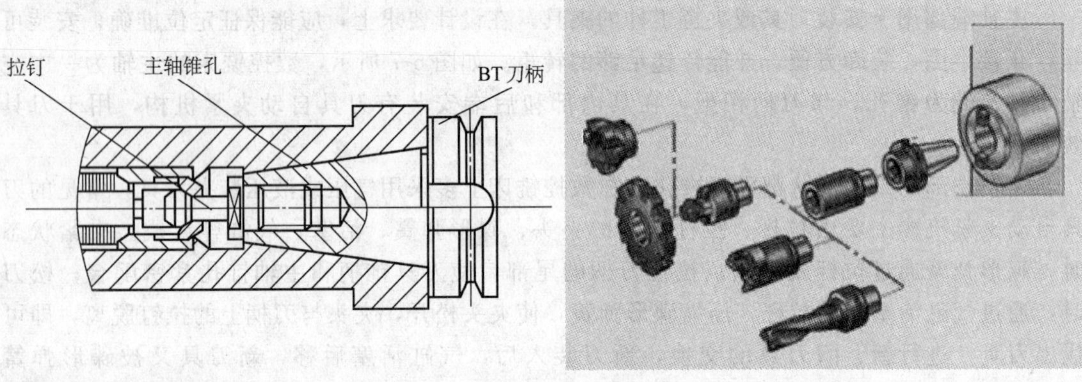

图 5-9　刀柄的安装

传统的 7∶24 锥度的刀柄包括 ISO、CAT、DIN、BT 等型式，它有许多优点，如：不自锁、可实现刀具的快速装卸、能减小刀具的悬伸量、制造成本低、使用可靠等，因此一直受到广泛的使用。刀柄有各种规格，常用的有 40 号、45 号和 50 号。

在我国应用最为广泛的是 BT40 和 BT50 系列刀柄和拉钉，刀柄与主轴孔的配合锥面采用 7∶24 的锥度，与直柄相比有较高的定心精度和刚度。为了保证刀柄与主轴的配合与连接，刀柄与拉钉的结构和尺寸均已标准化和系列化，如图 5-10 所示。其中，BT 表示采用日本标准 MAS40 的刀柄，其后数字为相应的 ISO 锥度号：如 50 和 40 分别代表大端直径 69.85 和 44.45 的 7∶24 锥度。拉钉的右端旋入刀柄，左端与主轴里面的拉杆和夹头相连，从而使刀柄沿轴向拉紧。

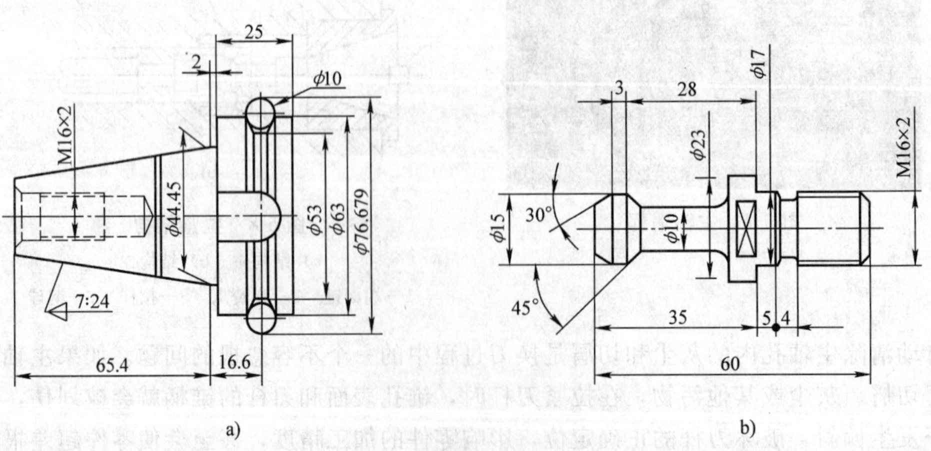

图 5-10　BT40 刀柄和拉钉

a）BT40 刀柄　b）拉钉

(2) 刀柄的分类

1) 按刀柄的结构分

● 整体式刀柄　如图 5-11a 所示，整体式刀柄其装夹刀具的工作部分与它在机床上安装定位用的柄部是一体的，刚性好。这种刀柄对机床与零件的变换适应能力较差。为适应零件与机床的变换，用户必须储备各种规格的刀柄，因此给管理和生产带来不便，刀柄的利用率较低。

● 模块式刀柄　如图 5-11b 所示，模块式刀柄比整体式多出中间连接部分，装配不同刀具时更换连接部分即可，克服了整体式刀柄的缺点，但对连接精度、刚性、强度等都有很高的要求。

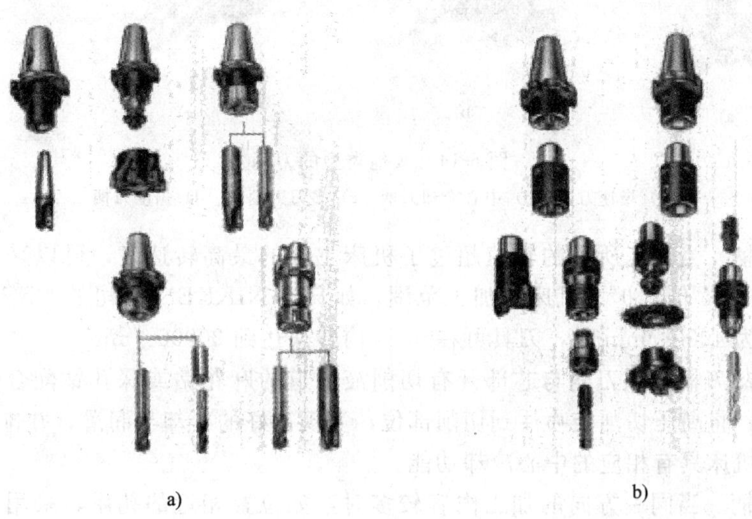

图 5-11　按刀柄结构分类

2) 按刀柄与主轴连接方式分

● 一面约束　刀柄以锥面与主轴孔配合，端面有 2mm 左右间隙，此种连接方式刚性较差。

● 二面约束　刀柄以锥面及端面与主轴孔配合，在高速、高精加工时二面限位才能确保可靠。

3) 按刀具夹紧方式分（见图 5-12）

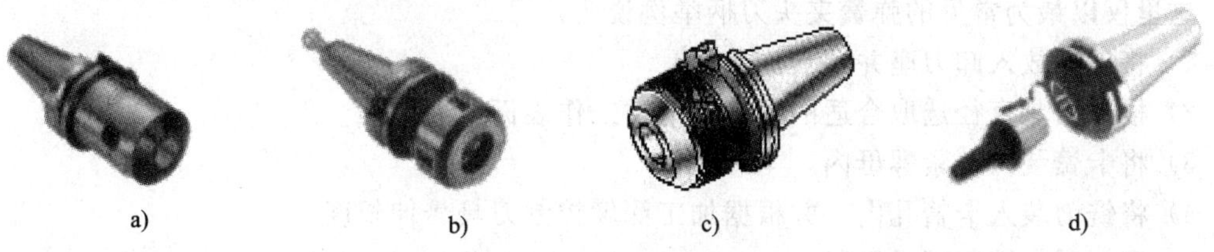

图 5-12　按刀具夹紧方式分类

a) 弹簧夹头式　b) 侧向夹紧式　c) 液压夹紧式　d) 冷缩夹紧式

● 弹簧夹头刀柄　使用较多。采用 ER 型卡簧（见图 5-13），适用于夹持 16mm 以下直径的铣刀进行铣削加工；若采用 KM 型卡簧，则称为强力夹头刀柄，可以提供较大夹紧力，适用于夹持 16mm 以上直径的铣刀进行强力铣削。

图 5-13　卡簧

● 侧固式刀柄　采用侧向夹紧，适用于切削力大的加工，但一种尺寸的刀具需对应配备一种刀柄，规格较多。

● 液压夹紧式刀柄　采用液压夹紧，可提供较大夹紧力。

● 冷缩夹紧式刀柄　装刀时加热孔，靠冷却夹紧，使刀具和刀柄合二为一，在不经常换刀的场合使用。

4）其他刀柄（见图 5-14）

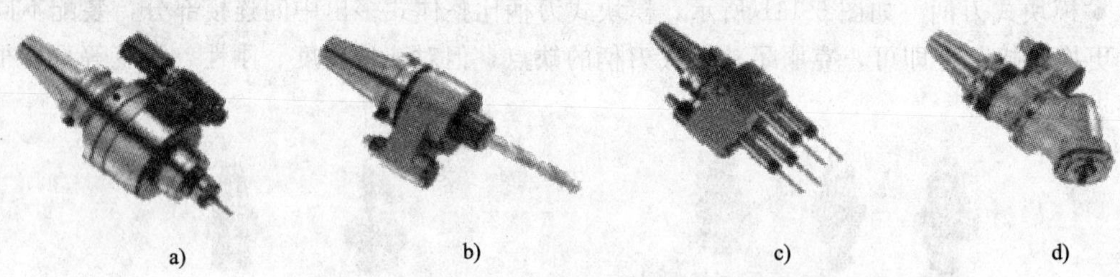

图 5-14　其他类型的刀柄

a）增速刀柄　b）中心冷却刀柄　c）多刀刀柄图　d）角度刀柄

● 增速刀柄　当加工所需的转速超过了机床主轴的最高转速时，可以采用这种刀柄将刀具转速增大 4～5 倍，扩大机床的加工范围。如日本 NIKKEN 公司的 NXSE 增速头，在机床主轴速度为 4000r/min 时，刀具可在 0.8s 内转速达到 20000r/min。

● 中心冷却刀柄　该刀柄与芯部开有切削液通道的麻花钻或深孔钻配合使用，利用特殊的供油系统，将高压切削液喷注到切削部位，实现良好的冷却与润滑，并排除切屑。使用这种刀柄要求机床具有相应的中心冷却功能。

● 多轴刀柄　当同一方向的加工内容较多时，如位置相近的孔系，采用多轴刀柄相当于多轴加工头，可以有效地提高加工效率。多轴与增速刀柄组合使用可构成双功能的多轴增速刀柄。

● 角度刀柄　这种刀柄的头部可作 30°、45°、60°、90°等角度旋转，具有五面加工功能。安装在立式加工中心上，可使立式加工中心具有卧式加工中心的功能，可用于深型腔的底部清角作业。

（3）常用刀柄使用方法　数控铣床各种刀柄均有相应的使用说明，在使用时可仔细阅读。这里仅以最为常见的弹簧夹头刀柄举例说明：

1）将刀柄放入卸刀座并锁紧。

2）根据刀具直径选取合适的卡簧，清洁工作表面。

3）将卡簧装入锁紧螺母内。

4）将铣刀装入卡簧孔内，并根据加工深度控制刀具悬伸长度。

5）用扳手将锁紧螺母锁紧。

6）检查后，将刀柄装上主轴。

第三节　进给系统的机械传动结构及元件

一、进给传动系统

数控机床的进给传动系统负责接受数控系统发出的脉冲指令，并经放大和转换后驱动机床运动执行件实现预期的运动。根据工件加工的需要，在机床上各运动坐标的数字控制可以是相互独立的，也可以是联动的。总的说来，为保证数控机床高的加工精度，要求其进给传动系统有高的传动精度、高的灵敏度（响应速度快）、工作稳定、有高的构件刚度及使用寿命、小的摩擦及运动惯量，并能清除传动间隙。为满足这种要求，首先需要高性能的伺服驱动电动机，同时也需要高质量的机械结构与之匹配。根据伺服驱动电动机的种类进给传动系统可分为：

- 步进电动机伺服进给系统　一般用于经济型数控机床。
- 直流伺服电动机伺服进给系统　功率稳定，但因采用电刷，其磨损导致在使用中需进行更换，一般用于中档数控机床。
- 交流伺服电动机伺服进给系统　应用极为普遍，主要用于中高档数控机床。
- 直线电动机伺服进给系统　无中间传动链，精度高，进给快，无长度限制；但散热差，防护要求特别高，主要用于高速机床。

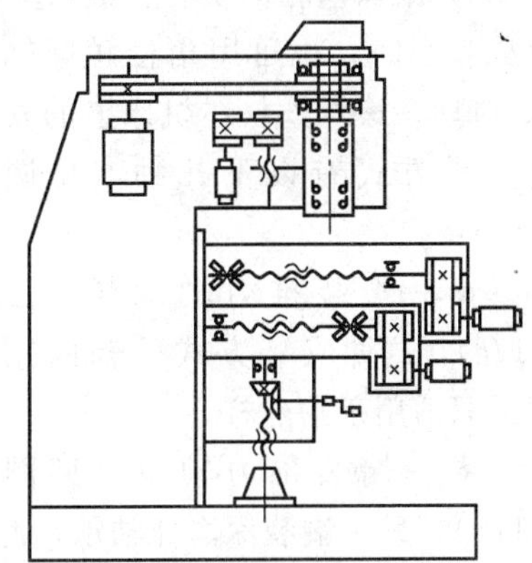

图 5-15　XK5032 型数控铣床的传动系统图

图 5-15 所示为 XK5032 型数控铣床的传动系统图。工作台的纵向（X 轴）和横向（Y 轴）进给运动、主轴套筒的垂直（Z 轴）进给运动，都是由各自的交流伺服电动机驱动，分别通过同步齿形带传给滚珠丝杠，实现进给。各轴的进给速度范围是 5～2500mm/min，各轴的快进速度为 5000mm/min。当然，实际移动速度还受操作面板上速度修调开关的影响。

二、进给系统的主要机械传动部件

（1）滚珠丝杠螺母副　数控加工时，需将旋转运动转变成直线运动，常采用丝杠螺母传动机构（见图 5-16a）。

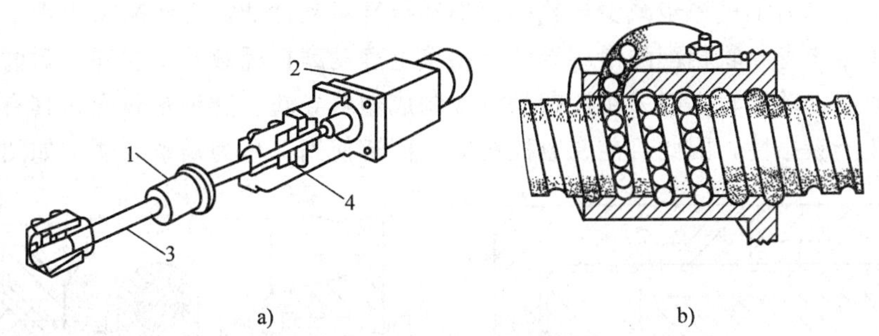

图 5-16　滚珠丝杠螺母副结构

1—螺母　2—电动机　3—丝杠　4—支承

滚珠丝杠（见图 5-16b）可将滑动摩擦变为滚动摩擦，传动效率高，摩擦力小，并可消除间隙，无反向空行程，不易产生爬行，但不能自锁，尺寸亦不能太大，所以一般中小型数控机床的直线进给普遍采用滚珠丝杠；大型数控机床因为移动距离大而采用齿条或螺母。

1）轴向间隙的消除和预紧。轴向间隙是指丝杠和螺母无相对转动时，丝杠和螺母之间最大轴向窜动。除了结构本身的游隙之外，还包括在施加轴向载荷之后弹性变形所造成的窜动。滚珠丝杠螺母通过预紧方法消除间隙时应特别注意，预加载荷以能有效地减小弹性变形所带来的轴向位移为度，过大的预紧力将增加摩擦力，降低传动效率，并使寿命大为缩短。通常消除间隙的方法是采用双螺母结构。

2）滚珠丝杠的安装。滚珠丝杠常用推力轴承支座以提高轴向刚度（当滚珠丝杠的轴向负载很小时，也可用角接触球轴承支座）。滚珠丝杠在机床上的安装支承方式有以下几种（见图 5-17）：

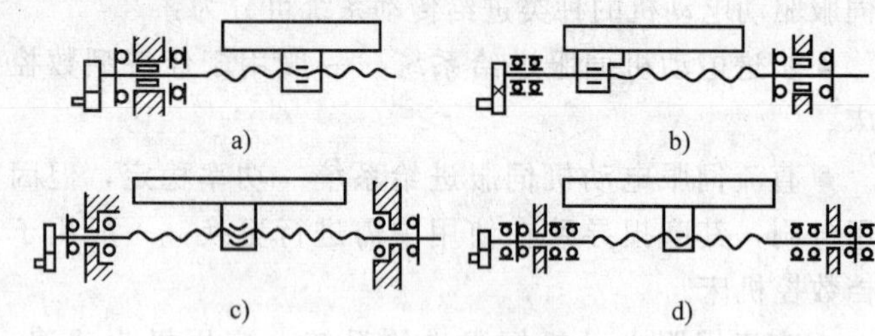

图 5-17　滚珠丝杠的支承方式

● 一端装推力轴承（见图 5-17a），这种安装方式的轴向刚度低只适用于短丝杠。

● 一端装推力轴承（见图 5-17b），另一端装深沟球轴承，此种方式可用于丝杠较长的情况。

● 两端装推力轴承（见图 5-17c），把推力轴承装在滚珠丝杠的两端，并施加预紧拉力，这样有助于提高刚度，但这种安装方式对丝杠的热变形较为敏感。

●两端装推力轴承及深沟球轴承（见图 5-17d），两端可用双重支承，使丝杠具有最大的刚度。

滚珠丝杠必须采用润滑油或锂基油脂进行润滑，同时要采用防尘密封装置。如用接触式或非接触密封量圈，螺旋式弹簧，或折叠塑性人造革防护罩，以防止尘士及硬性杂质进入丝杠。目前，由于丝杠螺母副已由专业厂生产，其预紧力可由制造厂调好供用户使用。

（2）导轨　导轨是进给传动系统的重要环节，它在很大程度上决定数控机床的刚度、精度与精度保持性。目前，数控机床上的导轨形式主要有滑动导轨、滚动导轨和液体静压导轨等。

1）滑动导轨。滑动导轨具有结构简单、制造方便、刚度好、抗振性高等优点，在数控机床上应用广泛。为了进一步减少导轨的磨损和提高运动性能，近年来又出现了新型的塑料滑动导轨。在与床身导轨相配的滑座导轨上粘接上静动摩擦因数基本相同，耐磨、吸振的塑料软带，或者在定动导轨之间采用注塑的方法制成塑料导轨。这种塑料导轨具有良好的摩擦特性、耐磨性及吸振性，因此目前在数控机床上广泛使用，称为贴塑导轨，如图 5-18 所示。

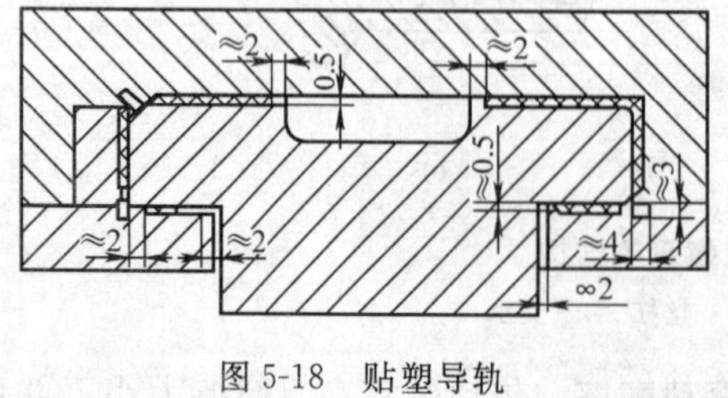

图 5-18　贴塑导轨

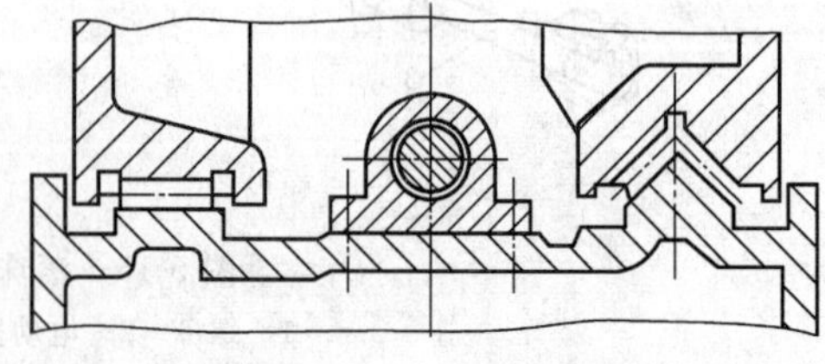
图 5-19　滚动导轨

2）滚动导轨。滚动导轨是在导轨面之间放置滚珠、滚柱或滚针等滚动体，使导轨面之间为滚动摩擦而不是滑动摩擦（见图 5-19）。滚动导轨与滑动导轨相比，其灵敏度高，摩擦因数小，且动、静摩擦因数相差很小，因而运动均匀，尤其是在低速移动时，不易出现爬行

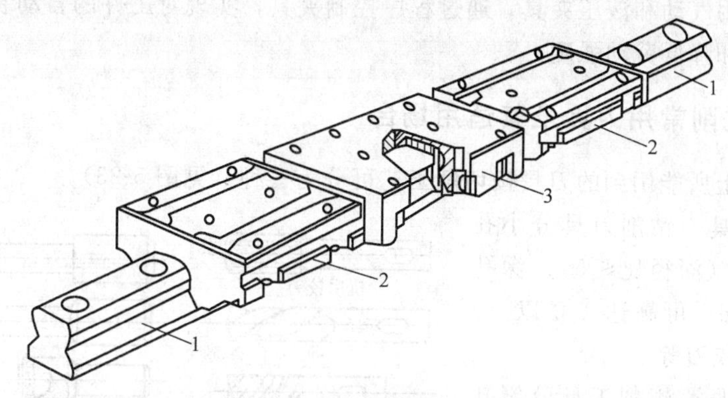

图 5-20　直线滚动导轨

1—导轨条　2—循环滚珠滑座　3—抗震阻尼滑座

现象；定位精度高，重复定位精度可达 0.2μm；牵引力小，移动轻便；磨损小，精度保持性好，使用寿命长。但滚动导轨的抗振性差，对防护要求高，结构复杂，制造困难，成本高。还有直线滚动导轨，如图 5-20 所示。

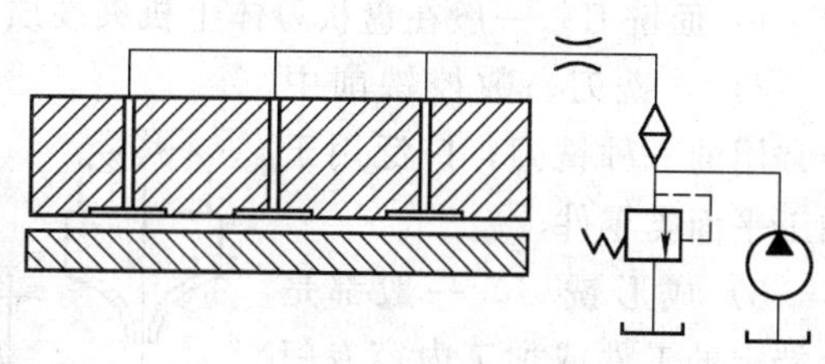

图 5-21　静压导轨

3）静压导轨。静压导轨的滑动面之间开有油腔，如图 5-21 所示。将有一定压力的油通过节流器输入油腔，形成压力油膜，浮起运动部件，使导轨工作表面处于纯溶剂化物摩擦，不产生磨损，精度保持性好。同时摩擦因数也极低（0.0005），使驱动功率大为降低。其运动不受速度和负荷的限制，低速无爬行，承载能力大，刚度好；油液有吸振作用，抗振性好，导轨摩擦发热也小。其缺点是结构复杂，要有供油系统、油的清洁度要求高，多用于重型机床。

第四节　常用刀具和加工工艺范围

一、数控铣床加工范围

与数控车削相比，数控铣床有着更为广泛的应用范围，能够进行外形轮廓铣削、平面或曲面型腔铣削及三维复杂型面的铣削，如各种凸轮、模具等；采用定尺寸刀具进行钻、扩、铰、镗及攻螺纹等，一般数控铣都有镗、钻、铰功能；若再添加圆工作台（见图 5-22）等附件（此时变为四坐标），则应用范围将更广，可用于加工螺旋桨、叶片等空间曲面零件。此外，随着高速铣削技术的发展，数控铣床可以加工形状更为复杂的零件，精度也更高。

图 5-22　圆工作台

数控铣床的通用夹具主要有平口钳、磁性吸盘和压板装置。对于加工中、大批量或形状复杂的工件则要设计组合夹具，如果使用气动和液压夹具，通过程序控制夹具，实现对工件的自动装卸，则能进一步提高工作效率和降低劳动强度。

二、数控铣削常用刀具及其适用场合

在数控铣床上所能用到的刀具按切削工艺可分为三种（见图 5-23）。

（1）钻削刀具　钻削刀具分小孔钻头、短孔钻头（深径比≤5）、深孔钻头（深径比＞6，可高达 100 以上）和枪钻、丝锥、铰刀等。

（2）镗削刀具　镗削工具分镗孔刀（粗镗、精镗）和镗止口刀等。

（3）铣削刀具　铣削工具具体分类如下：

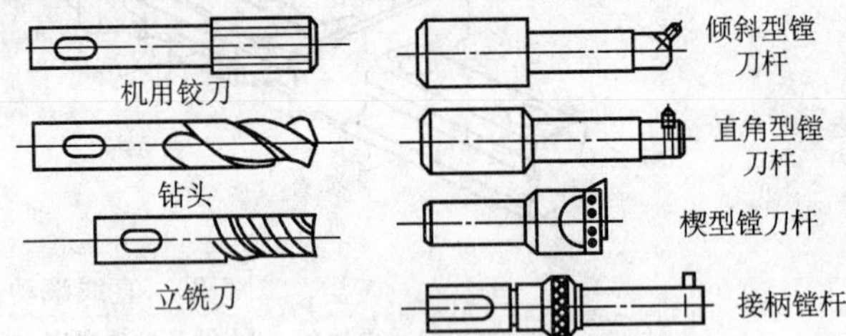

图 5-23　数控铣床常用刀具

1）面铣刀。一般在盘状刀体上机夹硬质合金刀片或刀头，常用于端铣较大的平面。

2）立铣刀。数控铣削中最常用的一种铣刀，广泛用于加工平面类零件。

3）成形铣刀。一般都是为特定的工件或加工内容专门设计制造的，适用于加工平面类零件的特定形状，如角度、凹槽面等（见图 5-24）。

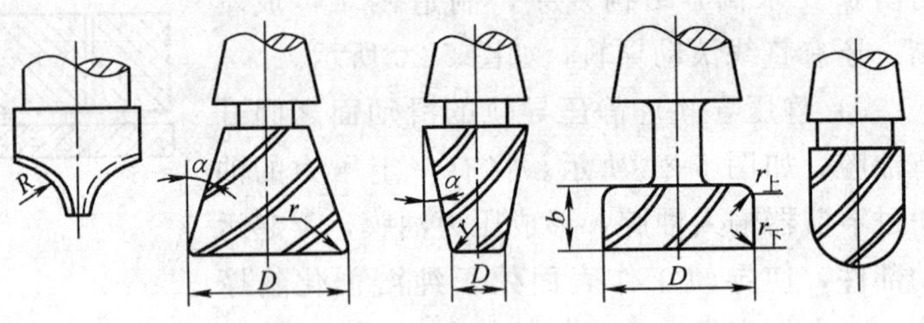

图 5-24　几种成形铣刀

4）球头铣刀。适用于加工具有空间曲面的零件，有时也用于平面类零件较大的转角圆弧的补充加工，如图 5-25 所示。

5）鼓形铣刀。刀具是一种典型的鼓形铣刀，主要用于变斜角零件的变斜角面的近似加工，如图 5-25 所示。

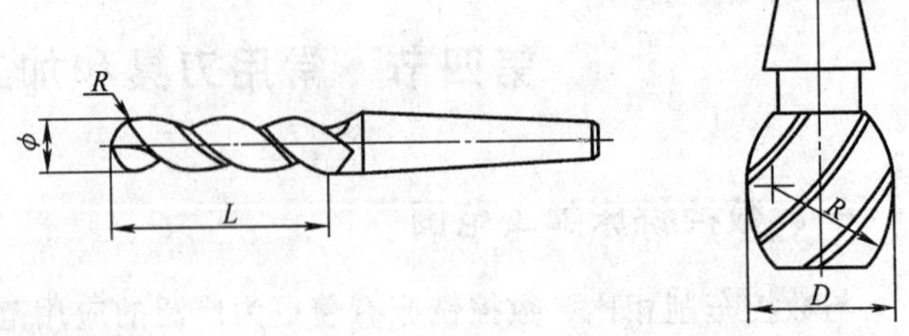

图 5-25　球头铣刀和鼓形铣刀

常用金属切削刀具材料为高速钢和硬质合金，按国内标准硬质合金刀具材料种类又分为 YT、YG 和 YW 三种，相对应的国际 ISO 标准为 P、K、M，分别为加工钢、铸铁和合金钢以及不易加工的材料。常用非金属刀具材料有陶瓷、聚晶金刚体和立方氮化硼，其中聚晶金刚体主要用于对耐磨、高硬度的非金属和非铁合金材料进行精加工。立方氮化硼适用于加工淬火钢、硬铸铁、高温合金和硬质合金。为提高刀具材料的耐磨性和使用寿命，刀具材料的表面可用 TiN、TiCN、Al_2O_3 等材料作渡层处理。

三、铣刀类型选择

数控铣床使用的刀具正朝着标准化、通用化和模块化的方向发展，为满足高效和特殊的铣削要求，又发展了各种特殊用途的专用刀具。被加工零件的几何形状和加工工艺要求是选择刀具类型的主要依据。

铣削加工刀具的选用：

1）加工曲面类零件时，为了保证刀具切削刃与加工轮廓在切削点相切，而避免切削刃与工件轮廓发生干涉，一般采用球头刀；粗加工用两刃铣刀；半精加工和精加工用四刃铣刀。

2）铣较大平面时，为了提高生产效率和提高加工表面粗糙度，一般采用刀片镶嵌式盘形铣刀。粗铣时铣刀直径选小一些，精铣时铣刀直径选大一些；铣小平面或台阶面时一般采用通用铣刀。

3）铣键槽时，为了保证槽的尺寸精度、一般用两刃键槽铣刀；加工精度要求较高的凹槽，可选用直径比槽宽小的立铣刀，先铣槽的中间部分，然后利用刀具半径补偿功能铣削槽的两边。

4）毛坯表面或孔的粗加工，可选用镶硬质合金的玉米铣刀进行强力切削。

孔加工刀具的选用：

1）数控机床加工孔，选用钻头直径 D 应满足 $L/D \leqslant 5$（L 为钻孔深度）的条件，保证刀具有足够的刚性。

2）钻孔前先用中心钻定位，保证孔加工的定位精度；精铰孔可选用浮动绞刀，铰孔前孔口要倒角。

3）镗孔时应尽量选用对称的多刃镗刀头进行切削，以平衡径向力，减少镗削振动。尽量选择较粗和较短的刀杆，以减少切削振动。

第六章　数控铣削加工常用数控系统简介及编程

本章主要介绍数控铣削加工常用的 FANUC 0M、SIEMENS SINUMERIK 810D/840D 和华中世纪星 HNC—21M 数控系统性能。对三种数控系统的编程指令、固定循环和子程序做了基本的介绍，同时对铣刀的测量和补偿做了简单介绍。通过学习应掌握数控系统的编程。

第一节　FANUC 0M 数控系统简介

日本 FANUC 公司是生产 CNC 系统比较著名的公司之一。其 CNC 产品主要有 FANUC Series 3/5/6/7、FANUC Series 10/11/12、FANUC Series 0、FANUC Series 15/16/18、FANUC Series 21/210 和 FANUC Series 30i/300/3000is 等系列。目前，我国主要使用的有 FANUC Series 0、FANUC Series 15/16/18 和 FANUC Series 21/210 系列。

FANUC 0M 系统是日本 FANUC 公司在 20 世纪 80 年代中期推出的，具有较高的可靠性和性能价格比的 CNC 产品。它的特点是体积小，价格低，可组装成面板装配式的 CNC 系统，适用于机电一体化的小型数控机床。它的 CNC 是一个多微处理系统，采用彩色图形显示。

FANUC 0M 系统的主要功能：

1）PMC 轴控制。用梯形图程序控制伺服进给轴，用于回转轴分度或定量位置进给。

2）0.1μm 分辨率。系统分辨率标准设定为 1μm，可用参数设定为其 1/10。

3）加工程序的后台编辑。自动切削过程中可以编辑新的程序。

4）菜单编程。

5）图形会话在线自动编程。有多种形式，最新的是符号指令形式。易学，易操作。有工艺参数语句。

6）用户宏程序。一种参量编程软件包，用来编制加工程序（适合于成组工艺）或者用其接口变量编制 PMC 程序，控制 CNC 的运行状态。

7）多种语言（汉、英、德、法）显示。

第二节　SIEMENS SINUMERIK 810D/840D 数控系统简介

德国 SIEMENS 公司是世界生产数控系统的著名厂商之一。其主要产品有 SINUMERIK 3、SINUMERIK 8、SINUMERIK 810/820、SINUMERIK 850/880、SINUMERIK 840 和 SINUMERIK 802 等产品。

SIEMENS SINUMERIK 840D 数控系统，生产于 20 世纪 90 年代中期，是全新设计的全数字化数控系统，具有高度模块化及规范化的结构，它将 CNC 和驱动控制集成在一块板子上，将闭环控制的全部硬件和软件集成在 $1cm^2$ 的空间中，便于操作、编程和监控。

SIEMENS SINUMERIK 810D 数控系统，生产于 1996 年，810D 是在 840D 基础上开发的新 CNC 系统。它第一次将 CNC 和驱动控制集成在一块板子上，其 CNC 与驱动之间没有接口。810D 配备了功能强大的软件，提供了很多新的使用功能。

SIEMENS SINUMERIK 810D/840D 数控系统主要性能和特点：

1）采用 32 位微处理器，实现 CNC 控制，可以控制车床、钻铣床、加工中心和磨床。

2）840D 最多可控制 31 个进给轴和主轴，其中可配 10 个主轴；而 810D 最多则可以控制 6 个轴，即 4 个进给轴和 2 个主轴。可以 5 轴联动，具有直线插补、平面圆弧插补、螺旋线插补、空间圆弧（CIP）插补、样条插补、控制值互联和曲线表插补等控制方式，这些功能为加工各类曲线曲面类零件提供了便利条件。

3）操作方式有 AUTOMATIC（自动）、JOG（手动）、TEACH IN（交互式程序编制）和 MDA（手动数据输入）方式。

4）轮廓和补偿。可以根据用户程序进行轮廓的冲突检测、刀具半径补偿的接近和退出策略及交点计算、刀具长度补偿、螺距误差补偿和测量系统误差补偿、反向间隙补偿、过象限误差补偿等。

5）安全保护功能。数控系统可以通过预设软极限开关的方法，进行工作区域的限制，当超程时可以触发程序进行减速，对主轴的运行还可以进行监控。

6）标准 G 代码编程（DIN66025）和西门子高级语言编程，可进行米制、英制尺寸和混合尺寸的编程。程序编制与加工可以同时进行，系统存储器容量达 1.5MB，用于零件程序、刀具偏置、补偿的存储。

7）PLC 编程。集成的 PLC 完全以标准的 SIMATIC S7 模块为基础，PLC 程序和数据内存可扩展倒 288KB，I/O 模块可扩展到 2048 个输入/输出点。

8）系统提供有标准的 PC 软件、硬盘、奔腾处理器，用户可在 Windows98 和 Windwos2000 下开发自定义的界面。配备 2 个通用的 RS-232 接口，加工过程中可以进行数据的输入输出。此外，用 PCIN 软件可以进行串行数据通信，通过 RS-232 接口可以方便地使 840D 与西门子编程器或普通的个人计算机连接起来，进行加工程序、PLC 程序、加工参数等各种信息的双向通信。用 SINDNC 软件可以通过标准网络进行数据传送，还可以用 CNC 高级编程语言进行程序的协调。

9）系统提供了多种语言的显示功能，显示屏上可以显示程序块、电动机轴位置、操作状态等。

第三节　华中世纪星 HNC—21M 数控系统简介

华中数控系统是武汉华中数控股份有限公司开发的具有自主知识产权的性能价格比较高的数控系统。产品系列主要有华中Ⅰ型、华中Ⅱ型和华中世纪星三种型号，可应用于车床、铣床、加工中心、激光加工等数控机床。在高校使用很广，在企业和数控改造中使用也较多。

“世纪星 HNC—21M”系列数控系统采用先进的开放式体系结构，内置嵌入式工业 PC，配置 7.7“或 10.4”彩色液晶显示屏和通用工程面板，集成进给轴接口、主轴接口、手持单元接口、内嵌式 PLC 接口于一体，支持硬盘、电子盘等程序储方式以及软驱、DNC、以太网等程序交换功能、具有低价格、高性能、配置灵活、结构紧凑、易于使用、可靠性高的特点。主要应用于铣、加工中心等各类数控机床的控制。

华中世纪星 HNC—21M 数控系统编程功能如下：

1）直线、圆弧、螺旋线、正弦线插补功能。

2）控制轴数：3；联动轴数：3，具有第四轴的扩展能力，最大联动轴数为 4 轴。

3）最小设定单位：0.001mm；最大编程尺寸：99 999.999mm。

4）最大编程行数：≥1000000000。

5）米制/英制输入功能。

6）绝对值/增量值编程。

7）脉冲当量输入功能。

8）每分钟/每转进给功能。

9）虚轴指定功能。

10）螺纹功能（米制、英制）：多种攻螺纹切削功能、刚性攻螺纹（加工中心）功能。

11）多种铣削固定循环、粗精铣削加工固定循环和复合循环、攻螺纹与逆攻螺纹、钻孔、深钻孔、定心钻循环功能、固定循环返回起始点和安全面功能。

12）多种镗铣切削循环功能。

13）刀具圆弧半径补偿、长度补偿功能。

14）图形显示：三维彩色图形实时动态显示刀具轨迹。

15）进给修调、快速修调和主轴转速修调三种控制功能，修调范围达到 10%～150%。

16）自动加减速控制方式：S 型加减速度控制。

17）系统参数备份与恢复功能。

18）空运行、模拟加工和图形化程序校验功能。

19）实时加工参数显示功能：机床坐标系、工件坐标系、实时跟踪误差、实时剩余进给量、指令位置、实际位置实时显示等。

20）编辑功能（包括后台编辑功能）。

21）蓝图编程功能。

22）在线帮助功能：提供编程帮助和图例。

23）断点保存与恢复功能。

24）从指定的任意行运行加工功能。

25）程序跳段功能。

26）自动换刀功能（加工中心）。

27）小线段连续高速加工功能（G64）和准确定位功能（G61）。

28）坐标系可编程的零点偏置功能。

29）4 层以上子程序调用功能（最多 9 层嵌套）。

30）旋转、镜像、缩放功能。

31）参数编程、宏程序编程功能，支持逻辑运算、函数运算、条件判别和循环语句。

32）用户自定义 M 指令功能。

33）标准的 G 功能、M 功能、T 功能，数控编程指令与国际标准兼容，支持常用 CAD/CAM 系统生成的数控加工程序。

第四节 数控系统常用编程指令

一、FANUC 0M 数控系统

1. 常用的准备功能编程

准备功能是编制数控程序的核心内容，要求能够熟练掌握这些基本功能的特点和使用方法，只有这样才能编制出好的加工程序，提高产品的加工质量，常用的准备功能见表 6-1。

表 6-1 常用的 FANUC 0M 数控系统准备功能

地 址	含 义	编 程 格 式
G00	快速移动点定位	G00 X_ Y_
G01	直线插补	G01 X_ Y_ Z_ F_
G02	顺时针圆弧插补	G17 G02 X_ Y_(R或I_ J_)F_ G18 G02 X_ Z_(R或I_ K_)F_ G19 G02 Y_ Z_(R或J_ K_)F_
G03	逆时针圆弧插补	G17 G03 X_ Y_(R或I_ J_)F_ G18 G03 X_ Z_(R或I_ K_)F_ G19 G03 Y_ Z_(R或J_ K_)F_
G04	暂停	G04(X_或P_)
G17/G18/G19	*XY*/*ZX*/*YZ* 平面选择	G17/G18/G19
G32	螺纹切削	G32 X(U)_ Z(W)_ F_
G40	刀具半径补偿注销	G40 G0(G1) X_ Y_
G41/G42	刀具半径补偿——左/右	G41/G42 G0(G1) X_ Y_
G43/G44	刀具长度补偿——正/负	G43/G44 Z_ H_
G49	刀具长度补偿注销	G49
G50	主轴最高转速限制 或加工坐标系设置	G50 S_ G50 X_ Z_
G51	比例及镜像编程	G51 X_ Y_ Z_ P_(或I_ J_ K_);撤销用G50
G54～G59	加工坐标系设定	G54～G59
G65	用户宏指令	G65 Hm P#i Q#j R#k
G68	坐标系旋转	G68 X_ Y_(或Y_ Z_或X_ Z_) R_
G69	坐标系旋转撤销	G69
G73,G74,G76,G80～G89	固定循环	(G73,G74,G76,G80～G89)X_ Y_ Z_ P_ Q_ R_ F_ K_;G80:取消固定循环
G90/G91	绝对值、增量值编程	G90/G91(一段内不能同时存在)
G92	螺纹切削循环 或加工坐标系设置	G92 X(U)_ Z(W)_ I_ F_ G92 X_ Y_ Z_
G94	每分钟进给量	G94 F_
G95	每转进给量	G95 F_
G96	恒线速控制	G96 S_
G97	恒线速取消	G97 S_或 G97
G98	刀具返回初始平面	G98
G99	刀具返回 *R* 平面	G99

(1) 与坐标系有关的指令

● 绝对尺寸指令(G90)

ISO 代码中绝对尺寸指令用 G90,它表示程序段中的尺寸字为绝对坐标值,即以编程零点为基准的坐标值。编程举例:G90 G01 X50 Y-45 F125。

增量尺寸指令(G91),它表示程序段中的尺寸字为增量坐标值,即刀具运动的终点相对于起点的坐标值增量。编程举例:G91 G01 X-150 Y145 F125。

在实际的编程中,选用 G90 还是 G91,主要是根据具体的零件特点确定,那种方式编程方便就采用那一种方式。

● 工件坐标系设定(G92)

G92 指令是规定工件坐标系原点的指令,工件坐标系原点又称编程零点。当使用绝对尺寸编程时,必须先建立一坐标系,用来确定刀具起始点在坐标系中的坐标值。编程举例:G92 X12 Y29 Z90。坐标值 X12 Y29 Z90 为刀位点在工件坐标系中的初始位置,执行 G92 指令时,机床不动作,即 *X*、*Y*、*Z* 轴均不移动,但 CRT 或液晶显示器上的坐标值发生了变化。G92 指令可以在程序中指定,也可以在 MDI 方式中设定。

● 坐标平面选择(G17、G18、G19)

平面选择指令 G17、G18、G19 分别用来指定程序段中刀具的圆弧插补平面和刀具半径补偿平面,在笛卡儿直角坐标系中,三个互相垂直的轴 *X*、*Y*、*Z* 分别构成了三个平面,G17 表示选择在 *X*—*Y* 平面内加工 G18 选择在 *Z*—*X* 平面内加工 G19 选择在 *Y*—*Z* 平面内加工,立式数控铣床大都在 *X*—*Y* 平面内加工,故 G17 可以省略。

(2) 快速点定位指令(G00) G00 指令是指刀具以点定位控制方式,从刀具所在点以最快的速度移动到目标点。

(3) 直线插补指令(G01) G01 指令是指刀具按给定的进给速度 F,从当前点进行直线插补并到达指定的终点,可以采用绝对或增量编程。

(4) 圆弧插补指令(G02/G03) 按给定的进给速度 F 从当前点进行顺时针(G02)或逆时针(G03)圆弧插补。在不同平面内进行圆弧插补。

编程格式:*XY* 平面:G17 G02 X_ Y_ I_ J_ (R_) F_; G17 G03 X_ Y_ I_ J_ (R_) F_

ZX 平面:G18 G02 X_ Z_ I_ K_ (R_) F_; G18 G03 X_ Z_ I_ K_ (R_) F_

YZ 平面:G19 G02 Y_ Z_ J_ K_ (R_) F_; G19 G03 Y_ Z_ J_ K_ (R_) F_

其中,X、Y、Z 为圆弧终点坐标,R 为圆弧半径,I、J、K 为圆弧起点到圆心的增量坐标,与采用 G90、G91 无关,F 为进给速度。

当圆弧的圆心角>180°时,R 值为负;当圆弧的圆心角≤180°时,R 值为正。注意:采用 R 编程不能表达整圆,此时,必须采用 I、J、K 编程。

2. FANUC 0M 数控系统常用的辅助功能(见表 6-2)

二、SIEMENS SINUMERIK 810D/840D 数控系统

1. SINUMERIK 810D/840D 常用的准备功能(见表 6-3)

表 6-2 FANUC 0M 数控系统常用辅助功能字 M 含义表

M 功能字	功　能	M 功能字	功　能
M00	程序停止	M08	1 号(液状)切削液开
M01	计划停止	M09	切削液关
M02	程序结束	M10	夹紧
M03	主轴顺时针旋转	M11	夹紧松开
M04	主轴逆时针旋转	M30	程序停止并返回开始处
M05	主轴旋转停止	M98	调用子程序
M06	换刀	M99	返回子程序
M07	2 号(雾状)切削液开		

表 6-3 常用 SIEMENS SINUMERIK 810D/840D 数控系统准备功能

地　址	含　义	编　程　格　式
G0	快速移动	G0　X_　Y_在极坐标中 G1　AP=_　RP=_
G1	直线插补	G1　X_　Y_　Z_　F_在极坐标中 G1　AP=_　RP=_　F_
G2/G3	顺时针/逆时针圆弧插补	G2/G3　X_　Y_(CR=_或 I_　J_)F_ G2/G3　X_　Z_(CR=_或 I_　K_)F_ G2/G3　Y_　Z_(CR=_或 J_　K_)F_ G2/G3　AR=_　I_　J_　F_　或 G2/G3　X_　Y_　AR=_ F_　在极坐标中 G2/G3　AP=_　RP=_　F_
G4	预先确定的停止时间	G4　F_或 G4　S_
G17/G18/G19	*XY*/*ZX*/*YZ* 平面选择	G17/G18/G19
G25	工作区域下限/主轴速度极限的最大值	G25　X_　Y_　Z_　/　G25　S_
G26	工作区域上限/主轴速度极限的最大值	G26　X_　Y_　Z_　/　G26　S_
G33	恒螺距螺旋线插补	圆柱螺纹:G33　K_　SF=_ 十字螺纹:G33　X_　K_　SF=_ 锥度螺纹:G33　Z_　X_　K_　SF=_
G331	刚性攻螺纹	G331　X_　Y_　Z_　I_　J_　K_　(攻螺纹)
G332	带回缩运动的刚性攻螺纹	G332　X_　Y_　Z_　I_　J_　K_　(退回)
G63	带补偿夹具的攻螺纹	G63　X_　Y_　Z_
G40	刀具半径补偿注销	G40　G0/G1　X_　Y_
G41/G42	刀具半径补偿——左/右	G41/G42　G0/G1　X_　Y_　D1
G53	按程序段方式取消可设定零点偏置	G53
G54～G59	零点偏置	G54～G59
G70/G71	英制尺寸/米制尺寸	G70 或 G71
G74/G75	回参考点/回固定点	G74　X_　Y_　Z_或 G75　X_　Y_　Z_
G90/G91	绝对值/增量值编程	G90/G91
G94	进给率(mm/min)	G94　F_
G95	主轴进给率(mm/r)	G95　S_
G110	极点尺寸,相对于上次编程的设定位置	G110　RP=_　AP=_
G111	极点尺寸,相对于当前工件坐标系的零点	G111　RP=_　AP=_
G112	极点尺寸,相对于上次有效的极点	G112　RP=_　AP=_
G450	圆弧过渡	G450
G451	等距线的交点,刀具在工件转角处不切削	G451
G500	取消可设定零点偏置	G500

2. SIEMENS SINUMERIK 810D/840D 常用的辅助功能编程（见表 6-4）

表 6-4　SIEMENS SINUMERIK 810D/840D 常用辅助功能字 M 含义表

M 功能字	功　能	M 功能字	功　能
M0	程序暂停，按启动键继续加工	M4	主轴逆时针旋转
M1	程序有条件停止	M5	主轴旋转停止
M2	程序结束	M6	更换刀具
M3	主轴顺时针旋转		

3. SIEMENS SINUMERIK 810D/840D 其他地址功能（见表 6-5）

表 6-5　SIEMENS SINUMERIK 810D/840D 其他地址功能

地　址	含义及编程
CIP	中间圆弧插补　CIP　X_　Y_　I1=_　J1=_
D	刀具补偿号　D1
T	T1
TRANS	可编程偏置　TRANS　X_　Y_　Z_
ROT	可编程旋转 ROT　RPL=_　在当前平面内旋转
SCALE	可编程比例系数　SCALE　X_　Y_　Z_
MIRROR	可编程镜像功能　MIRROR　X0
ATRANS	附加的可编程偏置　ATRANS　X_　Y_　Z_
AROT	附加的可编程旋转 AROT　RPL=_　在当前平面内旋转
ASCALE	附加的可编程比例系数　ASCALE　X_　Y_　Z_
AMIRROR	附加的可编程镜像功能　AMIRROR　X0
CALL	循环调用　CALL LCYC83
CHF/CHR	倒角　X_Y_　CHF/CHR=_
RND	倒圆角　X_　Y_　RND=_
AP	极坐标角度　单位为度
RP	极坐标半径　RP=_
AC	绝对坐标　X=AC(890)
RPL	ROT 和 AROT 的旋转角
SF	用 G33 时螺纹起始角 SF=_
SPOS	主轴位置 SPOS=_
回转轴 ACP(正方向靠近)/ACN(负方向靠近)	绝对坐标　A=ACP(45.3)、SPOS=ACP(33.1)
GOTO B/GOTO F	向后/向前跳转 GOTO B/GOTO F　MAKE1

三、华中世纪星 HNC—21M 数控系统

1. 常用的准备功能（见表 6-6）

表 6-6 常用的华中世纪星 HNC—21M 数控系统准备功能

地址	含义	编程格式
G00	快速移动点定位	G00 X_ Y_ Z_ A_ A:第 4 轴
G01	直线插补	G01 X_ Y_ Z_ A_ F_
G02/G03	顺时针/逆时针圆弧插补	G17 G02/G3 X_ Y_(R 或 I_ J_)F_ G18 G02/G3 X_ Z_(R 或 I_ K_)F_ G19 G02/G3 Y_ Z_(R 或 J_ K_)F_
G04	暂停	G04 P_ (单位:s)
G07	虚轴指定	G07 X_ Y_ Z_ A_
G09	准停校验	G09
G17/G18/G19	*XY*/*ZX*/*YZ* 平面选择	G17/G18/G19
G20/G21	英寸/毫米输入	G20/G21
G22	脉冲当量输入	G22
G24/G25	镜像开/关	G24/G25 X_ Y_ Z_ A_
G28/G29	自动返回到参考点/自动由参考点返回	G28 X_ Y_ Z_ A_,X_ Y_ Z_ A_为中间点, G29 X_ Y_ Z_ A_,X_ Y_ Z_ A_返回的定位终点
G40	刀具半径补偿注销	G40 X_ Y_ Z
G41/G42	刀具半径补偿——左/右	G17/G18/G19 G41/G42 D_ G0/G1 X_ Y_ F_
G43/G44	刀具长度补偿正/负向补偿	G17/G18/G19 G43/G44 X_ Y_ Z_ H_
G49	刀具长度补偿取消	G49 Z_
G51/G50	建立缩放/取消缩放	G51 X_ Y_ Z_ P_ G50:取消缩放
G53	直接机床坐标系编程	G53
G54～G59	工件坐标系选择	G54～G59
G61	精确停止校验方式	G61
G64	连续方式	G64
G65	子程序调用	P_ L_(注意:G65 与 M98 功能相同)
G68/G69	旋转变换开/取消	G68 X_ Y_ Z_ P_;G69:取消
G90/G91	绝对值/增量值编程	G90/G91
G92	工件坐标系设定	G92 X_ Y_ Z_ A_
G94/G95	每分钟/每转进给	G94 F_/G95 S_
G98	固定循环返回起始点	G98
G99	固定循环返回安全面	G99

2. 华中世纪星 HNC—21M 常用的辅助功能（见表 6-7）

表 6-7 华中世纪星 HNC—21M 常用辅助功能字 M 含义表

M 功能字	功能	M 功能字	功能
M00	程序停止	M08	1 号(液状)切削液开
M02	程序结束	M09	切削液关
M03	主轴正转起动	M30	程序结束并返回程序起点
M04	主轴反转起动	M98	调用子程序
M05	主轴旋转停止	M99	返回子程序(子程序结束)
M06	换刀	Mxx	用户自定义 M 指令

第五节　固定循环与子程序

一、FANUC 0M 数控系统

1. 固定循环（G73、G74、G76、G80～G89）

FANUC 0M 数控系统的固定循环功能见表 6-8。

表 6-8　FANUC 0M 数控系统的固定循环功能

地址	钻孔操作(_Z 方向)	在孔底位置的操作	退刀操作(＋Z 方向)	用　途
G73	间歇进给	—	快速进给	高速深孔钻循环
G74	切削进给	暂停→主轴正转	切削进给	反攻螺纹(左旋)
G76	切削进给	主轴准确停止	快速进给	精镗孔
G80	切削进给	—	—	撤消固定循环
G81	切削进给	—	快速进给	钻孔、锪孔
G82	切削进给	暂停	快速进给	钻孔、阶梯镗孔
G83	间歇进给	—	快速进给	深孔钻循环
G84	切削进给	暂停→主轴反转	切削进给	攻螺纹
G85	切削进给	—	切削进给	镗削
G86	切削进给	主轴停止	快速进给	镗削
G87	切削进给	主轴正转	快速进给	背镗削
G88	切削进给	暂停→主轴停止	手动进给	镗削
G89	切削进给	暂停	切削进给	镗削

(1) 固定循环的动作构成　固定循环（孔加工循环）一般由 6 个动作组成，如图 6-1 所示。

● 动作 1（$A \to B$）刀具快速定位到要加工孔坐标位置（X，Y），即循环起始（初始）点 B；

● 动作 2（$B \to R$）刀具 Z 向快进从起始点进给到 R 点平面；

● 动作 3（$R \to E$）以切削进给的方式执行孔进给动作（如钻孔、镗孔、攻螺纹等）；

● 动作 4（E 点）在孔底作相应的动作；

● 动作 5（$E \to R$）返回到 R 点平面；

● 动作 6（$R \to B$）快速返回到起始点 B。

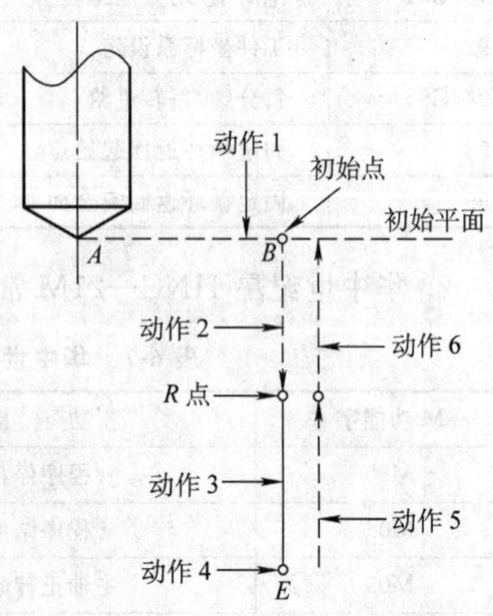

图 6-1　固定循环的动作组成

(2) 作用平面　在孔加工动作中有 3 个作用平面：

● 初始平面：初始点所在的与 Z 轴垂直的平面。它是为了安全下刀而规定的一个平面。初始平面到零件表面的距离可以任意设定在一个安全的高度上。当使用同一把刀具加工若干孔时，只有孔间存在障碍需要跳跃或全部孔加工完成时，才使刀具返回到初始平面上的初始点。

● R 点平面：R 点平面是刀具下刀时由快速进给转为切削进给的高度平面，与工件表面的距离主要考虑工件表面尺寸的变化，一般可以取 2～5mm。

● 孔底平面：加工不通孔时孔底平面就是孔的底端的 Z 轴高度，加工通孔时一般刀具要伸出工件底面一段距离，主要是保证全部孔深都加工到尺寸。钻孔时还要考虑到钻头钻尖对孔深的影响。

注意：孔加工循环与平面选择指令（G17、G18、G19）无关，即不管选择了哪个平面，孔加工都是在 XY 平面上定位并在 Z 轴方向上加工。

(3) 固定循环的编程格式

格式为：G×× X_ Y_ Z_ R_ Q_ P_ F_ K_，具体内容见表 6-9。注意：固定循环中孔的加工数据给定方式有 2 种，即绝对值（G90）方式和增量值（G91）方式。如图 6-2 所示，在绝对值（G90）方式中，X_、Y_ 为孔在 XY 平面上的坐标值；R_、Z_ 分别为 R 平面和孔底平面的 Z 向坐标值。在增量值（G91）方式中，X_、Y_ 为初始点相对于刀具当前位置的增量值；R_ 是初始平面到 R 平面的距离；Z_ 是指 R 平面到孔底平面的距离。注意：G98 和 G99 的区别。刀具返回 R 点平面用 G99，刀具返回初始平面用 G98，如图 6-3 所示。

表 6-9 FANUC 0M 数控系统的固定循环指令表

指定内容	地址	说　明
孔加工方式	G	详细功能见表 6-8
孔加工数据	X、Y	用增量值或绝对值指定孔的位置，轨迹及进给速度与 G00 相同
	Z	用增量值指定从 R 点到孔底的距离，用绝对值指定孔底位置。进给速度在动作 3 由 F 指定，在动作 5 根据加工方式变为快速进给或由 F 指定
	R	用增量值指定从初始平面到 R 平面的距离，或用绝对值指定 R 点位置，进给速度在动作 2 和动作 6 出均变为快速进给
	Q	指定 G73、G83 每次的切入量或 G76、G78 中的偏移量
	P	指定孔底的停留时间，其指定数值与 G04 相同
	F	指定切削进给速度
重复次数	K	指定孔加工重复次数，未指定时，系统默认为 1 次

2. 子程序

采用子程序编程可以简化程序的编制。子程序名和主程序名一样，由字母 O 开头，后跟 1～4 位正整数组成，子程序结束字为 M99。调用子程序用 M98 P×××× ××××，P 后面共有 8 位数字，前 4 位为调用次数，省略时为调用 1 次；后 4 位为所调用的子程序名（号），如 M98 P30，30 为子程序名。举例如下：

主程序 O20

N10 G90 G54

N20 M03 S1000

N30 G0 Z15

N40 X45 Y55

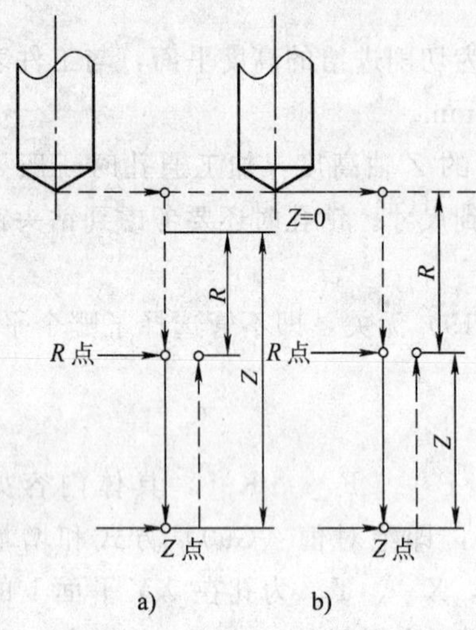

图 6-2　G90 和 G91 的坐标计算
a) G90　b) G91

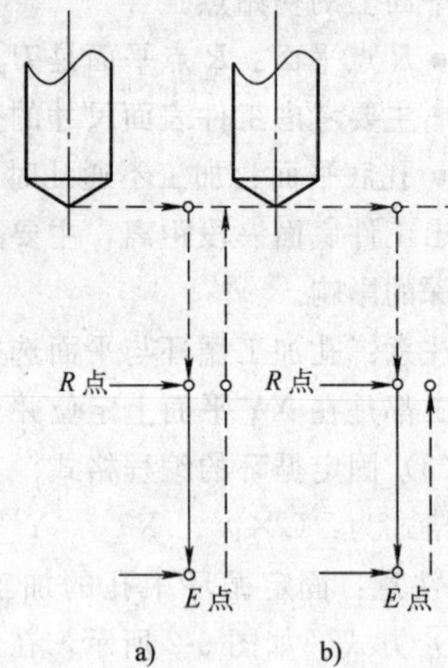

图 6-3　G98 和 G99 的区别
a) G98　b) G99

N50　M98　P30；　　　　调用子程序 O30

…

N90　G01　X55

N100　M30；　　　　程序结束

子程序

O30

N10　G91　G01　Z－3　F150

N20　G01　X－10　Y－10

…

N50　G01　Z15

N60　M99；　　　　子程序结束

二、SIEMENS SINUMERIK 数控系统

1. 固定循环

循环是指用于特定加工过程的工艺子程序。铣床的固定循环见表 6-10。

表 6-10　SIEMENS SINUMERIK 数控系统固定循环

循 环 名 称	用　途
LCYC82	钻削、沉孔加工
LCYC83	深孔钻削
LCYC840	带补偿夹具的螺纹切削
LCYC84	不带补偿夹具的螺纹切削
LCYC85	镗孔
LCYC60	线性孔排列
LCYC61	圆弧孔排列
LCYC75	矩形槽、键槽、圆形凹槽铣削

固定循环中使用的主要参数，见表 6-11。

表 6-11　固定循环中使用的主要参数

参　　数	含　　义	参　　数	含　　义
R101	退回平面(绝对平面)	R105	在此钻削深度停留时间(秒)
R102	安全距离	R106	螺距
R103	参考平面(绝对平面)	R107	钻削进给率
R104	最后钻深(绝对值)	R108	首钻进给率

固定循环中使用的参数（R100～R149）介绍，见表 6-12。

表 6-12　使用参数介绍

循环名称	使用参数及部分含义
LCYC82	R101、R102、R103、R104、R105
LCYC83	R101、R102、R103、R104、R105、R107、R108、R109 为在起始点和排屑时停留时间，R110 为首钻深度(绝对值)，R111 为递减量(无符号)，R127 为加工方式：采用断屑用 0，退刀排屑用 1
LCYC840	R101、R102、R103、R104、R106 螺纹导程值，R126 攻螺纹时主轴旋转方向：M3 时用 3，M4 时用 4
LCYC84	R101、R102、R103、R104、R105、R106 螺纹导程值，R112 攻螺纹速度，R113 退刀速度
LCYC85	R101、R102、R103、R104、R105、R107 钻削时进给率，R108 退刀时进给率
LCYC60	R115 钻孔或攻螺纹循环号值：82、83、84、840、85 对应于 LCYC82～LCYC85，R116 横坐标参考点，R117 纵坐标参考点，R118 第一孔到参考点的距离，R119 孔数，R120 平面中孔排列直线的角度，R121 孔间距离
LCYC61	R115 钻孔或攻螺纹循环号值：82、83、84、840、85 对应于 LCYC82～LCYC85，R116 圆弧圆心横坐标(绝对值)，R117 圆弧圆心纵坐标(绝对值)，R118 圆弧半径，R119 孔数，R120 起始角：－180＜R120＜180，R121 角增量
LCYC75	R101、R102、R103、R104 凹槽深度(绝对值)，R116 凹槽圆心横坐标，R117 凹槽圆心纵坐标，R118 凹槽长度，R119 凹槽宽度，R120 拐角半径，R121 最大背吃刀量，R122 深度进刀进给率，R123 表面加工的进给率，R124 表面加工的精加工余量，R125 深度加工的精加工余量，R126 铣削方向：G2 时用 2，G3 时用 3，R127 铣削类型值：粗加工用 1，精加工用 2

2. 子程序

子程序的结构与主程序的结构一样，子程序名开始两个字符必须是字母，其他为字母、数字或下划线，最多 8 个字符，没有分隔符，如 PMJG_001；也可以使用地址字 L，后可以跟最多 7 位整数，如 L1234567。子程序返回可以用 M2 或 RET。RET 要求占用独立的程序段。用 RET 指令结束字程序，返回主程序时不会中断 G64 连续路径运行方式，用 M2 则会中断 G64 运行方式，并进入停止状态。调用时，直接用程序名调用子程序，系统默认调用一次，如果希望多次调用，后面跟 P 参数，如 L789　P3，则调用子程序 L789 运行 3 次。子程序也可以有多层嵌套调用，802S/802D 有 3 层嵌套。

例如：主程序 PMJGZCX

N10　G90　G54

N20　M3　S1500

N30　G0　X67　Y90

N40　PMJG_001　或 L1234567；　　　　　　　　调用子程序

```
…
M2
子程序
PMJG _ 001 或 L1234567
N10   G91   X15
N20   G1   Z-5   F150
…
RET 或 M2
```

三、华中世纪星 HNC—21M 数控系统

1. 固定循环（G73、G74、G76、G80～G89）

华中世纪星 HNC—21M 数控系统的固定循环功能。

指令格式：G98/G99 G_ X_ Y_ Z_ R_ Q_ P_ I_ J_ K_ F_ L_

说明：G98：返回起始平面；G99 返回 *R* 点平面；

G：固定循环代码 G73、G74、G76 和 G81～G89 中之一；

X、Y：加工起点到孔位的距离（G91）或孔位坐标（G90）；

Z：*R* 点到孔底的距离（G91）或孔底坐标（G90）；

R：初始点到 *R* 点距离（G91）或 *R* 点的坐标（G90）；

Q：每次进给深度（G73/G83）；

I、J：刀具在轴反向位移增量（G76/G87）；

F：切削进给速度；

L：固定循环的次数。

其功能和 FANUC 0M 功能相似，不再赘述。

注意：G73、G74、G76 和 G81～G89 是同组的模态指令。其中定义的 Z、R、P、F、Q、I、J、K 地址，在各个指令中是模态值，改变指令后需重新定义。G80、G01～G03 等代码可以取消固定循环。

2. 子程序

子程序格式：字母 O 开头，后跟 1～4 294 967 295 正整数组成，子程序结束字为 M99。调用子程序用 M98 P_ L_，其中：P 调用子程序号，L 重复次数。

第六节　刀具的测量与补偿

一、刀具测量

对刀具的测量主要是测量刀具的半径和长度。通常采用试切测量和机外对刀仪测量。试切测量是将刀具安装在机床刀柄中，然后依次到机床上测量，根据机床显示的数据进行测量，一般情况下测量刀具长度。铣刀半径可以采用游标卡尺测量，但是不太准确。采用对刀仪可以准确测量刀具的长度和半径。

机外对刀仪的基本结构如图 6-4 左边所示。对刀仪平台 7 上装有刀柄夹持轴 2，用于安装被测刀具。图 6-4 右边所示为钻削刀具。通过快速移动单键按钮 4 和微调旋钮 5 或 6，可调整刀柄夹持轴 2 在对刀仪平台 7 上的位置。当光源发射器 8 发光，将刀具切削刃放大投影到显示屏幕 1 上时，即可测得刀具在 X（径向尺寸）、Z（刀柄基准面到刀尖的长度尺寸）方向尺寸。

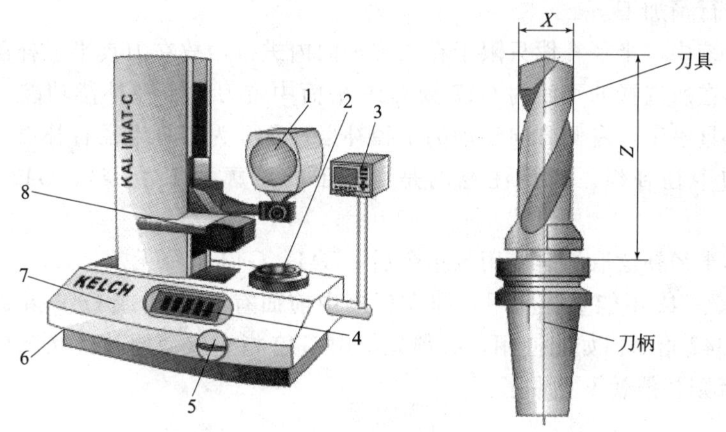

图 6-4　对刀仪结构

1—显示屏幕　2—刀柄夹持轴　3—仪表　4—单键按钮

5、6—微调旋钮　7—对刀仪平台　8—光源发射器

钻削铣刀的对刀操作过程如下：

1）将被测刀具与刀柄联接安装为一体。

2）将刀柄插入对刀仪上的刀柄夹持轴 2，并紧固。

3）打开光源发射器 8，观察切削刃在显示屏幕 1 上的投影。

4）通过快速移动单键按钮 4 和微调旋钮 5 或 6，可调整切削刃在显示屏幕 1 上的投影位置，使刀具的刀尖对准显示屏幕 1 上的十字线中心，如图 6-5 所示。

5）测得 X 为 20，即刀具直径为 ϕ20mm，该尺寸可用作刀具半径补偿。

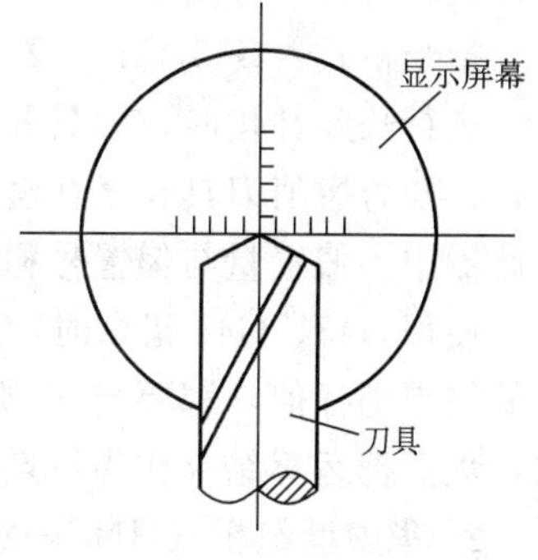

图 6-5　对刀图

6）测得 Z 为 190.905，即刀具长度尺寸为 190.905mm，该尺寸可用作刀具长度补偿。

7）将测得尺寸输入加工中心的刀具补偿页面。

8）将被测刀具从对刀仪上取下后，即可装上加工中心使用。

二、刀具半径补偿

在实际的加工中，由于刀具产生磨损及精加工车刀刀尖磨成半径不大的圆弧，为确保工件的轮廓形状，加工时不允许刀具中心轨迹与被加工工件轮廓重合，而应与工件轮廓偏移一个半径值 R，这种偏移称为刀具半径补偿。

现在，一般的数控系统都有刀具半径补偿功能，极大的方便了程序编制。有了刀具半径补偿功能，编程时不需要计算刀具中心的运动轨迹，只需按零件轮廓编程。使用刀具半径补偿指令，并在控制面板上手工输入刀具半径，数控系统就能自动地计算出刀具中心轨迹，并按刀具中心轨迹运动，即执行刀具半径补偿后，刀具自动偏离一个刀具半径值，从而加工出所要求的工件轮廓。

使用刀具半径补偿功能，不需修改程序，就可以用同一把刀进行粗加工和精加工，只需把精加工余量加到刀具半径补偿值中，先进行粗加工，然后修改刀具半径补偿值，去掉加工余量，就可以进行精加工。

一般数控系统中，半径补偿只限于在二维平面内进行，故在刀具半径补偿前需要先进行平面选择，刀具在所选择的平面内 G17 到 G19 平面中带刀具半径补偿功能。G41 为刀具半径左补偿，即刀具沿工件左侧方向运动的半径补偿；G42 为刀具半径右补偿，即刀具沿工件右侧方向运动的半径补偿。应该注意的是：对于内轮廓加工，G41、G42 补偿方向正好相反。

G40 为刀具半径补偿取消，使用该指令后，G41、G42 指令无效。

注意：G41、G42 不能重复使用，即在程序中前面有了 G41 或 G42 指令之后，不能直接使用 G41 或 G42 指令。如想使用，必须先使用 G40 指令取消原补偿状态后，再使用 G41 或 G42 指令，否则补偿就不正常了。

三、刀具长度补偿

1. FANUC 0M 系统

当刀具磨损时，可以在程序中用刀具长度补偿指令补偿尺寸的变化，而不必重新调整刀具或重新对刀，方便了编程。

指令格式：G43/G44　Z_　H_。

进行长度补偿时，刀具要有 Z 轴移动。G43 为刀具长度正补偿，G44 为刀具长度负补偿；G49 为撤消刀具长度补偿指令，Z 值为刀具长度补偿值，补偿量存入由 H 代码指定的存储器中，偏置量与偏置号相对应，由 CRT/MDI 操作面板预先设置在偏置存储器中。

使用 G43、G44 指令时，无论用绝对尺寸还是用增量尺寸编程，程序中指定的 Z 轴移动点的终点坐标值，都要与 H 所指定的寄存器中的偏移量进行运算，G43 时相加，G44 时相减，然后把运算结果作为终点坐标值进行加工。G43、G44 均为模态代码。

2. 华中世纪星（HNC—21M）数控铣床系统

指令格式：G17/G18/G19　G43/G44　G0/G1　X_　Y_　Z_　H_。注意：补偿是在不同的平面上进行的。G17 刀具补偿轴为 Z 轴，G18 刀具补偿轴为 Y 轴，G19 刀具补偿轴为 X 轴。

第七章 数控铣削加工实训

本章主要介绍利用数控铣床对平面、孔、轮廓和型腔进行加工的实际操作过程，通过不同数控系统的编程实训，掌握铣床编程与操作的基本步骤以及在加工中的注意事项。

第一节 实训一 平面加工

一、用 SIEMENS SINUMERIK 802S 数控系统编程

1. 零件图样要求

图 7-1 所示零件为垫板，底面和侧面已经加工，上表面已经进行了粗加工，要求精加工上表面，余量为 0.2mm。

材料为铝合金，硬度较低，但容易粘刀，可以采用压缩空气吹走铝屑以及加大切削液压力冲掉铝屑的方法解决粘刀问题。

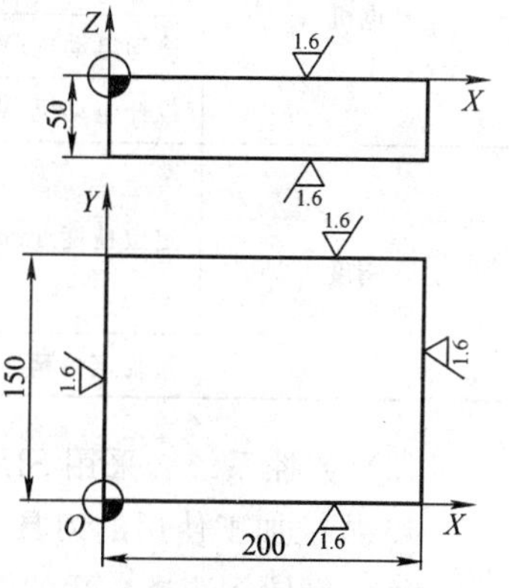

图 7-1 零件图

2. 加工工艺路线制订

（1）装夹与定位 采用精密台虎钳装夹。将精密台虎钳用压板安装压紧（不要太紧），用百分表找正，保证与机床的 X 轴 Y 轴平行，将精密台虎钳固定死，用百分表再次找正，用木锤敲击微调，保证与 X 轴、Y 轴的平行度。将放入工件夹紧，下面用精密垫铁垫好，安装好后如图 7-2 所示。

（2）加工路线的选择 本零件可以采用单向或双向加工。单向加工能提高加工质量，但效率较低；双向加工，效率较高，但加工质量较低。由于本次加工区域不大，粗糙度要求较高，所以采用单向加工。

（3）选择切入切出方向 平行切入，平行切出，注意延长切入和切出路线。

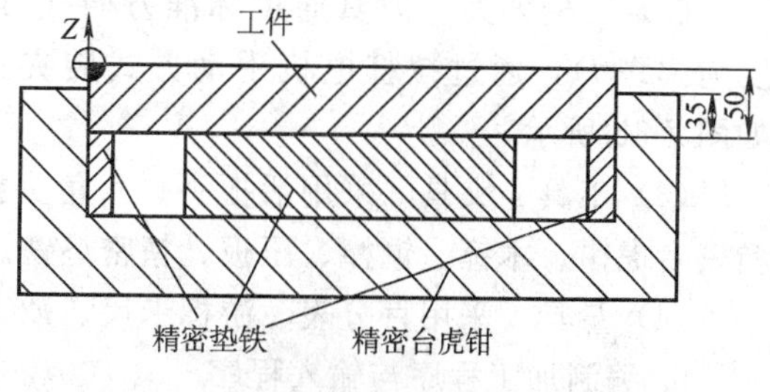

图 7-2 零件装夹图

（4）确定刀具与工件的相对位置 对数控机床来说，在加工开始时，确定刀具与工件的相对位置是非常重要的。相对位置是通过确认对刀点来实现的。对刀点是指通过对刀确定刀具与工件相对位置的基准点。它可以设置在被加工零件上，也可以设置在夹具上与零件定位基准有一定尺寸联系的某一位置，对刀点往往就选择在零件的加工原点。

加工原点设置在左前角，如图 7-1 所示。

（5）坐标系的选择（见图 7-1）

（6）换刀点　本次加工采用同一把刀，不换刀。

3. 使用机床和数控系统的说明

（1）数控机床型号和主要功能　以南京第二机床厂生产的 XKN—7125 型数控机床为例进行操作介绍。本机床可以进行铣、镗、钻、绞等多种工序的切削加工。

（2）技术参数（见表 7-1）

表 7-1　XKN—7125 型数控机床技术参数

工作台	工作台面积/mm		730×250
	T 形槽/mm		3×12
	工作台最大承重量/kg		1000
主轴	无级调速主轴转速无级调速/r·min^{-1}		108～1500
	主轴孔锥度/BT		30
电机	步进电动机/N·m		12
	主轴电动机/kW		1.5
	冷却电动机/W		40
	拉杆电动机/W		90
精度	定位精度/mm	X	±0.02
		Y	±0.02
		Z	±0.02
	重复定位精度/mm		±0.01

（3）数控系统　采用 SIEMENS SINUMERIK 802S 数控系统。

4. 数控加工使用的刀具、工具和量具

（1）刀具　选择合适的铣刀，本例用 ϕ20mm 整体硬质合金立铣刀。将 ϕ20mm 整体硬质合金立铣刀，通过弹簧夹头装夹，需要 ϕ20mm 弹簧夹头一个，夹头形状如图 7-3a 所示。如果加工面积较大，应该选择硬质合金面铣刀。

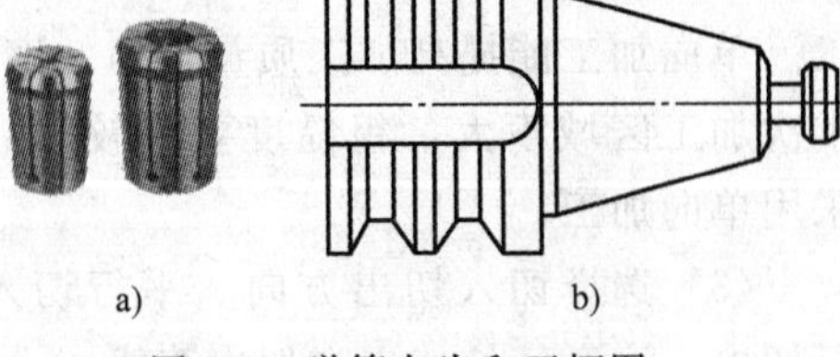

图 7-3　弹簧夹头和刀柄图

a）弹簧夹头　b）刀柄图

（2）刀柄装夹　刀具通过标准刀柄（刀柄锥度为 BT30），通过拉杆电机手动方式装夹刀柄，如图 7-3b 所示。

（3）工具、夹具　采用活扳手、六角头扳手、精密台虎钳、木锤、铜棒、压板、精密垫铁。

（4）量具　采用百分表、游标卡尺、ϕ20mm 标准测量棒、10mm 标准塞尺。

5. 编制加工程序与输入程序

（1）编制加工程序　根据制定的加工工艺，确定加工工艺参数。精加工余量为 0.2mm，精加工时，机床转速为 1500r/min，进给速度为 50mm/min。

```
● PMJG.MPF；          精加工主程序
G90 G54；             绝对尺寸编程，零点偏置
M3 S1500；
```

```
M8;                    切削液开
G0  Z50;
X-15  Y-15;            延长加工路线（多进给 15mm）
LPMJGZCX  P14;         调用子程序，共 14 次
G0  Z50;
M05;
M09;
M02;
● LPMJGZCX.SPF;        平面精加工子程序
G91  G0  X15;          每次沿 X 向 15mm
G90  Z5;
G1  Z-0.2  F50;        加工，切入工件 0.2mm
Y165;                  延长加工路线（多进给 15mm）
G0  Z25;
Y-15;                  延长加工路线（多进给 15mm）
RET;                   此处可以用 M02 代替，但是与 RET 有区别（参看第六章子程序内容）
```

(2) 输入加工程序　如果程序比较短，可以通过操作面板输入。按“▭”键，再按“程序”键，按“>”键，按“新程序”键，输入新程序名称，如 PMJJG（注意：程序名前 2 位用字母，后面几位可以是数字或字母，但不能有空格或其他符号。程序名前 8 位有效）。按“确认”键，即进入编辑状态，可以输入程序。注意：程序内容是自动保存的。

如果程序较长，可以先在计算机上用文本编辑器输入，然后通过 RS-232 接口将程序传入到系统中，当然，也可以将程序从数控机床传输到外部设备（如计算机）中。在进行数据传输时，RS-232 接口必须与数据保护设备匹配。表 7-2 是 802S 系统通讯设定标准。表 7-3 是外部计算机设备（PCIN 设备）的设置。

表 7-2　802S 系统通讯设定标准

设备:		特殊功能:	
设备	RTS/CTS	XON 后开始	N
波特率/bit·s^{-1}	9600	确认覆盖	N
停止位	1	CRLF 为段结束	Y
奇偶位	None	遇 EOF 停止	Y
数据位	8	测 DRS 信号	N
XON(Hex)	11	前后引导	N
XOFF(Hex)	13	磁带格式	Y
传输结束	1a	时间监视	N

在 PCIN 软件内进入 DATA OUT 或者 DATA IN 可以进行数据的输出与输入（注意：应该与数控系统的“输入启动”键或者“输出启动”键配合使用）。

6. XKN—7125 型数控机床操作与首件加工

表 7-3　外部计算机设备（PCIN 设备）的设置

COM NUMBER	1	ETX	ON
BAUD RATE	9600	TIMEOUT	1s
PARITY	NONE	BINFILE	OFF
1	STOPBITS	TURBDMODE	OFF
8	DATABITS	DONT CHECK	DRS
XON/XOFF	SETUP	NC SEA	850/880
END_w_M30	OFF	WIRELAYOUT	

(1) 加工前准备工作

● 检查机床的外表是否正常，特别是注意电控柜的门是否关上，工作台上有无杂物存在。

● 检查操作面板上的急停按钮是否按下，如没有按下，应按下，以减少开机时对数控系统的冲击。然后打开电控柜外面侧面的机床主电源开关，应当听见电控柜风扇运转的声音，如听不到，应立即关掉主电源开关，然后检查外部电源是否接通。

● 如工作正常，十几秒后机床起动完成，然后才能操作数控系统上面的按钮，否则可能损坏机床。若机床会出现 003000 号报警，故障原因是急停按钮按下，顺时针方向松开急停按钮即可。

● 按下操作面板上的绿色“ON”按钮，机床各部位上电，绿色工作指示灯亮，此时可以操作机床了。

(2) 刀柄安装　本机床采用手动换刀方式。注意：只能在手动状态（[手动图标]）下，进行手动换刀。刀柄锥度为 BT30。换刀是通过拉杆电动机的正反转实现的。位于立柱的前面有两个带指示灯绿色按钮，左边为“放松”，右边为“夹紧”。在不同状态下，相应的指示灯会亮，以显示是在“放松”还是在“夹紧”状态。

左手按“夹紧”按钮，右手拿刀柄（注意刀柄上的开口槽与主轴对应）用力向上放入主轴孔中，直到“夹紧”指示灯亮，刀柄夹紧为止。“放松”时，左手按“放松”按钮，右手拿紧刀柄，防止刀柄掉落，直到“放松”指示灯亮，可以取下刀柄。

刀柄的安装只能在主轴停止的情况下进行，在主轴运转情况下，两按钮均无效。主轴的运转只有在刀柄夹紧的情况下才能进行，如果在刀柄未夹紧或根本就没有装刀柄的情况下试图起动主轴，系统会出现 700000 号报警，同时，操作面板上的报警指示灯亮。装好刀柄，按操作面板上的“//”键（复位），消除报警。注意，只有在故障消除后，才能消除报警。

(3) 对刀　需要对机床的控制面板有所了解，机床的控制面板如图 7-4 所示。

● 回参考点。数控机床的 CNC 系统在自动方式工作时必须先回参考点，在手动方式(JOG 方式）下进行回参考点操作。

按“[回参考点图标]”键将机床工作方式选择到回参考点方式，本机床采用正回参考点方式。应先使 Z 轴先回参考点，以免发生碰撞。分别按“＋Z”、“＋X”和“＋Y”键使机床回参考点，此时，屏幕上的＋Z○＋X○＋Y○（○表示未回参考点）应分别变为＋Z◕＋X◕＋Y◕(◕表示已回参考点)。正常情况下，机床开机后只需要回一次参考点。只有硬限位超程或紧急停止等比较高级的报警才会使机床失去已建立的参考点，这时，系统必须再回参考点。注

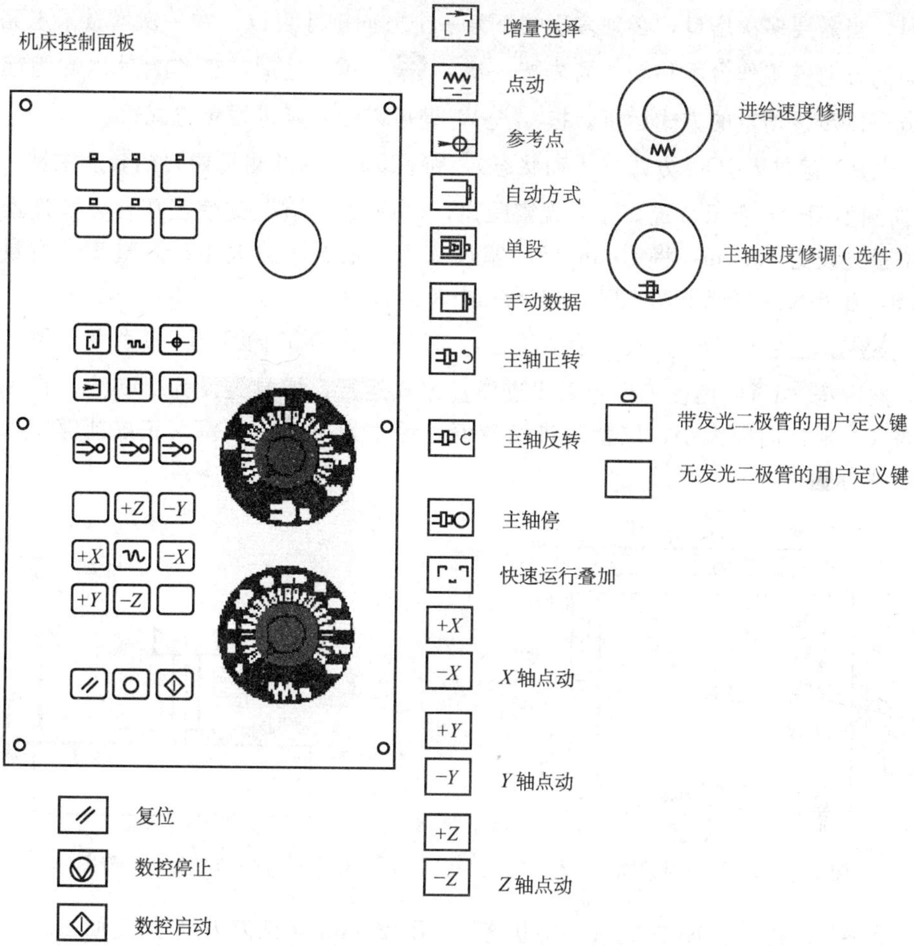

机床控制面板
增量选择
点动
参考点
自动方式
单段
手动数据
主轴正转
主轴反转
主轴停
快速运行叠加
+X
-X
X轴点动
+Y
-Y
Y轴点动
+Z
-Z
Z轴点动
进给速度修调
主轴速度修调(选件)
带发光二极管的用户定义键
无发光二极管的用户定义键
复位
数控停止
数控启动

图 7-4 机床控制面板

意：自动加工和对刀之前必须先建立参考点。

对刀前应该建立新刀，当然，如果以前已经建好刀具，此步骤可以省略。按“参数”键→按“刀具补偿”键，出现如图 7-5 所示画面。按“新刀具”键，输入刀号，按“确认”键。在图 7-5 移动光标到“几何尺寸”和“磨损”处进行编辑，按“⇛”（输入）键确认。

参数 复位 手动 10000 INC
DEMO1.MPF
刀具补偿数据
T-型: 200
刀沿数 :1
T-号: 2
D --- 号 :1
mm
几何尺寸
磨损
长度 1 0.000 0.000
长度 2 0.000 0.000
长度 3 0.000 0.000
L1
<< D
D >>
<< T
T >>
搜索
复位刀沿
新刀沿
删除刀具
新刀具
对刀

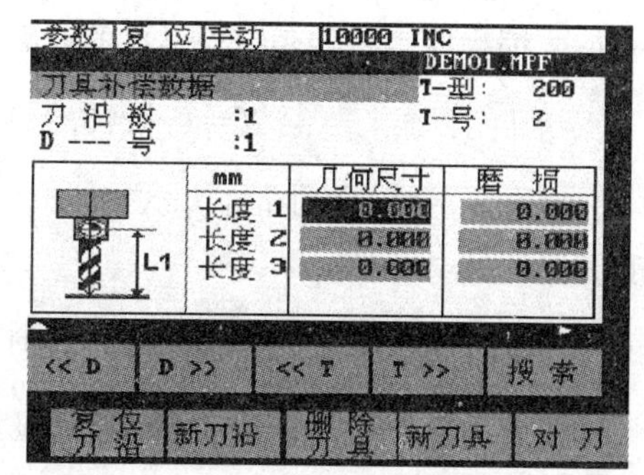

图 7-5 “刀具补偿”画面

● 手动对刀。按“⩘⩘”键进入 JOG 方式（手动状态）。按“＋X”键使工作台移动到合适位置，也可以同时按下“∿”键使工作台快速（G00 速度，由机床参数确定）移动。此时的速度可以通过进给速度修调开关（进给倍率开关）调整。然后按“[.]”键使工作台以步进增量方式运行，连续按“[.]”键可以选择 1、10、100、1000 四种不同的增量（单位为 0.001mm），此时，每次按方向键工作台和主轴运动相应的增量。请注意：如果一直按下某一个方向键，则系统认为是一次增量。当需要多次增量，必须多次按下某一个方向键才可以。在一次增量未走完时，按相反方向的方向键工作台不移动，需先按一次“⊜”键，这时，工作台就以此为起点，可向任意方向以步进增量的方式运行。按“〰”键可以结束步进增量方式。

按“〰”键进入JOG方式（手动状态），将ϕ20mm标准测量棒刀柄装入主轴，移动工作台X向到如图7-6所示位置，注意观察距离，然后按“[.]”键使工作台以步进增量方式运行，增量先设为100μm，将10mm标准塞尺塞入，根据间隙大小，调整步进增量值，最小为1μm，在塞尺正好能够塞入时，记下此时X坐标值。

按“〰”键进入JOG方式（手动状态），移动工作台Y向到图7-6所示位置，注意观察距离，然后按“[.]”键使工作台以步进增量方式运行，增量先设为100μm，将10mm标准塞尺塞入，根据间隙大小，调整步进增量值，最小为1μm，在塞尺正好能够塞入时，记下此时Y坐标值。

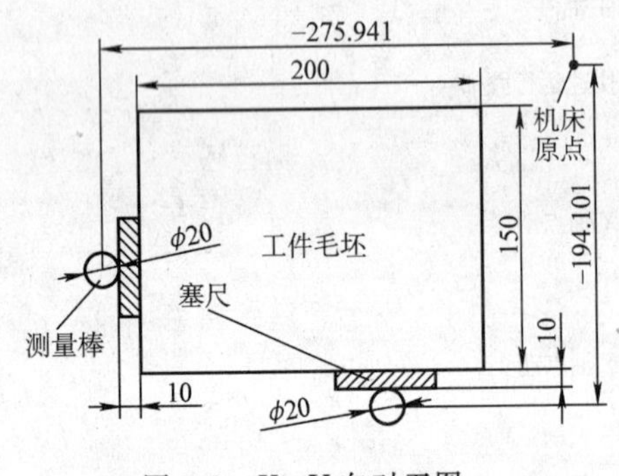

图7-6　X、Y向对刀图

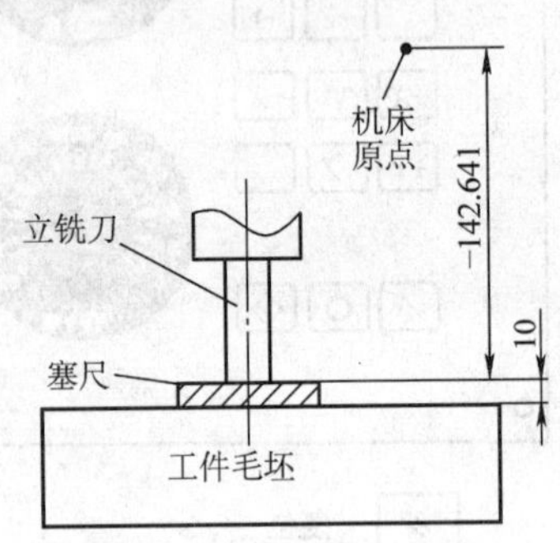

图7-7　Z向对刀图

按“〰”键进入JOG方式（手动状态），用ϕ20mm立铣刀刀柄换下ϕ20mm标准测量棒刀柄，移动主轴Z向到如图7-7所示位置，注意观察距离，然后按“[.]”键使工作台以步进增量方式运行，增量先设为100μm，将10mm标准塞尺塞入，根据间隙大小，调整步进增量值，最小为1μm，在塞尺正好能够塞入时，记下此时Z坐标值。

（4）参数设置

● 编程原点设定值（G54）的计算与设置

$$X=(-275.941+10+10)\text{mm}=-255.941\text{mm}$$

注意：－275.941mm为X坐标显示值；＋10mm为测量棒半径值；＋10mm为塞尺厚度值。

$$Y=(-194.101+10+10)\text{mm}=-174.101\text{mm}$$

注意：－194.101mm为Y坐标显示值；＋10mm为测量棒半径值；＋10mm为塞尺厚度值。

$$Z=(-142.641-10)\text{mm}=-152.641\text{mm}$$

注意：－142.641mm为Z坐标显示值；－10mm为塞尺厚度值。

● 设置程序（编程）原点（工件零点）

可设定的零点偏置给出工件零点（程序原点）在机床坐标系中的位置（工件零点以机床零点为基准的偏移量）。

按“参数”键→按“零点偏置”→将光标移动到 G54～G55 中的一个偏置代码上如图 7-8所示，如果需要设置 G56、G57，可以按“▼”键（向下翻页键）。请注意：此代码必须与程序中的代码一致。此时光标移动到 G54，将上面计算好的 X、Y、Z 值分别输入对应的位置，至此，G54 的设置完成。

（5）试切　先选择程序。按“▭”键，再按“程序”键，此时，屏幕显示如图 7-9 所示。按“▲”键或“▼”键，使阴影处于你需要运行的程序，再按“选择”键，这时屏幕右上角显示的如 DEMOF1. MPF 即是已被选择的程序名。请注意：一定要看清选择的是否是你要运行的程序，否则会出现严重错误。

参数 | 复 位 | 手动 | 10000 INC
DEMO1.MPF
可设置零点偏移

轴	G54 零点偏移	G55 零点偏移	
X	0.000	0.000	mm
Y	0.000	0.000	mm
Z	0.000	0.000	mm

滚动按：
测 量 | 可编程零点 | 零点总和

图 7-8　设置零点偏移

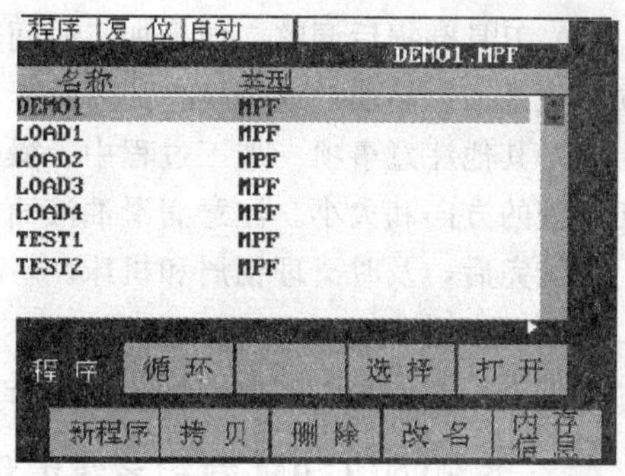

图 7-9　程序选择

第一件加工，为了安全起见，采用单段运行方式。

先按“⇒”（自动方式）键，按“▭”，再按“加工”键，显示如图 7-10 所示画面，再按“⊡”键，此时屏幕右上角显示 SBL（Single Block：单段），这时将单段运行程序。

按“◈”键，机床将执行当前显示的这一段程序，每按一次“◈”键，就执行一段程序，直至程序结束。在再运行过程中可以屏幕上显示的剩余值判断工作台和主轴可能的移动量，及时发现编程错误，及时修改。当一个程序用单段方式连续运行二遍后没有问题时，就可以再按一次“⊡”键，使屏幕右上角不显示 SBL，这时程序将连续运行。再按一次“◈”键，程序将一直连续运行直至结束。在加工过程中，可以用“速度修调开关”（进给倍率开关）进行进给速度调节，可以使工作台或主轴运动停止或变慢或变快，按红色“◈”键，可以使程序在执行中停止（暂停），再按“◈”键，程序由停止处继续向下执行。按“//”键（复位键），可以中断正在执行的程序，机床动作全部停止。若再按“◈”键，程序将从第一段（句）开始执行。在试切一件后，测量零件，如果尺寸正确，可以用连续方式进行加工。

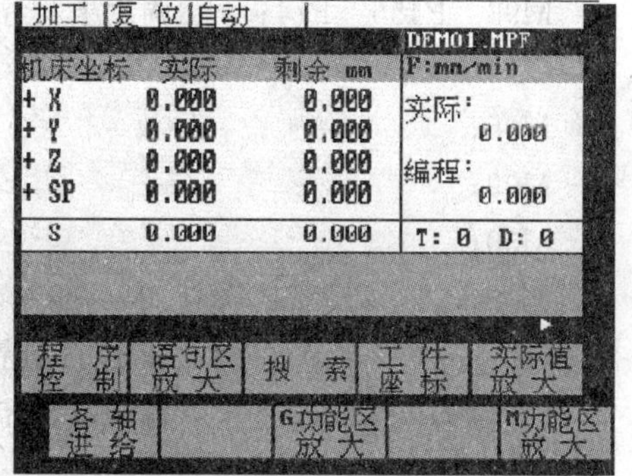

图 7-10　自动运行方式

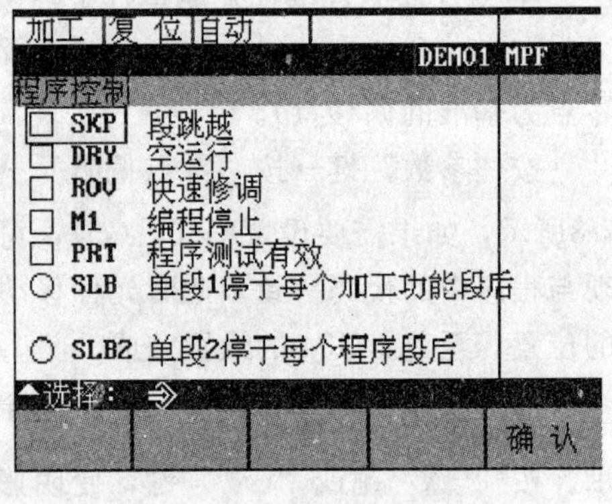

图 7-11 程序控制

在自动加工方式下，如果有必要，按图 7-10 中“程序控制”键，可以对程序运行状态进行控制，如图 7-11 所示。按“▲”键或“▼”键，使方框阴影处于你需要选择的地方，按“⇒”键输入即可。一般应选择“ROV”，表示在自动加工方式下，用进给倍率开关可以对进给速度进行调整。

(6) 数据记录　记录对刀时测量的值，为以后设置编程原点（G54）提供数据，同时还可以记录首件试切零件的测量值和中间抽检的零件数据值，以便以后检查用。

7. 加工过程

(1) 中间抽检　进行连续加工时，应定期抽检，防止出现废品。

(2) 刀具磨损后调整　如果加工时间较长，刀具可能会磨损，这时，应该在刀具表中将磨损量记录加以补偿，或更换新的刀具。

(3) 其他注意事项　加工过程中，操作人员不得离开机床，定期用气枪吹铝屑，及时调整切削液的方向和大小。注意润滑油液面的高低。

加工完后，及时清理铝屑和机床。

8. 关闭机床

先按下控制面板上的急停按钮，然后关掉机床控制柜侧面的主电源开关。

二、用 FANUC 0M 数控系统编程

参考程序如下：

```
%
O123;                  平面加工精加工主程序（注意：O123 中的“O”是字母）
G90  G54;              绝对尺寸编程，零点偏置
M3  S1500;
M8;                    切削液开
G0  Z50;
X-15  Y-15;            延长加工路线（多进给 15mm）
M98  P456  P14;        调用子程序，共 14 次
G0  Z50;
M05;
M09;
M30;
%
O456;                  加工子程序（注意：O456 中的“O”是字母）
G91  G0  X15;          每次沿 X 向 15mm
G90  Z5;
G1  Z-0.2  F50;        加工，切入工件 0.2mm
```

```
Y165;                    延长加工路线（多进给 15mm）
G0  Z25;
Y-15;                    延长加工路线（多进给 15mm）
M99;                     子程序结束
```

三、用华中世纪星（HNC—21M）数控系统编程

参考程序如下：

```
OPMJG;                   精加工主程序文件名（注意：OPMJG 中的“O”是字母）
%123;                    程序号
G90  G54;                绝对尺寸编程，零点偏置
M3  S1500;
M8;                      切削液开
G0  Z50;
X-15  Y-15;              延长加工路线（多进给 15mm）
M98  P456  P14;          调用子程序 456，共 14 次，注意：此句可用 G65  P456  P14 代替
G0  Z50;
M05;
M09;
M30;

OZCX;                    平面精加工子程序文件名（注意：OZCX 中的“O”是字母）
%456;                    程序号
G91  G0  X15;            每次沿 X 向 15mm
G90  Z5;
G1  Z-0.2  F50;          加工
Y165;                    延长加工路线（多进给 15mm）
G0  Z25;
Y-15;                    延长加工路线（多进给 15mm）
M99;                     子程序结束
```

第二节　实训二　轮廓和孔加工

1. 零件图样要求（见图 7-12）

图 7-12 所示零件上下表面已经精加工，外轮廓已经进行粗加工，单边留余量 0.2mm，要求进行精加工外轮廓和所有孔。

零件材料为 45 钢，材料较硬，加工时发热较多，注意冷却。请注意：用硬质合金刀具加工钢件时，一般只进行风冷，不用切削液；用高速钢刀具时，要用切削液。

2. 加工工艺路线制订

（1）装夹与定位　零件用精密台虎钳安装，*X* 方向 *Y* 方向用百分表找正，零件后面用

挡铁限位，安装后如图 7-13 所示。注意：下面精密垫铁垫的位置要让开孔位，以免钻孔时钻到精密垫铁上。正面加工完后，翻转 180°保持精密台虎钳的左定位和后定位不变，进行装夹。注意：对刀点已经发生变化，编程时要调整。

(2) 加工路线的选择　从编程原点（程序原点），先移动刀具到 X0、Y－25 位置，然后加上刀补，顺时针方向加工外轮廓。

(3) 选择切入切出方向　直线切入、直线切出，延长切入和切出的距离，以保证加工质量。

(4) 确定刀具与工件的相对位置（对刀点）　因为零件对称，所以对刀点位置设置在对称中心线上，如图 7-12 所示，即为程序原点。

(5) 坐标系的选择（见图 7-12）

(6) 换刀点　采用手动换刀，换刀时，将主轴升高到合适高度进行换刀。先加工外轮廓，然后手动换中心钻，钻中心孔，再换钻头钻孔。

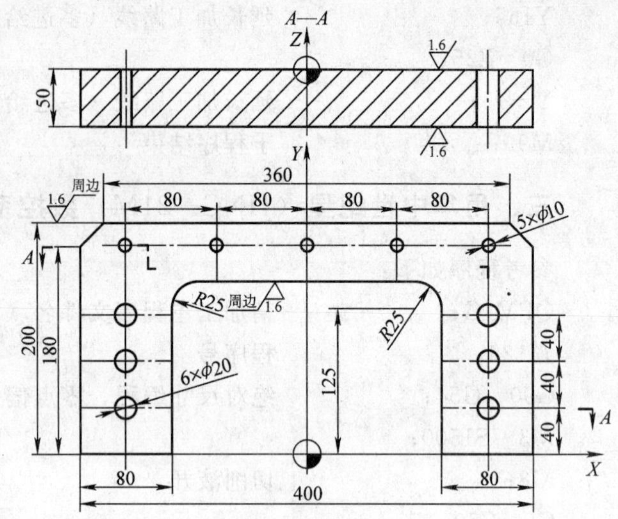

图 7-12　零件图

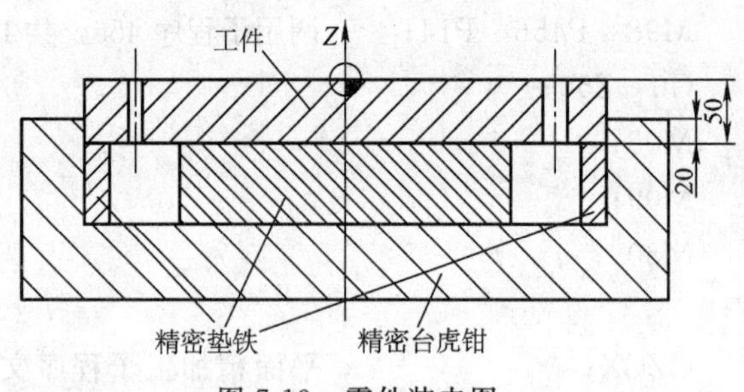

图 7-13　零件装夹图

3. 使用机床和数控系统的说明

(1) 数控机床型号和主要功能　以 XKN—7125 型数控机床为例进行操作介绍。本机床可以进行铣、镗、钻、铰等多种工序的切削加工。

(2) 技术参数　见本章前面表 7-1 所示。

(3) 数控系统　采用 SIEMENS SINUMERIK 802S 数控系统。

4. 数控加工使用的刀具、工具和量具

(1) 刀具　零件的外轮廓采用 ϕ20mm 整体硬质合金立铣刀，所有孔先用 ϕ3mm 高速钢中心钻（夹持部分为 ϕ6mm）打窝定中心，然后用 ϕ10mm 和 ϕ20mm 高速钢钻头钻孔。

通过弹簧夹头装夹，需要用 ϕ20mm 弹簧夹头一个，ϕ6mm 弹簧夹头一个，ϕ10mm 钻夹头一个。

所选刀具尺寸及刀具号如表 7-4 所示。

(2) 刀柄装夹　刀具通过标准刀柄（刀柄锥度为 BT30），通过拉杆电机装夹刀柄，参看图 7-3b。

(3) 工具、夹具　采用活扳手、六角头扳手、精密台虎钳、木锤、铜棒、压板、精密垫铁。

表 7-4　刀具表

刀号＼类别	刀具名称	规格/mm	用途
T1	立铣刀	$\phi20$	铣外轮廓
T2	中心钻	$\phi3$	打窝定中心
T3	钻头	$\phi10$	钻孔
T4	钻头	$\phi20$	钻孔

（4）量具　采用百分表、游标卡尺、ϕ20mm 标准测量棒、10mm 标准塞尺。

5. 编制加工程序

根据制定的加工工艺，确定加工工艺参数。外轮廓铣削时，机床转速为 1000r/min，进给速度为 80mm/min；钻中心孔时机床转速为 1200r/min，进给速度为 80mm/min；钻孔时，机床转速为 400r/min，进给速度为 60mm/min。

零点偏置及刀具补偿见表 7-5。

表 7-5　零点偏置及刀具补偿

代码＼项目	零点偏置			代码＼项目	刀具补偿	
	X	Y	Z		长度 L	半径 R
G54	按实际对刀值设置		$Z_1=-195.387$	T1	0	R10
G55			$Z_2=-213.509$	T2	0	0
G56			$Z_3=-180.754$	T3	0	0
G57			$Z_4=-165.325$	T4	0	0

外轮廓精加工，刀具半径补偿 $R=10$mm。Z 向进给量为 4mm。先加工 7 次，加工深度为 28mm；然后翻转重新定位加工 6 次，加工深度为 24mm。注意加工余量对 Y 值的影响，即 G54 设置的 Y 值为对刀时记录的 Y 值，再加上 0.2mm。

注意：正面加工完后，翻转加工时，由于左边和后面定位基准没有变化，所以 G54 中 X、Y 值发生了变化，Z 值不变。需要重新对刀设置 G54 中的 X 值和 Y 值。

对于钻孔程序，因为深度为 50mm，所以 ϕ10mm 孔为深孔钻孔，用 LCYC83 标准循环，而 ϕ20mm 孔为浅孔钻孔，用 LCYC82 标准循环。

下面是加工程序。

外轮廓铣削主程序 LUNKUOJG. MPF，主轴装立铣刀。

```
%_N_LUNKUOJG_MPF;          RS-232 传输时文件头，手工输入程序时，不用输入
;$PATH=/_N_MPF_DIR;        文件存储路径，手工输入程序时，不用输入
G90  G54;                  绝对尺寸编程，零点偏置
M3  S1000;                 注意：切削液不要开
G0  Z100;                  主轴先升高
G90  G0  X0  Y-25;         先移动到工件外，让开工件
Z0;                        到 Z 零平面
WLK_JG  P7;                调用子程序 7 次，共加工深度为 28mm
```

```
G0   Z100;
M5;
M2;

● WLK _JG. SPF;                          外轮廓加工子程序
G91  G1  Z-4  F80;                       第 1 次进刀，每次进给量 4mm，必须用相对坐标编程
G90  G41  T1  D1  G1  X-120  Y0  F80;    建立刀具半径左补偿，D1 为第一组刀具补偿
G1  X-200;
Y180;
X-180  Y200;
X180;
X200  Y180;
Y0;
X120;
Y125;
G3  X95  Y150  I-25  J0;                 逆圆加工
G1  X-95;
G3  X-120  Y125  I0  J-25;               逆圆加工
G1  Y-10;                                多走一段，保证加工质量
G40  G0  X0  Y-25;                       完成 1 次加工，取消刀刀具补偿，回 X0、Y-25 处
RET;                                     子程序定义结束
```

翻转后加工程序一样，调用子程序 6 次。

● 手动换 ϕ3mm 中心钻，定中心孔位主程序

```
ZXK _DZXKW. MPF;                         定中心孔位主程序
G90  G55;
M3  S1200;
M8;
G17  G0  Z50;
X-160  Y40;                              第 1 个孔位置
DWZCX;                                   调用子程序
Y80;                                     第 2 个孔位置
DWZCX;                                   调用子程序
Y120;
DWZCX;
Y180;
DWZCX;
X-80;
DWZCX;
```

```
X0;
DWZCX;
X80;
DWZCX;
X160;
DWZCX;
Y120;
DWZCX;
Y80;
DWZCX;
Y40;                          第11个孔位置
DWZCX;                        调用子程序
G0  Z50;
M5;
M2;                           主程序结束
```

● DWZCX. SPF；　　定中心孔位子程序

```
G90  G0  Z5;
G1  Z-3  F80;                 中心孔加工3mm深
G0  Z5;
RET;                          子程序定义结束
```

● ZUANKONG _ 1. MPF；　　钻 ϕ10mm 孔程序，换第三把刀（钻头）

```
G17  G90  G56;
M3  S400;
M08;
G0  Z50;
X-160  Y180;                  第1个孔位置
```

加工参数设置如下

```
R101=15;                      退回平面15
R102=5;                       安全距离5
R103=0;                       参考平面0
R104=55;                      钻孔深度55（保证钻透，加上5mm）
R105=1;                       停留时间1s
R107=60;                      钻削进给率60mm/min
R108=60;                      首钻进给率60mm/min
R109=2;                       在起始点和排屑时停留时间2s
R110=5;                       首钻深度5mm
R111=4;                       递减量为4
```

```
R127=1;                  断屑方式为退刀排屑
LCYC83;                  调用深孔钻削循环
X-80;
LCYC83;
X0;
LCYC83;
X80;
LCYC83;
X160;                    第5个孔位置
LCYC83;
G0  Z50;
M5;
M9;
M2;
```

```
● ZUANKONG_2. MPF;       钻φ20mm孔程序，钻φ20mm孔，换第四把刀（钻头）
G17  G90  F80  G57  F60;
M3  S400;
M08;
G0  Z50;
X-160  Y40;              第1个孔位置
加工参数设置
R101=15;                 退回平面15
R102=5;                  安全距离5
R103=0;                  参考平面0
R104=55;                 钻孔深度55（保证钻透，加上5mm）
R105=1;                  停留时间1s
LCYC82;                  调用端面孔钻削循环
Y80;                     第2个孔位置
LCYC82;
Y120;
LCYC82;
X160;
LCYC82;
Y80;
LCYC82;
Y40;                     第6个孔位置
LCYC82;
G0  Z50;
```

M5；

M9；

M2；

6. 首件加工

（1）对刀　对刀过程和前面平面加工类似，不再赘述。对刀过程图可参考本章实训一图7-6和图7-7。请注意：因为G54设置在对称中心线上，所以需要在零件左边和右边分别对刀一次，零件前面对刀一次，然后换算到编程原点。

（2）试切　在单段模式下进行试切。

（3）测量　测量加工尺寸，检验是否正确。

（4）数据记录　记录4把刀对刀过程中的X、Y、Z值以及加工过程中抽检零件的数据。

（5）其他注意事项　加工过程中注意抽检，注意切削液是否浇到冷却部位，及时清理铁屑。

7. 加工过程

（1）中间抽检　进行连续加工时，应定期抽检，防止出现废品。

（2）刀具磨损后调整　如果加工时间较长，刀具可能会磨损，这时，应该在刀具表中将磨损量记录加以补偿，或更换新的刀具。

（3）其他注意事项　加工过程中，操作人员不得离开机床，定期用气枪吹铁屑，及时调整切削液的方向和大小。注意润滑油液面的高低。

加工完后，及时清理铁屑和机床。

8. 关闭机床

先按下控制面板上的急停按钮，然后关掉机床控制柜侧面的主电源开关。

第三节　实训三　轮廓加工

1. 零件图样要求（见图7-14）

图7-14所示零件上下表面已经精加工，外轮廓已经进行粗加工，单边留余量2mm，要求进行精加工外轮廓。

零件材料为45钢，材料较硬，加工时发热较多，注意冷却。

2. 加工工艺路线制订

（1）装夹与定位　零件用精密台虎钳安装，X方向Y方向用百分表找正，零件后面用挡铁限位，安装后如图7-15所示。请注意：要保证工件装夹后露出台虎钳表面高度大于26mm。正面加工完毕后，翻转180°，保持精密台虎钳的左定位和后定位不变，进行装夹。注意：对刀点已经发生变化，编程时要调整。

（2）加工路线的选择　从编程原点（程序原点），先移动刀具到X—15、Y—15位置，然后加上刀补，逆时针方向加工外轮廓。

（3）选择切入切出方向　垂直切入，垂直切出。

（4）确定刀具与工件的相对位置　对数控机床来

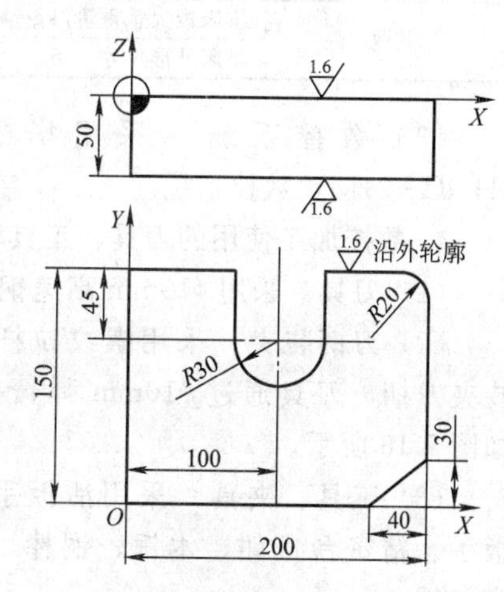

图7-14　零件图

说，在加工开始时，确定刀具与工件的相对位置是非常重要的。相对位置是通过确认对刀点来实现的。对刀点是指通过对刀确定刀具与工件相对位置的基准点。它可以设置在被加工零件上，也可以设置在夹具上与零件定位基准有一定尺寸联系的某一位置。对刀点往往就选择在零件的加工原点。

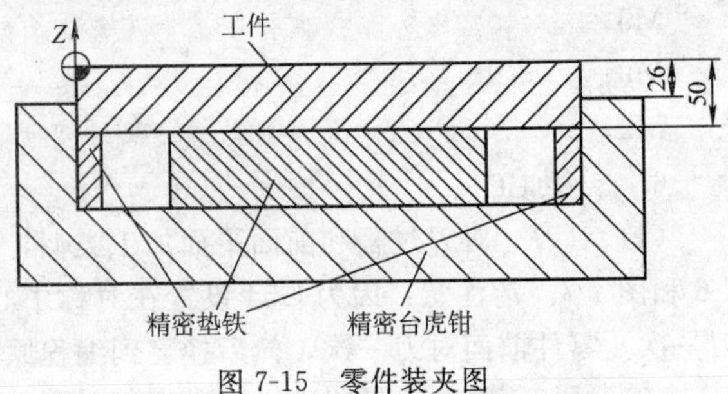

图 7-15　零件装夹图

加工原点设置在左前角，如图 7-14 所示。

（5）坐标系的选择（见图 7-14）

（6）换刀点　本次加工采用同一把刀，不换刀。

3. 使用机床和数控系统的说明

（1）数控机床型号和主要功能　以武汉第四机床厂生产的 ZJK7532A—4 型数控机床为例进行操作介绍。本机床可以进行铣、镗、钻、铰等多种工序的切削加工。

（2）技术参数　ZJK7532A—4 型数控机床技术参数见表 7-6。

表 7-6　ZJK7532A—4 型数控机床技术参数

工作台	工作台面积/mm	300×1000
	T 形槽宽/mm	14
主轴	主轴电机无级调速转速/r·min^{-1}	50～2000
	主轴孔锥度	ISO 30
三向进给距离	X/mm	600
	Y/mm	300
	Z/mm	450
电机	主轴电机/kW	1.5
	X、Y、Z 轴 110BYG50 步进电动机扭矩/N·m	10
精度	定位精度/mm	0.06
	重复定位精度/mm	0.03
	显示精度/mm	0.01
其他	机床最大承重量/kg	100
	机床外形尺寸/mm	1500×1200×1200

（3）数控系统　采用华中世纪星（HNC—21M）数控系统。

4. 数控加工使用的刀具、工具和量具

（1）刀具　采用 ϕ10mm 高速钢立铣刀

（2）刀柄装夹　采用螺纹拉杆手动方式装夹刀柄，刀具通过 ϕ10mm 弹簧夹头装夹，如图 7-16 所示。

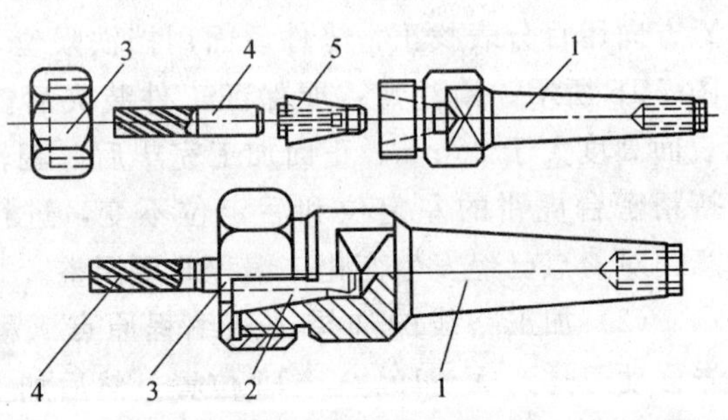

图 7-16　刀具装夹图

1—锥柄　2—卡簧　3—螺母

4—铣刀　5—弹簧夹头

（3）工具、夹具　采用活扳手、六角头扳手、精密台虎钳、木锤、铜棒、压板、精密垫铁。

（4）量具　采用百分表、游标卡尺、ϕ10mm 标准测量棒、10mm 标准塞尺。

5. 编制加工程序

根据加工要求，主轴转速为 1500r/min，进给速度为 80mm/min，加工深度不高，共 50mm，先一次加工 25.5mm，然后翻转工件再加工 25.5mm。注意：翻转后注意 G54 的 X、Y 值要重新对刀设置或通过计算设置。

```
%123;                                程序号
G90  G54;                            绝对坐标编程，工件坐标系选择
M3  S1500;
M08;                                 切削液开
G0  Z50;
X-15  Y-15;                          移动刀具到工件外
Z3;
G1  Z-25.5  F80;                     加工深度 25.5mm
G17  G42  D1  G1  X0  Y0;            建立刀具半径右补偿
X160;                                加工直线
X200  Y30;                           加工倒角
Y130;
G3  X180  Y150  R20;                 加工圆角
G1  X130;
Y105;
G2  X70  Y105  R30;                  加工半圆轮廓
Y150;
X0;
Y0;
G40  G0  X-15  Y-15;                 取消刀具半径补偿
G0  Z100;                            Z 向快速退刀
M9;                                  切削液关
M5;
M30;
%;
```

6. ZJK7532A—4 型数控机床操作与首件加工

（1）加工前准备工作

● 检查机床的外表是否正常，特别是注意电控柜的门是否关上，工作台上有无杂物存在。

● 检查操作面板上的急停按钮是否按下，如没有按下，应按下，以减少开机时对数控系统的冲击，然后打开电控柜外面的机床主电源开关。

● 如工作正常，十几秒后才能操作数控系统上面的按钮，否则可能损坏机床。此时，机床会出现报警，顺时针方向松开急停按钮。

（2）数控机床操作　需要对机床的控制面板和数控系统面板有所了解，机床的控制面板如图 7-17 所示。数控系统的面板如图 7-18 所示。

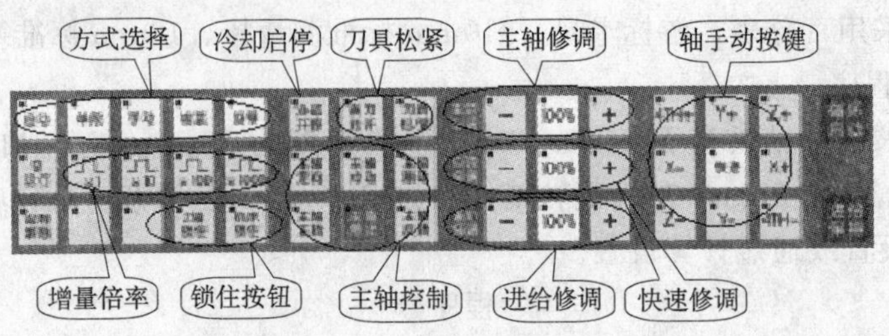

图 7-17 机床的控制面板

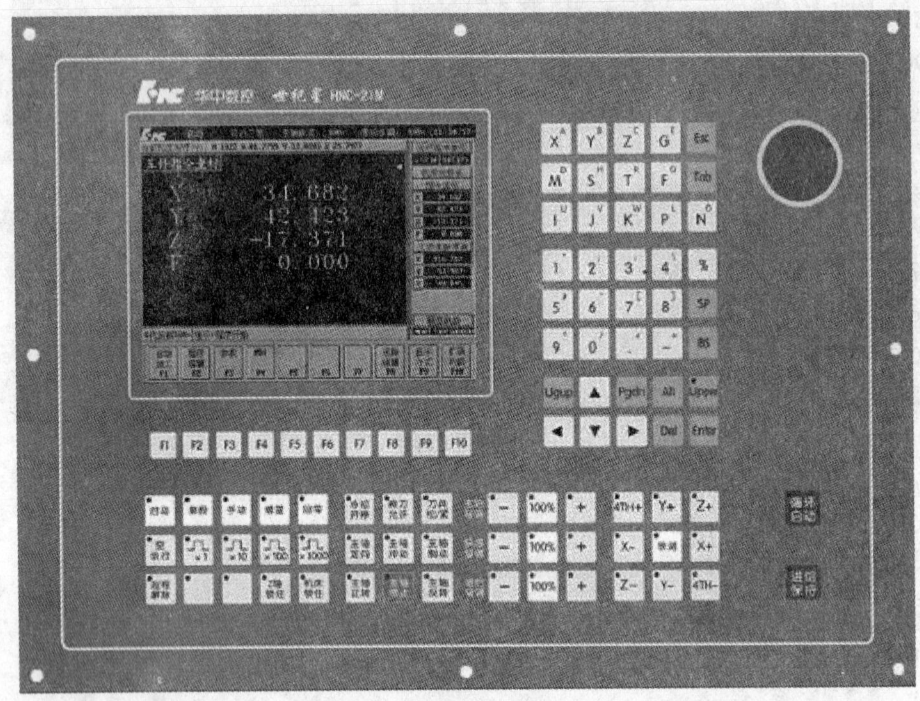

图 7-18 数控系统面板

主要有：方式选择（包括自动、单段、手动、增量和回参考点五种方式）、冷却启停、刀具松紧（本机床采用手动装刀）、主轴修调（调节主轴转速，按“+”键，转速递增10%，按“−”键，转速递减10%）、轴手动按钮（手动方式下控制机床运动）、增量倍率（有×1、×10、×100、×1000四个按钮，单位为0.001mm）、锁住按钮（可以用来锁住Z轴和整个机床）、主轴控制（正、反转和停止）、进给修调（工作进给速度，按“+”键，速

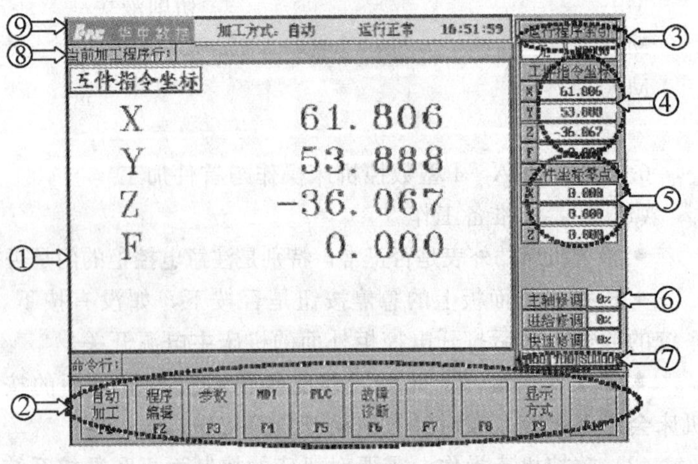

图 7-19 软件的操作界面

度可以递增10%，按“－”键，速度递减10%）、快速修调（调节快进速度，按“＋”键，速度可以递增10%，按“－”键，速度递减10%）。

软件的操作界面如图7-19所示。

（3）对刀

● 回参考点

数控机床的CNC系统在自动方式工作时必须先回参考点。按“回零”键，将机床工作方式选择到回参考点方式，本机床采用正回参考点方式。应先使Z轴先回参考点，以免发生碰撞。分别按“Z＋”、“X＋”、“Y＋”键，然后松开，使机床回参考点。

● 手动对刀

按“手动”键进入手动方式，按“X＋”键使工作台移动到合适位置，也可以同时按下“快进”键使工作台快速（G00速度，由机床参数确定）移动。

● 增量方式

有四种增量倍率，如图7-20所示，单位为1μm。

将ϕ10mm标准测量棒刀柄装入主轴，移动工作台X向到合适位置，注意观察距离，然后按“增量”键使工作台以增量方式运行，增量设为×100（μm），将10mm标准塞尺塞入，根据间隙大小，调整增量值，最小为×1（μm），在塞尺正好能够塞入时，记下此时X坐标值。

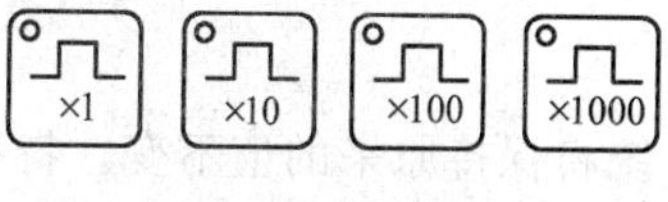

×1 ×10 ×100 ×1000

图7-20 增量倍率

按“手动”键进入手动方式，移动工作台Y向到合适位置，注意观察距离，然后按“增量”键使工作台以增量方式运行，增量设为×100（μm），将10mm标准塞尺塞入，根据间隙大小，调整步进增量值，最小为×1（μm），在塞尺正好能够塞入时，记下此时Y坐标值。

按“手动”键进入手动方式，用ϕ10mm立铣刀换下ϕ10mm标准测量棒，移动主轴Z向到适当位置，注意观察距离，然后按“增量”键使工作台以步进增量方式运行，增量先设为×100（μm），将10mm标准塞尺塞入，根据间隙大小，调整步进增量值，最小为×1（μm），在塞尺正好能够塞入时，记下此时Z坐标值。

对刀过程图可参考本章实训一图7-6和图7-7。

（4）参数设置 编程原点设定值（G54）的计算与设置。

● 计算编程原点设定值（G54）

$$X=(-275.941+5+10)\text{mm}=-260.941\text{mm}$$

注意：－275.941mm为X坐标显示值；＋5mm为测量棒半径值；＋10mm为塞尺厚度值。

$$Y=(-194.101+5+10)\text{mm}=-179.101\text{mm}$$

注意：－194.101mm为Y坐标显示值；＋5mm为测量棒半径值；＋10mm为塞尺厚度值。

$$Z=(-142.641-10)\text{mm}=-152.641\text{mm}$$

注意：－142.641mm为Z坐标显示值；－10mm为塞尺厚度值。

● 设置程序（编程）原点（工件零点）

按“F10返回”键→按“F4设置”键→将按“F1坐标系设定”键，将屏幕切换到“坐标系设定”屏幕→按“G54 F1坐标系”，如图7-21所示。将右上侧显示的机床指令坐标X、Y、Z值分别输入对应的位置，每输入一个值，按“Enter”键确认，至此，G54的设置完成。注意，如果没有按“Enter”键确认，可以按“Esc”键退出编辑，但输入的值丢失，系

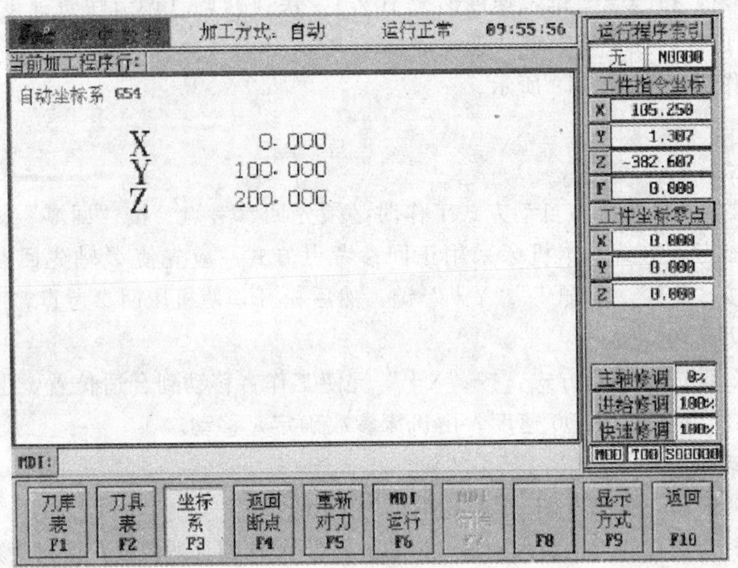

图 7-21 坐标系设置画面

统将保持原来的值不变。特别注意：如果图 7-21 右上侧显示的不是机床指令坐标，则需要进行转换显示，使其显示为机床指令坐标，可以通过“设置显示 F3”键进行显示设置。

(5) 试切

1) 先选择程序。在系统主操作界面下，按“F1”键，进入程序功能子菜单，此时，可以对程序编辑、存储、校验等操作。在程序功能子菜单，按“F1”键，弹出“选择程序”画面。可用“电子盘”、“软驱”和“DNC”三种方法选择已有的程序。

在程序功能子菜单，按“F2”键，可以编辑程序。在程序功能子菜单，按“F3”键，可以新建程序。在编辑状态下或程序功能子菜单下，按“F4”键可以保存程序。在程序功能子菜单，按“F5”键，可以对程序文件进行校验。在程序功能子菜单，按“F7”键，可以让程序从头重新运行。

2) 刀具补偿和刀库表的设置。在 MDI 功能子菜单下，按“F4”键进入刀具补偿功能子菜单。在刀具补偿功能子菜单下，按“F1”键，进行刀库设置，可以进行“刀号”和“组号”的编辑。在刀具补偿功能子菜单下，按“F2”键，进行刀具表设置，可以进行刀具长度、半径、寿命和位置等的设置，如图 7-22 所示。本例将刀具半径设置为 5mm。

3) 程序校验。程序校验用于对调入加工缓冲区的程序文件进行校验并提示可能的错误，以前未在机床上运行的新程序，在调入后最好先进行校验运行，正确无误后再启动自动运行方式。程序校验运行的操作步骤如下：

先调入要校验的加工程序，然后按机床控制面板上的自动或单段按键进入程序运行方式，在程序菜单下按“程序校验 F5”键，按机床控制面板上的“循环启动”键程序校验开始若程序正确校验完后光标将返回到程序头且软件操作界面的工作方式显示为“自动”或“单段”。若程序有错，命令行将提示程序的哪一行有错。注意：校验运行时机床不动作。

4) 机床锁住。在“手动方式”下，按“机床锁住”按钮，指示灯亮，再按“自动”或“单段”键，然后按“循环启动”键，系统执行程序但禁止机床坐标轴动作，显示屏上的坐

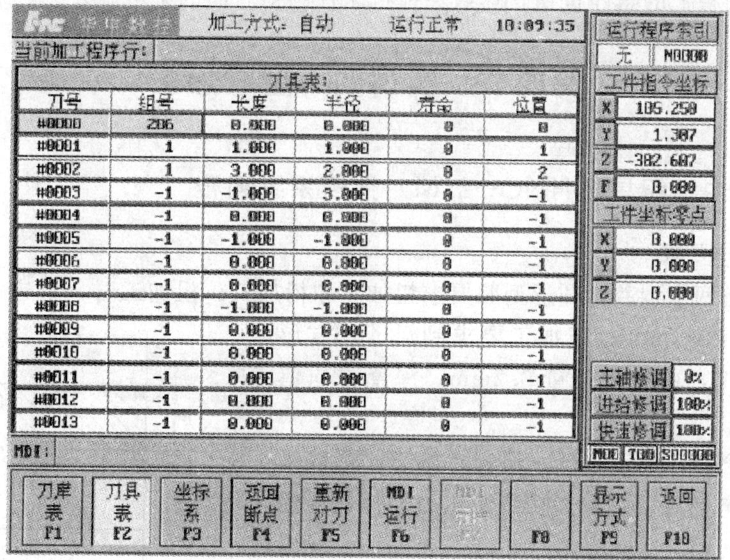

图 7-22　刀具表

标轴位置信息变化但不输出伺服轴的移动指令，所以机床停止不动，这个功能用于校验程序。

5）*Z* 轴锁住。禁止进刀。在“手动方式”下，按“*Z* 轴锁住”按钮，指示灯亮，再按“自动”或“单段”键，然后按“循环启动”键，系统执行程序但禁止机床 *Z* 轴动作，机床只在 *X*、*Y* 方向运动，这个功能用于校验程序 *X*、*Y* 值是否超程。

6）首件加工。第一件加工，为了安全起见，采用单段运行方式。

先按“单段”键，这时将单段运行程序。按“循环启动”键，机床将执行当前显示的这一段程序，每按一次“循环启动”键，就执行一段程序，直至程序结束。在运行过程中可以屏幕上显示的剩余值判断工作台和主轴可能的移动量，及时发现编程错误，及时修改。当一个程序用单段方式连续运行二遍后没有问题时。再按一次“自动”键，程序将一直连续运行直至结束。按红色“进给保持”键，可以使程序在执行中停止（暂停），再按“循环启动”键，程序由停止处继续向下执行。

在试切一件后，测量零件，如果尺寸正确，可以用连续方式进行加工。

（6）数据记录　记录对刀时测量的值，为以后设置编程原点（G54）提供数据。同时，还可以记录首件试切零件的测量值和中间抽检的零件数据值，以便以后检查用。

7. 加工过程

（1）中间抽检　进行连续加工时，应定期抽检，防止出现废品。

（2）刀具磨损后调整　如果加工时间较长，刀具可能会磨损，这时，应该在图 7-22 刀具表中将磨损量记录加以补偿，或更换新的刀具。

（3）其他注意事项　加工过程中，操作人员不得离开机床，定期用气枪吹钢屑，及时调整切削液的方向和大小。注意润滑油液面的高低。

加工完后，及时清理钢屑和机床。

8. 关闭机床

按下控制面板上的急停按钮，然后关掉机床控制柜后面的主电源开关。

第四节　实训四　型腔加工

一、用华中世纪星（HNC—21M）数控系统编程

1. 零件图样要求

零件图中有两个型腔，圆形型腔要求粗加工和精加工。粗加工时，单边留余量 0.2mm，深度方向留余量 0.2mm；精加工要求到尺寸。方形型腔要求粗加工，单边留余量 0.2mm，深度方向留余量为 0.2mm。

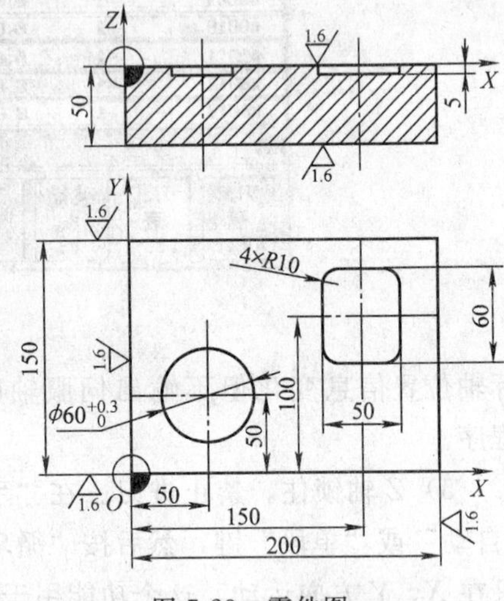

图 7-23　零件图

材料为铝合金，硬度较低，但容易粘刀，可以采用压缩空气吹走铝屑以及加大切削液压力冲掉铝屑的方法解决粘刀问题。

2. 加工工艺路线制订

（1）装夹与定位　采用精密台虎钳装夹。将精密台虎钳用压板安装压紧（不要太紧），用百分表找正，保证与机床的 X 轴 Y 轴平行，将精密台虎钳固定死，用百分表再次找正，用木锤敲击微调，保证与 X 轴 Y 轴的平行度。将放入工件最后夹紧，下面用精密垫铁垫好，安装好后如图 7-24 所示。

（2）加工路线的选择　对于圆型腔，下刀点在圆心，然后进行环形铣削，先进行粗加工，留加工余量（包括底面）单边 0.2mm，然后进行精加工。注意：精加工时切入线和切出线的使用。方形型腔采用在一个圆角中心下刀，然后沿外形铣削，留加工余量（包括底面）单边 0.2mm。

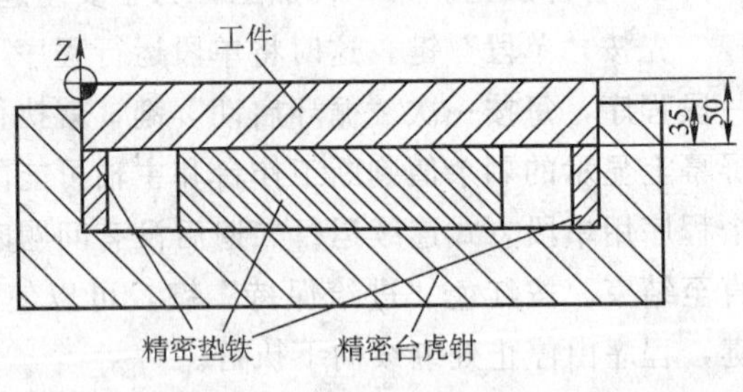

图 7-24　零件装夹图

（3）选择切入切出方向　垂直切入，垂直切出。

（4）确定刀具与工件的相对位置　对数控机床来说，在加工开始时，确定刀具与工件的相对位置是非常重要的。相对位置是通过确认对刀点来实现的。对刀点是指通过对刀确定刀具与工件相对位置的基准点。它可以设置在被加工零件上，也可以设置在夹具上与零件定位基准有一定尺寸联系的某一位置，对刀点往往就选择在零件的加工原点。

加工原点设置在左前角，如图 7-23 所示。

（5）坐标系的选择（见图 7-23）。

（6）换刀点　本次加工采用同一把刀，不换刀。

3. 使用机床和数控系统的说明

（1）数控机床型号和主要功能　以武汉第四机床厂生产的 ZJK7532A—4 型数控机床为

例进行操作介绍。本机床可以进行铣、镗、钻、绞等多种工序的切削加工。

（2）技术参数　ZJK7532A—4 型数控机床技术参数见表 7-12。

（3）数控系统　采用华中世纪星（HNC—21M）数控系统。

4. 数控加工使用的刀具、工具和量具

（1）刀具　采用 ϕ20mm 高速钢键槽铣刀。注意：因为型腔加工刚开始要作轴向进给，所以不能用立铣刀。

（2）刀柄装夹　采用螺纹拉杆手动方式装夹刀柄，刀具通过 ϕ20mm 弹簧夹头装夹，如图 7-16 所示。

（3）工具、夹具　采用活扳手、六角头扳手、精密台虎钳、木锤、铜棒、压板、精密垫铁。

（4）量具　采用百分表、游标卡尺、ϕ20mm 标准测量棒、10mm 标准塞尺。

5. 编制加工程序

圆形型腔粗加工时，单边（包括底面）余量为 0.2mm，刀补半径 D_1 为设置为（10＋0.2)mm＝10.2mm。机床转速为 1500r/min，进给速度为 100mm/min。

精加工时，余量为 0，考虑到型腔公差要求，公差要求为 0.3mm，取 0.2mm，刀补半径 D_1 为（10－0.1)mm＝9.9mm。注意：要使型腔尺寸加大，刀补必须减小。通过修改刀补，用一把刀就可以进行粗精加工，不用修改程序，非常方便。机床转速为 1500r/min，进给速度为 60mm/min。

方形型腔为粗加工，单边（包括底面）余量为 0.2mm，刀补半径 D_2 为（10＋0.2) mm＝10.2mm。机床转速为 1500r/min，进给速度为 100mm/min。

1）圆形型腔加工程序。图 7-25 所示为圆型腔加工路线图，单点画线部分为中间粗加工轨迹线，细实线为精加工时切入、切出线。

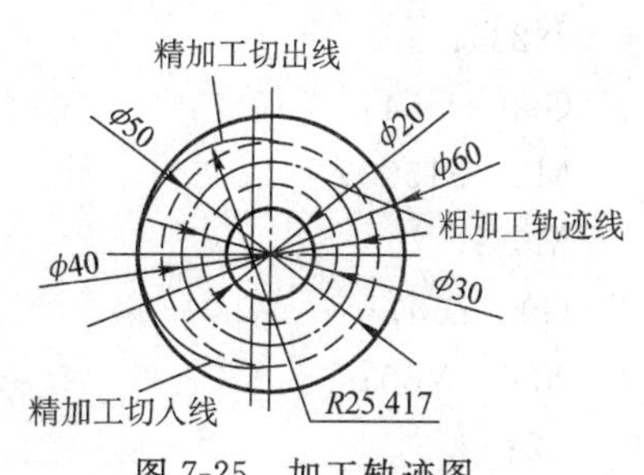

图 7-25　加工轨迹图

粗加工时，在圆中心下刀后，在直线部分加上刀补，移动到 ϕ30mm 圆上一点，作一个整圆插补，接着移动到 ϕ40mm 圆上一点，作一个整圆插补，再移动到 ϕ50mm 和 ϕ60 圆上一点，分别作整圆插补，完成粗加工。

精加工时，刚开始和粗加工路线一样进行加工，在加工 ϕ60mm 圆时，路线改变。沿切入线圆弧（半径为 25.417mm）切入，加工 ϕ60mm 圆，加工完后，沿切出线多走一段圆弧（半径为 25.417mm）离开内轮廓，这样可以提高加工精度和粗糙度。

圆形型腔粗加工程序

```
● OYXQIANG _ CJG;          文件名（注意要以字母 O 开头，文件名后面没有扩展名）
%158;                      程序号
G90  G54;
M3  S1500;
M08;                       切削液开
G0  Z50;
X50、 Y50;
```

```
Z2;
G1  Z-4.8  F100;                    注意：下刀要留精加工余量 0.2mm
G91  G42  D1  G1  X-15  Y0  F60;    相对坐标编程，加上刀补，D1=10.2mm
G2  X0  Y0  I15  J0;                加工 φ30mm 圆轮廓
G1  X-5  Y0  F100;
G2  X0  Y0  I20  J0;                加工 φ40mm 圆轮廓
G1  X-5  Y0  F100;
G2  X0  Y0  I25  J0;                加工 φ50mm 圆轮廓
G1  X-5  Y0  F100;
G2  X0  Y0  I30  J0;                加工 φ60mm 圆轮廓
G90;                                绝对坐标编程
G0  Z100;
G40  G0  X50  Y50;                  取消刀具半径补偿
M9;
M5;
M30;
%;
```

圆形型腔精加工程序，请注意：精加工时要修改刀补 D_1 的值，D_1＝9.9mm。

```
● OYXQIANG_JJG;                     文件名（注意要以字母 O 开头，文件名后面
                                    没有扩展名）
%234;                               程序号
G90  G54;
M3  S1500;
M08;
G0  Z50;
X50  Y50;
Z2;
G1  Z-5  F60;                       下刀到尺寸
G91 G42 D1 G1 X-15 Y0 F60;          相对坐标编程，加上刀具半径右补偿
G2  X0  Y0  I15  J0;                加工 φ30mm 圆轮廓
G1  X-5  Y0  F60;
G2  X0  Y0  I20  J0;                加工 φ40mm 圆轮廓
G1  X-5  Y0  F60;
G2  X0  Y0  I25  J0;                加工 φ50mm 圆轮廓
G1  X25  Y-25  F60;                 移动到切入线起点，φ50mm 圆上一点
G2  X-30  Y25  R25.417;             引入线圆弧
G2  X0  Y0  I30  J0;                加工 φ60mm 圆轮廓
G2  X30  Y25  R25.417;              引出线圆弧
G90;                                绝对坐标编程
```

```
G0  Z100;
G40  G0  X50  Y50;                取消刀具半径补偿
M9;                               关闭切削液
M5;
M30;
%;
```

2）方形型腔粗加工程序

```
OFANGNXING;                       文件名（注意要以字母O开头，文件名后面没有扩展名）
%456;                             程序号
G90  G54;
M3  S1500;
M08;
G0  Z50;
X150  Y100;
Z5;
G1  Z-4.8  F100;                  下刀，Z向留加工余量0.2mm
G91 G41 D2 G1 X15 Y20 F100;       相对坐标编程，加上刀具半径补偿
X-30;                             环形加工
Y-40;
X30;
Y40;
X-22.5;                           偏移一段距离，然后接着环形加工
Y-40;
X15;
Y40;
G0  Z100;
G90;                              绝对坐标编程
G40  G0  X150  Y100;              取消刀具半径补偿
M9;
M5;
M30;
%;
```

6. ZJK7532A-4型数控机床操作与首件加工

（1）加工前准备工作

● 检查机床的外表是否正常，特别是注意电控柜的门是否关上，工作台上有无杂物存在。

● 检查操作面板上的急停按钮是否按下，如没有按下，应按下，以减少开机时对数控系统的冲击，然后打开电控柜外面的机床主电源开关。

● 如工作正常，十几秒后才能操作数控系统上面的按钮，否则可能损坏机床。此时，

机床会出现报警，顺时针方向松开急停按钮。

(2) 数控机床操作　需要对机床的控制面板和数控系统面板有所了解，机床的控制面板如前面图 7-17 所示。数控系统的面板参看前面图 7-18。

主要有：方式选择（包括自动、单段、手动、增量和回参考点五种方式）、冷却启停、刀具松紧（本机床采用手动装刀）、主轴修调（调节主轴转速，按“＋”键，转速递增 10%，按“－”键，转速递减 10%）、轴手动按钮（手动方式下控制机床运动）、增量倍率（有×1、×10、×100、×1000 四个按钮，单位为 0.001mm，参看前面图 7-20）、锁住按钮（可以用来锁住 Z 轴和整个机床）、主轴控制（正、反转和停止）、进给修调（工作进给速度，按“＋”键，速度每次递增 10%，按“－”键，速度递减 10%）、快速修调（调节快进速度，按“＋”键，速度每次递增 10%，按“－”键，速度递减 10%）。

软件的操作界面如前面图 7-19 所示。

(3) 对刀

● 回参考点

数控机床的 CNC 系统在自动方式工作时必须先回参考点。按“回零”键，将机床工作方式选择到回参考点方式，本机床采用正回参考点方式。应先使 Z 轴先回参考点，以免发生碰撞，分别按“Z＋”、“X＋”、“Y＋”键，然后松开，使机床回参考点。

● 手动对刀

按“手动”键进入手动方式，按“X＋”键使工作台移动到合适位置，也可以同时按下“快进”键使工作台快速（G00 速度，由机床参数确定）移动。

● 增量方式

有四种增量倍率，如前面图 7-20 所示，单位为 1μm。将 ϕ20mm 标准测量棒刀柄装入主轴，移动工作台 X 向到合适位置，注意观察距离，然后按“增量”键使工作台以增量方式运行，增量设为×100（μm），将 10mm 标准塞尺塞入，根据间隙大小，调整增量值，最小为×1（μm），在塞尺正好能够塞入时，记下此时 X 坐标值。

按“手动”键进入手动方式，移动工作台 Y 向到合适位置，注意观察距离，然后按“增量”键使工作台以增量方式运行，增量设为×100（μm），将 10mm 标准塞尺塞入，根据间隙大小，调整步进增量值，最小为×1（μm），在塞尺正好能够塞入时，记下此时 Y 坐标值。

按“手动”键进入手动方式，用 ϕ20mm 键槽铣刀换下 ϕ20mm 标准测量棒，移动主轴 Z 向到适当位置，注意观察距离，然后按“增量”键使工作台以步进增量方式运行，增量先设为×100（μm），将 10mm 标准塞尺塞入，根据间隙大小，调整步进增量值，最小为×1（μm），在塞尺正好能够塞入时，记下此时 Z 坐标值。

对刀过程图可参考本章实训一图 7-6 和图 7-7。

(4) 参数设置　编程原点设定值（G54）的计算与设置。

● 计算编程原点设定值（G54）。

$$X=(-275.941+10+10)\text{mm}=-255.941\text{mm}$$

注意：－275.941mm 为 X 坐标显示值；＋10mm 为测量棒半径值；＋10mm 为塞尺厚度值。

$$Y=(-194.101+10+10)\text{mm}=-174.101\text{mm}$$

注意：−194.101mm 为 Y 坐标显示值；+10mm 为测量棒半径值；+10mm 为塞尺厚度值。

$$Z=(-142.641-10)\text{mm}=-152.641\text{mm}$$

注意：−142.641mm 为 Z 坐标显示值；−10mm 为塞尺厚度值。

● 设置程序（编程）原点（工件零点）

按“F10 返回”键→按“F4 设置”键→将按“F1 坐标系设定”键，将屏幕切换到“坐标系设定”屏幕→按“G54 F1 坐标系”，如图 7-26 所示。将右上侧显示的机床指令坐标 X、Y、Z 值分别输入对应的位置，每输入一个值，按“Enter”键确认，至此，G54 的设置完成。注意，如果没有按“Enter”键确认，可以按“Esc”键退出编辑，但输入的值丢失，系统将保持原来的值不变。特别注意：如果图 7-26 右上侧显示的不是机床指令坐标，则需要进行转换显示，使其显示为机床指令坐标，可以通过“设置显示 F3”键进行显示设置。

（5）试切

1）先选择程序。在系统主操作界面下，按“F1”键，进入程序功能子菜单，此时，可以对程序编辑、存储、校验等操作。

在程序功能子菜单，按“F1”键，弹出“选择程序”画面。可以“电子盘”、“软驱”和“DNC”三种方法选择已有的程序。

在程序功能子菜单，按“F2”键，可以编辑程序。在程序功能子菜单，按“F3”键，可以新建程序。在编辑状态下或程序功能子菜单下，按“F4”键可以保存程序。在程序功能子菜单，按“F5”键，可以对程序文件进行校验。在程序功能子菜单，按“F7”键，可以让程序从头重新运行。

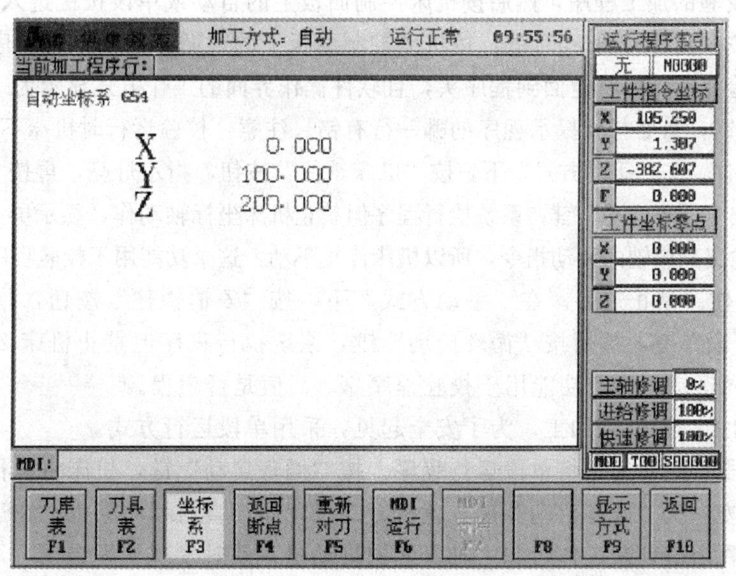

图 7-26　坐标系设置画面

2）刀具补偿和刀库表的设置。在 MDI 功能子菜单下，按“F4”键进入刀具补偿功能子菜单。在刀具补偿功能子菜单下，按“F1”键，进行刀库设置，可以进行“刀号”和

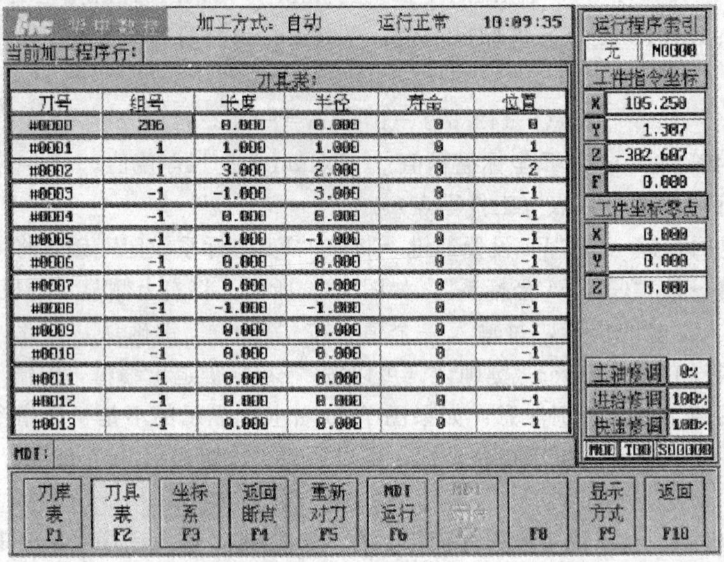
华中数控
加工方式：自动
运行正常
10:09:35
运行程序索引
无
N0000
当前加工程序行：
刀具表：
刀号 组号 长度 半径 寿命 位置
#0000 206 0.000 0.000 0 0
#0001 1 1.000 1.000 0 1
#0002 1 3.000 2.000 0 2
#0003 -1 -1.000 3.000 0 -1
#0004 -1 0.000 0.000 0 -1
#0005 -1 -1.000 -1.000 0 -1
#0006 -1 0.000 0.000 0 -1
#0007 -1 0.000 0.000 0 -1
#0008 -1 -1.000 -1.000 0 -1
#0009 -1 0.000 0.000 0 -1
#0010 -1 0.000 0.000 0 -1
#0011 -1 0.000 0.000 0 -1
#0012 -1 0.000 0.000 0 -1
#0013 -1 0.000 0.000 0 -1
工件指令坐标
X 105.250
Y 1.307
Z -382.607
F 0.000
工件坐标零点
X 0.000
Y 0.000
Z 0.000
主轴修调 0%
进给修调 100%
快速修调 100%
MDI：
M00 T00 S00000
刀库表 F1
刀具表 F2
坐标系 F3
返回断点 F4
重新对刀 F5
MDI运行 F6
F8
显示方式 F9
返回 F10

图 7-27 刀具表

“组号”的编辑。在刀具补偿功能子菜单下，按“F2”键，进行刀具表设置，可以进行刀具长度、半径、寿命和位置等的设置，如图 7-27 所示。

3）程序校验。程序校验用于对调入加工缓冲区的程序文件进行校验并提示可能的错误，以前未在机床上运行的新程序，在调入后最好先进行校验运行，正确无误后再启动自动运行方式。程序校验运行的操作步骤如下：

先调入要校验的加工程序，然后按机床控制面板上的自动或单段按键进入程序运行方式，在程序菜单下按“程序校验 F5”键，按机床控制面板上的“循环启动”键程序校验开始。若程序正确，校验完后光标将返回到程序头，且软件操作界面的工作方式显示为“自动”或“单段”。若程序有错，命令行将提示程序的哪一行有错。注意：校验运行时机床不动作。

4）机床锁住。在“手动方式”下，按“机床锁住”按钮，指示灯亮，再按“自动”或“单段”键，然后按“循环启动”键，系统执行程序但禁止机床坐标轴动作，显示屏上的坐标轴位置信息变化但不输出伺服轴的移动指令，所以机床停止不动，这个功能用于校验程序。

5）Z 轴锁住。禁止进刀。在“手动方式”下，按“Z 轴锁住”按钮，指示灯亮，再按“自动”或“单段”键，然后按“循环启动”键，系统执行程序但禁止机床 Z 轴动作，机床只在 X、Y 方向运动，这个功能用于校验程序 X、Y 值是否超程。

6）首件加工。第一件加工，为了安全起见，采用单段运行方式。

先按“单段”键，这时将单段运行程序。按“循环启动”键，机床将执行当前显示的这一段程序，每按一次“循环启动”键，就执行一段程序，直至程序结束。在运行过程中可以屏幕上显示的剩余值判断工作台和主轴可能的移动量，及时发现编程错误，及时修改。当一个程序用单段方式连续运行二遍后没有问题时，再按一次“自动”键，程序将一直连续运行直至结束。按红色“进给保持”键，可以使程序在执行中停止（暂停），再按“循环启动”键，程序由停止处继续向下执行。

在试切一件后，测量零件，如果尺寸正确，可以用连续方式进行加工。

（6）数据记录　记录对刀时测量的值，为以后设置编程原点（G54）提供数据。同时，还可以记录首件试切零件的测量值和中间抽检的零件数据值，以便以后检查用。

7. 加工过程

（1）中间抽检　进行连续加工时，应定期抽检，防止出现废品。

（2）刀具磨损后调整　如果加工时间较长，刀具可能会磨损，这时，应该在图 7-27 刀具表中将磨损量记录加以补偿，或更换新的刀具。

（3）其他注意事项　加工过程中，操作人员不得离开机床，定期用气枪吹铝屑，及时调整切削液的方向和大小。注意润滑油液面的高低。

加工完后，及时清理铝屑和机床。

8. 关闭机床

按下控制面板上的急停按钮，然后关掉机床控制柜后面的主电源开关。

二、用 SIEMENS SINUMERIK 802S 数控系统编程

零件的装夹以及对刀过程与华中数控系统基本相同，所以只把加工程序写出来，供参考。

1. 圆形型腔加工程序

（1）粗加工程序

```
YUANXING_CJG.MPF;                     粗加工程序文件名
G90  G54;
M3  S1500;
M08;                                  切削液开
G0  Z50;
X50  Y50;
Z2;
G1  Z-4.8  F100;                      下刀留加工余量 0.2mm
G91  G42  D1  G1  X-15  Y0  F60;      相对坐标编程，加上刀具半径补偿
G2  X0  Y0  I15  J0;                  加工 φ30mm 圆轮廓
G1  X-5  Y0  F100;
G2  X0  Y0  I20  J0;                  加工 φ40mm 圆轮廓
G1  X-5  Y0  F100;
G2  X0  Y0  I25  J0;                  加工 φ50mm 圆轮廓
G1  X-5  Y0  F100;
G2  X0  Y0  I30  J0;                  加工 φ60mm 圆轮廓
G90;                                  绝对坐标编程
G0  Z100;
G40  G0  X50  Y50;                    取消刀具半径补偿
M9;
M5;
M30;
%;
```

(2) 精加工程序　请注意：精加工时要修改刀补 D_1 的值。

```
YUANXING_JJG.MPF;                         精加工程序文件名
G90  G54;
M3  S1500;
M08;
G0  Z50;
X50  Y50;
Z2;
G1  Z-5  F60;                             下刀到尺寸
G91 G42 D1 G1 X-15 Y0 F60;                相对坐标编程，加上刀具半径补偿
G2  X0  Y0  I15  J0;                      加工φ30mm圆轮廓
G1  X-5  Y0  F60;
G2  X0  Y0  I20  J0;                      加工φ40mm圆轮廓
G1  X-5  Y0  F60;
G2  X0  Y0  I25  J0;                      加工φ50mm圆轮廓
G1  X25  Y-25  F60;                       移动到切入线起点，φ50mm圆上一点
G2  X-30  Y25  CR=25.417;                 引入线圆弧。特别注意：西门子系统要变成
                                          CR=25.417
G2  X0  Y0  I30  J0;                      加工φ60mm圆轮廓
G2  X30  Y25  CR=25.417;                  引出线圆弧。特别注意：西门子系统要变成
                                          CR=25.417
G90;                                      绝对坐标编程
G0  Z100;
G40  G0  X50  Y50;                        取消刀具半径补偿
M9;                                       关闭切削液
M5;
M30;
%;
```

2. 方形型腔粗加工程序

```
FANGNXING_CJG.MPF;
G90  G54;
M3  S1500;
M08;
G0  Z50;
X150  Y100;
Z5;
G1  Z-4.8  F100;                          下刀，Z向留加工余量0.2mm
G91  G41  D2  G1  X15  Y20  F100;         相对坐标编程，加上刀具半径补偿
X-30;                                     环形加工
```

```
Y-40;
X30;
Y40;
X-22.5;                       偏移一段距离，然后接着环形加工
Y-40;
X15;
Y40;
G0 Z100;
G90;                          绝对坐标编程
G40  G0  X150  Y100;          取消刀具半径补偿
M9;
M5;
M30;
%;
```

小　　结

本章主要是数控铣削加工的实训实例。数控铣削加工涉及的加工工艺范围广，数控加工指令丰富，各种系统有各自的编程指令和一些特殊的规定，操作时应对照机床说明书仔细阅读、掌握。重点和难点是加工工艺的制定。

练　习　题

7-1　对图 7-28～图 7-33 所示的平面零件用中心轨迹和刀具半径补偿 2 种方法编程。

7-2　对图 7-34 所示的零件用中心轨迹和刀具半径补偿 2 种方法编程。

7-3　对图 7-35 所示的零件用刀具半径补偿方法编程。

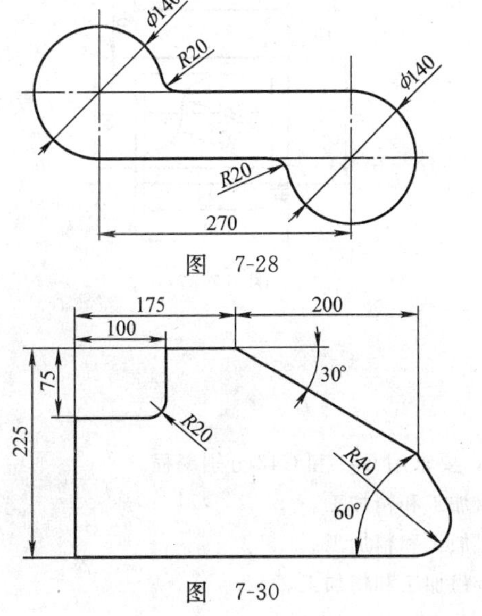

图　7-28

图　7-30

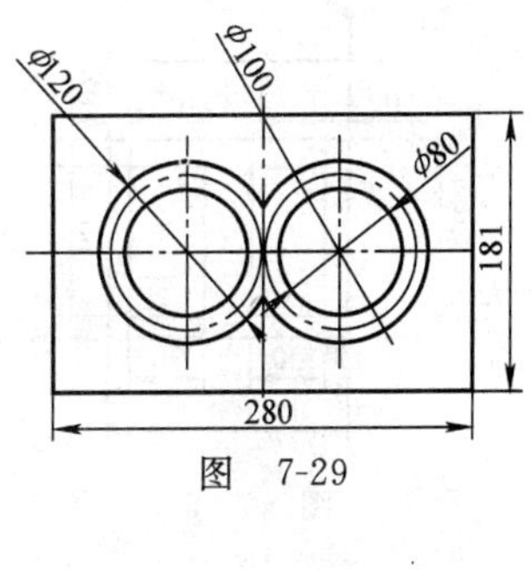

图　7-29

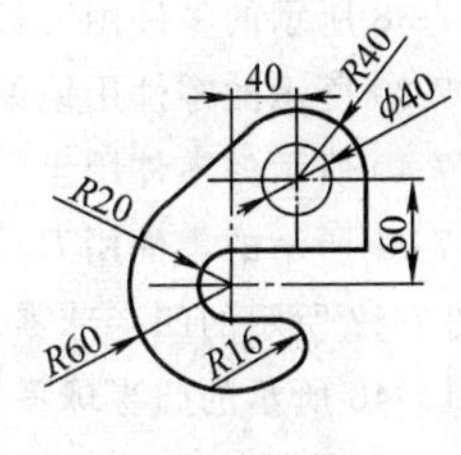

图　7-31

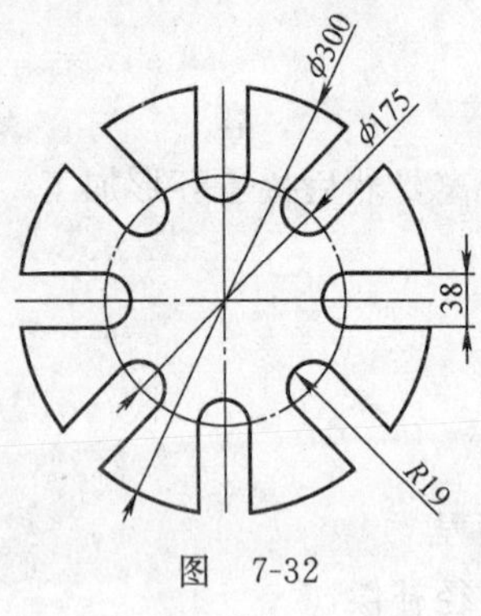

图 7-32

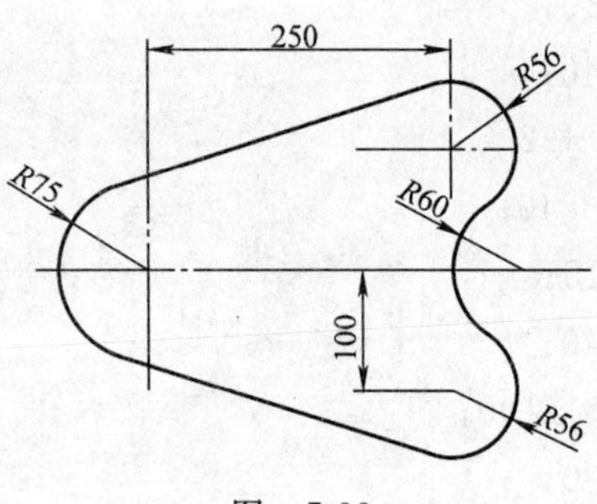

图 7-33

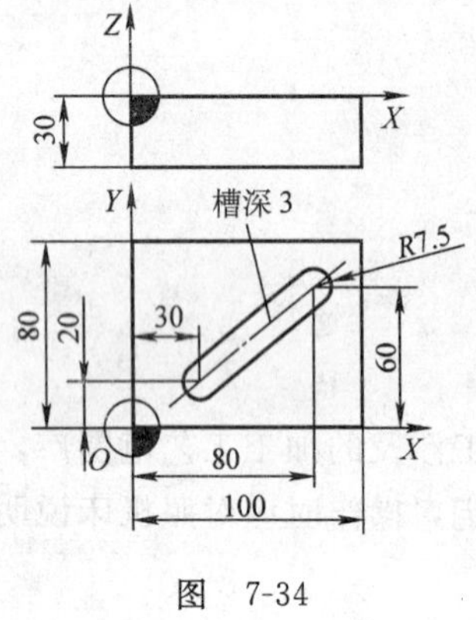

图 7-34

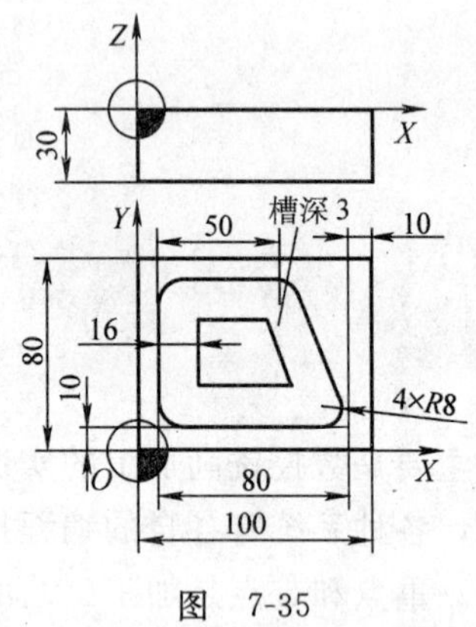

图 7-35

7-4 对图 7-36 所示的零件用中心轨迹和刀具半径补偿方法编程。

7-5 对图 7-37 所示的零件用刀具半径补偿方法编程。

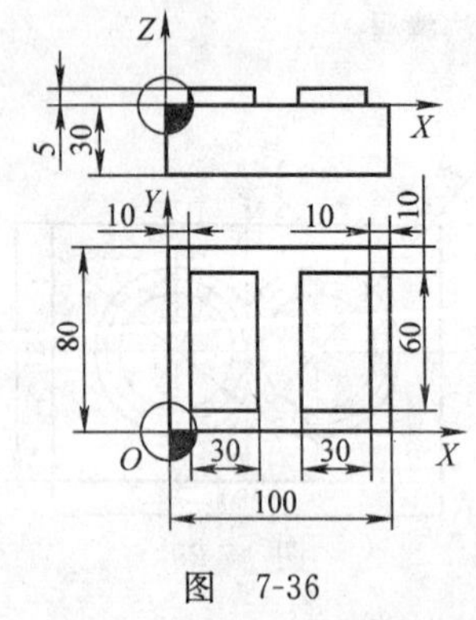

图 7-36

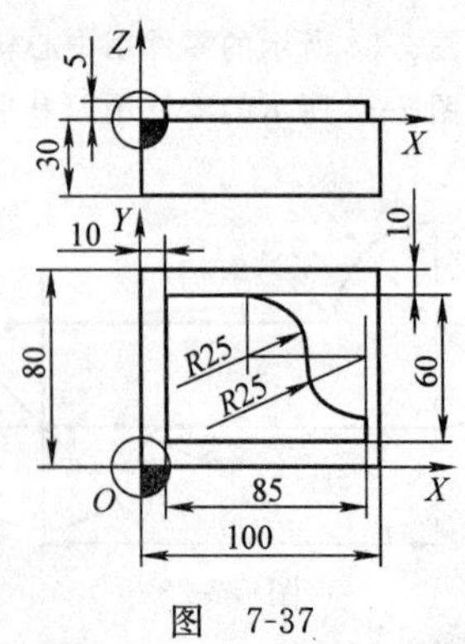

图 7-37

7-6 对图 7-38 所示的零件用刀具半径补偿方法编程。

7-7 对图 7-39 所示的零件用镜像方法编程。

7-8 对图 7-40 所示的零件用坐标系旋转方法编程。

7-9 对图 7-41 所示的零件用刀具半径补偿方法编程，要求用 G41 和 G42 分别编程。

7-10 对图 7-42 所示的凹半球零件编程，要求进行粗加工和精加工。

7-11 对图 7-43 所示的凸半球零件编程，要求进行粗加工和精加工。

7-12 对图 7-44 所示的矩形型腔零件编程，要求进行粗加工和精加工。

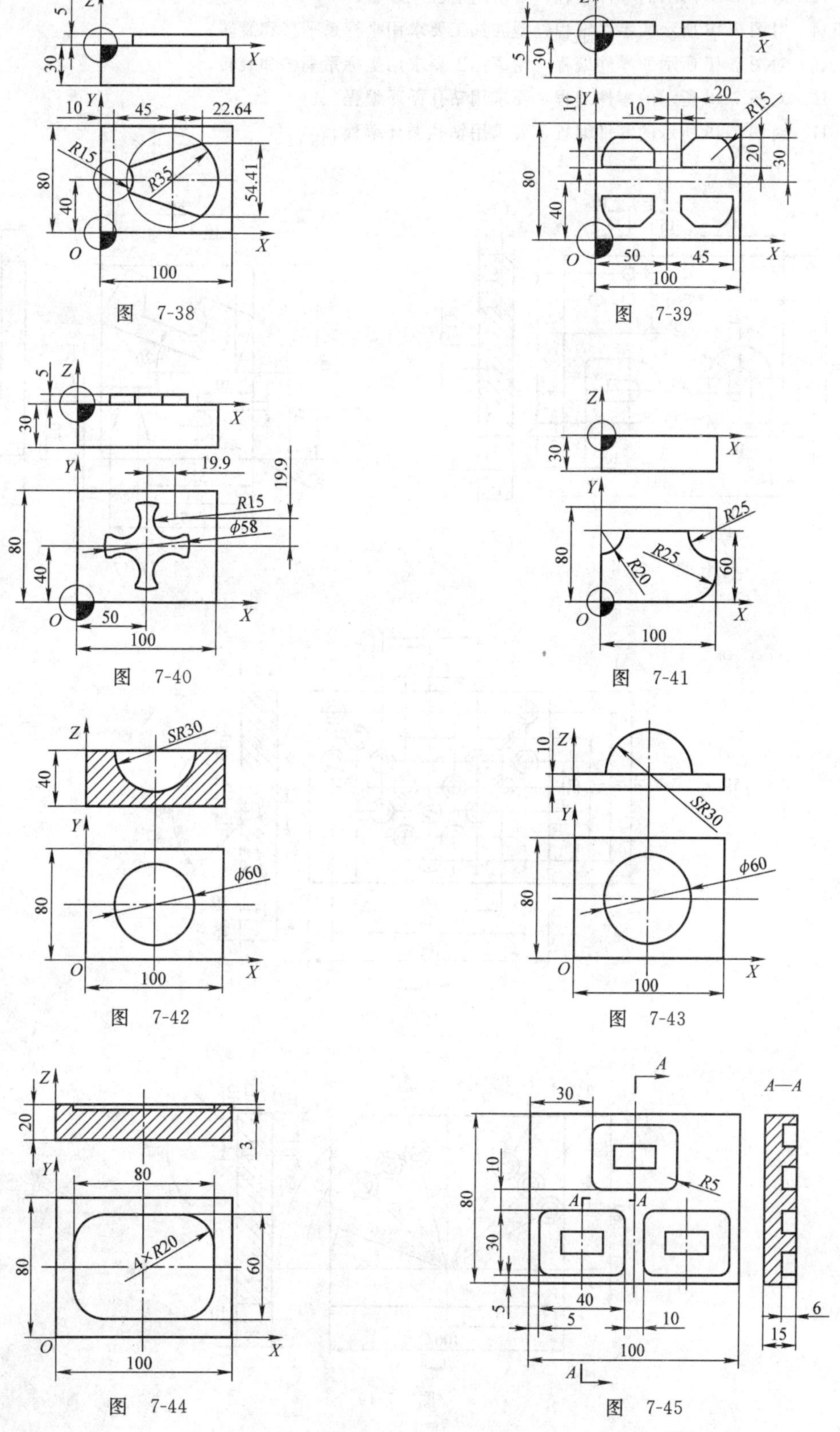

图 7-38

图 7-39

图 7-40

图 7-41

图 7-42

图 7-43

图 7-44

图 7-45

7-13 对图 7-45 所示的零件编程，要求用子程序编程。

7-14 对图 7-46 所示的零件编程，型腔加工要求用坐标系平移和旋转。

7-15 对图 7-47 所示的零件编程，轮廓加工要求用坐标系平移和旋转。

7-16 对图 7-48 所示的零件编程，要求用钻孔循环编程。

7-17 对图 7-49 所示的零件编程，要求用钻孔循环编程。

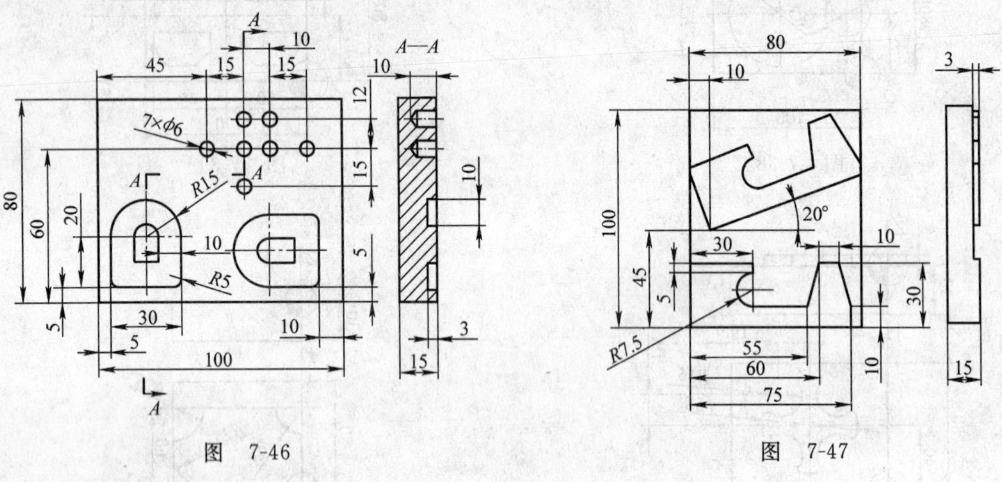

图 7-46 图 7-47

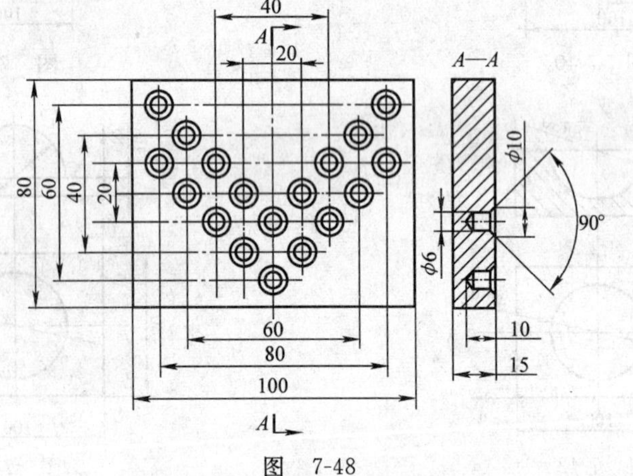

图 7-48

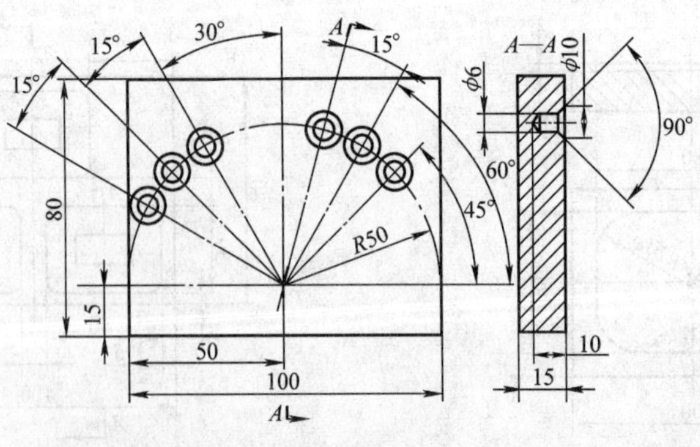

图 7-49

第八章　数控加工中心简介

本章主要介绍数控加工中心机械结构、刀柄基本结构、刀库基本类型和结构以及换刀机械手的类型和结构。

第一节　数控加工中心的机械结构

加工中心是在数控镗或数控铣的基础上，增加了自动换刀装置，使工件在一次装夹后，可以连续对工件自动进行钻孔、扩孔、铰孔、镗孔、攻螺纹、铣削等多工序加工的机床。加工中心一般带有自动分度回转工作台或主轴箱可自动改变角度，从而使工件一次装夹后，自动完成多个平面或多个角度位置的多工序加工，工序高度集中；加工中心能自动改变主轴转速、进给量和刀具相对工件的运动轨迹；加工中心如果带有交换工作台，工件在工作位置的工作台上进行加工的同时，可在装卸位置的工作台上装卸工件，工作效率高。

由于加工中心具有上述功能，因而可以大大减少工件装夹、测量和机床的调整时间，减少工件的周转、搬运和存放时间，使机床的切削时间利用率高于普通机床 3～4 倍；具有较好的加工一致性，它与单机、人工操作方式比较，能排除工艺流程中人为干扰因素；高的生产率和质量稳定性，尤其是加工形状比较复杂、精度要求较高、品种更换频繁的工件时，更具有良好的经济性。

加工中心主要由以下几大部分组成。

（1）基础部件　由床身、立柱和工作台等部件组成。它们主要承受加工中心的静载荷以及在加工时产生的切削负载，因此必须具有足够的刚度。这些大件通常是铸铁件或焊接而成的钢结构件，是加工中心中体积和重量最大的基础构件。

（2）主轴部件　由主轴箱、主轴电动机、主轴和主轴轴承等零件组成。主轴的启、停和变速等动作由数控系统控制，并通过装在主轴上的刀具参与切削运动，是切削加工的功率输出部件。

（3）进给机构　由进给伺服电动机、机械传动装置和位移测量元件等组成。它驱动工作台等移动部件形成进给运动。

（4）数控系统　加工中心的数控部分是由数控装置、伺服驱动装置以及操作面板等组成，它是完成加工过程的控制中心。

图 8-1　立式加工中心

1—床身　2—立柱　3—刀库　4—机械手　5—主轴箱　6—主轴　7—工作台　8—滑座

（5）自动换刀系统　自动换刀装置

ATC（Automatic Tool Changer）由刀库、机械手等部件组成。当需要换刀时，数控系统发出指令，由机械手（或通过其它方式）将刀具从刀库内取出装入主轴孔中。

（6）辅助装置 包括润滑、冷却、排屑、防护、液压、气动和检测系统等部分。这些装置虽然不直接参与切削运动，但对加工中心的加工效率、加工精度和可靠性起着保障作用，因此也是加工中心中不可缺少的部分。

图 8-1 是立式加工中心的外观图。床身 1、立柱 2 为该机床的基础部件，交流变频调速电动机将运动经传动件传给主轴 6，实现旋转主运动。3 个宽调速直流伺服电动机分别经滚珠丝杠螺母副将运动传给工作台 7、滑座 8，实现 X、Y 坐标的进给运动，传给主轴箱 5 使其沿立柱导轨作 Z 坐标的进给运动。立柱左上侧的圆盘形刀库 3 可容纳 20 把刀，由机械手 4 进行自动换刀。

第二节 刀柄的基本结构

加工中心使用的刀具系统由刀具和刀柄两部分组成，刀具部分和通用刀具一样，如钻头、铣刀、铰刀、丝锥等。加工中心上有自动交换刀具功能，刀柄要满足机床主轴的自动松开和拉紧定位，并能准确地安装各种切削刀具，且适应机械手的夹持和搬运，适应在自动化刀库中的储存、搬运、识别。

加工中心的刀柄是加工中心必备的辅具，在刀柄上可安装不同的刀具，存放在刀库中，供加工时选用。刀柄要和机床的主轴孔相对应，加工中心刀柄是系列化、标准化产品，其柄部和机械手抓拿部分都已有相应的国际和国家标准。

加工中心上使用的传统刀柄是标准 7∶24 锥度实心长刀柄。在高速切削加工中，常采用 HSK 刀柄，如图 8-2 所示。KM 刀柄如图 8-3 所示，它们都采用 1∶10 锥度。

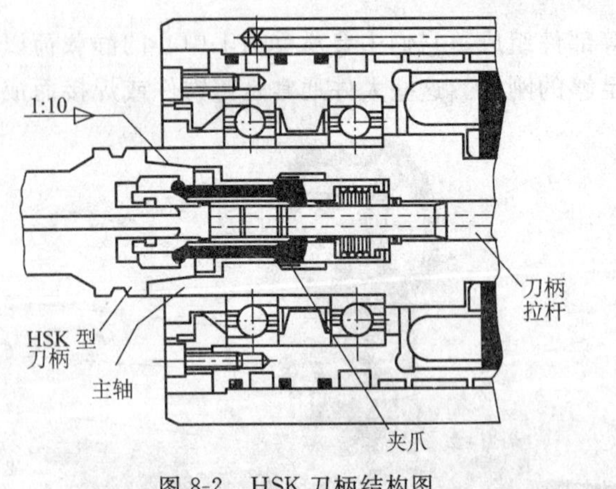

图 8-2 HSK 刀柄结构图

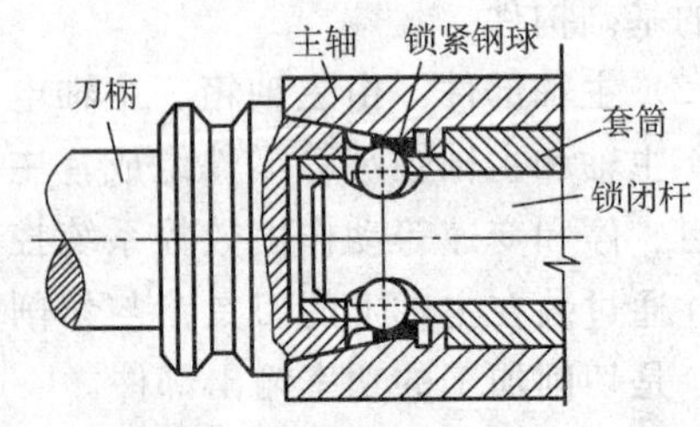

图 8-3 KM 刀柄结构图

我国制订的标准中刀柄有两种型式：直柄（JE）和锥柄（JT）两种。

加工中心的刀柄制造精度要求较高，否则在机械手换刀时会出现掉刀现象或影响加工精度。

第三节 刀库的基本类型和结构

刀库是用来储存加工刀具及辅助工具的地方。由于多数加工中心的取送刀位置都是在刀库中的某一固定刀位，因此刀库还需要有使刀具运动及定位的机构来保证换刀的可靠。其动力可采用液动机或电动机，如果需要的话还要有减速机构。刀具的定位机构是用来保证要更换的每一把刀具或刀套都能准确地停在换刀位置上。

在加工中心上使用的刀库主要有两种，一种是盘式刀库，一种是链式刀库。

一、盘式刀库

结构简单，应用较多，但由于刀具环形排列，空间利用率低，因此将刀具在盘中采用双环或多环排列，以增加空间利用率。但这样一来使刀库的外径过大，转动惯量也很大，选刀时间也较长。因此，盘式刀库容量相对较小，一般在1～24把刀具，主要适用于小型加工中心，如图8-4a、b所示。

a) b)

图8-4 盘式刀库

二、链式刀库

结构紧凑，刀库容量较大，链环的形状可以根据机床的布局配置成各种形状，也可将换刀位突出以利换刀。当链式刀库需增加刀具容量时，只需增加链条的长度，在一定范围内，无需变更线速度及惯量。刀库容量大，一般在30～120把刀具，主要适用于大中型加工中心。

下面以盘式刀库为例介绍刀库结构。

图8-5是盘式刀库的结构简图。如图8-5a所示，当数控系统发出换刀指令后，直流伺服电动机1接通，其运动经过十字联轴器2、蜗杆4、蜗轮3传到如图8-5b所示的刀盘14，刀盘带动其上面的刀套13转动，完成选刀工作。每个刀套尾部有一个滚子11，当待换刀具转到换刀位置时，滚子11进入拨叉7的槽内。同时气缸5的下腔通压缩空气（见图8-5a），活塞杆6带动拨叉7上升，放开位置开关9，用以断开相关的电路，防止刀库、主轴等有误动作。如图8-5b所示，拨叉7在上升的过程中，带动刀套绕着销轴12逆时针向下翻转90°，从而使刀具轴线与主轴轴线平行。

刀套下转90°后，拨叉7上升到终点，压住定位开关10，发出信号使机械手抓刀。通过图8-5a中的螺杆8，可以调整拨叉的行程。拨叉的行程决定刀具轴线相对主轴轴线的位置。

刀套的结构如图8-6所示，$F—F$剖视图中的件7即为图8-5b中的滚子11，$E—E$剖视图中的件6即为图8-5b图中的销轴12。刀套4的锥孔尾部有两个球头销钉3。在螺纹套2

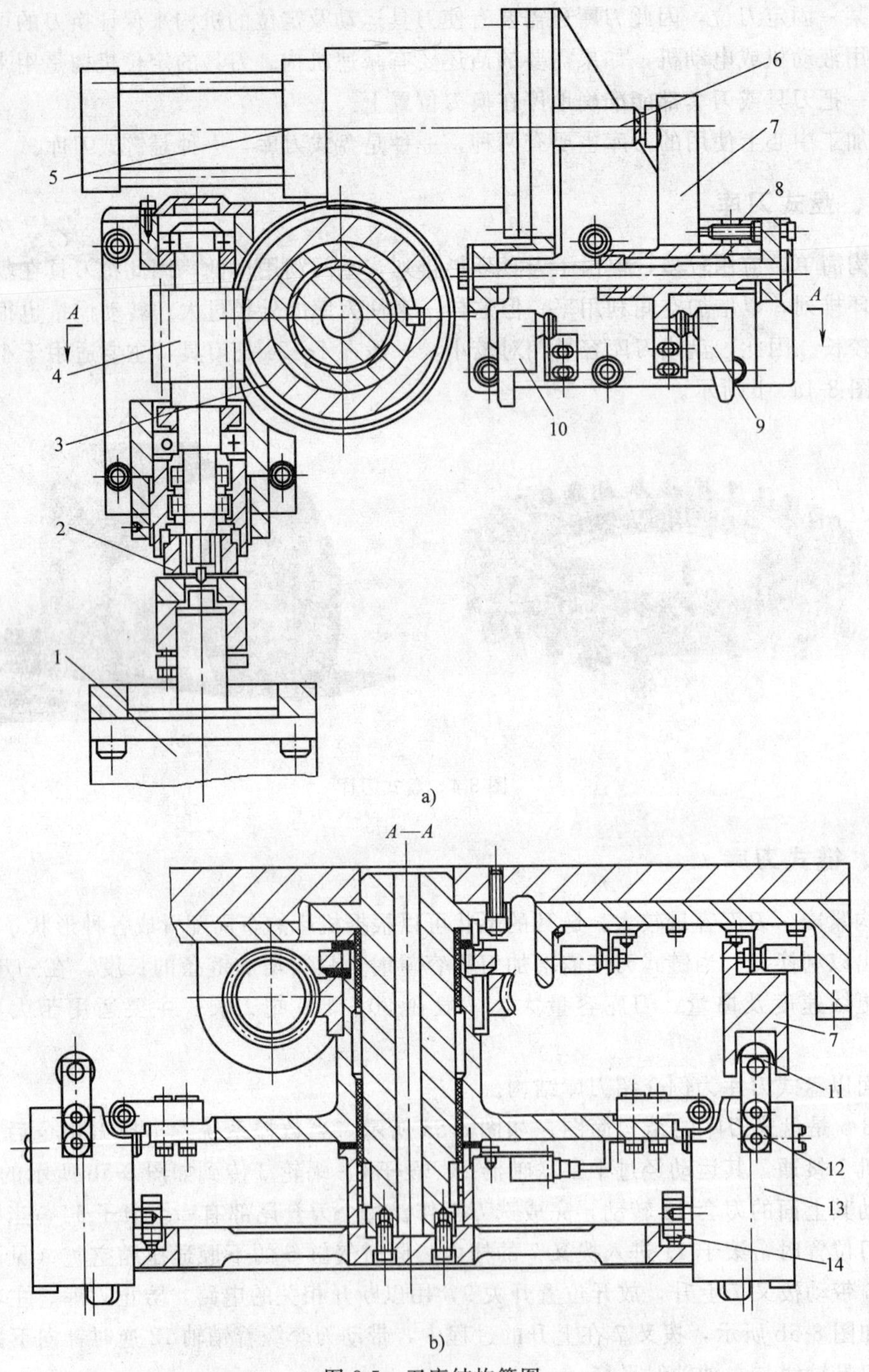

图 8-5 刀库结构简图

1—直流伺服电动机 2—十字联轴器 3—蜗轮 4—蜗杆 5—气缸 6—活塞杆 7—拨叉 8—螺杆 9—位置开关 10—定位开关 11—滚子 12—销轴 13—刀套 14—刀盘

与球头销之间装有弹簧1，当刀具插入刀套后，由于弹簧力的作用，使刀柄被夹紧。拧动螺纹套，可以调整夹紧力大小，当刀套在刀库中处于水平位置时，靠刀套上部的滚子5来支承。

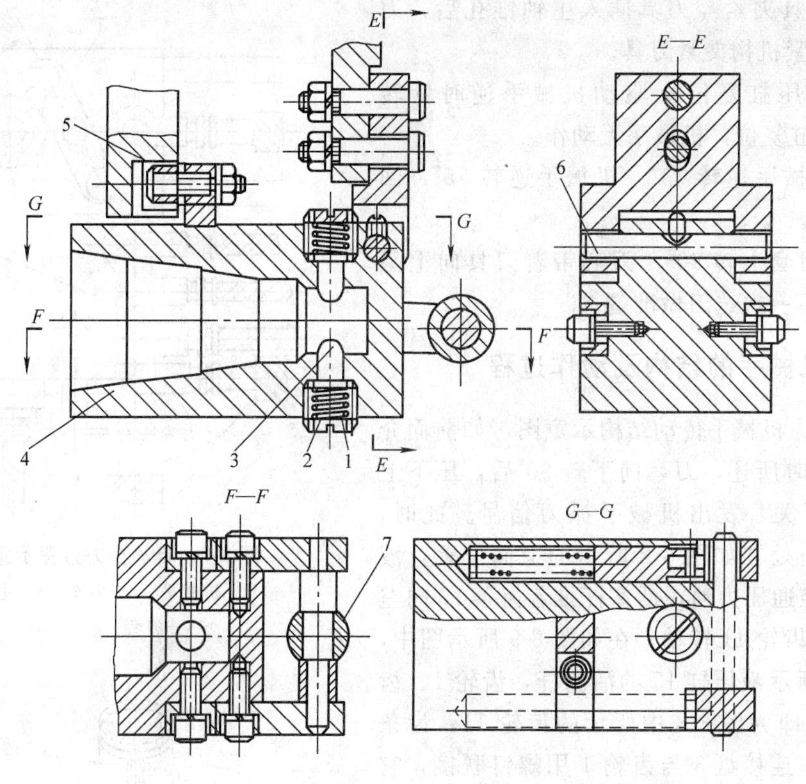

图 8-6 刀套的结构简图

1—弹簧 2—螺纹套 3—球头销钉 4—刀套 5、7—滚子 6—销轴

第四节 换刀机械手的类型和结构

一、自动换刀过程

图 8-7 是自动换刀过程示意图。上一工序加工完毕，主轴处于“准停”位置，由自动换刀装置换刀，其过程如下：

(1) 刀套下转 90° 本机床的刀库位于立柱左侧，刀具在刀库中的安装方向与主轴垂直，如图 8-7 所示。换刀之前，刀库 2 转动将待换刀具 5 送到换刀位置，之后把带有刀具 5 的刀套 4 向下翻转 90°，使得刀具轴线与主轴轴线平行。

(2) 机械手转 75° 如 K 向视图所示，在机床切削加工时，机械手 1 的手臂中心线与主轴中心到换刀位置的刀具中心的连线成 75°，该位置为机械手的原始位置。机械手换刀的第一个动作是顺时针转 75°，两手爪分别抓住刀库上和主轴 3 上的刀柄。

(3) 刀具松开 机械手抓住主轴刀具的刀柄后，刀具的自动夹紧机构松开刀具。

(4) 机械手拔刀 机械手下降，同时拔出两把刀具。

(5) 交换两刀具位置 机械手带着两把刀具逆时针转 180°（从 K 向观察），使主轴刀具与刀库刀具交换位置。

(6) 机械手插刀 机械手上升，分别把刀具插入主轴锥孔和刀套中。

（7）刀具夹紧　刀具插入主轴锥孔后，刀具的自动夹紧机构夹紧刀具。

（8）液压缸复位　驱动机械手逆时针转180°的液压缸复位，机械手无动作。

（9）机械手逆转75°　机械手逆转75°，回到原始位置。

（10）刀套上转90°　刀套带着刀具向上翻转90°，为下一次选刀做准备。

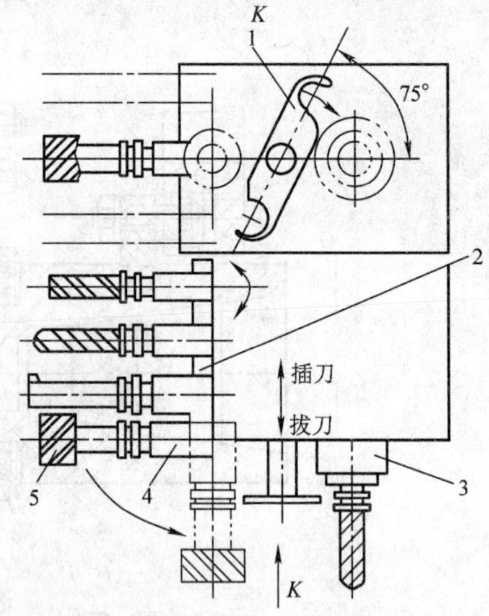

图 8-7　自动换刀过程示意图
1—机械手　2—刀库　3—主轴
4—刀套　5—刀具

二、机械手的结构及动作过程

图8-8为机械手传动结构示意图，如前面介绍刀库结构时所述，刀套向下转90°后，压下上行程位置开关，发出机械手抓刀信号。此时，机械手21正处在如图8-8所示的上面位置，液压缸18右腔通压力油，活塞杆推着齿条17向左移动，使得齿轮11转动。在如图8-9所示图中，8为图8-8所示液压缸15的活塞杆，齿轮1、齿条7和轴2即为图8-8中所示的齿轮11、齿条17和轴16。连接盘3与齿轮1用螺钉联接，它们空套在机械手臂轴2上，传动盘5与机械手臂轴2用花键联接，它上端的销子4插入连接盘3的销孔中，因此齿轮转动时带动机械手臂轴转动，如图8-8所示，使机械手回转75°抓刀。抓刀动作结束时，齿条17上的挡环12压下位置开关14，发出拔刀信号，于是液压缸15的上腔通压力油，活塞杆推动机械手臂轴16下降拔刀。在轴16下降时，传动盘10随之下降，其下端的销子8（即图8-9中的销子6）插入连接盘5的销孔中，连接盘5和其下面的齿轮4也是用螺钉联接的，它们空套在轴16上。当拔刀动作完成后，轴16上的挡环12压下位置开关1，发出换刀信号。这时液压缸20的右腔通压力油，活塞杆推着齿条19向左移动，使齿轮4和连接盘5转动，通过销子8，由传动盘带动机械手转180°，交换主轴上和刀库上的刀具位置。换刀动作完成后，齿条19上的挡环6压下位置开关9，发出插刀信号，使液压缸15下腔通压力油，活塞杆带着机械手臂轴上升插刀，同时传动盘下面的销子8从连接盘5的销孔中移出。插刀动作

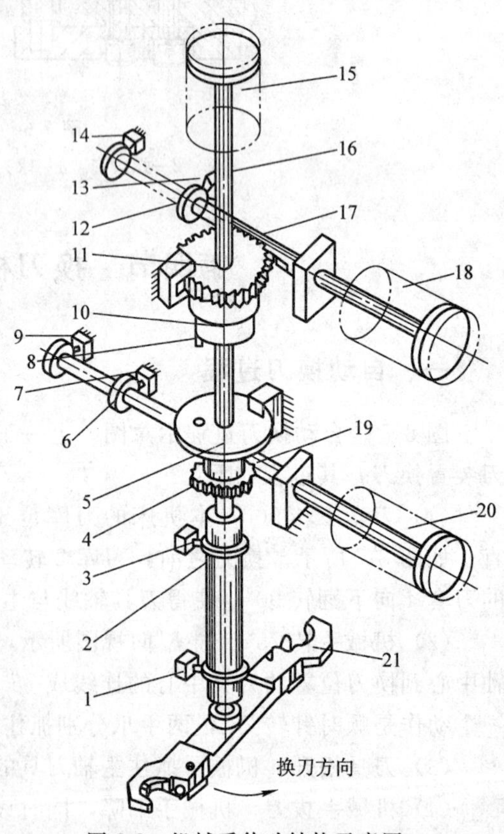

图 8-8　机械手传动结构示意图
1、3、7、9、13、14—位置开关　2、16—轴　4、11—齿轮　5—连接盘　6、12—挡环　8—销子　10—传动盘
15、18、20—液压缸　17、19—齿条　21—机械手

完成后，轴 16 上的挡环压下位置开关 3，使液压缸 20 的左腔通压力油，活塞杆带着齿条 19 向右移动复位，而齿轮 4 空转，机械手无动作。齿条 19 复位后，其上挡环压下位置开关 7，使液压缸 18 的左腔通压力油，活塞杆带着齿条 17 向右移动。

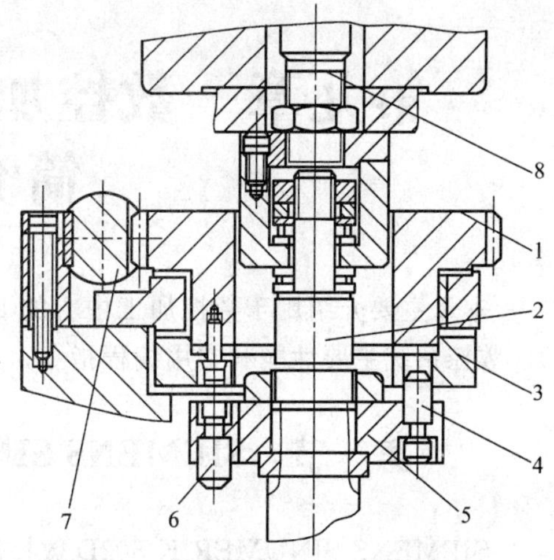

图 8-9 机械手传动结构局部示意图

1—齿轮 2—轴 3—连接盘 4、6—销子 5—传动盘 7—齿条 8—活塞杆

三、机械手抓刀部分的结构

图 8-10 为机械手抓刀部分的结构，它主要由手臂 1 和固定其两端的结构完全相同的两个手爪 7 组成。手爪上握刀的圆弧部分有一个锥销 6，机械手抓刀时，该锥销插入刀柄的键槽中。当机械手由原位转 75°抓住刀具时，两手爪上的长销 8 分别被主轴前端面和刀库上的挡块压下，使轴向开有长槽的活动销 5 在弹簧 2 的作用下右移顶住刀具。机械手拔刀时，长销 8 与挡块脱离接触，锁紧销 3 被弹簧 4 弹起，使活动销顶住刀具不能后退，这样机械手在回转 180°时，刀具不会被甩出。当机械手上升插刀时，两长销 8 又分别被两挡块压下，锁紧销 3 从活动销的孔中退出，松开刀具，机械手使可反转 75°复位。

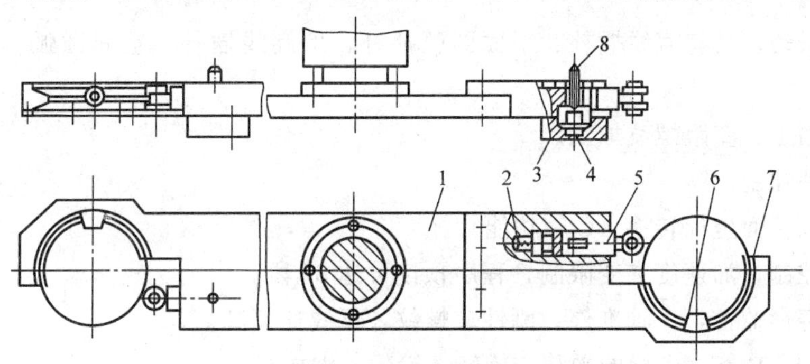

图 8-10 机械手臂和手爪

1—手臂 2、4—弹簧 3—锁紧销 5—活动销 6—锥销 7—手爪 8—长销

第九章　数控加工中心常用数控系统简介及编程

本章主要介绍用于数控加工中心的 SIEMENS SINUMERIK 802D 数控系统和 FANUC 21i 数控系统主要性能和常用编程指令；其次，介绍了加工中心刀具的测量与补偿。

第一节　SIEMENS SINUMERIK 802D 数控系统简介

SIEMENS SINUMERIK 802D 数控系统是德国 SIEMENS 公司在 20 世纪 90 年代中后期推出的较新的全数字化的高效经济型 CNC 系统。它易于操作和编程，支持工艺循环和轮廓编程，具有高速度、高精确和高可靠性特点。

SIEMENS SINUMERIK 802D 数控系统主要性能有：

1）可以控制车床、钻铣床、加工中心。

2）可控制 4 个进给轴和一个数字或模拟主轴或 3 个进给轴、1 个主轴和 1 个辅助主轴。

3）三轴联动，具有直线插补、平面圆弧插补、螺旋线插补、空间圆弧（CIP）插补等控制方式。

4）螺纹加工、变距螺纹加工。

5）旋转轴控制。

6）端面和柱面坐标转换（C 轴功能）。

7）前馈控制，加速度突变限制，程序预读可达 35 段。

8）刀具寿命监控，主轴准停，刚性攻螺纹，恒线速切削。

9）FRAME 功能（坐标的平移、旋转、镜像、缩放）。

10）标准 G 代码编程（DIN66025）和西门子高级语言编程。

11）ISO 标准编程。

12）车削、铣削工艺循环编程。

13）蓝图编程。

14）极坐标编程。

15）加工前仿真加工程序或加工过程中实时仿真。

16）彩色 10.4″TFT 液晶用户显示界面，便于操作使用。

17）256KB 程序存储器容量。

18）可连接 3 个手轮。

19）有 RS-232 串行接口和 PCMCIA 接口，便于程序传送和存储。

20）快速而简单的对刀及确定工件坐标系功能。

21）采用 SIMATIC S7-200PLC 指令集对系统内部 PLC 进行编程。

第二节　FANUC 21i 数控系统简介

它是日本 FANUC 公司推出的比较新的数控系统，适用于中小型数控机床。简捷的屏幕菜单设计及单键控制功能使快速换刀及快速装夹成为可能。方便的系统帮助功能使操作者能够随时轻松进入帮助界面。绝对编码器的绝对位置反馈技术的应用，使机床在重启后换刀，各轴驱动可以连续运转，不必重回参考点，减少辅助时间，提高主轴利用率。使用操作系统 PCMCIA 卡插槽及系列标准接口可方便地进行数据通信、文件传输及远程 DNC 操作。采用最新的全数字伺服驱动电动机、更快的移动速率及智能控制的加速度有效的减少了主轴的非工作时间。自动刀具装夹监控装置能够避免刀具装夹过程中因刀具尺寸不合适所引起的刀具额外损耗。

FANUC 21i MB 控制系统的主要功能有：

1）可以实现 4 轴联动。

2）可编程序精度 0.001mm 或 0.0001in。

3）可实现快速定位、直线插补、圆弧插补、螺旋插补、刚性攻螺纹，能自动加减速。

4）可以实现刀具补偿、间隙补偿、滚珠丝杠螺距误差补偿、刀具寿命管理等。

5）最多能存储 400 个主程序和子程序。

6）具有 PCMCIA 储存卡接口和 RS-232 C 接口。

7）手册导引（车间编程功能）。

8）刀具寿命管理。

9）直接绘图尺寸编程。

10）扩展工件程序编程。

11）碰撞保护（快速模式）。

12）高级预览控制。

13）铣削固定循环。

14）B 宏程序。

15）刀具路径动态图形模拟。

第三节　加工中心常用编程指令

一、SIEMENS SINUMERIK 802D 数控系统

（1）SIEMENS SINUMERIK 802D 常用的准备功能（见表 9-1）

表 9-1　常用的 SIEMENS SINUMERIK 802D 数控系统准备功能

地　址	含　义	编　程　格　式
G0	快速移动	G0　X__　Y__　在极坐标中 G1　AP=__　RP=__
G1	直线插补	G1　X__　Y__　Z __　F__　在极坐标中 G1　AP=__　RP=__　F__

（续）

地　址	含　义	编 程 格 式
G2/G3	顺时针/逆时针圆弧插补	G2/G3　X_　Y_　(CR=_或 I_　J_)F_ G2/G3　X_　Z_　(CR=_或 I_　K_) F_ G2/G3　Y_　Z_　(CR=_或 J_　K_)F_ G2/G3　AR=_　I_　J_　F_或 G2/G3 X_　Y_　AR=_　F_ 在极坐标中 G2/G3　AP=_　RP=_　F_
G4	暂停	G4　F　或 G4　S
G17/G18/G19	*XY*/*ZX*/*YZ* 平面选择	G17/G18/G19
G25	主轴转速下限或工作区域下限	G25 S_ G25　X_　Y_　Z_
G26	主轴转速上限或工作区域上限	G26　S_ G26　X_　Y_　Z_
G33	恒螺距螺纹切削	G33　Z_　K
G40	刀具半径补偿注销	G40　G0/G1　X_　Y_
G41/G42	刀具半径补偿——左/右	G41/G42　G0/G1　X_　Y_　D1
G53	按程序段方式取消可设定零点偏置	G53
G54～G59	零点偏置	G54～G59
G70/G71	英制尺寸/米制尺寸	G70 或 G71
G74/G75	回参考点/回固定点	G74　X_　Y_　Z_或 G75　X_　Y_　Z_
G90/G91	绝对值/增量值编程	G90/G91
G94	进给率(mm/min)	G94　F_
G95	主轴进给率(mm/r)	G95　S_
G110	极点尺寸，相对于上次编程的设定位置	G110　RP=_　AP=_
G111	极点尺寸，相对于当前工件坐标系的零点	G111　RP=_　AP=_
G112	极点尺寸，相对于上次有效的极点	G112　RP=_　AP=_
G450	圆弧过渡	G450
G451	等距线的交点，刀具在工件转角处不切削	G451
G500	取消可设定零点偏置	G500

（2）SIEMENS SINUMERIK 802D 常用的辅助功能编程（见表 9-2）

（3）SIEMENS SINUMERIK 802D 其他地址功能（见表 9-3）

表 9-2　SIEMENS SINUMERIK 802D 常用辅助功能字 M 含义表

M 功能字	功　能	M 功能字	功　能
M0	程序暂停，按启动键继续加工	M4	主轴逆时针旋转
M1	程序有条件停止	M5	主轴旋转停止
M2	程序结束	M6	更换刀具
M3	主轴顺时针旋转		

表 9-3 SIEMENS SINUMERIK 802D 其他地址功能

地　址	含义及编程
CIP	中间圆弧插补　CIP　X＿　Y＿　I1=＿　J1=＿
D	刀具补偿号 D1
T	T1
TRANS	可编程偏置　TRANS　X＿　Y＿　Z＿
ROT	可编程旋转 ROT　RPL=＿　在当前平面内旋转
SCALE	可编程比例系数　SCALE　X＿　Y＿　Z＿
MIRROR	可编程镜像功能　MIRROR　X0
ATRANS	附加的可编程偏置　ATRANS　X＿　Y＿　Z＿
AROT	附加的可编程旋转　AROT　RPL=＿,在当前平面内旋转
ASCALE	附加的可编程比例系数　ASCALE　X＿　Y＿　Z＿
AMIRROR	附加的可编程镜像功能　AMIRROR　X0
CALL	循环调用 CALL　LCYC83
CHF/CHR	倒角 X＿　Y＿　CHF/CHR=＿
RND	倒圆角　X＿　Y＿　RND=＿
AP	极坐标角度　单位为度
RP	极坐标半径　RP=＿
AC	绝对坐标　X=AC(890)
RPL	ROT 和 AROT 的旋转角
SF	用 G33 时螺纹起始角 SF=＿
SPOS	主轴位置 SPOS=＿
回转轴 ACP(正方向靠近)/ACN(负方向靠近)	绝对坐标 A=ACP(45.3)、SPOS=ACP(33.1)
GOTOB/GOTOF	向后/向前跳转　GOTOB/GOTOF MAKE1

二、FANUC 21i 数控系统

1. 常用的 G 功能代码和主要的 M 功能简介

(1) FANUC 21i/210i—MB 常用的 G 功能代码（见表 9-4）

(2) FANUC 21i/210i—MB 常用的 M 功能　辅助功能（M 功能）指令是由地址 M 和两位数字组成，在一个程序段中只应规定一个 M 指令。当在一个程序段中出现了两个或两个以上的 M 指令时，则只有最后一个被指令的 M 代码有效。对于不同的机床制造厂来说，各 M 功能指令的含义可能有所不同。表 9-5 所示的是常用的 M 功能，仅供参考。

表 9-4 常用 G 功能代码一览表

G 代码	组别	功　能	G 代码	组别	功　能
G00	01	定位(快速移动)	G53	00	选择机床坐标系
*G01		直线插补(切削进给)	G54～G59	14	工件坐标系 1～6 选择
G02		顺时针圆弧插补/螺旋切削	G61	15	准确停止校验方式
G03		逆时针圆弧插补/螺旋切削	G62		自动角度修调
G04	00	暂停	G63		攻螺纹方式
G07.1		圆柱插补	*G64		切削进给方式
G09		精确停止	G65	12	宏调用
G10		数据设定	G66		常规宏方式调用
G11		数据设定方式取消	G67		常规宏方式调用取消
*G15	17	极坐标指令消除	G68	16	坐标系旋转方式建立
G16		极坐标指令	*G69		坐标系旋转方式取消
*G17	02	*XY* 平面选择	G73	09	孔钻循环
G18		*ZX* 平面选择	G74		埋头攻螺纹循环
G19		*YZ* 平面选择	G76		精镗循环
G20	06	英制输入	G80		封闭循环取消
G21		米制输入	G81		钻孔循环，定点镗孔
G27	00	返回参考点检验	G82		钻孔循环，扩孔
G28		自动返回参考点	G83		钻孔循环
G29		由参考点返回	G84		攻螺纹循环
G30		第 2 参考点返回	G85		镗孔循环
G31		跳转功能	G86		镗孔循环
*G40	07	取消刀具半径补偿	G87		反镗孔循环
G41		刀具半径补偿(左)	G88		镗孔循环
G42		刀具半径补偿(右)	G89		镗孔循环
G43	08	刀具长度补偿(＋)	G90	03	绝对值编程
G44		刀具长度补偿(－)	G91		增量值编程
*G49		取消刀具长度补偿	G92	00	坐标系设定
*G50	11	比例缩放取消	G92.1		工件坐标系预置
G51		比例缩放有效	*G94	05	每分钟进给
*G50.1	22	可编程镜像取消	G95		每转进给
G51.1		可编程镜像有效	*G98	10	固定循环返回到初始点
G52	00	局部坐标系设定	G99		固定循环返回到 *R* 点

注：1. 除了 G10 和 G11 以外的“00”组 G 代码是非模态 G 代码，其他各组代码均为模态 G 代码。

2. 同组中，有*标记的 G 代码是在电源接通时或按下复位键时就立即生效的 G 代码。

3. 不同组 G 代码可以在同一个程序段中被规定并有效。但当一个程序段中，指定了 2 个以上属于同组的 G 代码时，则仅最后一个被指定的 G 代码有效。

4. 在固定循环方式中，如果规定了 01 组中的任何 G 代码，固定循环功能就被自动取消，系统处于 G80 状态，而且 01 组 G 代码不受任何固定循环 G 代码的影响。

表 9-5　FANUC 21i/210i—MB 常用 M 功能一览表

M 指令	功　能	M 指令	功　能
M00	程序停止	M23	第四（旋转）轴镜像
M01	程序选择停止	M24	取消镜像
M02	程序结束	M26	MP12 RENISHAW 探测器接通
M03	主轴正转（顺时针）	M30	程序结束和返回至开头
M04	主轴反转（逆时针）	M33	采用过刀具中心切削液顺时针方向启动主轴
M05	主轴停止	M34	采用过刀具中心切削液逆时针方向启动主轴
M06	刀具交换	M38	过刀具中心切削液启动
M08	外部切削液开	M46	禁用进给率修调（100%）
M09	切削液关	M47	启用进给率修调
M10	第四（旋转）轴夹紧	M48	禁用主轴速度修调（100%）
M11	第四（旋转）轴松开	M49	主轴修调启用
M13	采用外部切削液顺时针方向启动主轴	M70	M70 客户输出
M14	采用外部切削液逆时针方向启动主轴	M71	M71 客户输出
M15	自动切削液喷嘴控制	M98	子程序调用
M21	*X* 轴镜像	M99	子程序返回
M22	*Y* 轴镜像		

2. 采用 FANUC 21i/210i—MB 系统加工中心的基本编程功能指令

（1）快速点定位 G00　命令刀具以点位控制方式，从刀具所在点以最快的速度，移动到目标点（*X*，*Y*，*Z*）。如图 9-1 所示。现命令刀具从 *A* 点快速移动到 *B* 点，其程序为：

（绝对）G90　G00　X10.0　Y20.0；

（增量）G91　G00　X－80.0　Y－60.0；

（2）直线插补 G01　指令两个（或三个坐标）以联动的方式，按指定的进给速度 F 值，插补加工出任意斜率的平面（或空间）直线，如图 9-2 所示。

（绝对）G90　G00　X10.0　Y20.0　F150；

（增量）G91　G00　X－80.0　Y－60.0　F150；

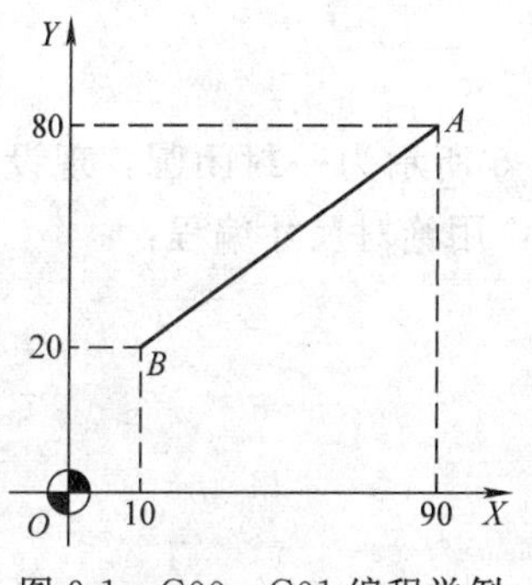

图 9-1　G00、G01 编程举例

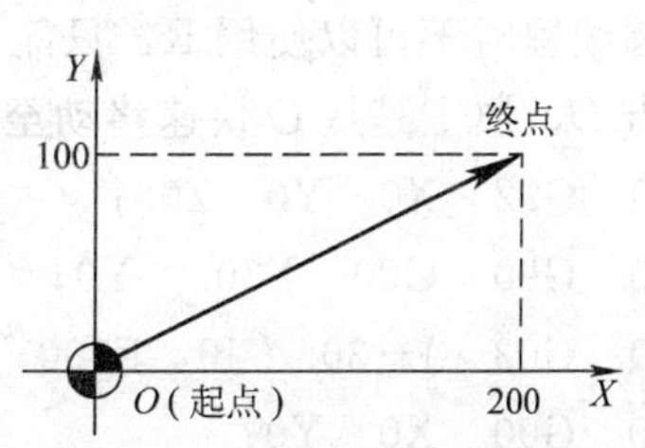

图 9-2　G01 编程举例

（3）圆弧插补 G02、G03　G02 表示顺圆插补，G03 表示逆圆插补。圆弧的顺逆时针方向如图 9-3 所示，判断方法是：沿圆弧所在平面（如 *X*，*Y*）向另一个坐标的负方向（－*Z*）看去，顺时针方向为 G02，逆时针方向为 G03。

G17、G18、G19 为圆弧插补平面选择指令，以此来确定被加工表面所在平面，G17 可以省略。圆弧终点坐标值可以用绝对值坐标，也可以用增量坐标，由 G90 和 G91 决定。在增量方式下，圆弧终点坐标是相对于圆弧起点的增量值。I、J、K 表示圆弧圆心的坐标，它是圆心相对于圆弧起点在 X、Y、Z 轴方向上的增量值，也可以理解为圆弧起点到圆心的矢量（矢量方向指向圆心）在 X、Y、Z 轴上的投影，与前面定义的 G90 或 G91 无关。I、J、K 为零时可以省略。F 规定了沿圆弧切向的进给速度。

下面以图 9-4 为例，说明 G02、G03 的编程方法，设刀具从 A 开始沿 A、B、C 切削。

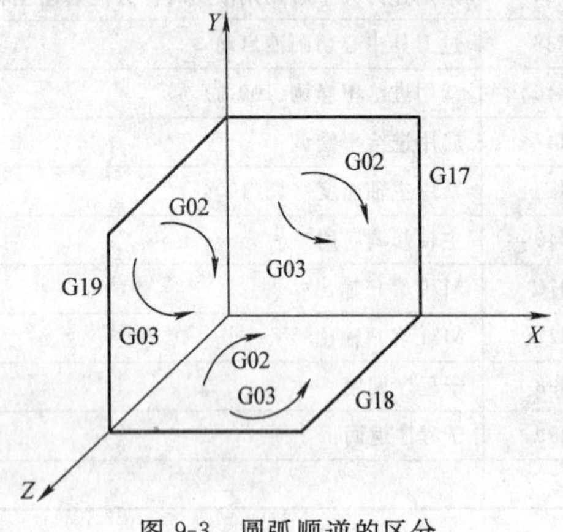

图 9-3　圆弧顺逆的区分

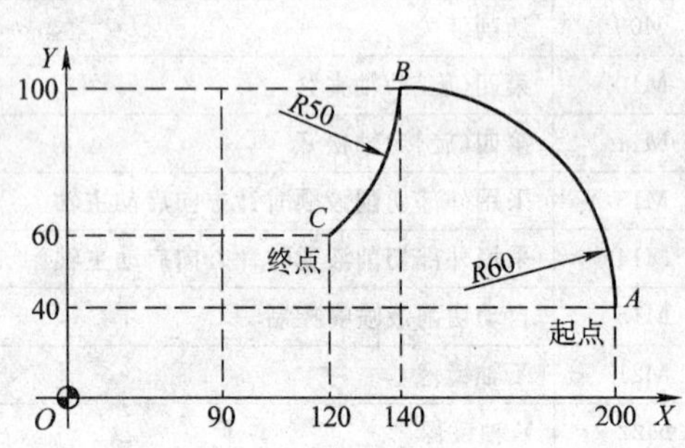

图 9-4　G02、G03 编程举例

G92　X200.0　Y40.0　Z0；

G90　G03　X140.0　Y100.0　R60.0　F300.；绝对值编程

G02　X120.0　Y60.0　R50.0；

或 G92　X200.0　Y40.0　Z0；

G90　G03　X140.0　Y100.0　I－60.0　F300.；

G02　X120.0　Y60.0　I－50.0；

G91　G03　X－60.0　Y60.0　R60.0　F3000.；增量值编程

G02　X－20.0　Y－40.0　R50.0；

或 G91　G03　X－60.0　Y60.0　I－60.0　F300.；

G02　X－20.0　Y－40.0　I－50.0；

整圆编程时不可以使用 R，只能使用 I、J、K。图 9-5 所示为一封闭圆，现设起刀点在坐标原点 O，加工是从 O 快速移动至 A 逆时针加工整圆，用绝对尺寸编程：

N10　G92　X0　Y0　Z0.；

N20　G90　G00　X30.　Y0；

N30　G03　I－30.　J0　F100；

N40　G00　X0　Y0；

用增量尺寸编程：

N20　G91　G00　X30.　Y0；

N30　G03　I－30.　J0　F100；

N40　G00　X－30.　Y0；

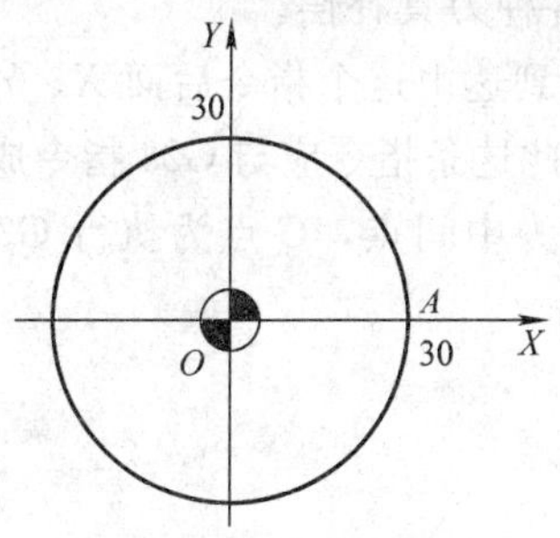

图 9-5 整圆编程举例

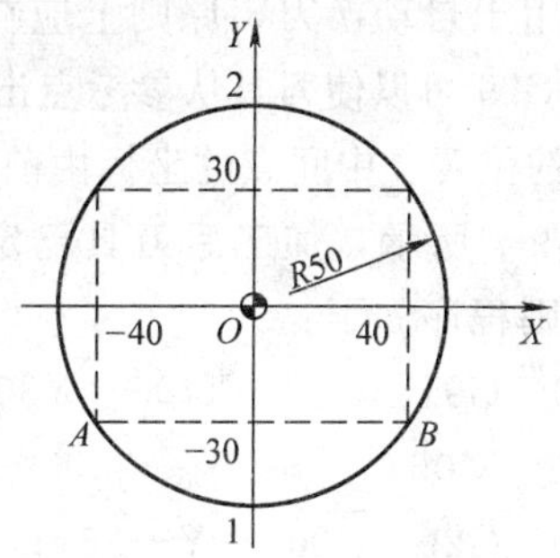

图 9-6 R 圆弧编程举例

在使用 R 的圆弧插补中，由于在同一圆弧半径 R 的情况下，从起点 A 到终点 B 的圆弧可能有两个，如图 9-6 所示，即圆弧段 1 和圆弧段 2。为了区别二者，特规定圆弧所对应的圆心角为小于等于 180°时（圆弧段 1）用“＋R”；圆心角大于 180°的圆弧（圆弧段 2）用“－R”。其程序为：

圆弧段 1：由图 9-6 可知 A、B 两点的坐标为 A（－40，－30）、B（40，－30）。

程序为：G90　G03　X40.　Y－30.　R50.　F100；

或 G91　G03　X80.　Y0.　R50.　F100；

圆弧段 2 程序为 ：G90　G03　X40.　Y－30.　R－50.　F100；

或 G91　G02　X80.　Y0.　R－50.　F100；

(4) 准确停止校验 G09　该指令为非模态指令，仅在所出现的程序段有效。在与包含有运动的指令同时被指定时，刀具在到达终点前减速并精确定位后才继续执行下一个程序段，因此可用于具有尖锐棱角的零件加工。

(5) 准确停止校验方式 G61　该指令规定了精确停止校验方式且为续效指令。在指令了 G61 的程序段之后，当遇到与运动有关的指令时，刀具到达该运动段的终点时，减速到零并精确定位之后再执行下一个程序段。该指令工作方式在遇到 G64 时可以被自动终止。

G61 与 G09 的区别是 G61 为模态指令。

(6) 切削进给方式 G64　在这种工作方式时，刀具在运动到指令的终点后，不减速而继续执行下一个程序段。换言之，机床在上一个程序段到达所编程的终点前，就开始执行下一个程序段。但该指令在有定位指令 G00、G60 或精确停止校验指令 G09 的程序段中，仍减速到零并精确定位。

(7) 暂停指令 G04　使刀具作暂短的无进给光整加工，一般用于镗平面、锪孔等场合，单位为秒或毫秒。如 G04　X5.0；表示在前一程序执行完后，要经过 5s 以后，后一程序段才执行 G04　P1000；表示暂停 1000ms，即 1s，地址 P 后面不用小数点，单位为 ms（毫秒）。

(8) 返回参考点检查 G27、自动返回参考点 G28、由参考点返回 G29

指令 G27 可以检验刀具是否能够定位到参考点上，执行该指令后，如果刀具可以定位到参考点上，则相应轴的参考点指示灯就点亮。

指令 G28 使刀具以点位方式经中间点快速返回到参考点，中间点的位置由该指令后面的 X、Y、Z 坐标值所决定。设置中间点，是为防止刀具返回参考点时与工件或夹具发生干涉，通常用于自动换刀，原则上应在执行该指令前取消各种刀具补偿。

指令 G29 可以使刀具从参考点出发，经过一个中间点到达由这个指令后面 *X*、*Y*、*Z* 坐标值所指定的位置。中间点的坐标由前面的 G28 所规定，因此这条指令应与 G28 指令成对使用。

如图 9-7 所示，加工后刀具已定位到 *A* 点，取点 *B* 为中间点，*C* 点为执行 G29 时应到达的点，则程序如下：

N040　G91　G28　X40.　Y30.；

N050　M06；

N060　G29　X20.　Y－35.；

此程序执行时，刀具首先从 *A* 点出发，以快速点定位的方式由 *B* 点到达参考点，换刀后执行 G29 指令，刀具从参考点先运动到 *B* 点再到达 *C* 点，*B* 点至 *C* 点的增量坐标为 X 20.　Y－35.。

(9) 设定工件坐标系指令 G92　G92 指令是规定工件坐标系坐标原点的指令，是刀具刀位点在工件坐标系中（相对于程序原点）的初始位置。执行 G92 指令时，机床不动作，即 *X*、*Y*、*Z* 轴均不移动。

如图 9-8 所示，建立工件坐标系程序为：

G92　X25.2　Z23.0；建设工件坐标系。

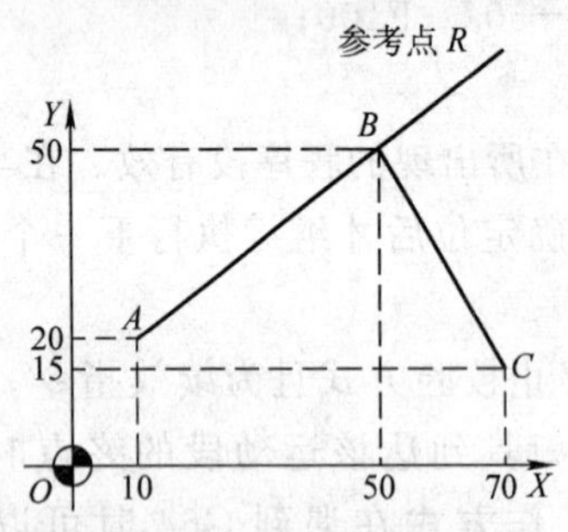

图 9-7　G28 与 G29 应用举例

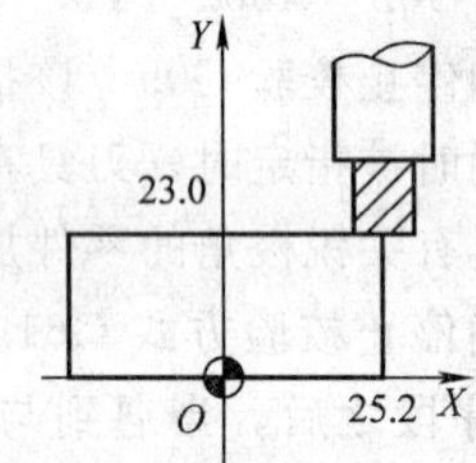

图 9-8　工件坐标系

(10) 选择工件坐标系指令 G54～G59　若在工作台上同时加工多个零件时，可以设定不同的程序零点，可建立 G54～G59 共 6 个加工工件坐标系。与 G54～G59 相对应的工件坐标系，分别称为第一工件坐标系至第六工件坐标系，其中 G54 坐标系是机床一开机并返回参考点后就有效的坐标系，它所建立的坐标系称为第一工件坐标系。

操作者在安装工件后，测量工件坐标系原点相对于机床坐标系原点的偏移量，并把工件坐标系在各轴方向上相对于机床坐标系的位置偏移量，写入工件坐标偏置存储器中，其后系统在执行程序时，就可以按照工件坐标系中的坐标值来运动了。

(11) 设定局部坐标系指令 G52　当在工件坐标系中编制程序时，为容易编程可以设定工件坐标系的子坐标系。子坐标系称为局部坐标系。

G52　X15　Y50　Z40；设定局部坐标系。G52　X0　Y0　Z0；取消局部坐标系。

(12) 坐标平面指令 G17、G18、G19　右手直角笛卡儿坐标系的三个互相垂直的轴 *X*、*Y*、*Z*，分别构成三个平面（如前面图 9-3 所示），即 *XY* 平面、*ZX* 平面和 *YZ* 平面。对于三坐标的加工中心，常用这些指令确定机床在哪个平面内进行插补运动。用 G17 表示在 *XY* 平面内加工；G18 表示在 *ZX* 平面内加工；G19 表示在 *YZ* 平面内加工。

(13) 绝对值编程 G90、增量值编程 G91　指令 G90 表示程序段中的尺寸字为绝对坐标值，即从编程零点开始的坐标值。指令 G91 表示程序段中的尺寸字为增量坐标值，即刀具运动的终点相对于起点坐标值的增量。

在实际编程中，是选用 G90 还是选用 G91，要根据具体的零件确定。如图 9-9a 所示，尺寸都是根据零件上某一设计基准给定的，这时可以选用 G90 编程。如图 9-9b 所示的尺寸，就应该选用 G91 编程，这样就避免了在编程时各点坐标的计算。

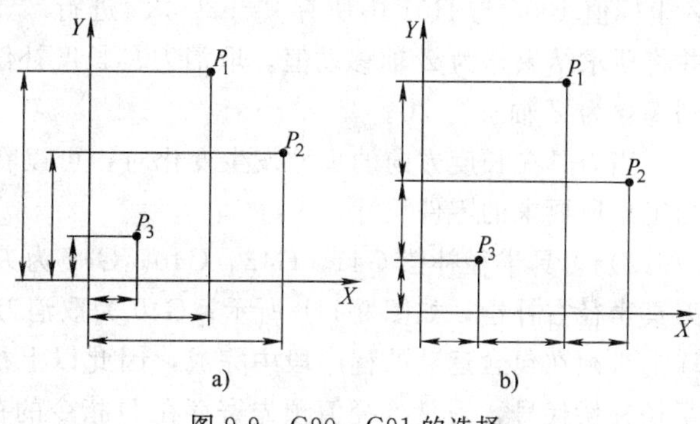

图 9-9　G90、G91 的选择

(14) 极坐标指令 G15、G16　G16 开始极坐标指令，G15 取消极坐标指令。坐标值可以用极坐标半径和角度输入，角度的正向是所选平面的第 1 轴正向的逆时针转向，而负向是顺时针转向。G90 指定工件坐标系的零点作为极坐标系的原点，从该点测量半径；G91 指定当前位置作为极坐标系的原点，从该点测量半径。G00 后第 1 轴是极坐标半径；第 2 轴是极角。

对如图 9-10 所示图形编制程序如下：

1) 用绝对值指令指定角度和半径

N1　G17　G90　G16；指定极坐标指令和选择 XY 平面，设定工件坐标系的零点作为极坐标系的原点

N2　G81　X100.0　Y30.0　Z－20.0　R－5.0　F200.0；指定 100mm 的距离和 30°的角度

N3　Y150.0；　指定 100mm 的距离和 150°的角度

N4　Y270.0；　指定 100mm 的距离和 270°的角度

N5　G15　G80；　取消极坐标指令

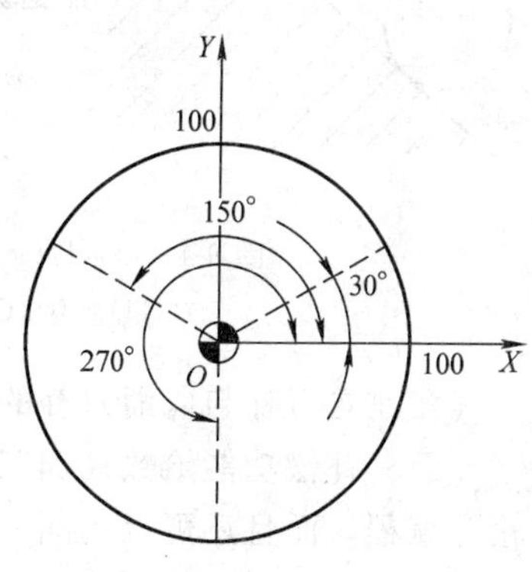

图 9-10　G15、G16 编程举例

2) 用增量值指令指定角度，用绝对值指令指定极径。

N1　G17　G90　G16；　指定极坐标指令和选择 XY 平面，设定工件坐标系的零点作为极坐标的原点

N2　G81　X100.0　Y30.0　Z－20.0　R－5.0　F200.0；指定 100mm 的距离和 30°的角度

N3　G91　Y120.0；　指定 100mm 的距离和＋120°的角度增量

N4　Y120.0；　指定 100mm 的距离和＋120°的角度增量

N5　G15　G80；　取消极坐标指令

(15) 尺寸单位选择 G20、G21　G20 英制输入；G21 米制输入。G20、G21 不能中途切换。

(16) 刀具补偿

1) 刀具长度补偿 G43、G44 和 G49。刀具长度补偿指令一般用于刀具轴向（Z 向）的

补偿，它使刀具在 Z 方向上的实际位移量比程序给定值增加或减少一个偏置量。G43 为刀具长度正补偿“+”；G44 为刀具长度负补偿“－”；Z 为目标点坐标；H 为刀具长度补偿代号，补偿量存入由 H 代码指令的存储器中。

若指令 G00　G43　Z100.　H01；并于 H01 中存入“－200.”，则执行该指令时，将用 Z 坐标值 100. 与 H01 中所存“－200.”进行“+”运算，即 100.＋（－200.）＝－100.，并将所求结果作为 Z 轴移动值。取消刀具长度补偿用 G49 或 H00。若指令中忽略了坐标轴，则隐含为 Z 轴且为 Z0。

当刀具在长度方向的尺寸发生变化时，可以在不改变程序的情况下，通过改变偏置量，加工出所要求的零件尺寸。

2）刀具半径补偿 G41、G42、G40。G41 为刀具半径左补偿，如图 9-11a 所示。G42 为刀具半径右补偿，如图 9-11b 所示；G40 为取消刀具半径补偿。由于刀具半径补偿的建立和取消必须在包含运动的程序段中完成，因此以上格式中也写入了 G00（或 G01）。D 为刀具半径补偿代号，刀具半径值预先寄存在 D 指令的存储器中。

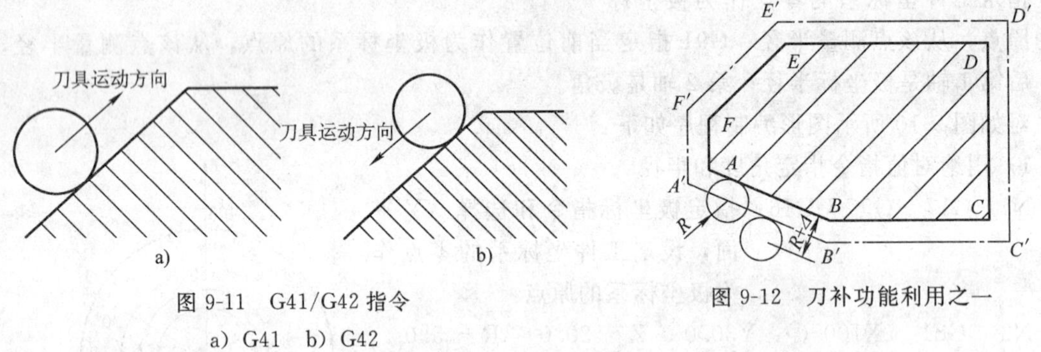

图 9-11　G41/G42 指令
a）G41　b）G42

图 9-12　刀补功能利用之一

在建立刀补与取消刀补的过程中，必须注意刀具与工件之间的相互位置，避免撞刀。

刀具补偿功能给数控加工带来了方便，简化了编程工作。编程人员不但可以直接按零件轮廓编程，而且还可以用同一个加工程序，对零件轮廓进行粗、精加工。

如图 9-12 所示，当按零件轮廓编程以后，在粗加工零件时我们可以把偏置量设为 D，$D=R+\Delta$，其中 R 为铣刀半径，Δ 为精加工前的加工余量，那么零件被加工完成以后将得到一个比零件轮廓 $ABCDEF$ 各边都大 Δ 的零件 $A'B'C'D'E'F'$。在精加工零件时，我们设偏置量 $D=R$，这样零件被加工完后，将得到零件的实际轮廓 $ABCDEF$。

此外，我们可以利用刀具补偿功能，利用同一个程序，加工同一个公称尺寸的内、外两个型面。如图 9-13 所示，粗实线为零件的轮廓线，在编程时，设当偏置量为＋D 时，刀具中心将沿轨迹在轮廓外侧切削，如图 9-13a 所示；那么当偏置量为－D 时，刀具中心将沿轨迹在工件轮廓内侧切削，如图 9-13b 所示。

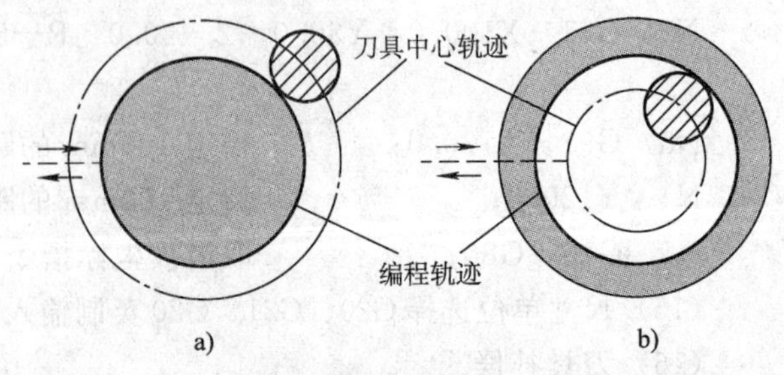

图 9-13　刀补功能利用之二

（17）子程序

1）子程序格式：

O××××；　　　　　　　　子程序号

N010 — — — — — —；

N020 —— — —— —；　　子程序内容

…

N200 — — —— — —；

N210　M99；　　　　　　子程序结束

在子程序的开头，继“O”之后规定子程序号，（由 4 位数字组成，前 0 可以省略）。M99 为子程序结束指令。

2）子程序的调用

格式：M98　P×××　××××；

↑ 子程序被重复调用的次数　　↑ 子程序号

M98 是调用子程序指令，系统允许重复调用的次数为 999 次，

如 M98　P51000 ；表示调用子程序（号 1000）共 5 次。

X1000.0　M98　P1200；X 移动后调用子程序（号 1200）。

当主程序调用子程序时，它被认为是一级子程序。子程序调用可以嵌套 4 级，如图 9-14 所示。

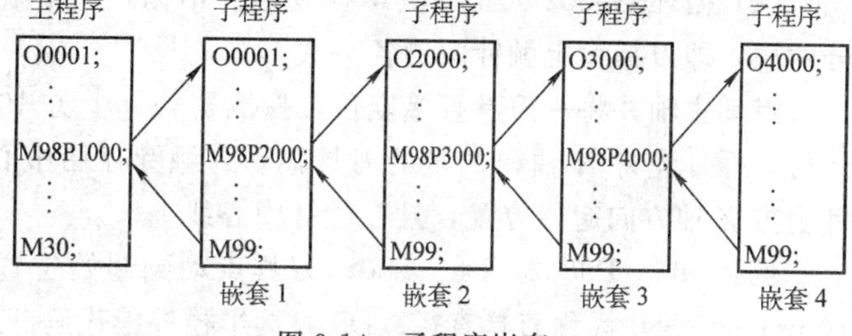

图 9-14　子程序嵌套

（18）比例缩放 G50、G51　G51 缩放开始；G50 缩放取消。编程的形状被放大和缩小（比例缩放）。

（19）坐标系旋转 G68、G69　G68 坐标系开始旋转；G69 坐标系旋转取消指令，成对出现。

例如：G68 R60；表示以程序原点为旋转中心，将坐标系逆时针旋转 60°。G68　X15.　Y15.　R60.；表示以坐标（15，15）为旋转中心将坐标系逆时针旋转 60°。

（20）固定循环功能指令　加工中心机床配备的固定循环功能，主要用于孔加工，包括钻孔、镗孔、攻螺纹等。使用一个程序段就可以完成一个孔加工的全部动作。继续加工孔时，如果孔加工的动作无需变更，则程序中所有模态的数据可以不写，因此可以大大简化程序。

第四节　加工中心刀具的测量与补偿

本节介绍使用 Renishaw TS-27 触发式刀具探测器测量刀具长度和直径。它安装在机床行程范围内，当它被刀具触发时，轴的位置就被捕获。刀具设置软件提供以下功能：非旋转刀具长度设定，带有自动补偿修正；单点或多刃旋转刀具长度和直径的设定；全自动测量循环，包括刀具更换定位和补偿修正功能；破损刀具检测；整体校准循环。

当探测系统第一次启用时必须进行校准，这样才能保证获得准确的刀具长度和直径测

量。长度校准有两种方法。方法一是主轴中没有刀具，采用轴头来校准长度。方法二是采用主轴中的已知长度进行校准。直径校准需要采用一只已知直径的刀具。

(1) 循环 O9851 以 MDI 方式在 Z 轴中校准触针表面　在 MDI 方式下，点动至起始位置，即参考刀轴定位在触针上方 10mm 处。参考刀轴向下移动并定位在触针的顶部（非旋转)，然后自动返回。触针表面位置作为“Z 校准数值”保存在系统变量中。

(2) 循环 O9852 以 MDI 方式校准 XY 触针中心位置和触针直径

X 轴和 Y 轴校准过程类似，通过设定系统变量值来确定是 X 轴还是 Y 轴。

例如：采用参考刀轴进行校准，采用一已知长度的参考刀轴。

先用“点动”方式至触针上方 10mm 左右处，设定变量值，键入程序“G65　P9852　S20.00　K12.7”，然后按“循环启动”，触针的中心线就被记录下来；改变变量值，重复上述过程，即可校准另一轴。

(3) 循环 O9851 手动刀具长度设定　本循环用于通过刀具设定触针的测量来测量一旋转刀具或非旋转刀具的有效切削长度。

点动主轴并将一刀具齿直接定位在探测器触针上方 10mm 处。通过调用程序或 MDI 方式运行，刀具返回到触针上方 Z 轴方向起始位置。

例：G65　P9851　T8　S80；刀具点动到起始位置，即将刀具的刀齿定位在触针上方 10mm 处。S80 标称刀具直径；T8 刀具长度补偿代码。

(4) 循环 O9852 人工刀具半径设定　本循环有于旋转刀具有效切削半径的测量。测量分两次，即刀具设定触针两侧各一次。

点动主轴并将一刀具直接定位在探测器触针上方 10mm 处。通过调用程序或 MDI 方式运行，循环先将 X 轴和 Y 轴的刀具移动到触针存储中心位置的上方，然后，刀具返回到触针上方 Z 轴方向起始位置，且在触针中心线上。

例：G65　P9852　D8　S80；刀具点动到起始位置，即将刀具的刀齿定位在触针上方 10mm 处。S80 标称刀具直径；D8 刀具半径补偿代码。

(5) 循环 O9853 自动刀具长度和半径设定　本循环可以测量旋转刀具有效切削半径和旋转刀具（或非旋转刀具）的有效切削长度。该循环从刀具更换装置中选择刀具并自动移动到触针位置，测量即在此处完成。还可以用于破损刀具检测。

探测器测量步骤：

1) 从刀具更换装置中选择刀具。

2) 在 X 轴和 Y 轴移动到触针上方。

3) 快速向下移动到接近位置并施加刀具补偿。

4) 在保护条件下向下移动到间隙位置。

5) 如果采用 B1 或 B3 输入项，则设置长度（旋转和非旋转）。

6) 如果采用 B2 或 B3 输入项，则设置半径（旋转）。

7) 收缩至原位。

例如，在 MDI 方式下：

G65　P9853　B1.　T1.020；T1.020 表示刀具体被选定，长度补偿代码 20 被选定，B1 表示长度方向。

G65　P9853　B2.　T1.020　D20；D20 表示半径补偿代码 20 被选定，B2 表示半径方向。

第十章　数控加工中心加工实训

本章主要介绍利用数控加工中心对轮廓、孔和箱体进行加工的实际操作过程，通过不同数控系统的编程，掌握加工中心编程与操作的基本步骤以及在编程和加工中的注意事项。

第一节　实训一　轮廓和孔加工

1. 零件图样要求

轮板零件图如图 10-1 所示，要求粗加工外轮廓和内孔，加工深度为 5mm（粗加工）。毛坯：长和宽皆为 100mm，高度为 35mm 的铝合金，毛坯上下表面和侧面已经加工平整。

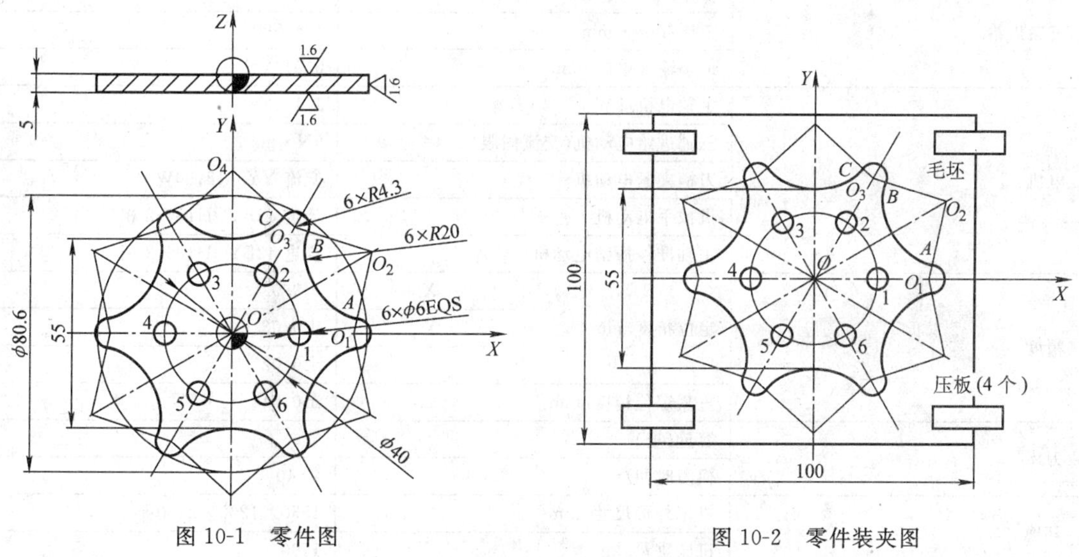

图 10-1　零件图　　　图 10-2　零件装夹图

材料为铝合金，硬度较低，但容易粘刀，可以采用压缩空气吹走铝屑以及加大切削液压力冲掉铝屑的方法解决粘刀问题。

2. 加工工艺路线制订

（1）装夹与定位　用压板固定在工作台上，注意：压板固定不能影响轮廓的加工，如图 10-2 所示。

（2）加工路线的选择　顺时针方向半径左补偿（G41）加工外轮廓，下刀点设置在 X0 Y27.5 处。

（3）选择切入切出方向　垂直切入垂直切出。

（4）确定刀具与工件的相对位置　对刀点是在加工零件时，刀具相对于工件运动的起点。因为程序是从这一点开始执行的，所以对刀点也叫程序起点或起刀点。

对刀时，对到正方形毛坯的左侧面和前面，然后换算到毛坯中心。由于零件对称，所以程序原点就设置在毛坯上表面中心，如图 10-2 所示（图中 O 点）。

（5）坐标系的选择　坐标系如图 10-1 所示。

（6）换刀点　机床默认的换刀点，注意要先将主轴（Z 轴）升高到＋Z300。

3. 使用机床和数控系统的说明

（1）数控机床型号和主要功能　以南京第二机床厂生产的 XH0825 型数控加工中心为例进行操作介绍。本机床可以进行铣、镗、钻、绞等多种工序的切削加工。

（2）技术参数（见表 10-1）

表 10-1　XH0825 型数控加工中心技术参数

工作台	工作台面积/mm		500×250
	T 形槽/mm		3×12
	工作台最大承重量/kg		100
行程	X 向、Y 向、Z 向/mm		400×250×350
主轴	无级调速主轴转速/r·min^{-1}		100～2000
	主轴孔锥度		1∶30
三向进给	快速/mm·min^{-1}		3000
	工作/mm·min^{-1}		12～500
	最小输入单位/mm		0.01
电机	主轴电机/kW		1.1
	三轴进给电动机(交流伺服)		6N·m
	刀柄夹紧电动机		交流 YY5612,90W
	机械手电动机		步进 42BYGH106,2 相
	主轴准停插销电动机		步进 42BYGH106,2 相
精度	定位精度/mm	X	±0.02
		Y	±0.02
		Z	±0.02
	重复定位精度/mm		±0.01
刀库	容量(把)		6
	换刀时间/s		约 40
其他	机床外形尺寸/mm		1550×1200×2150
	机床重量/kg		1500

（3）数控系统　采用 SIEMENS SINUMERIK 802D 数控系统。

4. 数控加工使用的刀具、工具和量具

（1）刀具　零件的外轮廓采用 ϕ8mm 整体硬质合金键槽铣刀，6×ϕ6mm 孔先用 ϕ3mm（夹持部分 ϕ6mm）高速钢中心钻打窝定中心，然后用 ϕ6mm 高速钢钻头钻孔。

通过弹簧夹头装夹，需要用 ϕ8mm 弹簧夹头一个，ϕ6mm 弹簧夹头二个。

所选刀具尺寸及刀具号如表 10-2 所示。

表 10-2　刀具表

类别／刀号	刀具名称	规格/mm	用途
T1	键槽铣刀	ϕ8	铣外轮廓
T2	中心钻	ϕ3	打窝定中心
T3	钻头	ϕ6	钻孔

（2）刀柄装夹　刀具通过标准刀柄（刀柄锥度为 1∶30），通过拉杆电动机可以手动或自动装夹刀柄。

（3）工具、夹具　采用活扳手、六角头扳手、压板、木锤、铜棒。

（4）量具　采用百分表、游标卡尺、ϕ8mm 标准测量棒、10mm 标准塞尺。

5. 编制加工程序与输入程序

（1）编制加工程序　根据制定的加工工艺，确定加工工艺参数。外轮廓铣削时，机床转速为 1000r/min，进给速度为 100mm/min；钻中心孔时机床转速为 1200r/min，进给速度为 80mm/min；钻孔时，机床转速为 500r/min，进给速度为 60mm/min。

首先计算各点坐标值，见表 10-3 所示。

表 10-3　各点坐标值

名 称	代 号	*X*	*Y*	备　注	名 称	代 号	*X*	*Y*
圆心	01	36	0	其余各点由对称关系可以求出，故省略	孔	1	20	0
	02	41.137	23.751			2	10	−17.321
	03	18	31.177			3	−10	−17.321
	04	0	47.501			4	−20	0
圆弧交点	*A*	36.909	4.203			5	−10	17.321
	B	22.094	29.863			6	10	17.321
	C	14.815	34.066					

零点偏置及刀具补偿见表 10-4。

表 10-4　零点偏置及刀具补偿

项目 / 代码	零点偏置 *X*	零点偏置 *Y*	零点偏置 *Z*	项目 / 代码	刀具补偿 长度 *L*	刀具补偿 半径 *R*
G54	按实际对刀值设置		$Z_1=-195.385$	T1	0	R4.25
G55			$Z_2=-213.505$	T2	0	0
G56			$Z_3=-180.714$	T3	0	0

考虑到是粗加工，所以单边留余量 0.25mm。为了使程序通用，余量在刀补中设置，$D_1=(4+0.25\text{mm})=4.25\text{mm}$，进行精加工时，$D_1=4\text{mm}$ 即可。

按“OFFSET PARAM”键，将屏幕切换到“补偿”屏幕，如图 10-3 所示。按“刀具表”键，将光标移动到“T1”刀，将“几何”下面的“长度 1”和“长度 2”设置为 0，“半径”设置为 4.25mm。将“磨损”下面的“长度 1”和“长度 2”设置为 0，“半径”设置为 0，此时，还可以建立新的刀具。注意：最多可以建立 32 把刀具。在图 10-3 中按“新刀具”键，接着选择刀具类型是

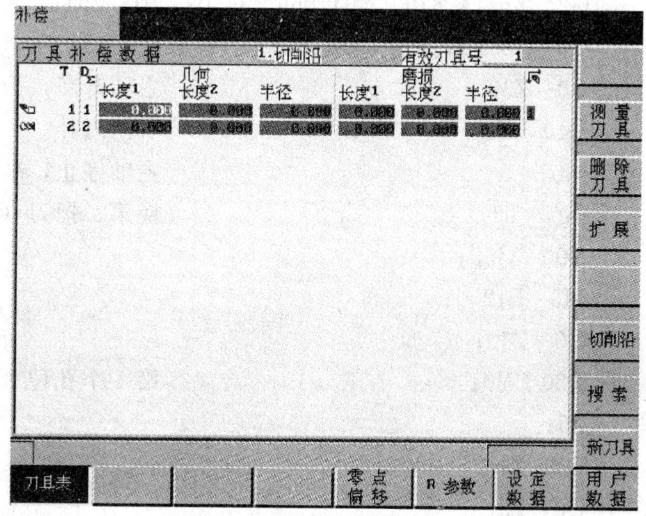

图 10-3　刀具补偿设置

"铣刀"或"钻削"刀，输入刀号，按"确认"键即可建立新刀具。

下面是加工程序 LUNKZK. MPF：

```
%_N_LUNKZK_MPF;                用RS232传输时文件头，手工输入程序时，不用输入
;$PATH=/_N_MPF_DIR;            文件存储路径，手工输入程序时，不用输入
G90  G54;                      绝对尺寸编程，零点偏置
G0  Z300;                      主轴升高，为换刀作准备
M6  T1;                        换第一把刀（键槽铣刀）
M3  S1000;
M8;                            切削液开
G0  Z50;
G41  T1  D1  G0  X0  Y27.500 ; 左刀补，D1为第一组刀具补偿
Z5;
G1  Z-5 F100;
G3  X14.815  Y34.066  I0  J20;
G2  X22.094  Y29.863  I3.185  J-2.889;
G3  X36.909  Y4.203  I19.043  J-6.112;
G2  X36.909  Y-4.203  I-0.909  J-4.203;
G3  X22.094  Y-29.863  I4.228  J-19.548;
G2  X14.815  Y-34.066  I-4.094  J-1.314;
G3  X-14.815  Y-34.066  I-14.815  J-13.435;
G2  X-22.094  Y-29.863  I-3.185  J2.899;
G3  X-36.909  Y-4.203  I19.043  J6.112;
G2  X-36.909  Y4.203  I0.909  J4.203;
G3  X-22.094  Y29.863  I-4.230  J19.548;
G2  X-14.815  Y34.066  I4.094  J1.351;
G3  X0 Y27.500  I14.815  J13.435;
G0  Z300;                      主轴升高，为换刀作准备
G40  G1  X0  Y0;               取消刀补
M5;                            主轴停止，准备换刀
M6  T2;                        换第二把刀（中心钻）
G90  G55;
M3  S1200;
G0  Z50;
X20  Y0;                       第1个孔位置
Z5;
G1  Z-3  F80;
G0  Z2;
X10  Y-17.321;                 第2个孔位置
```

```
G1  Z-3;
G0  Z2;
X-10  Y-17.321;
G1  Z-3;
G0  Z2;
X-20  Y0;
G1  Z-3;
G0  Z2;
X-10  Y17.321;
G1  Z-3;
G0  Z2;
X10  Y17.321;          第6个孔位置
G1  Z-5;
G0  Z300;              主轴升高，为换刀作准备
XO  YO;
M5;                    主轴停止，准备换刀
M3  T3;                换第三把刀（钻头）
G90  G56;
M3  S500;
G0  Z50;
X20  Y0;
Z2;
G1  Z-5  F60;
G0  Z2;
X10  Y-17.321;
Z2;
G1  Z-5  F60;
G0  Z2;
X-10  Y-17.321;
Z2;
G1  Z-5  F60;
G0  Z2;
X-20  Y0;
Z2;
G1  Z-5  F60;
G0  Z2;
X-10  Y17.321;
Z2;
G1  Z-5  F60;
```

```
G0  Z2;
X10  Y17.321;
Z2;
G1  Z-5  F60;
G0  Z150;
X0  Y0;
M5;
M9;
M2;
%;
```

(2) 输入加工程序　如果程序比较短，可以通过操作面板输入。按“PROGRAM MANAGER”键，打开“程序管理器”，如图 10-4 所示。按“新程序”键，出现一对话框，输入新的主程序和子程序名称，主程序扩展名 .MPF 可以自动输入，而子程序的扩展名 .SPF 必须和文件名一起输入，输入完毕，按“确认”键接受，生成新程序文件并出现编辑窗口，接着可以输入程序。注意：程序输入后自动保存。在程序管理器中还可以进行“执行”、“复制”、“打开”、“删除”、“重命名”、“读入”和“读出”程序等操作。

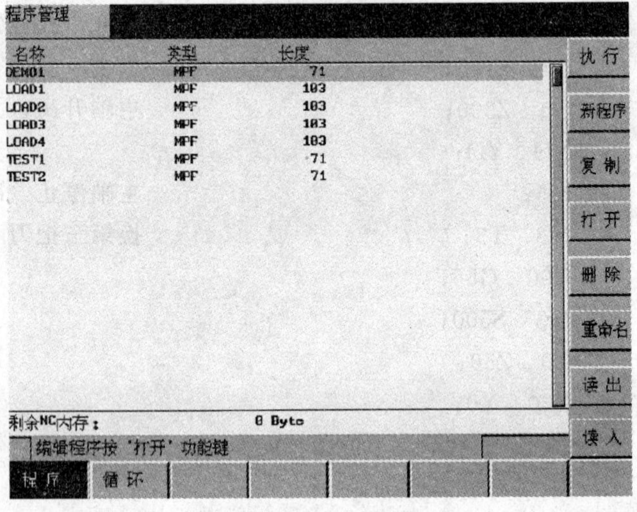

图 10-4　程序管理器

如果程序较长，可以先在计算机上用文本编辑器输入，然后通过 RS-232 接口将程序传入到系统中，当然，也可以将程序从数控机床传输到外部设备（如计算机）中进行保存。

在进行数据传输时，RS-232 接口必须与数据保护设备匹配，见表 10-5 和表 10-6 的设置。在图 10-4 中按“读出”或“读入”键，可以进行数据的读出或读入。

表 10-5　802D 系统通信设定标准

设备：		特殊功能：	·
设备	RTS/CTS	XON 后开始	N
波特率(bit/s)	9600	改写配置	N
停止位	1	用 CRLF 结束	Y
奇偶位	None	用 EOF 停止	Y
数据位	8	测 DRS 信号	N
XON(Hex)	11	前后引导	N
XOFF(Hex)	13	穿孔带格式	Y
传输结束	la	时间监视	N

表 10-6　外部计算机设备（PCIN 设备）的设置

COM　NUMBER	1	ETX	ON
BAUD　RATE	9600	TIMEOUT	1s
PARITY	NONE	BINFILE	OFF
1	STOPBITS	TURBDMODE	OFF
8	DATABITS	DONT CHECK	DRS
XON/XOFF	SETUP	NC SEA	850/880
END _ w _ M30	OFF	WIRELAYOUT	

● 读出操作。打开“程序管理器”，→按“读出”键→按“全部文件”键（选择全部文件）或事先移动光标到某一程序→按系统上“启动”键开始读出。

● 读入操作。打开“程序管理器”→按“读入”键→PC 机上选定要传出的程序，按“回车”键→按系统上“启动”键开始读入。

在 PCIN 软件内进入 DATA OUT 或者 DATA IN 可以进行数据的输出与输入（注意：应该与数控系统的输入“启动”键或者输出“启动”键配合使用）。

6. XH0825 型数控中心操作与首件加工

（1）加工前准备工作

● 检查机床的外表是否正常，特别是注意电控柜的门是否关上，工作台上有无杂物存在。

● 检查操作面板上的 CNC 系统电源开关是否处于关的位置，如没有，请打到关的位置上，以减少开机时对数控系统的冲击。然后打开电控柜侧面的机床主电源开关，应当听见电控柜风扇运转的声音，如听不到，应立即关掉主电源开关，然后检查外部电源是否接通。

● 打开作面板上的 CNC 系统电源开关，如工作正常，十几秒后数控系统启动完成。

● 按下操作面板上的绿色“ON”按钮，机床各部位上电，绿色工作指示灯亮，此时可以操作机床了。

（2）刀具安装　本机床采用手动和自动换刀两种方式，刀柄锥度为 1∶30。换刀是通过拉杆电动机的正反转实现的。

注意：只能在手动状态（　）下，进行手动换刀。手动换刀时，通过控制面板上两个带指示灯按钮，左边红色为“放松”，右边绿色为“夹紧”。在不同状态下，相应的指示灯会亮，以显示是在“放松”还是在“夹紧”状态。右手按“夹紧”按钮，左手拿刀柄（注意刀柄上的开口槽与主轴对应）用力向上放入主轴孔中，直到“夹紧”指示灯亮，刀柄夹紧为止。“放松”时，右手按“放松”按钮，左手拿紧刀柄，防止刀柄掉落，直到“放松”指示灯亮，可以取下刀柄。

自动换刀时，在程序中用 M6 T×实现，（T×为 T1～T6，代表不同的刀号）。在不同状态下，相应的指示灯会亮，以显示是在“放松”还是在“夹紧”状态。

手动状态下，刀柄的安装只能在主轴停止的情况下进行，在主轴运转情况下，两按钮均无效。

（3）对刀　需要对机床的控制面板有所了解，在机床右前侧的操作面板上，有两个旋转式开关，左边为“方式旋钮开关”，如图 10-5 所示。右边为“进给修调倍率开关”。

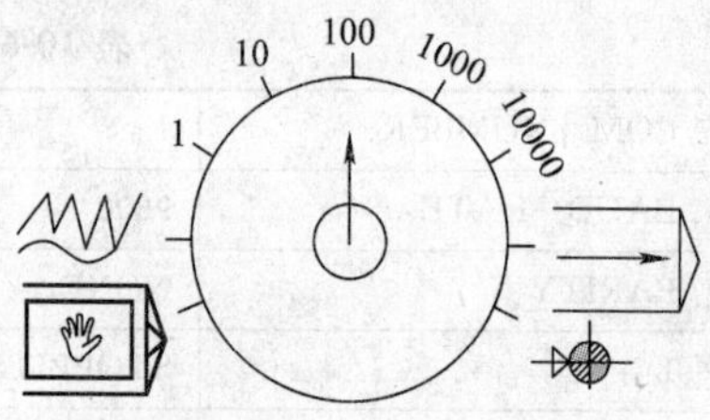

图 10-5　工作方式旋钮开关

● 回参考点（回零）

数控机床的 CNC 系统在自动方式工作时必须先回参考点。回参考点只有在 JOG 方式下才可以进行。

将机床工作方式选择到回参考点方式，机床方式开关旋钮指向“→◆-”，注意：本机床采用负回参考点方式。应先使 Z 轴先回参考点，以免发生碰撞。分别按“－Z”、“－X”、“－Y”键使机床回参考点，此时，屏幕上的－Z○－X○－Y○（○表示未回参考点）分别变为－Z◐－X◐－Y◐（◐表示已回参考点）。

● 手动对刀

将机床方式开关旋钮指向“[JOG]”，进入 JOG 方式（手动状态），在此状态下可以完成主轴和工作台位置的调整。

按“＋X”键使工作台移动到合适位置，也可以同时按下“∿”键使工作台快速（G00 速度，由机床参数确定）移动。此时的速度可以通过进给速度修调开关（进给倍率开关）调整。

将机床方式开关旋钮指向“1”或“10”或“100”或“1000”或“10000”，此时工作台或主轴以步进增量方式运行，可以选择 1、10、100、1000 和 10000 五种不同的增量（单位为 0.001mm），步进增量以方式开关旋钮指向的为准。此时，每次按方向键工作台和主轴运动相应的增量。请注意：如果一直按下某一个方向键，则系统认为是一次增量。当需要多次增量，必须多次按下某一个方向键才可以。选择其他工作方式可以结束步进增量方式。

将 ϕ8mm 标准测量棒刀柄装入主轴，方式开关旋钮指向“[JOG]”，进入 JOG 方式（手动状态），移动工作台 X 向到如图 10-6 所示位置，注意观察距离。方式开关旋钮指向“100”，使工作台以步进增量方式运行，增量设为 100μm，将 10mm 标准塞尺塞入，根据间隙大小，调整步进增量值，最小为 1μm，在塞尺正好能够塞入时，记下此时 X 坐标值。

方式开关旋钮指向“[JOG]”，进入 JOG 方式（手动状态），移动工作台 Y 向到如图 10-6 所示位置，注意观察距离，方式开关旋钮指向“100”，使工作台以步进增量方式运行，增量设为 100μm，将 10mm 标准塞尺塞入，根据间隙大小，调整步进增量值，最小为 1μm，在塞尺正好能够塞入时，记下此时 Y 坐标值。

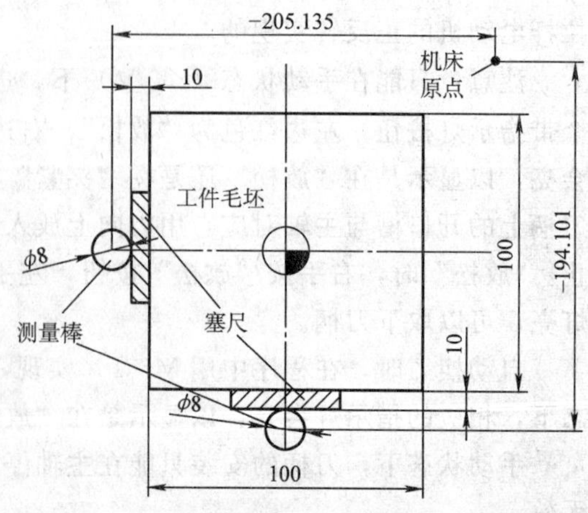

图 10-6　X、Y 方向对刀

方式开关旋钮指向“[JOG]”，进入 JOG 方式（手动状态），用 ϕ8mm 键槽铣刀刀柄换下 ϕ8mm 标准测量棒刀柄，移动主轴 Z 向到如图 10-7 所示位置，注意观察距离，方式开关旋钮指向“100”，使工作台以步进增量方式运行，增量设为 100μm，将 10mm 标准塞尺塞入，根据间隙大小，调整步进增量值，最小为 1μm，在塞尺正好能够塞入时，记下此时 Z 坐标值（铣轮廓 Z_1 值，已经加上塞尺的厚度），如图 10-7 所示。

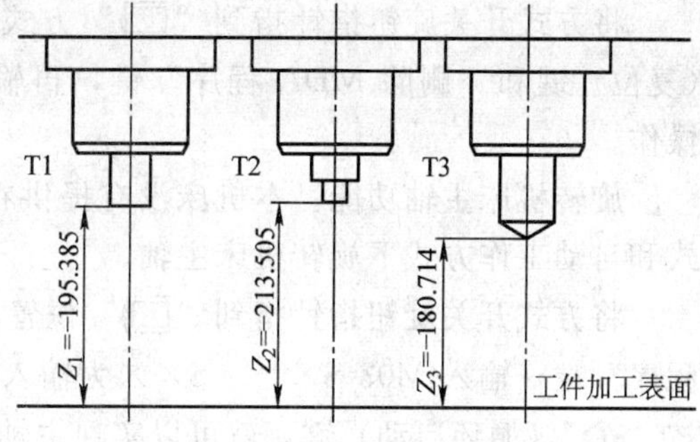

图 10-7　Z 向对刀图

请注意：也可以采用在毛坯 X 方向左右各对刀一次，Y 方向前后各对刀一次的方法来计算编程原点设定值。

● G54 X、Y、Z 值的计算。

$X=(-205.135+4+10+50)\text{mm}=-191.135\text{mm}$

注意：－205.135mm 为 X 坐标显示值；＋4mm 为测量棒半径值；＋10mm 为塞尺厚度值；＋50mm 为毛坯长度的 1/2。

$Y=(-194.101+4+10+50)\text{mm}=-180.101\text{mm}$

注意：－194.101mm 为 Y 坐标显示值；＋4mm 为测量棒半径值；＋10mm 为塞尺厚度值；＋50mm 为毛坯宽度的 1/2。

$Z=-195.385\text{mm}$

注意：－195.385mm 已经加上了塞尺的厚度。

G55 和 G56 的设置方法一样，不再赘述。

(4) 参数设置

● 设置程序（编程）原点（工件零点）。

可设定的零点偏置给出工件零点（程序原点）在机床坐标系中的位置（工件零点以机床零点为基准的偏移量）。

将屏幕切换到“补偿”屏幕，按“零点偏置”键，将光标移动到 G54～G59 中的一个偏置代码上，请注意：此代码必须与程序中的代码一致，此时光标移动到 G54，将上面计算好的 X、Y、Z 值分别输入对应的位置，至此，G54 的设置完成。

由于三把刀的 X、Y 值都一样（都设置在毛坯中心），但 Z 值不一样，所以需要 Z 向再对两次刀。

方式开关旋钮指向“⋀⋀⋀”，进入 JOG 方式（手动状态），取下 ϕ8mm 键槽铣刀刀柄，将 ϕ3mm 中心钻刀柄装入，移动主轴 Z 向到如图 10-7 所示位置。注意观察距离，方式开关旋钮指向“100”，使工作台以步进增量方式运行，增量设为 100μm，将 10mm 标准塞尺塞入，根据间隙大小，调整步进增量值，最小为 1μm，在塞尺正好能够塞入时，记下此时 Z 坐标值（中心钻 Z_2 值，已经加上塞尺的厚度）。

方式开关旋钮指向“⋀⋀⋀”，进入 JOG 方式（手动状态），取下 ϕ3mm 中心钻刀柄，将 ϕ6mm 钻头刀柄装入，移动主轴 Z 向到如图 10-7 所示位置。注意观察距离，方式开关旋钮指向“100”，使工作台以步进增量方式运行，增量设为 100μm，将 10mm 标准塞尺塞入，根据间隙大小，调整步进增量值，最小为 1μm，在塞尺正好能够塞入时，记下此时 Z 坐标值（钻头 Z_3 值，已经加上塞尺的厚度）。

三把刀 Z 向对刀如图 10-7 所示。用上面同样的方法设置 G55 和 G56 的值，注意：G55 和 G56 的 X、Y 值和 G54 的一样，而 Z 值不同。

● MDA（手动数据输入）方式

将方式开关旋钮指针指到“”方式，屏幕即被切换到“MDA”状态。按一次“//”（复位）键和“删除 MDA 程序”键，再输入不同功能程序，便可以实现机床的各种功能操作。

旋转机床主轴功能。本机床没有提供在手动状态下旋转机床主轴，只能在" MDA”方式和自动工作方式下旋转机床主轴。

将方式开关旋钮指针指到“”位置，按一次“//”（复位）键→按一次“删除 MDA 程序”键→输入 M03 S×× （S××为输入的任意主轴转速)→按“Enter”（回车）键确认→按“”（循环启动）键，就可以实现主轴的正转（输入 M04，主轴反转)。

主轴准停功能，又称主轴定位功能，即当主轴停止时控制其停在一个确定的转角位置上(主轴上定位键处于垂直位置)，这是加工中心自动换刀所必需的功能。

将方式开关旋钮指针指到“”位置，按一次“//”（复位）键→按一次“删除 MDA 程序”键→输入 M03 S×× （S××为输入的任意主轴转速）M05 SPOS＝R299（参数 R299 中设置的为转动角度）→按“Enter”键确认→按“”（循环启动）键，主轴旋转少许，准停到位。

(5) 试切　按“PROGRAM MANAGER”键，打开“程序”管理器，移动上下光标键，使阴影处于你需要运行的程序，按对应的“执行”菜单软键选择要运行的程序。第一件加工，为了安全起见，采用单段运行方式。在加工过程中可以通过模拟观察刀具轨迹，在图 10-8 中按“模拟”键即可，返回按“返回”键。注意：模拟只能在自动状态下，并且选择了要加工的程序，按“”键起动，再按“模拟”键即可。利用此功能可以检验刀具轨迹是否正确，方法是将零点偏移中的 Z 值设置大一些，离开加工工件，然后进行模拟加工。

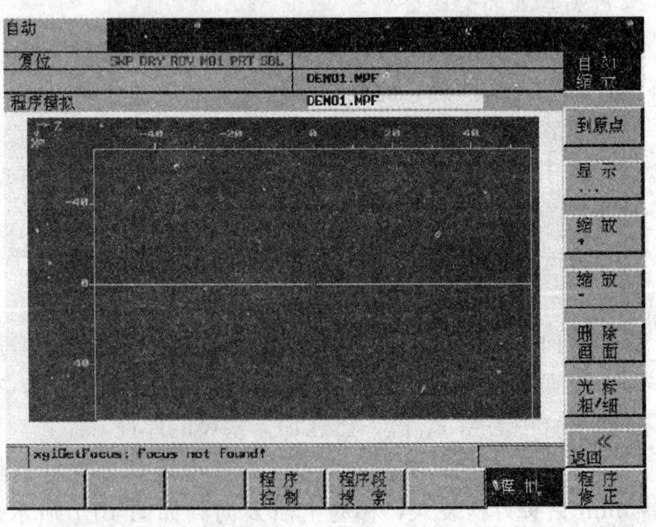

图 10-8　模拟界面

将工作方式旋钮指向“”（自动加工方式），再按操作面板上的“单段”键，此时，屏幕右上角显示 SBL (Single Block)，按“”键，机床将执行当前显示的这一段程序，每按一次“”键，就执行一段程序，直至程序结束。在运行过程中可根据屏幕上显示的剩余值判断工作台和主轴可能的移动量，及时发现编程错误，及时修改。当一个程序用单段方式连续运行二遍后没有问题时，就可以再按一次“单段”键，使屏幕右上角不显示 SBL，这时程序将连续运行。再按一次“”键，程序将一直连续运行直至结束。在加工过程中，可以用“速度修调开关”（进给倍率开关）进行进给速度调节。按“”键，可以使程序在执行中停止（暂停），再按“”键，程序由停止处继续向下执行。按“//”键（复位键），可以中断正在执行的程序，机床动作全部停止，若再按“”键，程序将从第一段（句）开始执行。

在试切一件后，测量零件，如果尺寸正确，可以用连续方式进行加工。

(6) 数据记录　记录对刀时测量的值，为以后设置编程原点（G54、G55、G56）提供数据。同时还可以记录首件试切零件的测量值和中间抽检的零件数据值，以便以后检查用。

7. 加工过程

(1) 中间抽检　进行连续加工时，应定期抽检，防止出现废品。

(2) 刀具磨损后调整　如果加工时间较长，刀具可能会磨损，这时，应该在刀具表中将磨损量记录加以补偿，或更换新的刀具。

(3) 其他注意事项　加工过程中，操作人员不得离开机床，定期用气枪吹铝屑，及时调整切削液的方向和大小，注意润滑油液面的高低。

加工完后，及时清理铝屑和机床。

8. 关闭机床

先关闭控制面板上的CNC系统电源，然后关掉机床控制柜侧面的主电源开关。

第二节　实训二　箱体加工

1. 零件图样要求

加工如图10-9所示的零件，其中五边形外接圆直径为ϕ80mm。毛坯为预先处理好的100mm×100mm×80mm合金铝锭。

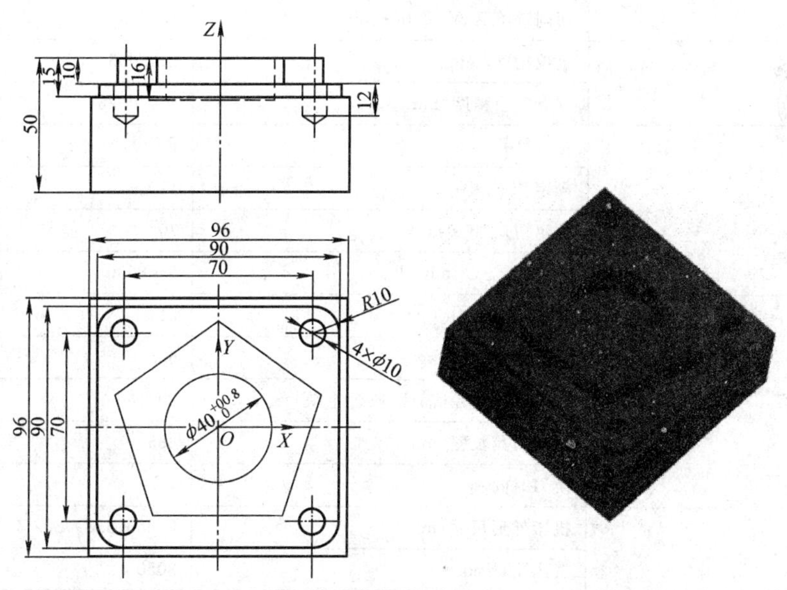

图10-9　零件图

2. 加工工艺路线制订

(1) 装夹与定位　毛坯较为规则，采用平口钳装夹即可。

(2) 加工路线的选择　顺时针方向半径左补偿（G41）加工外轮廓，下刀点设置在X0 Y－60处。

该零件的加工工艺为：加工90mm×90mm×15mm的四边形→加工五边形→加工

ϕ40mm 的内圆→精加工四边形、五边形、ϕ40mm 的内圆→加工 4 个 ϕ10mm 的孔。

(3) 选择切入切出方向　切向切入、切向切出。

(4) 确定刀具与工件的相对位置　对刀时，对到正方形毛坯的左侧面和前面，然后换算到毛坯中心。

(5) 坐标系的选择　程序原点就设置在毛坯上表面中心。

(6) 换刀点　机床默认的换刀点，注意要先将主轴（Z 轴）升高到较高处。

3. 使用机床和数控系统的说明

(1) 数控机床型号和主要功能　以美国辛辛那提公司生产的 VCNC500 型数控加工中心为例进行操作介绍。本机床可以进行铣、镗、钻和绞等多种工序的切削加工。

(2) 技术参数（见表 10-7）

表 10-7　VCNC500 型数控加工中心技术参数

机床行程	X 轴/mm	510
	Y 轴/mm	510
	Z 轴/mm	510
	主轴端面到工作台面距离/mm	127～637
工作台	尺寸长×宽/mm	750×520
	最大承重/kg	500
矢量伺服驱动	快速进给 X、Y、Z/m·min^{-1}	20
	切削进给 X、Y、Z/m·min^{-1}	15
机床精度	定位精度/mm	±0.005
	重复定位精度/mm	±0.0025
数字矢量主轴	主轴锥孔	BT40
	额定功率/kW	11
	额定扭矩/N·m	70
	转速范围/r·min^{-1}	0～8000
刀库及换刀装置	容量/把	21
	最大刀具重量/kg	6.8
	最大刀具直径(满库/临位空缺)/mm	80/160
	最大刀具长度/mm	385
	换刀时间/s	7
其他	机床外形尺寸/m	2.85×2.8×2.7
	机床重量/kg	3050

(3) 数控系统

采用 FANUC 21i—MB 数控系统（见图 10-10）。

4. 数控加工使用的刀具和夹具

因为毛坯较为规则，所以采用平口钳装夹即可。

选择以下 4 种高速钢刀具进行加工：

1) 1 号刀为 ϕ20mm 立铣刀，用于粗加工。

2）2 号刀为 ϕ10mm 立铣刀，用于精加工。

3）3 号刀为 ϕ10mm 中心钻，用于打定孔位。

4）4 号刀为 ϕ10mm 钻头，用于加工孔。

5. 编制加工程序和输入加工程序

因为材料为铝合金，硬度较低，所以进行四边形和五边形粗加工时，主轴转速为 2000r/min，进给速度为 150mm/min；精加工时，主轴转速为 4000r/min，进给速度为 100mm/min。中心孔加工时，主轴转速为 500r/min，进给速度为 100mm/min。钻孔时主轴转速为 400r/min，进给速度为 80mm/min。

图 10-10 FANUC 21i—MB 数控系统

请注意，由于 4 把刀的长度不同，需要进行刀具长度补偿，以第 1 把刀为基准刀，其余 3 把刀分别设置长度补偿值：H2、H3 和 H4，需要预先通过对刀后输入数控系统中。

（1）编制加工程序　该零件程序由 1 个主程序和 5 个子程序组成。其中，O100 为主程序，O1001 为四边形加工子程序，O1002 为五边形加工子程序，O1003 为圆形加工子程序，O1004 为中心孔加工子程序，O1005 为加工孔子程序。

工件坐标圆点：ϕ40mm 的内圆的圆心。

NC 程序如下：

```
O100;                                  主程序
N010  G92  X0  Y0  Z20.0;              建立工件坐标系
N020  M08  M03  S2000 ;                主轴正转，打开切削液
N030  M06  T01;                        换 1 号刀
N040  G00  Y－60  Z5 ;                 起始加工位置
N050  G41  D01  G01  Z－4  F150 ;      粗加工四边形，分 4 次进行
N060  M98  P1001;                      调用子程序 O1001 进行四边形加工
N070  G01  Z－8  F150;
N080  M98  P1001;
N090  G01  Z－12  F150;
N100  M98  P1001;
N110  G01  Z－14.8  F150;
N120  M98  P1001;
N130  G01  Z－4;                       粗加工五边形，分 3 次进行
N140  M98  P1002;                      调用子程序 O1002 进行五边形加工
N150  G01  Z－8  F150;
N160  M98  P1002;
N170  G01  Z－9.8  F150;
N180  M98  P1002;
N190  G01  Z10;                        抬刀
```

```
N200  G00  X0  Y0;                        回到中心，准备粗加工 φ40mm 的内圆
N210  G01  X5  Y5  Z−2  F150;             螺旋下刀，分 7 次加工，第 1 次加工
N220  G01  X14  Y0;
N230  G03  I−14;
N240  G01  X0;
N250  G01  Z10;
N260  G01  X−5  Y−5  Z−4;                 第 2 次加工
N270  X14  Y0  F150;
N280  G03  I−14;
N290  G00  X0;
N300  Z10
N310  G01  X5  Y5  Z−6;                   第 3 次加工
N320  X14  Y0  F150;
N330  G03  I−14;
N340  G00  X0;
N350  Z10;
N360  G01  X−5  Y−5  Z−8;                 第 4 次加工
N370  X14  Y0  F150;
N380  G03  I−14;
N390  G00  X0;
N400  Z10;
N410  G01  X5  Y5  Z−10;                  第 5 次加工
N420  X14  Y0  F150;
N430  G03  I−14;
N440  G00  X0;
N450  Z10;
N460  G01  X−5  Y−5  Z−12;                第 6 次加工
N470  X14  Y0  F150;
N480  G03  I−14;
N490  G00  X0;
N500  Z10;
N510  G01  X−5  Y−5  Z−15.8;              第 7 次加工
N520  X14  Y0  F150;
N530  G03  I−14;
N540  G40  G00  X0;                       取消刀补
N550  Z10;
N560  G01  X0  Y0;
N570  M06  T02;                           换 2 号刀，精加工
N575  G43  H2  G01  X0  Y0  Z10  F100;    调用长度补偿 H2
```

N580　X0　Y－60　Z5；	回到起始加工位置
N585　M03　S4000；	主轴转速提高，准备进行精加工
N590　G01　G41　Z－15　D2　F100；	左刀补，调用 2 号刀补
N600　M98　P1001；	精加工四边形
N610　Z－9.98；	精加工五边形，分 2 次加工
N620　M98　P1002；	
N630　Z－10；	
N640　M98　P1002；	
N650　Z10；	
N660　X0　Y0；	
N670　G01　Z－15.98　F100；	精加工内圆，分 2 次加工
N680　M98　P1003；	
N690　Z－16；	
N700　M98　P1003；	
N710　G40　G00　Z100；	
N720　M06　T03；	换 3 号刀，加工定位孔
N730　G43　H3　G01　X0　Y0　Z10　F100；	调用长度补偿 H3
N735　M03　S500；	钻中心孔时主轴转速为 500r/min
N740　G90　G01　X－35　Y－35　F100；	
N750　M98　P1004；	调用中心孔加工子程序
N760　X35；	
N770　M98　P1004；	
N780　Y35；	
N790　M98　P1004；	
N800　X－35；	
N810　M98　P1004；	
N820　G49　G00　Z100；	
N830　M06　T04；	换 4 号刀，加工 4 个 ϕ10mm 的孔
N935　M03　S450；	钻孔时主轴转速为 450r/min
N840　G43　H4　G90　G01　X0　Y0　Z10　F80；	调用长度补偿 H4
N850　G01　X－35　Y－35；	
N860　M98　P1005；	调用孔加工子程序
N870　X35；	
N880　M98　P1005；	
N880　Y35；	
N890　M98　P1005；	
N900　X－35；	
N910　M98　P1005；	
N920　G49　G00　Z10；	

```
N930  M30;                                  程序结束

O1001;                                      四边形子程序
G90  G00  X15;
G03  X0  Y-45  R15;                         切向切入
G01  X-35;
G02  X-45  Y-35  R10;
G01  Y35;
G02  X-35  Y45  R10;
G01  X35;
G02  X45  Y35  R10;
G01  Y-35;
G02  X-35  Y-45  R10;
G01  X0;
G03  X-15  Y-60  R15;                       切向切出
G01  X0;                                    取消刀补
M99;

O1002;                                      五边形子程序
G90  G01  X28;
G03  X0  Y-32  R28;                         切向切入
G01  X-23.512;
X-37.82  Y12.36;
X0  Y40;
X37.82  Y12.36;
X23.512  Y31.944;
X0;
G03  X-28  Y-60  R28;                       切向切出
G01  X0;
M99;

O1003;                                      圆形子程序
G90  G01  X9  Y-10  F150;
X10;
G03  X20  Y0  R10;
I-20;
X10  Y10  R10;
G01  X0  Y0;
M99;
```

O1004；　　　　　　　　　　　　　　　　中心孔子程序

G01　Z－17　F100；

Z10；

M99

O1005；　　　　　　　　　　　　　　　　加工孔子程序

G01　Z－22　F80；

Z10；

M99；

（2）输入加工程序　如果程序比较短，可以通过 MDI 面板输入。步骤如下：进入 EDIT 方式→按下PROG键→按下地址键 O 输入程序号→按下INSERT键→使用程序编辑功能创建程序。

机床配有一个标准的 PCMCIA 接口，同使用笔记本电脑一样，在控制系统前面可以安装一个 PCMCIA 卡。这个 PCMCIA 接口能用于附加程序段。还可以使用 PC ATA 闪卡，其闪存从 4MB 到 160 MB 。在这个卡上程序段数量是无限制的。大的程序段（例如 20 MB，大大超过 CNC 存储能力）能够从闪卡直接滴注式装载。程序要么滴注式装载或者作为副程序执行。廉价的 PC ATA 闪卡可以从当地电脑商店购买，闪卡可以用作存储媒介，或用于在机器间程序段的便利传输，同时配有 RS-232 C 接口。可以先在计算机上用文本编辑器输入，然后通过 PCMCIA 接口或者 RS-232 接口将程序传入到系统中，当然，也可以将程序从数控机床传输到外部设备（如计算机）中进行保存。

6. 加工

1）通电

● 检查机床的外观是否正常（比如，检查前门和后门是否关好）。

● 打开机床电源。

● 通电后检查位置屏幕是否显示，如果通电后出现报警就会显示报警信息。位置显示屏幕如图 10-11 所示。

● 检查风扇电机是否旋转。

注意：在显示位置屏幕或者报警屏幕完全出现之前请不要操作系统，有些键是用于维修保养或者特殊用途的，如果他们被按下后会发生意想不到的操作。

```
ACTUAL POSITION(ABSOLUTE)        O100 N00010
      X      123.456
      Y      363.233
      Z        0.000

                          PART COUNT      5
RUN TIME 0H15M            SYSLE TIME 0H 0M38S
ACT.F    3000 MM/M                S  0 T0000

MEM START MTN ***              09:06:35
[ABS   ]  [REL   ]  [ALL   ]  [HNDL ]  [OPRT ]
```

图 10-11　位置显示屏幕

2）安装好刀具、工件，准备加工。

3）机床回参考点。

4）对刀。毛坯外形规则，可以采用在毛坯 X 方向左右各对刀一次，Y 方向前后各对刀一次的方法来计算编程原点设定值，再用 MDI 方式将刀具移动到起刀点。

通过测量刀具，设定补偿值用于刀具补偿。

刀具偏置量刀具长度偏置值和刀具半径补偿值由程序中的 D 或者 H 代码指定，D 或者 H 代码的值可以显示在屏幕上并借助屏幕上进行设定。

设定和显示刀具偏置值的步骤：按下功能键 OFFSET SETTING →按下章节选择键“[OFFSET]”或者多次按下 OFFSET SETTING 键直到显示刀具补偿屏幕(见图 10-12)→通过页面键和光标键将光标移到要设定和改变补偿值的地方，或者输入补偿号码，在这个号码中设定或者改变补偿值并按下软键“[NO. SRH]”→ 要设定补偿值，输入一个值并按下软键“[INPUT]”；要修改补偿值，输入一个将要加到当前补偿值的值（负值将减小当前的值），并按下软键“[＋INPUT]”，或者输入一个新值并按下软键“[INPUT]”。

```
OFFSET                          O0001 N00000
  NO.     GEOM(H)     WEAR(H)      GEOM(D)     WEAR(D)
  001                  0.000        0.000       0.000
  002     -1.000       0.000        0.000       0.000
  003      0.000       0.000        0.000       0.000
  004     20.000       0.000        0.000       0.000
  005      0.000       0.000        0.000       0.000
  006      0.000       0.000        0.000       0.000
  007      0.000       0.000        0.000       0.000
  008      0.000       0.000        0.000       0.000
ACTUAL POSITION (RELATIVE)
     X     0.000           Y        0.000
     Z     0.000

 > _
 MDI **** *** ***               16:05:59
 [OFFSET] [ SETING ] [ WORK ] [      ] [ (OPRT) ]
```

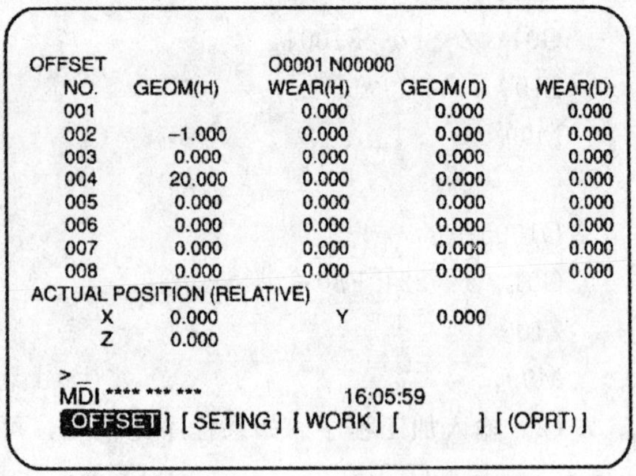

图 10-12　刀具补偿屏幕

5）加工。先用单段方式，确认无错误后，再用自动方式进行加工。

6）关闭机床

- 检查操作面板上表示循环起动的 LED 是否关闭。
- 检查 CNC 机床的移动部件是否都已经停止。
- 如果有外部的输入/输出设备连接到机床上请先关掉外部输入/输出设备的电源。
- 持续按下 POWER OFF 按钮大约 5 秒钟，系统电源关闭。
- 切断机床的电源。

小　结

本章主要是数控加工中心的实训实例。数控加工中心是数控机床中功能较多、结构较复杂的一种机床，所涉及的加工工艺范围广，数控加工指令丰富，要充分了解加工中心的编程特点，才能较好地使用数控加工中心，使其发挥最大作用。各种数控系统有各自的编程指令和一些特殊的规定，操作时应对照机床说明书仔细阅读、掌握。重点和难点是加工工艺的制定。

练　习　题

10-1　对图 10-13 所示的零件用加工中心编程，加工外轮廓和中间型腔，加工深度为 5mm。

10-2　对图 10-14 所示的零件进行上表面和 4 个孔进行加工。

10-3　对图 10-15 所示的零件进行外轮廓和孔加工，加工深度为 5mm。

10-4　对图 10-16 所示的零件进行上表面、型腔和孔进行加工，分析加工工艺，编制工艺卡片、刀具卡片和加工程序，工件材料为 45 钢。

10-5　对图 10-17 所示的零件上表面和孔进行加工，加工深度 10mm。

10-6　对图 10-18 所示的零件进行上表面和型腔加工，型腔加工深度 10mm。

10-7　对图 10-19 和图 10-20 所示的零件进行轮廓和孔加工，加工深度 10mm。

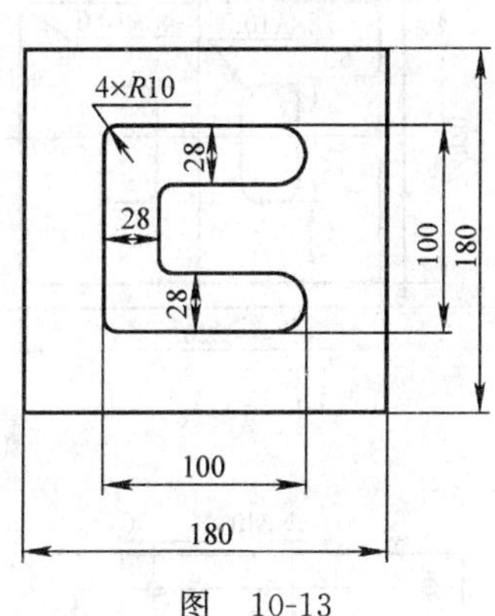

图　10-13

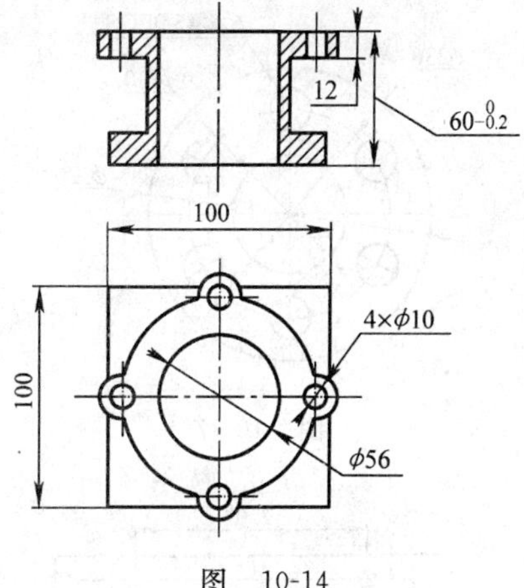

图　10-14

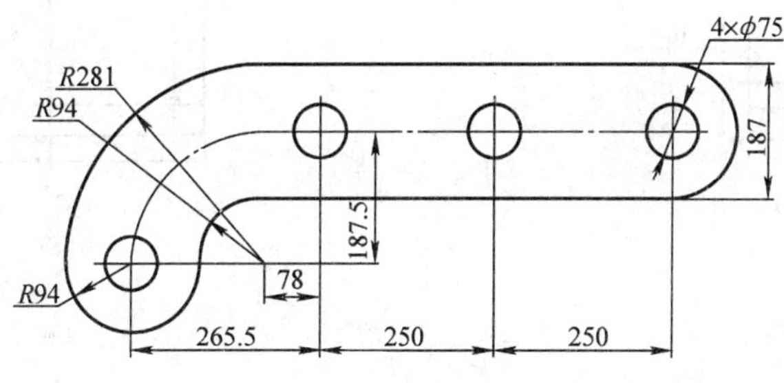

图　10-15

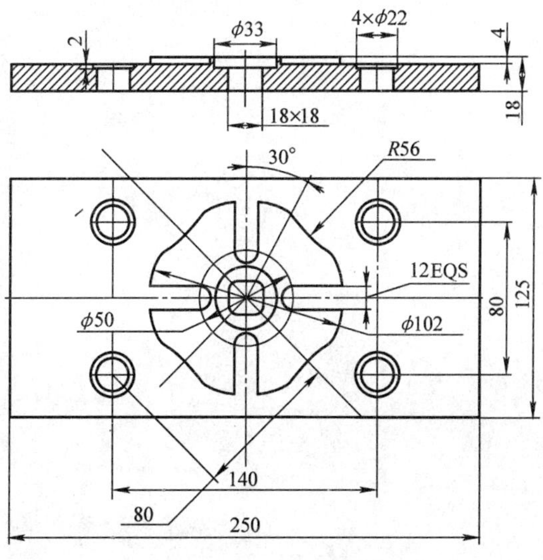

图　10-16

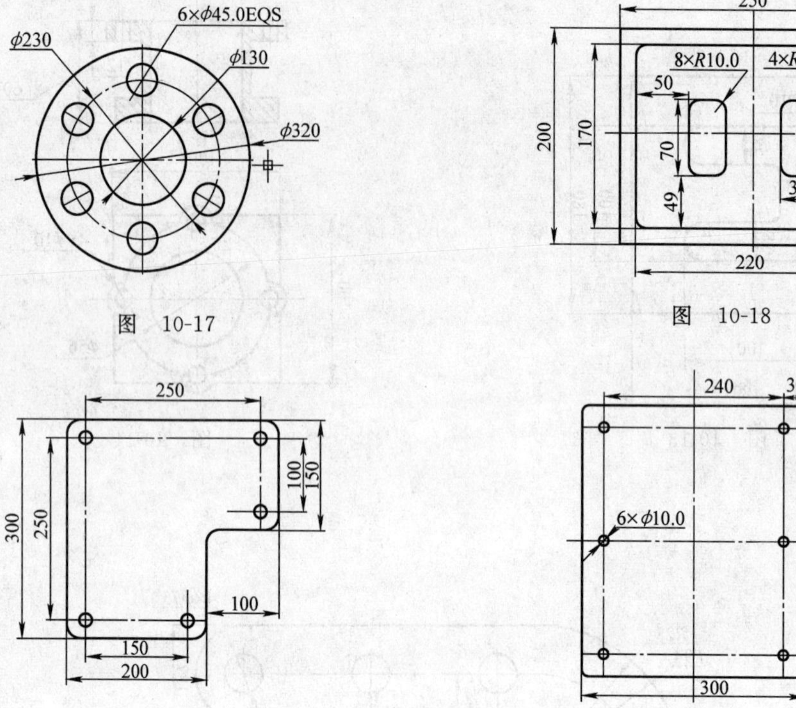

图 10-17

图 10-18

图 10-19

图 10-20

第十一章　计算机辅助编程加工简介

数控机床是由计算机控制的高效能自动化加工设备，数控加工程序是数控机床运动与工作过程控制的依据，因此数控编程是数控加工的重要内容。为了降低编程的工作难度、提高编程效率，减少和避免数控加工程序的错误，发展了计算机辅助数控编程技术。本章介绍计算机数控编程基本概念，以及常用的两种编程软件 Pro/ENGINEER（Wildfire 2.0 版本）及 Mastercam（9.1 版本）的基本术语与操作界面。通过学习应该了解一些商品化软件的功能，并能使用其中的一种或二种进行计算机辅助编程。

第一节　计算机辅助编程简介

数控编程涉及的是从零件图样到获得数控加工程序的全过程。它的主要任务是计算加工走刀中的刀位点（Cutter location point，CT 点），刀位点一般取为刀具轴线与刀具表面的交点，多轴加工中还要给出刀轴矢量。它的核心工作是生成刀具轨迹，然后将其离散成刀位点，经后置处理程序产生数控加工程序，然后传送到数控机床进行加工。

数控加工程序的编制主要有两种：手工编制程序和自动编制程序。

对于几何形状不太复杂的零件，所需的加工程序不长，计算也比较简单，用手工编程比较合适。对于复杂形状零件，手工编程很难胜任。为了解决数控加工中的程序编制问题，20 世纪 50 年代，美国麻省理工学院（MIT）设计了一种专门用于机械零件加工程序编制的语言，称为 APT（Automatically Programmed Tool）。其后，APT 经过不断发展，形成了诸如 APTII、APTIII（立体切削用）、APT-AC（Advanced contouring）等版本。欧洲和日本参照 APT 语言的思想，根据不同需要研究出了许多各具特点的编程系统，如德国的 EXAPT-1（用于点位）、EXAPT-2（用于车削）、EXAPT-3（用于铣削），日本的 FAPT（连续控制）、HAPT（连续控制二坐标）。

采用语言编制数控程序的优点在于：它的程序简练、进给控制灵活，使数控加工编程从面向机床指令的“汇编语言”级，上升到面向几何元素。但是 APT 仍有许多不便之处，比如：采用语言定义零件几何形状，难以描述复杂的几何形状，缺乏几何直观性；缺少对零件形状、刀具运动轨迹的直观图形显示和刀具轨迹的验证手段；难以和 CAD 数据库和 CAPP 系统有效连接；不容易实现高度的自动化、集成化。

针对 APT 语言的缺点，1978 年，法国达索飞机公司开始开发集三维设计、分析、NC 加工于一体的技术，称为 CATIA。随后很快出现了像 EUCLID、UGII、INTERGRAPH、Pro/ENGINEER、Mastercam 等系统，这些系统都有效地解决了几何造型、零件几何形状的显示，交互设计，修改及刀具轨迹生成，进给过程的仿真显示、验证等问题，推动了 CAD 和 CAM 向一体化方向发展。到了 20 世纪 80 年代，在 CAD/CAM 一体化概念的基础上，逐步形成了计算机集成制造系统（CIMS）及并行工程（CE）的概念。目前，为了适应

CIMS 及 CE 发展的需要，数控编程系统正向集成化和智能化方向发展。在集成化方面，以开发符合 STEP（Standard for the Exchange of Product Model Data）标准的参数化特征造型系统为主，目前已经进行了大量卓有成效的工作，是国内外开发的热点；智能化方面技术的研究也已开始起步。

自动编程主要包括语言编程、图形编程和实物编程三种方法。

1）语言编程是编程人员用接近日常工艺词汇的一套编程语言，把加工零件的有关信息，如零件的几何形状、工艺要求、切削参数及辅助信息等用数控语言编成零件加工源程序，然后把该程序输入到计算机中，由计算机自动处理，最后得到并输出数控机床加工所需的程序。其中最具有代表性的就是 APT 语言。

2）图形编程是指将零件的图形信息直接输入计算机，通过自动编程软件的处理，得到数控加工程序，是目前使用最广泛的自动编程方式。

3）实物编程是指由平面轮廓零件或实物模型通过测头测量直接得到数控加工所需的数据，计算机根据此数据编程加工程序。

除了上述的自动编程外，还有语音自动编程。它可以通过语音识别器，将编程人员发出的加工指令声音转变成加工程序。

第二节　常用计算机辅助编程软件简介

CAD/CAM 技术经过几十年代发展，出现了一批比较优秀、比较流行的商品化软件。

1. 高档 CAD/CAM 软件

高档 CAM 软件的代表主要有 UG、Pro/ENGINEER、I-DEAS（现在已经被 UG 收购）和 CATIA 等。这类软件的特点是优越的参数化设计、变量化设计及特征造型技术与传统的实体和曲面造型功能结合在一起，加工方式完备，计算准确，实用性强。可以从简单的 2 轴加工到 5 轴联动方式来加工极为复杂的工件表面，并且可以对数控加工过程进行自动控制和优化。在航空、汽车、拖拉机、国防、机械、工业设计、兵工产品、电信、电子、模具制造、造船、家电、玩具等方面应用很广。

2. 中档 CAD/CAM 软件

它主要有以色列的 Cimatron 为代表，这类软件实用性强，提供了比较灵活的用户界面，优良的三维造型、工程制图和全面的数控加工功能，有各种通用、专用数据接口以及集成化的产品数据管理功能。它主要应用于中小企业。

3. 相对独立的 CAM 软件

相对独立的 CAM 软件有 Mastercam、Surfcam 和 Delcam 的 PowerMILL 等，这类软件主要通过中性文件从其他 CAD 系统获取产品几何模型，然后进行交互式数控编程。它主要应用于中小企业。

4. 国内的 CAD/CAM 软件

国内的 CAD/CAM 软件的代表有 CAXA。其价格便宜，主要应用于中小企业。

目前，CAD/CAM 软件技术正朝着集成化、网络化和智能化的方向发展。

第三节　Pro/ENGINEER（Wildfire 2.0 版本）的数控加工

Pro/ENGINEER 是美国参数技术公司（Parametric Technology Corporation，即 PTC 公司）开发的全方位的 CAID/CAD/CAE/CAM/PDM 软件，集成了零件设计、曲面设计、工程图制作、产品装配、模具开发、NC 加工、管路设计、电路设计、钣金设计、铸造件设计、造型设计、逆向工程、同步工程、自动测量、机构仿真、应力分析、有限元素分析、产品数据管理等功能于一体。

Pro/ENGINEER 野火版 2.0 是 PTC 公司 2004 年 5 月发布的三维计算机辅助设计和制造的产品开发软件。它提供了强大的数字设计能力，具有创建高级、优质产品模型和设计方案及 NC 加工的能力。

1. Pro/ENGINEER Wildfire NC 功能模块

在 Pro/NC 中包括各种类型的加工模块（见表 11-1），可以使用户在各种加工制造程序的设计中得心应手。配合不同的后处理程序模块（见表 11-2），使用户可以根据不同的数控系统产生对应的加工程序，进行加工制造。

表 11-1　Pro/NC 模块及应用范围

模块名称	应用范围	模块名称	应用范围
Pro/NC-MILL(铣加工)	两轴半铣削加工 三轴铣床及钻孔加工	Pro/NC-ADVANCED （高级加工）	两轴半至五轴铣床及钻孔加工 两轴半至四轴车床及钻孔加工 铣床、车床综合加工 两轴及四轴电火花加工
Pro/NC-TURN(车加工)	两轴车床及钻孔加工 四轴车床及钻孔加工		
Pro/NC-WEDM （线切割加工）	两轴及四轴电火花加工		

表 11-2　Pro/NC POST 模块及其功能

模块名称	应用范围	模块名称	应用范围
Pro/NCPOST-MILL	三轴铣床程序后处理程序	Pro/NCPOST-ADVANCED	三轴铣床程序后处理程序 两轴及四轴车床程序后处理程序 四轴及五轴铣床车床综合加工后处理程序 两轴及四轴电火花加工处理程序
Pro/NCPOST-TURN	两轴及四轴车床程序后处理程序		
Pro/NCPOST-WEDM	两轴及四轴电火花加工处理程序		

2. Pro/ENGINEER Wildfire NC 加工专业术语

（1）设计模型（Design Model）　设计模型是一个零件模型，它是 Pro/NC 加工的几何基础和依据，也是 Pro/NC 加工必须具备的。选择一个设计模型添加到加工模型中时，Pro/ENGINEER Wildfire 会将此设计模型直接添加到加工模型，而不会像模具模型一样产生一个模型副本（即参考模型）。

（2）工件模型（Workpiece）　加工模型中的工件模型与模具模型中的工件模型相似，都可以称为原材料或者坯料（毛坯），也是一个零件模型。加工模型中工件模型代表了数控加工时刀具的运动空间范围，在加工模拟中也可以模拟出加工材料切削情况，还可以计算材料切削量。

可以通过装配的方式将零件模式下创建的工件模型添加到加工模式，或者在加工模型中直接创建一个工件模型。

(3) 加工模型（Manufacturing Model） 加工模型是 Pro/NC 中的以 mfg 为后缀的模型。它由设计模型和工件模型组成。一般来说，完整的加工模型包括产品零件的形状数据与毛坯几何形状数据及其空间位置关系。

(4) 加工机床（NC Machine） 在 Pro/ENGINEER Wildfire 中，加工机床（NC Machine）信息的设置集成在操作（Operation）设置中。在 Pro/NC 加工时，必须设置机床信息。其中机床信息主要包括：

- Name：机床名称。
- Type：机床类型。有车床、铣削、车/铣床和线切割四个选项。
- Axis：机床轴数。根据机床类型不同，轴数也不同。
- Cutting Tools：切削刀具。
- Comments：注释。
- Output：输出定义。
- Post Processor Options：后处理器。
- Spindle/Off：主轴/停止。
- Cold Liquid/off：切削液/停止。
- Spindle：主轴转速。
- Feed Rate：进给率。

(5) 坐标系统（Coord System） 在 Pro/NC 中，坐标系统（简称坐标系）是操作（Operation）与 NC 序列（Sequence）设置中的一个元素，可以在设置操作的时候定义坐标系，也可以在设置 NC 序列时定义坐标系。

坐标系定义了工件在数控机床上的方向，是在 Pro/NC 的加工原点（Machine Zero），也就是程序原点（指零件装夹好后，编程原点在机床坐标系中的位置）。它是生成 CL（Cutter Location）数据的原点（0，0，0），是后处理产生数控程序的程序原点（Program Origin）。在 Pro/NC 中，坐标系的设置是必须的。

在 Pro/NC 中使用的坐标系可以属于设计模型、工件，或属于制造组件的任何其他元素。可以选择已经存在的坐标系统，即在将元件加入到加工模型之前所创建的坐标系统，也可以在加工模式下直接创建一个坐标系统。

(6) 操作（Operation） Pro/NC 加工是对实际加工环境的模拟，这种模拟是通过设置相应的参数来实现的。在这些参数中，加工工艺作业名称、加工机床设备、夹具设备、加工坐标系统等参数被称为加工环境参数，它们构成了加工操作环境。

操作包含下列加工信息：

- Operation Name：操作名称。
- NC Machine：加工机床。
- Fixture Setup：夹具设计。
- Coord System：CL 数据输出的坐标系统。
- Retract Surface：退刀曲面。
- Comments：注释。

- Output：输出设置。
- From/Home：从点到原点。

（7）NC 系列（NC Sequence） NC 系列主要用于对加工路径进行设置，加工过程的主要参数都是在 NC 系列中设置的，主要包括以下信息：

- Name：序列名称。
- Comments：注释。
- Tool：加工刀具。
- Parameters：工艺参数。
- Coord Sys：坐标系统。
- Retract：退刀平面。
- Volume 或者 Surface 等：加工几何。
- Start/End："起始"点和"终止"点。

（8）刀具路径（Path） 刀具路径也称为刀具轨迹。它是由很多个刀位点连接组成。它由设定的 NC 系列产生，决定了加工刀具的运动方向和位置，由它产生的刀具路径文件通过后处理就产生了能够驱动数控机床的数控程序。

（9）后处理（Post Process） 在建立好加工模型，并且设置完各项加工参数后，Pro/NC 首先生成的是刀具路径数据文件（CL Data File）。这是一种 ASCII 格式的数据文件。因为这种数据文件不能够驱动数控机床进行加工，所以必须对它进行一定的解释翻译，将其转化成指定数控机床（也就是特定的数控系统）能够执行的数控程序，这一过程就称为后处理。在 Pro/ENGINEER Wildfire 中，后处理产生的文件被称为加工控制（MCD）文件。

3. Pro/ENGINEER Wildfire NC 加工过程介绍

Pro/ENGINEER Wildfire 提供了强大的产品制造辅助工具，可以使产品加工制造更加方便、快捷，生产效率更高，加工质量更好、更可靠，使用户的产品在市场上更有竞争能力，从而取得良好的效益。

（1）新建或打开已有加工文件 在 Pro/ENGINEER Wildfire 主界面中，单击主菜单 File（文件）→New（新建），在 New（新建）对话框，Type 栏中选择 Manufacturing（制造），在 Sun-Type（子类型）中选择 NC Assembly（NC 组件），按 OK（确定），即可新建加工文件，同时进入 Pro/ENGINEER Wildfire NC 界面，如图 11-1 所示。

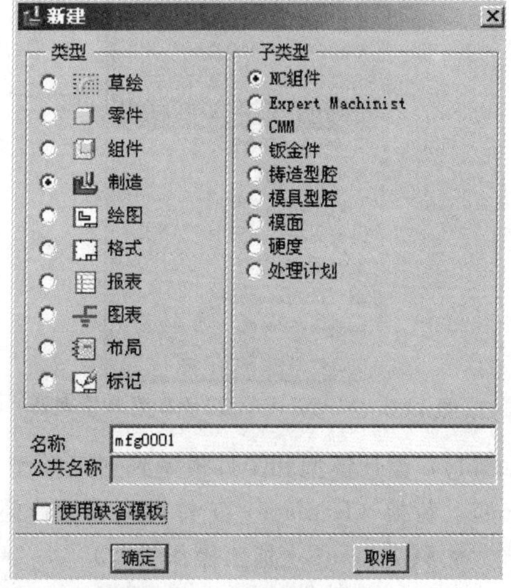

图 11-1 新建加工文件

你也可以通过打开一个加工模型文件（*.mfg），如图 11-2 所示，进入 Pro/ENGINEER Wildfire NC 界面。

（2）菜单管理器 Pro/NC 界面中的主菜单管理器如图 11-3 所示，主要是前四个选项。

- Mfg Model（加工模型）

用于定义加工模型，它的下级菜单是 MFG MDL，如图 11-4 所示。它的功能包括装配（As-

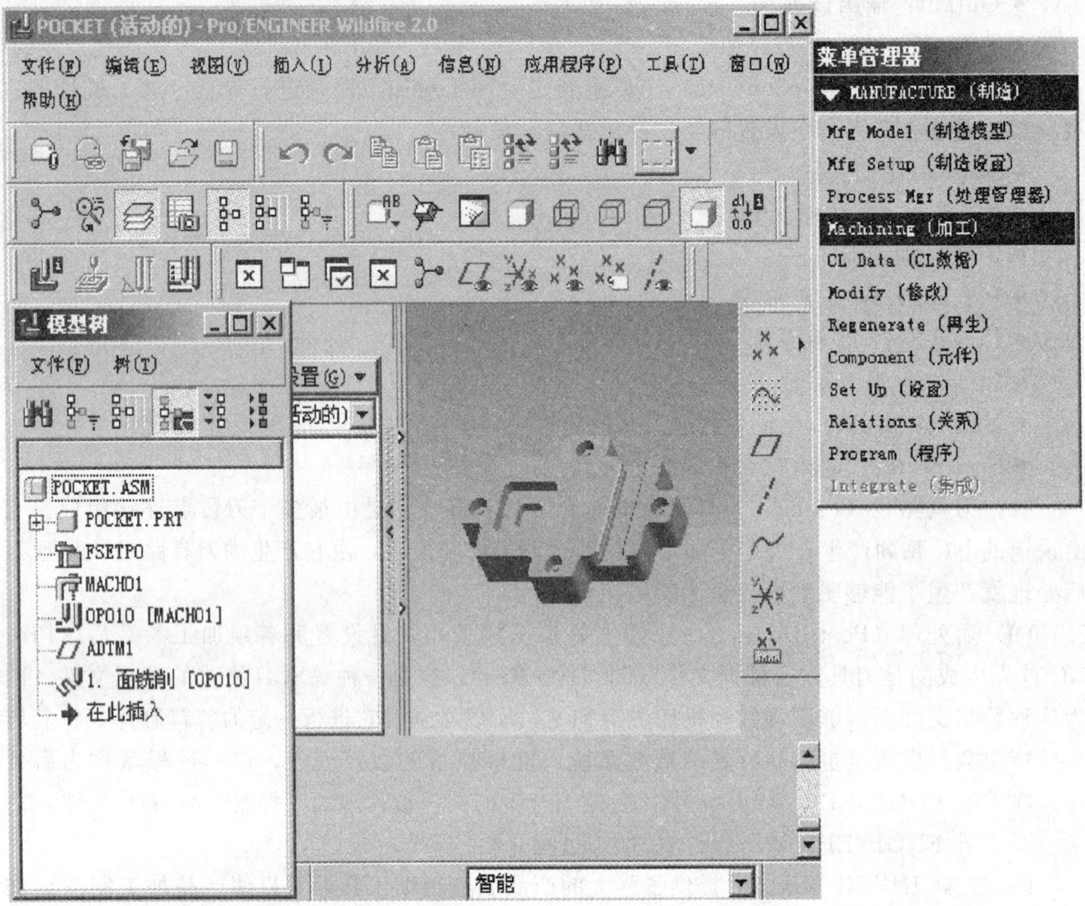

图 11-2 打开一个加工模型文件

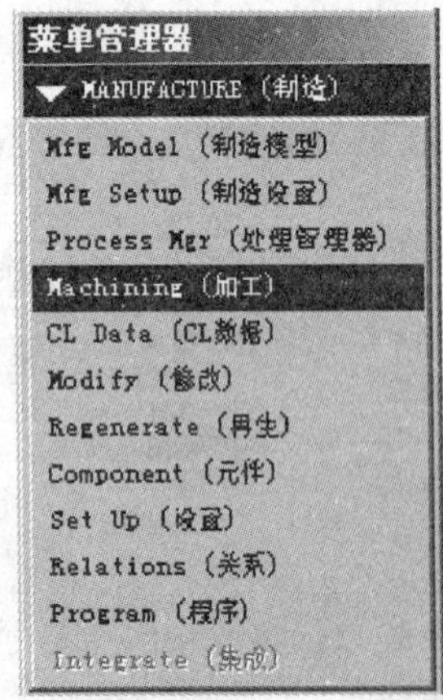

图 11-3 MANUFACTURE 菜单管理器

图 11-4 Mfg Model 菜单管理器

sembly）设计模型和工件模型到加工模型，或者从加工模型删除（Delete）、重定义（Redefine）、替换（Replace）工件模型和设计模型等，还可以新建（Create）工件模型。

- Mfg Setup（加工操作设置）

加工操作设置为后续的加工工艺设置操作环境。它的下级菜单是 MFG SETUP，如图

11-5 所示。它的功能包括设置下列加工操作：Workcell（加工机床）、Tooling（加工刀具）、Operation（加工操作）、Param Setup（工艺参数设置）、CL Setup（刀具路径设置）、Mfg Gemometry（制造几何形状）、Ref Quilts（参照面组）、PProcessor 后处理）。

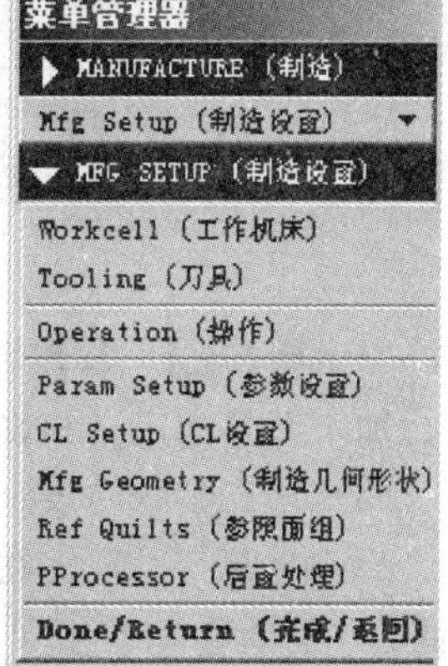

图 11-5　MFG SETUP 菜单管理器

Mfg Setup 能够在创建加工模型之前和大意加工之前，对机床等环境参数进行定义。它是一个可选项，因为它的功能都能在 Machining 中实现。

- Machining（加工）

Machining（加工）是一个重要的选项，大多数的加工操作都由 Machining 命令完成。只有在创建了加工模型之后，Machining 命令菜单有效。如果是在创建了加工模型后第一次使用 Machining 命令，则首先会弹出 Operation 对话框，开始向导性的加工流程。

Machining 的下级菜单是 MACHINING（见图 11-6）。它主要进行两个方面的定义：Operation（操作）和 NC 系列（NC Sequence）。

- CL Data（刀具路径数据）

它主要对刀具路径进行管理。它的下级菜单是 CL DATA，如图 11-7 所示。它的功能包括输入刀具路径文件（Input）、输出刀具路径文件（Output）、编辑刀具路径文件（Edit）、检验刀具路径文件（NC Check 和 Gouge Check）、刀具路径文件后处理（Post Process）等。

注意：必须在设置了加工操作和 NC 系列后 CL Data 命令才有效。

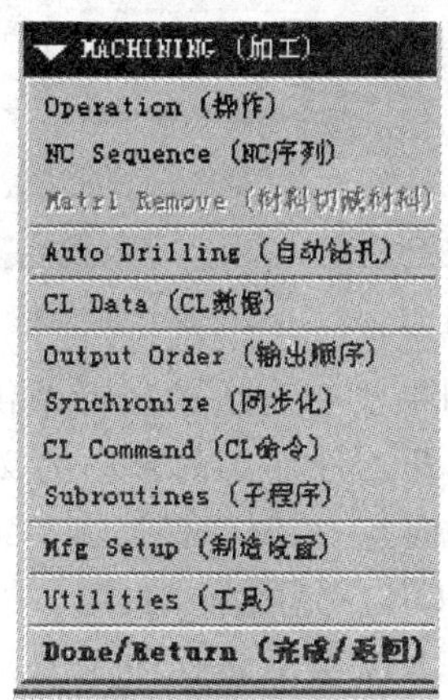

图 11-6　MACHINING 菜单管理器

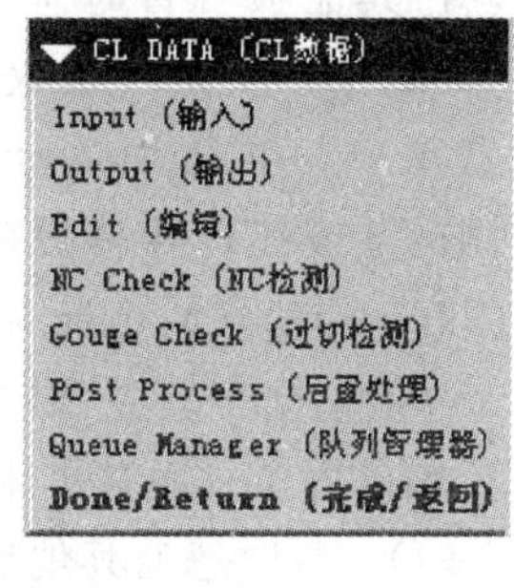

图 11-7　CL DATA 菜单管理器

（3）图标命令　它主要有 3 个：加工信息图标、加工参数树图标和加工刀具管理图标。

- 加工信息图标

单击图标，弹出 Manufacturing Info 对话框，如图 11-8 所示。它包括 Status（状态信息）和 Tool Path Info（刀具路径信息）。

- 加工参数树图标

将在后面“Pro/E 软件中加工工艺参数设置”中进行详细介绍。

- 加工刀具管理图标

图 11-8　Manufacturing Info 对话框

单击图标，会弹出 Tools Setup（刀具设置）对话框，如图 11-9 所示。利用该对话框进行加工刀具的定义和修改。

（4）加工参数的设定

1）机床设置。在 MANUFACTURE（加工）菜单管理器中单击 Mfg Setup（加工参数设定），系统弹出 Operation Setup 窗口，在 Operation Name 一栏里填入操作的名字。单击 NC Machine 一栏最右边的图标，弹出机床设置窗口。在左上角 Machine Name 一栏里填入机床的名称 MACH01（可以用默认值）。下一项 Machine Type（机床类型），单击右侧下拉按钮，选择 Mill（铣）。Number Of Axies 项里要求选择轴数。Post Processor Options 中选项 ID 右侧窗口中的数字是后处理文件的代号，要求必须与所选机床的后处理文件相对应，其他项可暂时忽略，以后需要时再定。单击 OK 按钮，完成机床设置，返回操作设置窗口。单击 Machine Zero（加工零点）右侧的按钮，屏幕提示选择坐标系，用鼠标选取已经建好的坐标系 CSO，坐标系确定。如果没有合适的坐标系供选择，要建立坐标系。一般情况下，先确定 Z 轴的方向，（刀具离开工件加工的方向为 Z 轴正向），然后再确定 X 轴的方向（面对机床，朝右的方向为 X 轴正向），系统会根据右手定则确定第 3 轴 Y 轴的方向）。暂时忽略其他选项，单击按钮 Apple、OK，完成操作设置。

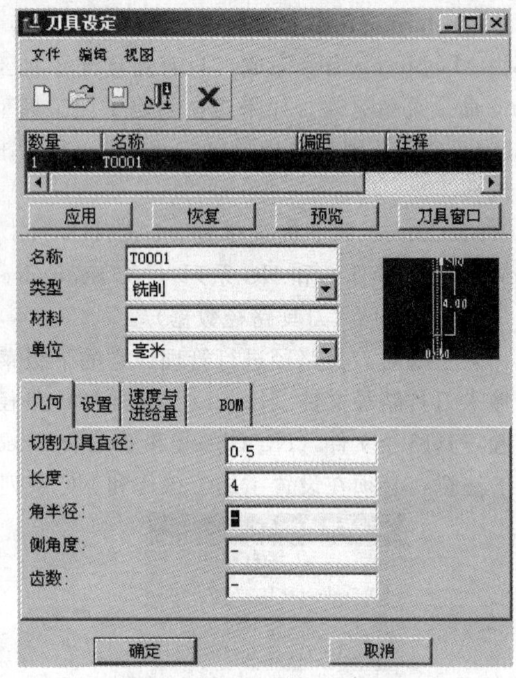

图 11-9　Tools Setup 对话框

2）加工刀具设置。单击 MFC→Tooling，在 SET MENU 菜单选择使用刀具的加工机床，系统会弹出 Tools Setup（刀具设置）对话框，选择后单击 Apply 按钮，再单击 OK 按钮，刀具设置完成。

（5）创建 NC Sequence

1）以曲面铣削为例，在 MANUFACTURE 菜单管理器中单击 Maching→NC Sequence→Surface Mill，然后单击 Done，弹出 SEQ SETUP（序列设置）菜单。默认选项有 Tool、Parameters、Retract、Surface、Define，再加上第一项 Name，选择后单击 Done。

输入名称：系统要求输入工序名称，输入名称后确认。

2）刀具。系统自动弹出刀具设置窗口，选择后直接单击 OK 按钮，刀具设置完成。

3）工艺参数设置。系统自动弹出 MFG PARAMS 设置菜单管理器，在菜单管理器中单击 Set（设置），系统弹出参数设置窗口，设置后保存文件。

（6）演示刀具路径　在菜单管理器中单击 Play Path（演示轨迹）→Screen Play（屏幕演示）。系统经过计算，计算出刀具路径，根据零件的复杂程度，计算过程时间长短不同。计算完毕后，弹出演示器，单击播放按钮（方向向右的单个箭头），开始演示走刀路径。

（7）输出 NC 程序　依次选择 MANUFACTURE（加工）→CL Data（CL 数据）→Output（输出）→Select One（选取一）→NC Sequence（NC 序列）→选择 Surface Mill（曲面铣削）→Done（完成）→File（文件）→在 OUT TYPE（输出类型）中选择 Cl File MCD File 和 Interactive（交互）选项，最后单击 Done（完成），弹出一个的对话框，给出文件名（系统默认值为 seq0001），单击 OK（确定）按钮。则系统将提示所有可用后处理器的名称列表菜单供设计选取后处理器，选择合适的后处理器（缺省的是 FANUC 后处理器），最后生成加工 NC 代码文件，它的后缀名是 tap，一般保存在永久目录或用户指定的目录中。生成的 NC 代码文件是一个文本文件，可以用文本编辑器打开。

第四节　Mastercam（9.1 版本）的数控加工

一、轮廓加工

轮廓加工的特点是沿着零件的外形即轮廓生成切削加工的刀具轨迹。轮廓可以是二维的，也可以是三维的，二维轮廓产生的刀具路径的切削深度是固定不变的，而三维轮廓产生的刀具路径的切削深度是随轮廓线的高度位置变化的。二维轮廓线的外形铣削是一种 2.5 轴的铣床加工，它在加工中产生在水平方向的 X、Y 两轴联动，而 Z 轴方向只在完成一层加工后进入下一层时才作单独的动作。外形加工在实际应用中，主要用于一些形状简单的，模型特征是二维图形决定的，侧面为直面或者倾斜度一致的工件，如凸轮外轮廓铣削，简单形状的凸模等。使用这种方法可以用简单的二维轮廓直线进行编程，快捷方便。

1. 外形铣削操作步骤

1）在主功能表中依次选择“T 刀具路径” → “C 外形铣削”选项。系统提示选取外形铣削加工的外形边界，可以选择多条轮廓线作为外形加工，选择外形铣削子菜单中的“D 执行”选项完成外形轮廓线的选择，进入加工参数设置。

2）系统打开外形铣削对话框的“刀具参数”选项卡。在刀具列表中选择刀具，或者新建刀具。设定切削加工的主轴转速、切削进给、插入进给等机械参数及其他如刀具补正号、程序行号、切削液开关等辅助参数。

3）单击“外形铣削参数”选项，外形铣削参数选项卡中的默认加工类型为 2D 外形铣削加工，可以按需要选择加工类型。

设置以下外形铣削参数：

- 设置安全高度。
- 回退高度。
- 切削进给下刀起始距离。
- 切削深度。
- 补正方式用补正方向。

● 加工预留量等参数。

4）如有需要，可以激活多次切削“XY 分次铣削”，设置粗加工切削次数，每次进刀行间距；精加工切削次数及行间距。

5）对于加工深度较大的零件，可以激活深度铣削“Z 轴分层铣深”，在深度铣削方向安排多次粗铣削，并设定每层切深。

6）激活进退刀选项“进/退刀向量”，可以设置为直线或圆弧进退刀，以避免刀具的损坏和提高加工表面质量。

7）进行完所有的参数设置后，单击“确定”按钮，系统即可按设置的参数计算出刀具路径。

2. 外形铣削参数设置

加工参数分为共同参数和专用参数两种，共同参数是各种加工都要输入的带有共性的参数，又叫做刀具参数；专用参数是每一铣削方式独有的专用模组参数。外形加工的专用参数如图 11-10 所示。

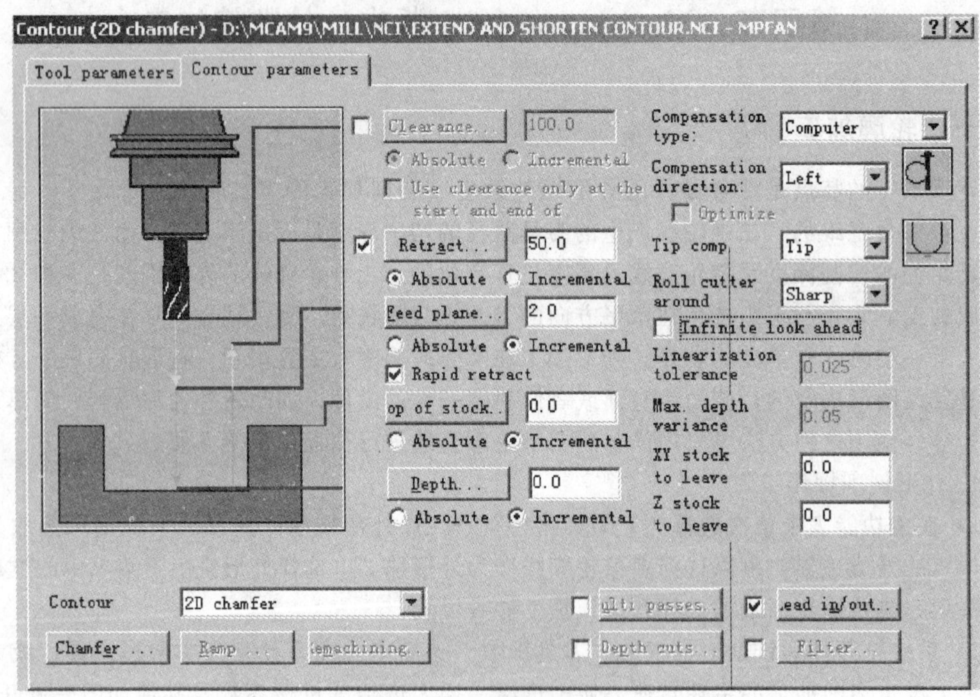

图 11-10　外形铣削参数

（1）高度设置　高度的设置可用绝对坐标或相对坐标。绝对坐标是指所有点的参考位置，是加工坐标系。绝对坐标设定时，其高度是指刀具平面的绝对坐标值。而增量坐标放置每个安全高度在 Z 轴深度方向至现在毛坯的顶面。

1）安全高度（Clearance)。安全高度是从起始位置移动设计的高度，在有些情况下，Mastercam 使用退刀高度作为安全平面高度，选择安全高度按钮，输入高度值并在图形上选择一点或在文本框键入一个值。设置该高度时考虑到安全性，一般应高于零件及夹具的最高表面。

2）参考高度（Retract)。下一次进刀前要回缩的高度，即在同一加工区域中，完成一层的铣削，进入下一层铣削前先提刀的该位置，然后再下刀开始切削。参考高度也可以用绝对坐标或增量坐标来定义高度位置。

3）进给下刀位置（Feed plane）。进给下刀位置也称缓降高度，是设置刀具从快速进给改变为插入速率进入工件中以前高度。在开始下一个刀具在下刀位置之上先快速下降，当下降到该位置后再以慢速接进工件。当刀具在单个操作间移动时，刀具也上升到这个高度。从安全高度到切削层的高度一般都有一段较长的距离，这段距离通常使用快速进给 G00 方式来移动。但如果使用该速度直接进入到切削位置，那么对于刀具和工件都是极不安全的，刀具从安全高度开始快速下降，当接近工件表面时，即在切削位置之上一个较短距离的位置开始慢速下刀。该值设得过小，没有效果，而设得过大，通常插入的进给速度是相对比较慢的，将造成进给时间太长，一般设 1～5mm 即可。进给下刀位置也可以用绝对坐标或增量坐标来定义。选用增量坐标时，该值相对于要加工的这一层的高度的起始位置。

4）要加工表面（Top of stock）。要加工表面即毛坯表面的高度。选用相对坐标时，是相对于所定义的外形的高度。

5）最后切削深度（Depth）。最后切削深度是外形加工的最后深度。选用相对坐标时，是相对于所定义的外形的高度。各种高度值的含义如图 11-11 所示。

6）快速提刀（Rapid retract）。选中“快速提刀”在加工后以快速提刀（G00）到进给高度。若不选此项，则加工后刀具以进给速度提刀（G01）到进给高度。

（2）刀具补偿（Tool Compensation） 数控机床中 NC 程序所控制的是刀具中心的轨迹，而零件提供的是零件加工后应达到的尺寸，因此在编制加工程序时就要将零件图样的尺寸换算成刀具中心尺寸。采用刀具半径补偿功能可以直接用图样的尺寸编程，然后由数控机床的控制器或由 Mastercam 软件将刀具半径值补偿进去，即将刀具中心从程序路径向指定方向偏移刀具半径的距离。在 Mastercam 的 mill 模块中有 5 种补偿方式，如图 11-12 所示。常用的补偿方式为控制器和计算机补偿。

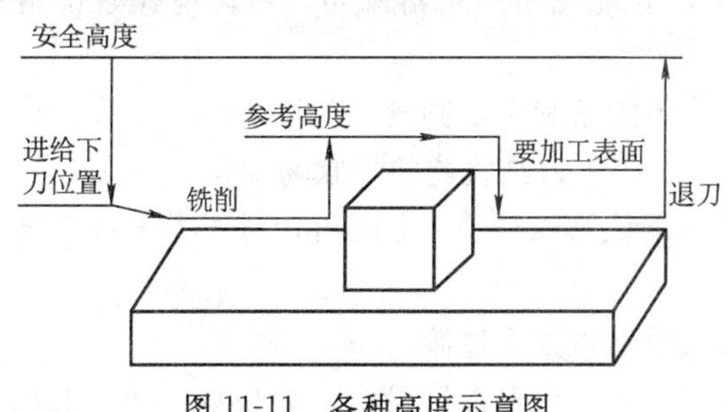

图 11-11 各种高度示意图

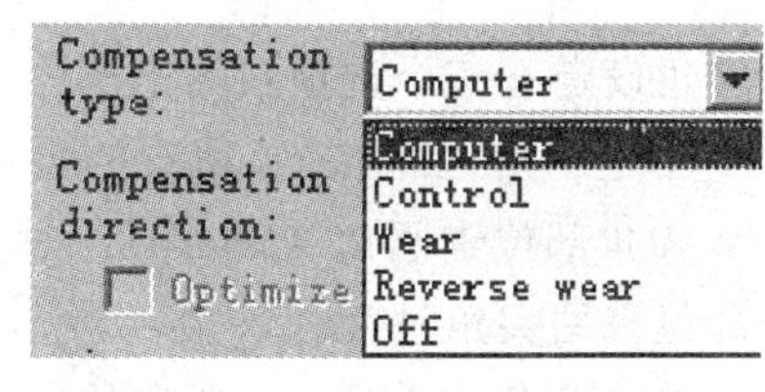

图 11-12 补偿方式

1）控制器补偿（Control）。选用控制器补偿时，Mastercam 所生成的 NC 程序是以要加工零件图形的尺寸为依据来计算坐标，并会在程序的某些行中加入刀具补偿命令（如左补偿 G41，右补偿 G42 等）及补偿号码（D××）。机床执行该程序时由控制器根据这个补偿指令计算刀具中心的轨迹。补偿值存储在机床指定的暂存器内，补偿值可以是实际刀具直径，或是指定刀具直径与实际刀具直径之差，加工之前应在机床上设定。使用控制器方式的后处理产生的程序中将有 G41 D01（左补偿）或是 G42 D01（右补偿）指令。

2）计算机补偿（Computer）。计算机补偿由 Mastercam 软件实现，计算刀具路径时将刀具中心向指定方向移动与刀具半径相等的距离，产生的 NC 程序中已经是补偿后的坐标值，并且程序中不再含有刀具补偿指令（G41、G42）。补偿选项可以根据加工要求设定为左补偿、右补偿。

3）不补偿（Off）。选取“不补偿”，刀具中心铣削到轮廓线上。当加工留量为0时，刀具中心刚好与轮廓线重合。

刀具补偿方向（Compensation direction）有左补偿、右补偿两种，如图11-13所示。采用补偿时，刀具铣削到与轮廓相切位置，它以刀具的外圆部分与轮廓相接，即刀具中心与偏移后的轮廓线相差一个刀具半直径。加工以轮廓线为边界的工件，大部分情况下使用的是刀具与轮廓相切。

（3）刀长补偿位置参数（Tip comp）　刀长补偿位置参数设定刀具长度补偿位置，如图11-14所示。有补偿到球心和刀尖两个选项选择。

图11-13　补偿方向

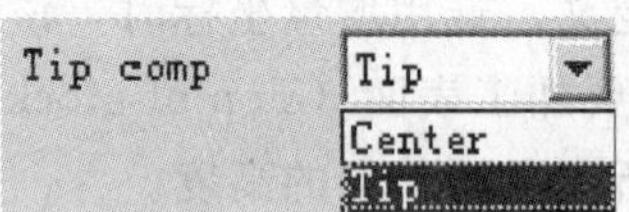

图11-14　刀长补偿

- 球心（Center）：补偿至刀具端头中心。
- 刀尖（Tip）：补偿到刀具的刀尖。

实际上补偿到哪一点就是以哪一点来计算刀具路径，那么在机床上就要以该点为对刀点，平刀的圆心和刀尖在同一点上，补偿到两点的路径也是一样的。而圆角刀或者球头刀由于刀尖和中心位置不同，产生的刀具路径也不同。

（4）转角设定（Roll cutter around）“刀具走圆弧在转角处”框中设定转角部位，特别是较小角度转角部位。机床的运动方向发生突变，产生切削负荷的大幅度变化，对刀具是极其不利的。Mstercam可以设定在外形有尖角处是否要加入刀具路径圆角过度。所谓尖角是指工件材料侧的夹角小于180°的角。一般来说，应优先使用角落圆角，可以有比较圆滑的过渡。

转角设定有三个选项：不走圆角、尖角部位走圆角和全走圆角，如图11-15所示。

- 不走圆角（None）：所有的尖角直接过渡，产生刀具轨迹的形状为尖角。
- 尖角部位走圆角（Sharp）：对尖角部位（默认为<135°）走圆角，对于大于该角度的转角部位采用尖角过度。
- 全走圆角（All）：对所有的转角部位均采用圆角方式过渡。

（5）加工预留量　外形加工时XY和Z轴方向的预留量需要设定，如果本次加工要加工到准确尺寸，则输入预量为0，否则要输入相应的预留值，以备后续加工，如图11-16所示。

XY方向预留量：可输入轮廓偏移值，针对壁边做预留，默认为0，可以设定为正值或负值。粗铣轮廓一般要留有一定的加工余量，XY方向预留量的值表示轮廓向切削边偏移的数值。偏移值为正数表示为正余量，即铣削后所得到的结果要远离实际轮廓所设计的要求；反之偏移值为负数时表示为负余量，铣削得到的结果要小于实际轮廓所设计的要求，两者的

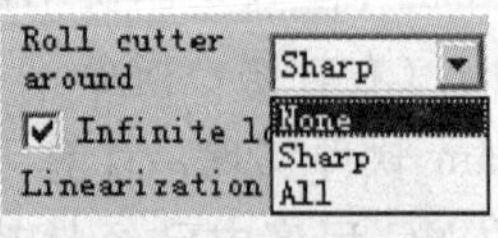

图11-15　转角设定

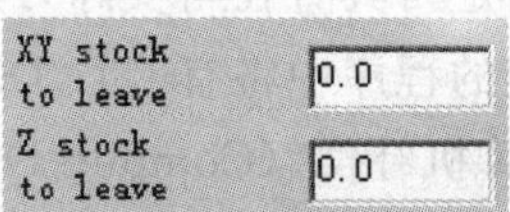

图11-16　加工余量设置

差值为加工预留量。

Z方向预留量：即在设定的最后切削深度上方预留一定的加工量。

(6) 外形分层 (Multi passes) 外形分层是在XY方向分层粗铣和精铣，主要用于外形材料切除量较大，刀具无法一次加工到定义的外形尺寸的情形。很多情况下，毛坯单边余量会大于刀具的半径，甚至会大于刀具直径，又由于毛坯形状往往与轮廓形状不相似而导致余量不均匀，这时就要合理地设定在水平方向的多次切削，使其单边可去除余量大于按毛坯实物件去轮廓后的单边最大余量值，以保证刀具轨迹能够去除所有的毛坯余量。另外，在很多情况下，考虑到机床及其刀具系统的刚性，一刀切削可能切削负荷太大，导致刀具寿命降低，甚至造成刀具损坏；再有在进行精加工时，考虑零件的变形因素，为了达到较理想的表面加工质量，也需要分几次进行加工。特别对于薄壁的加工，为了防止加工时的变形，必须以很小的侧向切削余量分成几步进行加工。

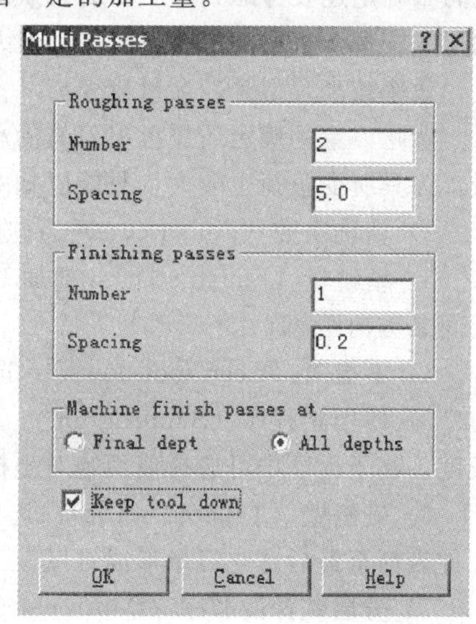

图 11-17 分次切削对话框

点击图 11-10 中“Multi passes”复选框，弹出图 11-17 所示对话框，该对话框定义外形分层铣削的各参数。

图中各参数说明见表 11-3。

表 11-3 外形分层铣削参数说明

参 数	说 明
粗铣	确定外形轮廓粗加工次数和间距(轮廓铣削深度)。粗铣间距通常根据刀具的直径而定，一般为刀具直径的 60%～80%
精铣	确定外形轮廓精修次数和间距
何时执行精铣	下设两个单选按钮。“最后深度”是指在最后切削层时精修。“每层精铣”是指轴向每层都进行精修
不提刀	选中时指每层切削完毕不提刀

(7) 分层铣深 (Depth cuts) 分层铣深是指在Z方向（轴向）分层粗铣与精铣，用于材料较厚无法一次加工到最后深度的情形。点击图 11-10 中“Depth cuts ”复选框，可弹出如图 11-18 所示对话框。

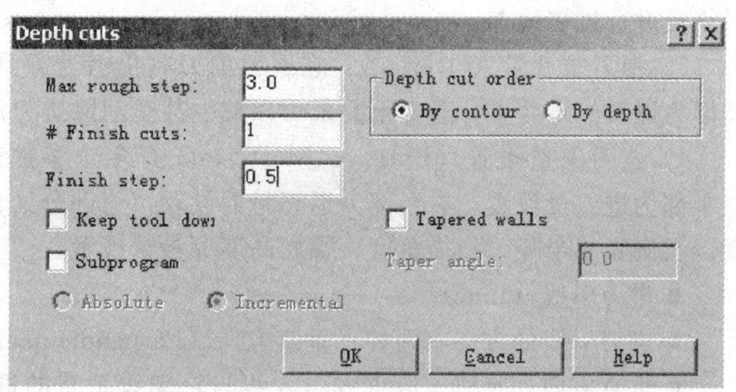

图 11-18 分层铣深参数

1) 最大粗切量 (Max rough step)：设置两相邻切削路径层间的最大Z方向距离（背吃刀量）。每次加工深度也称背吃刀量，是影响加工效率最主要的因素之一。背吃刀量在确定时需考虑切削所使用的刀具、被切削工件材料、切削余量、切削负荷、残余高度、切削进给等因素。背吃刀量确定还要考虑到其所留的残余高度，对于有脱模角的轮廓而言，较小的背吃刀量产生的层次较多，表面加工质量较好，但刀具轨迹也较长，加工时间长。而较大的背吃刀量则相反，效率较高，但是残余量较大。

背吃刀量的确定还要考虑刀具的承受能力，并考虑背吃刀量与进给的关系。大的背吃刀量，刀具所受负荷也较大，只能以相对较低进给加工。

2）精铣次数（Finish cuts）：背吃刀量方向的精加工次数。

3）精铣量（Finish step）：精加工时每层背吃刀量，做 Z 方向精加工时两相邻切削路径层间 Z 方向距离。

4）不提刀（Keep tool down）：选中时指每层切削完毕不提刀。

5）使用副程序（Subprogram）：选中时指分层切削时调用子程序，以减少 NC 程序的长度，在子程序中可选择使用绝对坐标或增量坐标。

6）铣斜壁（Tapered walls）：选中该项，要求输入锥角度，分层铣削时将按此角度从工件表面至最后背吃刀量形成锥度。

7）分层铣深的顺序（Depth cut order），有两个选项：

● 按轮廓（By contour）：是指刀具先在一个外形边界铣削到设定的铣削深度后，再进行下一个外形边界的铣削。这种方式的抬刀次数和转换次数较少，一般加工优先选用。

● 按深度（By depth）：是指刀具先在一个深度上铣削所有的外形边界，再进行下一个深度铣削。

（8）进/退刀量的设定（Lead In/Out）　轮廓铣销一般都要求加工表面光滑，如果在加工时刀具在表面处切削时间过长（如进刀、退刀、下刀和提刀时），就会在此处留下刀痕。Mastercam 的进退刀功能可在刀具切入和切出工件表面时加上进退引线和圆弧使之与轮廓平滑连接，从而防止过切或产生毛边。

点击图 11-10 所示对话框中“进/退刀矢量（Lead In/Out）”，弹出图 11-19 所示进/退刀矢量设定的对话框。

1）在封闭的轮廓的中心进行进刀/退刀（Enter/exit at midpoint in closed contours）：在封闭的轮廓的铣削使用中，系统自动找到工件中心进行进刀退刀，如果不激活该选项，系统默认进退刀的起始位置在串连的起始点。

2）干涉检查进刀/退刀运动（Gouge check entry/exit motion）：激活该选项可以对进退刀路径进行过切检查。

3）退刀重叠量（Overlap）：在退刀前刀具仍沿着刀具路径的终点向前一段距离，此距离即为退刀的重叠量，退刀重叠量可以减少甚至消除进刀痕。

4）进刀矢量设置（Entry）：Mastercam 有多个参数来控制进退刀。如图 11-19 所示，左半部为进刀量设置，右半部为退刀量的设置，每部分又包括引线方式、引线长度、斜向高度以及圆弧的半径、扫描角度、螺旋高度等参数设置。

● 进刀引线（Line）。

● 进刀引线的方向有两种，垂直方向（Perpendicular）或相切方向（Tangent）。

● 垂直方向：是以一段直线引入线与轮廓线垂直的进刀方式，这种方式会在进刀处留下进刀痕，常用于粗加工。

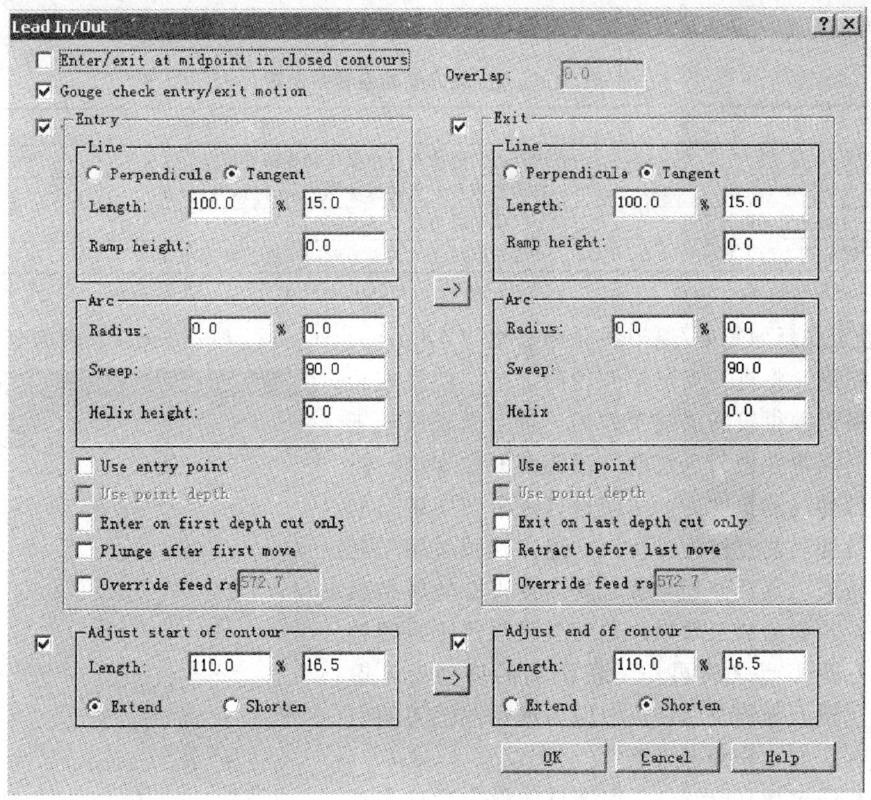

图 11-19 进退刀矢量设定

● 切线方向：是以一段直线引入线与轮廓线相切的进刀方式，这种进刀方式常用于圆弧轮廓的加工的进刀。

● 长度（Length）：引线长度，进刀向量中直线部分的长度。设定了进刀引线长度，可以避免刀具与成形侧壁发生挤擦，但不能设得过大，否则进刀行程过大影响加工效率。引线长度的定义方式有两种，可以按刀具的直径的百分比或者是直接输入长度值，两者是互动的，以后输入的一个为最后设定的参数。

● 斜向高度（Ramp height）：进刀向量中直线部分起点和终点的高度差，一般为 0。

● 圆弧进刀线（Arc）。圆弧进刀是以一段圆弧作引入线与轮廓相切的进刀方式。这种方式可以不断地切削进入到轮廓边缘，可以获得比较好的加工表面质量，通常在加工中使用。如果设定了进刀方式为切向进刀，那么就需要设定进刀圆弧半径、扫掠角度。

● 半径（Radius）：进刀矢量中圆弧部分半径值，圆弧半径的定义方式有两种，可以按刀具直径的百分比或者是直接输入半径值，两者是互动的，以后输入的一个为最后设定的参数。

● 扫掠角度（Sweep）：进或退刀矢量中圆弧部分包含的夹角，一般为 90°。

● 螺旋高度（Helix height）：进或退刀矢量中圆弧部分起点和终点的高度差，一般为 0。

5）退刀矢量（Exit）设置。退刀矢量设置与进刀矢量设置的参数基本上是相对应的，只是将进刀换成退刀。其对应选项的含义和设置方法与进刀设置是一致的。

6）其他参数。进/退刀矢量其他参数说明见表 11-4。

表 11-4　进/退刀量其他参数说明

参　数	说　明
□由指定点下刀(提刀)	进退刀的起始点可由操作者在图中指定
□使用指定点的深度	自动使用指定点的深度作为下刀(提刀)深度
□只在第一层深度加上进刀量	分层铣削时为减少进刀时间可选此项
□只在最后深度加上退刀量	分层铣削时为减少退刀时间可选此项

注：□代表复选框。

7）进刀线延伸长度/退刀线延伸长度（Adjust start/end of contour)。进刀延长线一般用于开放轮廓，将进刀点延伸到轮廓之外，使得在轮廓开始点可以获得较好的加工效果。进刀延长线用于封闭轮廓时，将在进刀点之前一段距离开始切削。设定了进刀延伸线的长度后，法向进刀或者切向进刀的引入线将延伸后的点作为进刀点。退刀延长线用于开放轮廓，将退刀点延伸到轮廓之外，使得在轮廓结束点可以获得较好的加工效果。退刀延长线用于封闭轮廓时，将在退刀点之后再作一段距离的切削后才退刀。设定了退刀延伸线后，法向退刀或切向退刀的引入线将延伸后的点作为退刀点。

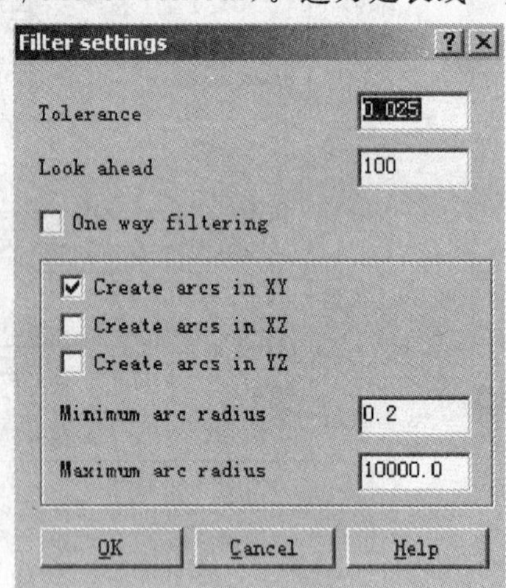

图 11-20　程序过滤设置

(9）程序过滤（Filter)　程序过滤设定系统刀具路径产生的容许误差值，用来删除不必要的刀具路径，简化 NCI 文件的长度，参数设置对话框如图 11-20所示。

对话框的参数说明见表 11-5。

表 11-5　程序过滤参数设置

参　数	说　明
误差值	当刀具路径中的点与直线或圆弧的距离小于等于该输入的误差值时，系统自动将该点的刀具移动去除
寻找相对性	用来设定每次过滤时删除的最多点数，小于 100 时，过滤速度可加快，但过滤的效果会降低，建议使用内设值
□在 XY、XZ、YZ 方向建立圆弧(G02/G03)	若选中该复选框，在去除刀具路径中的共线点时用圆弧代替直线，若选中该框，则仅用直线来调整刀具路径
最小圆弧半径	用于设置在过滤过程中圆弧路径的最小半径，圆弧半径小于该值，用直线代替
最大圆弧半径	用于设置在过滤过程中圆弧路径的最大半径，圆弧半径大于该值，用直线代替

注：□代表复选框。

(10）外形铣削形式　Mastercam 对于 2D 轮廓铣削提供四种形式来供用户选择：2D、2D 成形刀（2D chamfer)，螺旋式渐降斜插（Ramp）以及残料清角（Remachining)，如图 11-21 所示。对于 3D 轮廓铣削时用户也可以选择 2D、3D 和 3D 成形刀等三种轮廓铣削形式。

选择的外形轮廓是位于同一水平面内时，系统内设值是 2D，用于常规二维铣削加工。下面来介绍其他三种形式的作用及 3D 的外形加工。

1）2D 成形刀（2D chamfer）。2D 成形刀主要用于成形刀加工，如倒角等，参数设置如图 11-22 所示。主要按刀具形状设置其加工的宽度和深度。

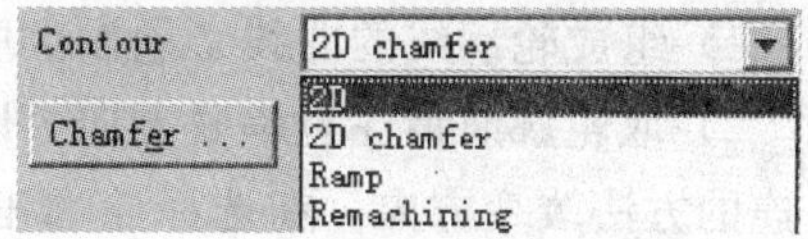

图 11-21　外形铣削形式

2）螺旋式渐降斜插（Ramp）。螺旋式渐降斜插式外形铣削主要有三种下刀方式：角度（指定每次斜插的角度）、深度（指定每次斜插的深度）和直线下刀（不作斜插，直接以深度值垂直下刀），参数设置如图 11-23 所示。图 11-23 所示为采用斜插角度 3°的单向斜插加工。

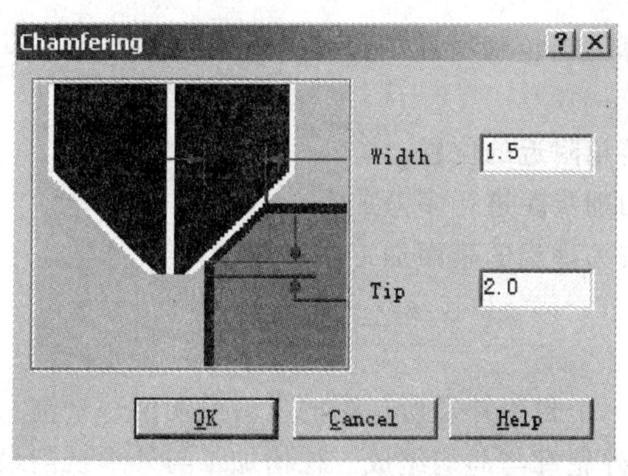

图 11-22　2D 成形刀参数设置

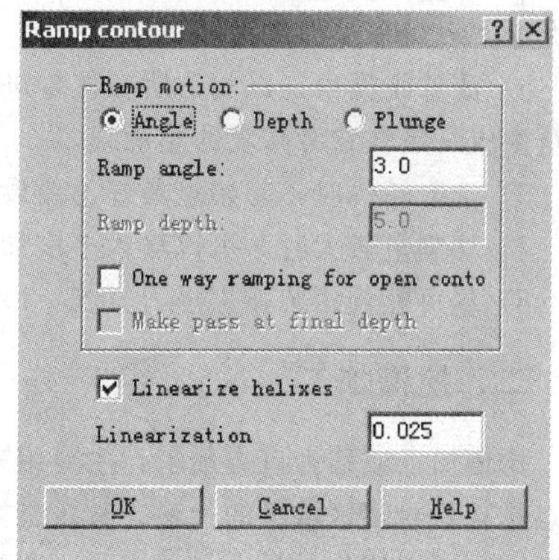

图 11-23　螺旋式渐降斜插

3）残料清角（Remachining）。外形铣削中的残料清角，主要针对先前用较大直径刀具遗留下来的残料再加工，特别是工件的狭窄的凹型面处。图 11-24 所示为残料角参数设定对话框。

残料加工参数说明：

1）残料包括由于先前加工所用刀具直径较大而在狭窄处未加工的区域及前一操作所设定的加工预留量。“残料的计算是来自”：可以从以下三个选项中选取一个。

● 所有先前的操作（All previous operations）：对本次加工之前的所有加工进行残料计算。

● 前一操作（The previous operation）：只对前一次加工进行残料计算。

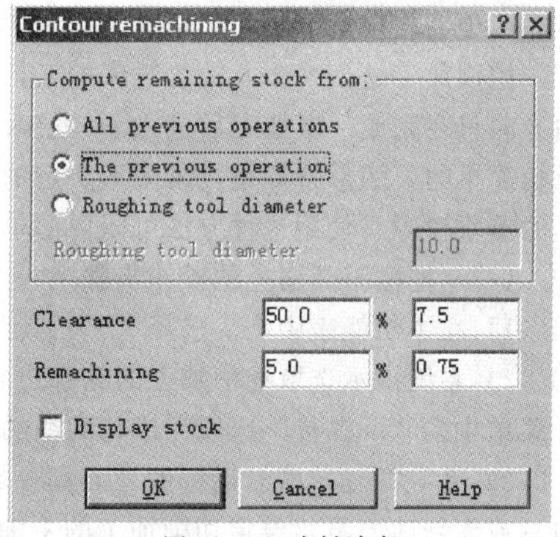

图 11-24　残料清角

● 粗铣使用的刀具直径（Roughing tool diameter）：依据所使用过的粗铣铣刀直径进行残料计算，选择该项时，需要输入粗铣使用的刀具直径。

2）“空隙（Clearance）”指残料加工路径沿计算区域的延伸量（刀具直径%）。

“残料加工误差（Remachining）”计算残料加工的控制精度（刀具直径%），当加工余量小于该值时不做加工。

3）“显示工件（Display stock）”设定计算过程中显示工件已经被加工的区域。

3．外形铣削加工的技术要点

1）组成轮廓线的曲线必须按次序进行选择，后一曲线与前一曲线必须相交。

2）取轮廓时请注意串联方向，以保证铣削侧边是否正确，若发现有误，可以使用编辑串连的方法改变方向。在选择轮廓串连时就应考虑生成的刀具路径的铣削方向为顺铣还是逆铣。

3）高度一定要比起始高度深，否则无法作运算；起始高度加上进给下刀位置不能大于安全高度。

4）对于毛坯加工的零件，进刀时宜以直线垂直进刀，并且将进刀线长度设置足够大，以保证下刀点在被加工毛坯以外。

5）注意脱模角是以轮廓所在位置进行计算，当轮廓所在的位置与所需位置不同时，请重新生成一条在参考高度的轮廓线。

6）选取轮廓时，起始点最好不要设置在转角附近的位置。

7）切削量较大时，可以输入多次加工和切削步距进行多刀加工。

8）尽可能使用圆弧进退刀方式，以获得较为理想的表面加工质量。

二、挖槽加工

挖槽加工或称为口袋加工，主要用来切除一个封闭外形所包围的材料或切削一个槽，其特点是移除封闭区域里的材料，其定义方式由外轮廓与岛屿组成。挖槽加工与外形铣削最大的区别是，挖槽加工是大量地去除一个封闭轮廓内的材料，另外通过轮廓与轮廓之间的嵌套关系，去除欲加工的部分。而外形铣削虽然也可以选择多个轮廓，但他们不存在嵌套关系，虽然也可以大量地去除轮廓外或轮廓内的材料（通过设定较多的毛坯余量和侧向步距），但不适用于毛坯余量不均匀的轮廓。

挖槽加工是一种2.5轴的铣床加工，它在加工中产生在水平方向的XY两轴联动，而Z轴方向只在完成一层加工后进入下一层时才做动作。挖槽加工在实际应用中，主要用于一些形状简单的、图形特征是二维图形决定的、侧面为直面或者倾斜度一致的工件粗加工，如模具的镶块槽等。使用这种方法可以以简单的二维轮廓线直接进行编程，快捷方便。

（一）挖槽刀具路径的操作步骤

1）在主功能表中依次选择“T 刀具路径”→“P 挖槽”。

2）系统提示选取挖槽加工的轮廓边界，可以选择多条轮廓线作为加工轮廓；选择挖槽子菜单中的“D 执行”选项完成轮廓线的选择，进入加工参数设置。

3）系统打开挖槽对话框的“刀具参数（Tool parameters）”选项卡。在刀具列表中选取刀具或者新建刀具，设定切削加工的主轴转速、切削进给、插入进给等机械参数。

4）单击“挖槽参数（Pocketing parameters）”，在挖槽参数选项卡中选择挖槽加工型式，设置轮廓铣削参数、刀具移动高度、慢速下刀起始距离、背吃刀量、补正方式、补正方向、加工留量等参数，如图 11-25 所示。

5）如有需要，可以激活深度“分层铣深（Depth cuts）”，在深度铣削方向安排多次粗铣削，设定每层背吃刀量。

6）选择“粗铣/精铣参数（Roughing/Finishing parmeters）”，设置粗铣进给方式、刀间距、粗切角等参数；设置精铣次数、精铣加工量及精铣其他选项，如图 11-26 所示。

7）如有必要，激活“螺旋式下刀（Helix）”选项，设置粗铣时的螺旋式或斜插式下刀。

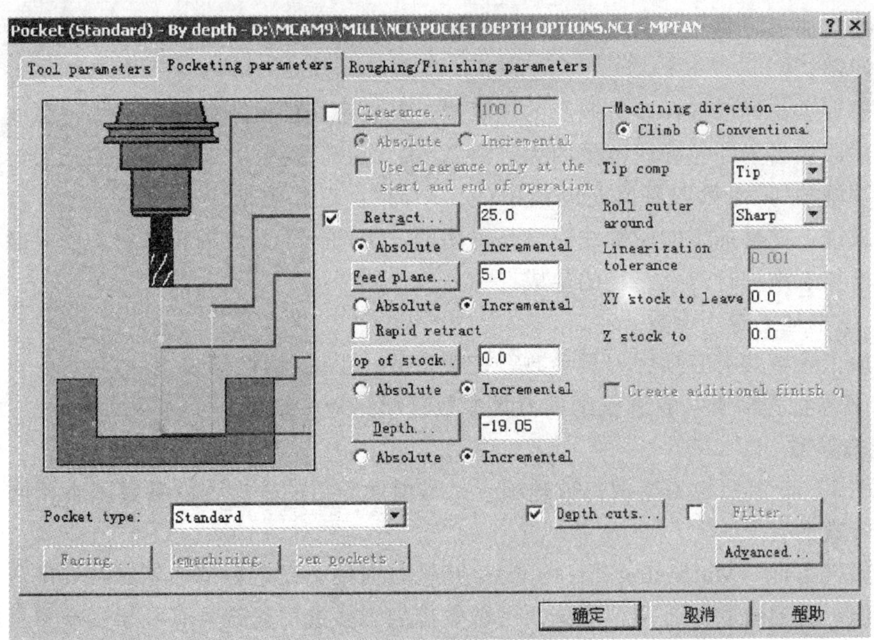

图 11-25　挖槽加工参数

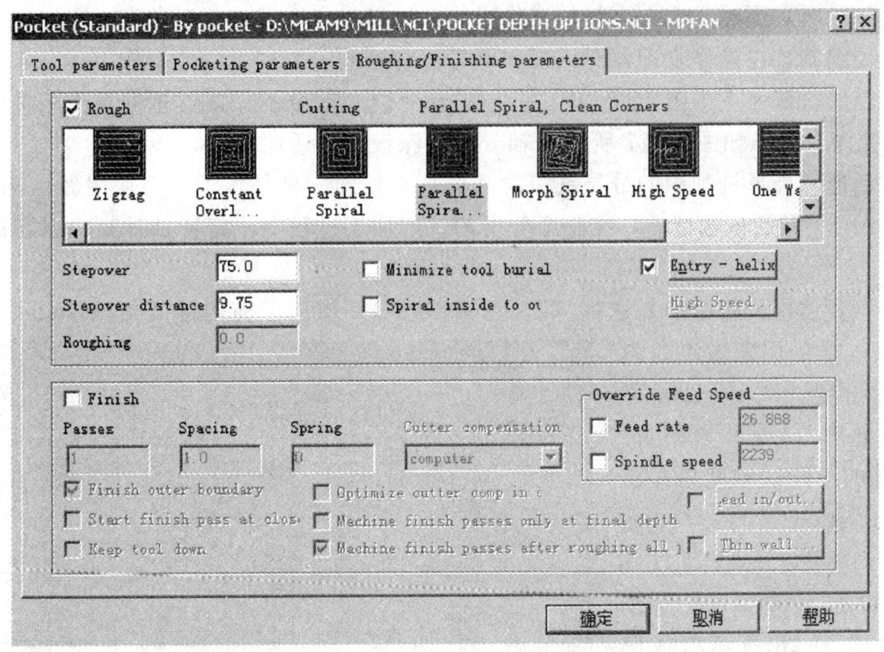

图 11-26　粗铣/精铣参数

8）如有必要，激活“进/退刀向量（Lead in/out）”选项，设置精铣时的直线或圆弧进刀。

9）进行完所有参数的设置后，单击挖槽对话框中的“确定”按钮，系统即可按选择的轮廓、刀具及设置的参数计算出刀具路径。

（二）槽及岛屿的轮廓定义

进行挖槽加工时要先定义槽及岛屿的轮廓，要注意岛屿的边界必须是封闭的，槽和岛屿可以嵌套使用。

对挖槽加工，可以选择多重嵌套的轮廓线，其轮廓线的铣削侧边为按外轮廓线，岛屿相间的排列，即相当于外轮廓线范围内为“海”，第二层轮廓线为“岛屿”，第三层轮廓线就是岛屿上的“湖泊”，而第四层又是湖泊中的“小岛”，以此类推。有“水”的部位为切削区域。一般来说，挖槽加工的轮廓线应该是封闭的，当选择了开放的轮廓后，就只能使用开放轮廓的挖槽加工来进行刀具路径的生成。

（三）挖槽加工专用参数

挖槽加工参数共有三项：刀具参数、挖槽参数、粗铣/精铣参数。

1. 刀具参数选项卡与轮廓铣削的刀具参数选项完全一致

2. 挖槽参数

前面图 11-25 所示也为挖槽参数选项卡。与前面介绍的外形铣削参数基本相同，下面只介绍不同参数的含义。

（1）精铣方向（Machining direction） 精铣方向用于设定切槽加工时在切削区域内的刀具进给方向，分逆铣和顺铣两种形式。一般数控加工多选用顺铣，有利于延长刀具的寿命并获得较好的表面加工质量。

（2）产生附加的精铣操作（可换刀）（Create additional finish operations） 在编制挖槽加工刀具路径时，同时生成一个精加工的操作，可以一次选择加工对象完成粗加工和精加工的刀具路径编制。在操作管理器对话框中将可以看到同时生成了两个操作。

（3）分层铣深 点击图 11-25 中“分层铣深（Depth cuts）”复选框并单击该按钮，激活 Z 轴分层铣深，弹出如图 11-27 所示 Z 轴分层铣深设定对话框。

该对话框与外形铣削中的分层铣深对话框基本相同，只是多了一个使用岛屿深度（Use island depth）。激活该选项后，在整个分层的铣削加工过程中，将特别补充一层在岛屿深度的顶面。

另外，若选中铣斜壁的复选框（Tapered walls），增加了岛屿锥度角（Island taper angle）的输入框是用来输入岛屿铣斜壁的角度。Mastercam 可以设置外轮廓（Outer wall taper）与岛屿不同的锥度角，如图 11-27 所示。

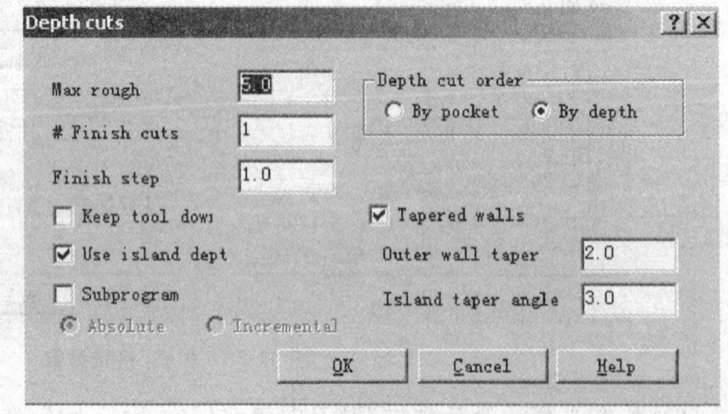

图 11-27 挖槽加工深度分层铣削

（4）高级设定 点击图11-25 中“高级设定（Advanced）”按钮。弹出图 11-28 所示高级设定对话框。用来设置残料加工及等距挖槽时计算误差值，可以按刀具直径的百分比（Percent of tool）或直接输入公差数值（Tolerance）。

（5）挖槽加工形式 挖槽加工形式有五种：一般挖槽（Standard），边界再加工（Facing），使用岛屿深度挖槽（Island facing），残料清角（Remaching），开放式轮廓挖槽（Open），

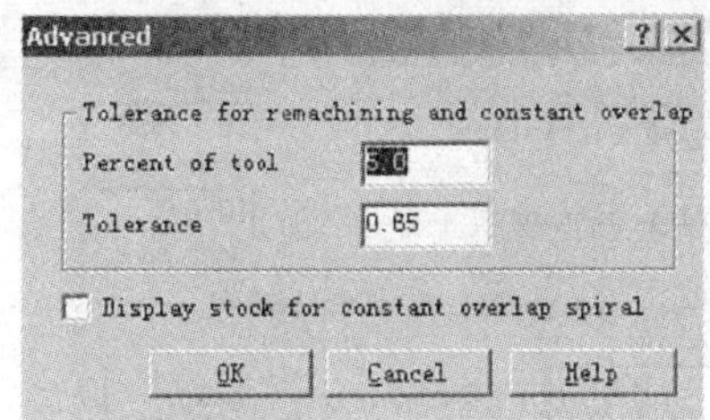

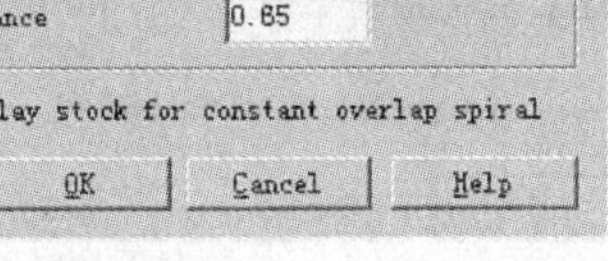

图 11-28　高级设定

Pocket type: Standard
Facing...
Standard
Facing
Island facing
Remachining
Open

图 11-29　挖槽加工形式

如图 11-29 所示。

一般挖槽是主要加工形式，其他四种用于辅助挖槽加工方式，下面简要说明这四种形式。

1）边界再加工（Facing）：一般挖槽加工后，可能在边界出留下毛刺，这时可采用该功能对边界进行加工。单击“边界再加工”按钮，可设定其参数，边界超出刀具的百分比（Overlap percentage）、重叠量（Overlap amount）、进刀引线距离（Approach distance）、退刀引线距离（Exit distance）。对话框如图 11-30 所示。

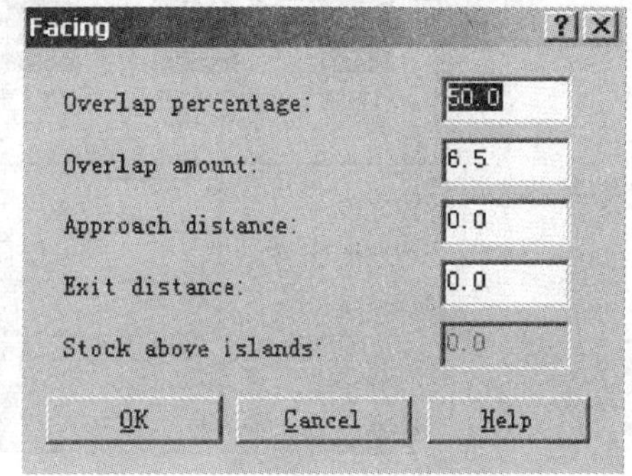

图 11-30　边界再加工参数

2）使用岛屿深度挖槽（Island facing）：采用一般挖槽加工时，系统不会考虑岛屿深度变化，对于岛屿的深度和槽的深度不一样的情形，就需要采用该功能。使用岛屿深度挖槽可以打开边界再加工对话框（Facing），对话框与边界再加工方式的对话框相同，但是其将岛屿上方的预留量（Stock above islands）选项激活，同时它的“边界”是指岛屿轮廓线。

3）残料清角（Remaching）：挖槽加工的残料清角与前一节的外形铣削清角基本相同，主要是用较小的刀具去切除上一次（较大刀具）加工留下的残料部分。但是挖槽加工生成的刀具路径是在切削区域范围内多刀加工的。残料清角参数设置如图 11-31 所示。残料的计算是来自（Computer remaining stock from）所有先前的操作（All previous operations）、前一个操作（The previous operation）、粗铣的刀具直径（Roughing tool diameter）、空隙（Clearance）、在粗铣路径加上进退刀向量（Apply entry/exit curves to rough pas）、精铣全部区域（Machine complete finish pas）、显示工件。

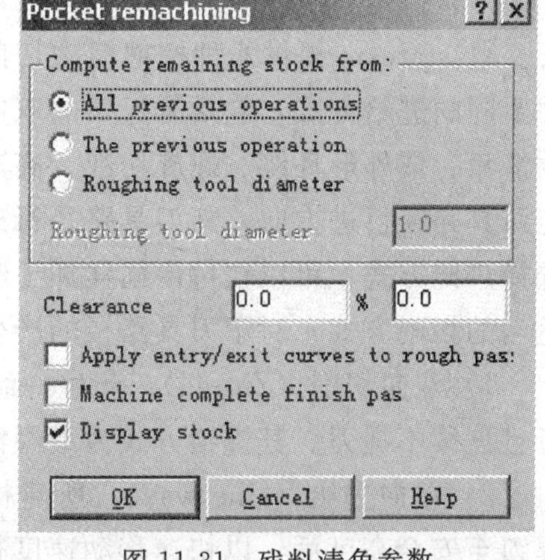

图 11-31　残料清角参数

4）开放式轮廓挖槽：系统专门提供了开放挖槽加工的功能，用于轮廓串联没有完全封闭，一部分开放的槽形零件加工。开放式轮廓挖槽加工对话框如图 11-32 所示，设置刀具超出边界的百分比（Overlap percentage）或刀具超出边界的距离（Overlap distance）即可进行开放式挖槽加工。生成的刀具路径将在切削到超出距离后直线连接起点与终点。

3. 粗铣/精铣参数设定（Roughing/Finishing parmeters）

粗铣/精铣参数决定了切削加工的进给方式、切削步距、进退刀选项等重要参数。挖槽加工的粗铣/精铣参数的对话框如图 11-33 所示，其参数说明如下。

(1) 粗铣参数　对话框的上半部分为粗铣加工（Rough）参数设置，包括粗铣加工的进给方式设置、切削步距设置、进刀设置、切削方向设置等。

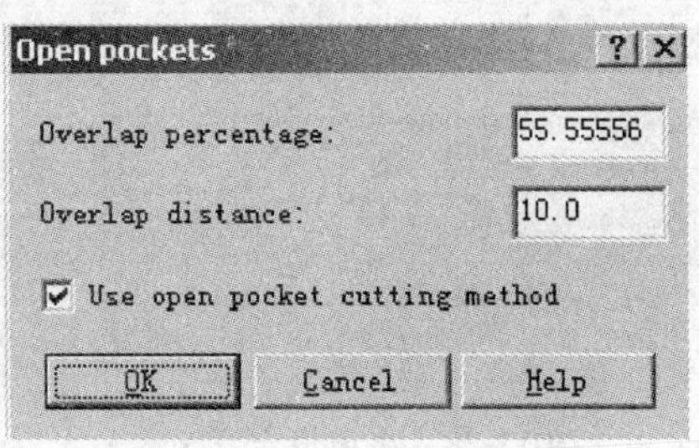

图 11-32　开放式轮廓挖槽加工参数

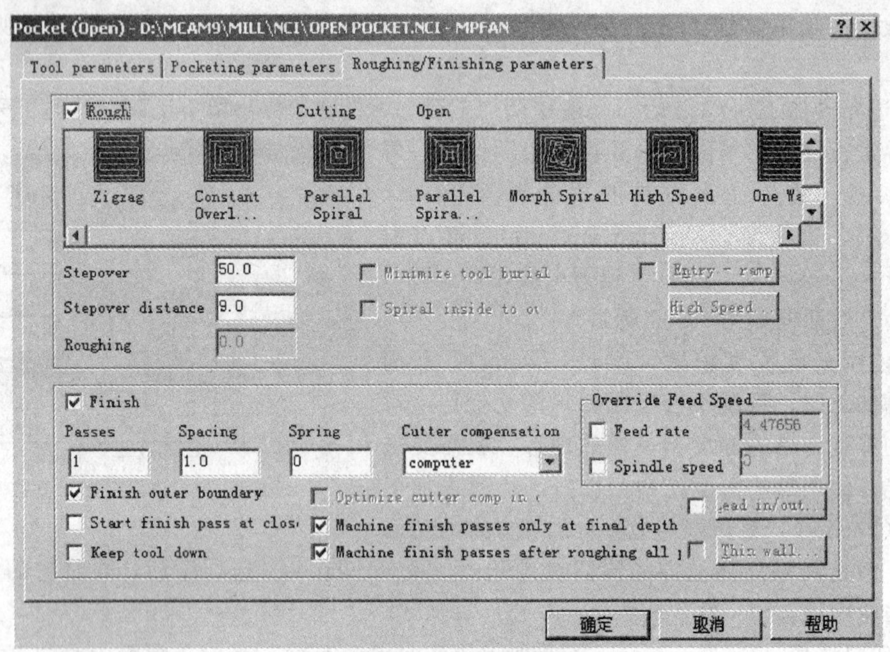

图 11-33　粗铣/精铣参数

Mastercam 提供八种挖槽粗铣切削方式，在粗铣/精铣对话框中以图例方式分别表示 8 种不同的进给方式，包括有行切的双向切削、单向切削和环切的等距环切、环绕切削、环切并清角、依外形环绕、螺旋切削、高速环切。在挖槽加工的铣削区域内，使用切削方法来设定刀具路径行进方向。其刀具路径行进方向，能够决定铣削的速度快慢与刀痕方向。合理地选择进给方式，可以在付出同样加工时间的情况下，获得更好的表面加工质量。因此，设定适当的切削方式，对于刀具路径的产生，是非常重要的条件。以下将逐一说明这 8 个选项。

1）双向切削（Zigzag）：产生一组来回的直线刀具路径。其所建构的刀具路径将相互平行且连续不提刀。其进给方式为最经济省时的方式，适合于粗铣面加工。

2）单向进给（One way）：所建构的刀具路径将相互平行，且在每段刀具路径的终点，提刀至安全高度后，以快速移动速度行进至下一段刀具路径的起点，再进行铣削下一段刀具路径的动作。

在行切的双向切削或者是单向进给方式，有如下选项可共选择。粗切角度（Roughing）：是指刀具路径与 X 轴的夹角，逆时针方向为正，顺时针方向为负。切削间距：是指两条挖槽路径之间的距离。可由下列两种方式确定。刀间距（Stepover，刀具直径）：输入刀具直径百分比来指定切削间距。刀间距（Stepover distance，距离）：直接输入数值指定切削间距。

“刀具路径最佳化（Minimize tool burial）”复选框用于设定“双向切削”时的刀具路径计算方法。不选此项，双向切削刀具以使切削时间最少为目标，选中此项，则以刀具损耗最小为目标，刀具保持单面切削状态，但切削路径可能更长，时间也较多。

环绕切削也称环切法加工，环绕式的加工方式是以绕着轮廓的方式清除素材，并逐渐加大轮廓。直到无法放大为止，如此可减少提刀，提升铣削效率。刀具以环绕轮廓进给方式切削工件，可选择从里向外或从外向里两种方式。使用环绕切削方法，生成的刀路轨迹在同一层内不抬刀，并且可以将轮廓及岛屿边缘加工到位，在做粗加工或精加工时都是比较好的选择。Mastercam 提供了 6 种环绕切削的方法。

3）等距环切（Constant overlap）：构建一粗加工刀具路径，确定以等距切除毛坯，并根据新的毛坯量重新计算。该重复处理过程直至系统铣完加工区域。该选项构建较小的线性移动，可干净清除所有的毛坯。

4）平行环切（Parallel spiral）：以平行螺旋方式粗加工内腔，每次用横跨步距补正轮廓边界。该选项加工时可能不能干净清除毛坯。

5）平行环切并清角（Parallel spiral ，Clean corners）：以平行环切的同一方法粗加工内腔，但是在内腔角上增加小的清除加工，可切除更多的毛坯。该选项增加了可用性，但不能保证将所有的毛坯都清除干净。

6）依外形环切（Morph Spiral）：依外形螺旋方式产生挖槽刀具路径，在外部边界和岛屿间用逐步过滤进行插补方法，粗加工内腔。该选项最多只能有一个岛屿。

7）螺旋切削（True Spiral）：以圆形、螺旋方式产生挖槽刀具路径。用所有正切圆弧进行粗加工铣削，其结果为刀具提供了一个平滑的运动，一个短的 NC 程序和一个较好的全部清除毛坯余量的加工。该选项对于周边余量不均的切削区域会产生较多抬刀。

8）高速环切（High Speed）：以平行环切的同一个方法粗加工内腔，该选项为刀具加工时采用的一种平滑过渡的方法，另外在转角处也可以圆角过渡，保证刀具整个路径平稳而高速。

由内而外环切（Spiral inside to out）：选择了环绕切削的某一切削方式后，此时“由内而外环切”复选框变得可选。该复选框用于确定每一种环绕切削方式的挖槽起点，选中该框，系统将以挖槽中心或指定挖槽起点开始，向外环绕至挖槽边界，不激活该选项时，系统自动由挖槽边界外围开始环绕切削至挖槽中心。

（2）下刀方式　用于设定粗加工 Z 方向下刀方式。挖槽粗加工一般用平铣刀，这种刀具主要用侧面刀刃切削材料，其垂直方向的切削能力很弱。若采用直接垂直下刀（不选用“下刀方式”时），易导致刀具损坏。所以，Mastercam 提供了螺旋下刀和斜插式下刀两种下刀方式。

在图 11-33 对话框的上边中部有一个“下刀方式（Entry ramp）”按钮，按钮前有一个复选框。如果采用螺旋或倾斜下刀方式，则点击复选框，激活下刀方式，按钮“螺旋式下刀”呈亮显状态，这时点击按钮，出现“下刀方式”设置对话框，如图 11-34 所示。对话框中有两个选项：螺旋方式与斜插方式。可任选其中一种下刀方式。下面介绍一下对话框中主要参数设置。

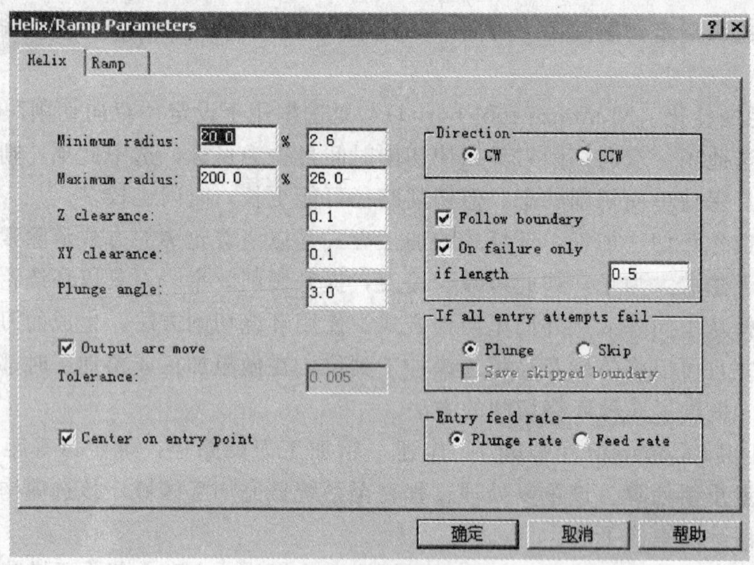

图 11-34　螺旋式下刀

1）螺旋式下刀方式参数设置要点。在图 11-34 所示对话框中可见，左边有五项要设置数值的参数项，另外有五项只要选取复选框的参数项。其主要设置要点见表 11-6。

表 11-6　螺旋下刀参数说明

参　数	说　明
最小半径	下刀螺旋线的最小半径，由操作者设定
最大半径	下刀螺旋线最大半径，由操作者根据型腔大小及铣削深度确定。一般是螺旋半径愈大，进刀的切削路程就越长
Z 方向开始螺旋/斜插位置（增量）	开始以螺旋方式运行时刀具离工件表面 Z 向高度（以工件表面作为 Z 向零点）
XY 方向的预留间隙	计算刀具与工件内壁下刀时在 XY 方向上预留量
进刀角度	螺旋斜坡的斜角，即为螺旋线的升角，此值选取的太小，螺旋圈数增多，切削路程加长；升角太大，又会产生不好的端刃切削情况，一般选 5°～20°
□以圆弧方式输出（G02/G03）误差值	选中该框，刀具以螺旋圆弧运动，没有选取此项，刀具以直线方式一段一段地运动，框中的数值是直线的长度
□将进入点设为螺旋中心	选中该框，系统将以串联的起点作为螺旋刀具路径的中心
进/退刀方向	指定螺旋进刀方向，有顺时针，逆时针两种，按加工情况选取一种
□沿边界渐降下刀	选中该框而未选中“只有在螺旋失败”时，设定刀具沿边界移动：选中了“只有在螺旋失败时”设定刀具沿边界移动
无法执行螺旋下刀时	此栏的设定是按螺旋下刀方式的所有尝试都失败后，程序转为“直线下刀”或“程序中断”
进刀采用进给率	可采用“Z 轴进给率”或 XY 方式“进给率”

注：□表示复选框。

2）斜线下刀方式参数设置要点。下刀方式对话框中选取斜插下刀方式，则出现图11-35所示的参数设置对话框，要点见表 11-7。

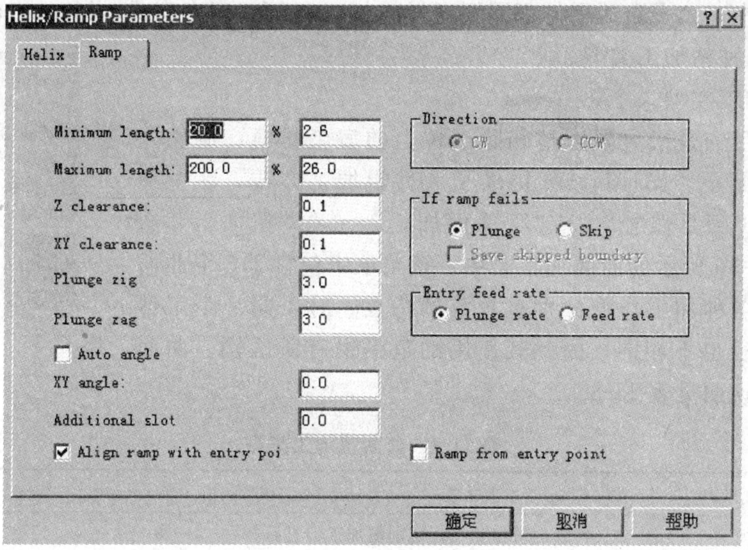

图 11-35　倾斜式下刀

表 11-7　斜插式下刀参数说明

参　　数	说　　明
最小长度	下刀斜线的最小长度，由操作者设定
最大长度	下刀斜线的最大长度，由操作者根据型腔空间大小及铣削深度确定。一般是斜线愈长，进刀的切削路程就越长
Z 方向开始旋转/斜插位置（增量）	开始以斜线方式运行时刀具离工件表面的 Z 向高度（以工件表面作为 Z 向零点）
XY 方向的预留间隙	计算刀具与工件内壁下刀时 XY 方向上的预留量
进入角度	刀具插入的斜角，即为切入工件时与工件表面的夹角。此值选取的太小，斜线数增多，切削路程加长
退出角度	刀具切出的斜角，即为切入工件时与工件表面的夹角。此值选取的太小，斜线数增多，切削路程加长；角度太大，又会产生不好的端刃切削的情况，一般选 5°～20°
□自动计算角度	选中该框，斜插下刀平面与 X 轴的夹角由系统自动决定；未选中该框时，斜插下刀平面与 X 轴的夹角须手动输入
XY 角度	输入斜插下刀平面与 X 轴的夹角
附加的槽宽	输入下刀的返回方向分开的距离
□斜插位置与进入点对齐	选中该框，指定进刀点直接沿斜线下刀到挖槽路径的起点
□表示复选框	选中该框，指定进刀点为斜插下刀路径的起点

注：□表示复选框。

三、曲面加工

Mastercam 的铣床加工包括多种曲面的粗加工、精加工，另外还有多轴加工和线架加工。线架加工相当于选用线架进行造型的方法造出曲面来进行加工。多轴加工指在四轴或五轴机床上加工，即可以编制刀轴相对于工件除了三个方向的移动外增加了刀轴的转动和摆动。

使用 CAD/CAM 软件进行数控编程时，用到最多的还是对曲面进行加工。对于一个具有较为复杂形状的工件（如模具）而言，只有通过沿着其曲面轮廓外形进行加工才能获得所需的形状。Mastercam 的曲面加工系统可以用来生成加工曲面、实体或实体表面的刀具路径。实际加工中，大多数的零件都需要通过粗加工和精加工来完成，Mastercam 共提供了 8 种粗加工和 10 种精加工类型。

（一）粗加工类型

粗加工的目的是最大限度地切除工件上的多余材料，应优先考虑加工效率问题。Mastercam 提供了 8 种粗加工方式，在主功能表中点击“T 刀具路径”→“U 曲面加工”→“R 粗加工”选项可打开图 11-36 所示的曲面加工菜单。该菜单中包含了 8 个曲面粗加工类型，各种加工类型分别有自身的特点。对于同一个工件生成的刀具路径也不相同，因此其使用的范围也有所区别。曲面粗加工类型的说明见表 11-8。

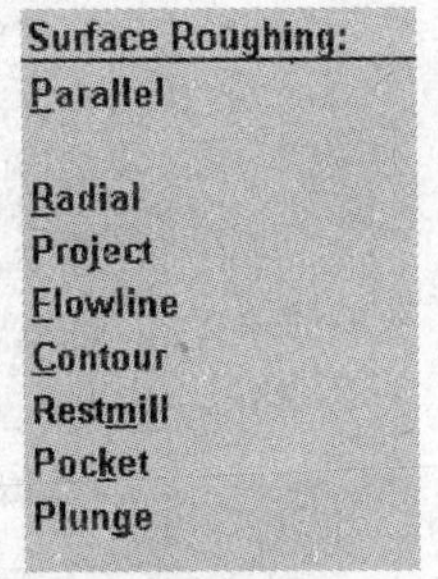

图 11-36　曲面加工菜单

表 11-8　曲面粗加工类型

项　目	功　能
(Parallel)平行铣削	生成一组相互平行切削粗加工刀具路径
(Radial)放射状加工	生成放射状的粗加工刀具路径
(Project)投影加工	将已有的刀具路径或几何图形投影到曲面上生成粗加工刀具路径
(Flowline)曲面流线	沿曲面流线方向生成粗加工路径
(Contour)等高外形	沿曲面的等高线生成粗加工路径
(Restmill)残料粗加工	生成清除前一刀具路径剩余材料的刀具路径
(Pocket)挖槽粗加工	切削所有位于曲面与凹槽边界材料生成粗加工刀具路径
(Plunge)钻削式加工	依曲面形态，在 Z 方向下降生成粗加工刀具路径

（二）精加工类型

精加工的目的是清除粗加工后剩余的材料，以达到零件的开头和尺寸精度的要求，精加工时，首先要考虑的是保证零件的形状和尺寸的精度。在主动能表中点击“T 刀具路径”→“U 曲面加工”→“F 精加工”，可打开图 11-37 所示的曲面精加工菜单。该菜单中包含了 10 个曲面精加工类型，各种加工类型分别有自身的特点，生成的刀具路径的特点也不相同，因此其适用的范围也有所区别。曲面精加工说明见表 11-9。

（三）曲面加工的公用参数设置

在进入曲面加工后，如图 11-38 所示。在主功能表的上部为粗加工（Rough）与精加工（Finish）的选择，而在其下部有下面几个选项。

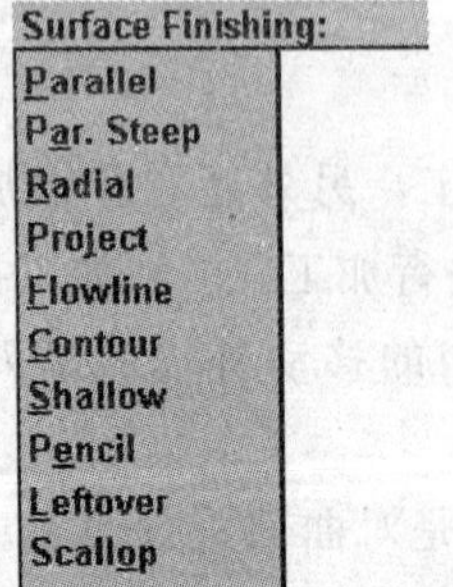

图 11-37　曲面精加工菜单

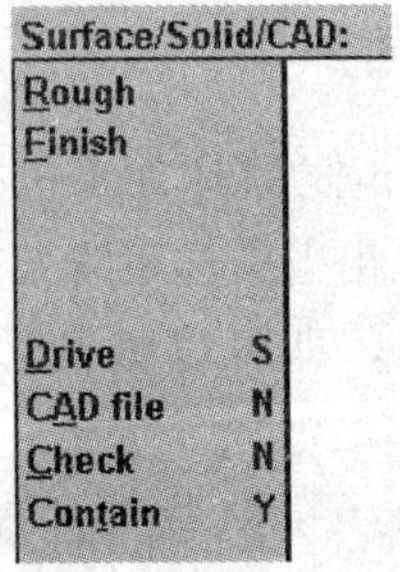

图 11-38

表 11-9　曲面精加工类型

项　　目	功　　能
(Parallel)平行铣销	生成一组按特定角度相互平行的切削精加工刀具路径
(Parstep)陡斜面加工	生成用于清除曲面斜坡上残留材料的精加工刀具路径
(Radial)放射状加工	生成放射状的精加工刀具路径
(Project)投影加工	将已有的刀具路径或几何图形投影到曲面上生成精加工刀具路径
(Flowline)曲面流线	沿曲面流线方向生成精加工刀具路径
(Contour)等高外形	沿曲面的等高线生成精加工刀具路径
(Shallow)浅平面加工	生成用于清除曲面浅面部分残留材料的精加工刀具路径,浅面积由斜坡角度决定
(Pencil)交线清角	生成用于清除曲面间交角部分残留材料的精加工刀具路径
(Leftover)残料清角	生成用于清除因使用较大直径刀具加工所残留材料的精加工刀具路径
(Scallop)环绕等距	生成一组在三维方向等步距环绕工件曲面的精加工刀具路径

(1) 加工面 (Drive)　加工面选项共有 3 个选项，分别是：

1) S：加工面选择提示，选择这一项后，将在选择了加工形式后，提示选择加工曲面，这是最传统和最常用的一种方法。

2) A：加工面包含全部曲面，选择这一项后，自动将所有曲面作为加工面，系统将不再提示选择加工面。

3) N：加工面不包含曲面，选择这一项后，加工面的数目为 0，但可以在进行曲面加工参数设置时进行加工面的选择。

(2) CAD 文件 (CAD file)　CAD 文件有 2 个选项，分别是 Y 和 N，表示是否显示 CAD 文件提示，即是否选择一个毛坯 CAD 文件。

(3) 检测面 (Check)　检测面选项共有 3 个选择项，分别是：

1) S：提示选择检测面，选择这一选项后，将在选择了加工形式并选择加工曲面后，提示选择检测面。

2) U：包含未选择曲面作为检测面，选择这一选项后，自动将除了加工曲面以外的所有曲面作为检测面。

3) N：包含非检测面作为检测面，选择这一选项后，不使用检测面，检测面的数目为 0，但可以在进行曲面加工参数设置时进行检测面的选择。

(4) 刀具限制 (Contain)　刀具限制有两个选项，分别是 Y 和 N，表示是否提示刀具限制边界。选择 Y 时，将在完成参数设置生成刀具路径前提示选择限制边界轮廓线。

在 Mastercam 中，进行加工设置时，在完成加工对象的选择后，系统会出现参数对话框，在对话框中有三个选项卡或四个选项卡，其中的刀具参数和曲面加工参数两个选项卡是各种三轴铣床加工类型中的共有参数，而第三个选项卡是按不同的加工类型用不同的参数来定义的。

(四) 刀具参数设置

刀具参数中首先要选择一个刀具，在对话框中的刀具列表中选择，如图 11-39 所示。在刀具参数选项卡中，还可以进行转速、切削用量的设置。

刀具的参数对话框中需要设定刀具并设置各种机械参数，包括刀具号码、半径补偿、刀长补偿、刀具名称、进给率、Z 轴进给率、提刀速度、刀具直径、程序名称、起始行号、行号增

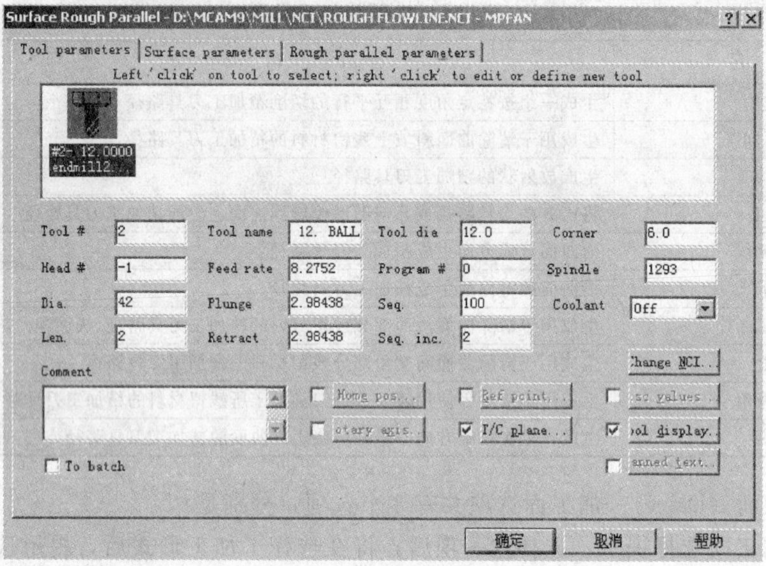

图 11-39　刀具参数设置

量、刀角半径、主轴转速、切削液等选项。这一部分的参数设置与轮廓加工完全相同。

（五）曲面加工参数设置

如前所述，曲面加工有 8 种粗加工方法和 10 种精加工方法，每种加工方法的参数是有区别的，而另外一些参数则是公用的。曲面加工参数设置是 8 种曲面粗加工和 10 种曲面精加工共用的参数。图 11-40 所示为曲面加工参数选项卡，包括主要设置安全高度、参数高度、进给下刀位置、要加工的表面、校刀长位置、在加工面的预留量、干涉面使用选项及干涉面余量等。

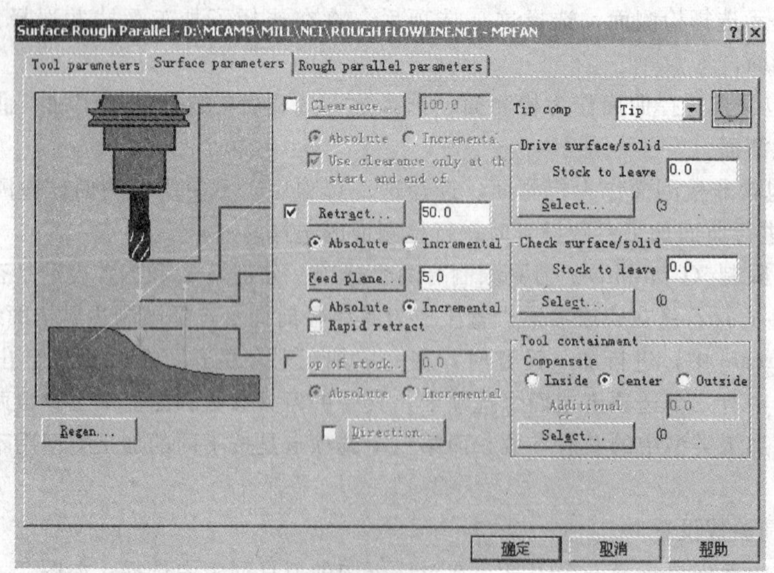

图 11-40　曲面加工参数

1. 高度设置

（1）安全高度　是从其始位置移动设置的高度；在有些情况下，Mastercam 使用退刀高度作为安全高度。选择安全高度按钮，输入高度值并在图形上选择一点或在文本框键入一个值。设置该高度时考虑到安全性，一般应高于零件及夹具的最高表面。

（2）参考高度　为开始下一个刀具路径前刀具回缩（抬刀）的位置，参考位置应高于下刀位置。

（3）进给下刀位置　设置刀具从快速进给改变为插入速率进入工件以前高度。在开始下一个刀具在下刀位置之上先快速下降，当下降到该位置后再慢速接近工件。当刀具在单个操作间移动时，刀具也上升到这个高度。

（4）快速退刀选项　确定刀具退刀至进给平面的速度，若设置快速退刀为关，刀具在用刀具参数对话框设置的提刀速率上移，若设置快速退刀为开，刀具退刀设置控制为快速退刀，即使用 G0 方式。

（5）要加工的表面　它是指工件毛坯的最高值。

2. 进退刀矢量（Direction）

它用于设定曲面加工时的进退刀方向。在曲面加工参数表中，选中进退刀矢量前的复选框，单击该按钮，弹出如图11-41所示的对话框，可以设置插入和退出的矢量，按指定的角度和长度进退刀。

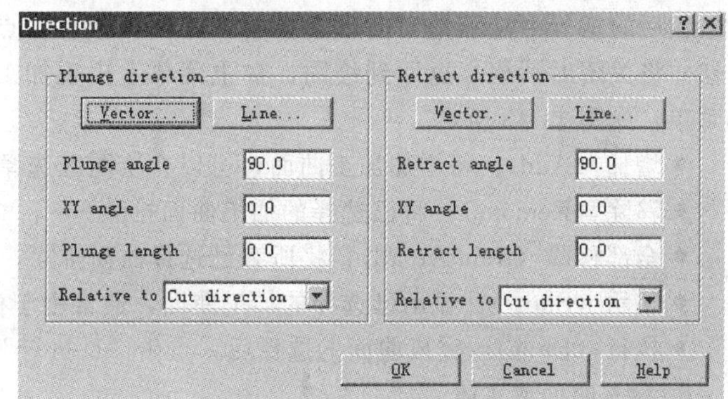

图 11-41　进退刀矢量对话框

3. 记录参数

使用记录参数选项，系统将自动存储曲面加工刀具路径的记录文件，但对刀具路径编辑时，该文件可用来加快刀具路径的刷新，也为以后的加工提供中间参数记录。单击记录参数按钮的对话框（见图 11-42），在对话框确定所需保存记录文件的文件夹路径和文件名，点击“保存”按钮，即可保存记录参数文件。

4. 校刀长位置

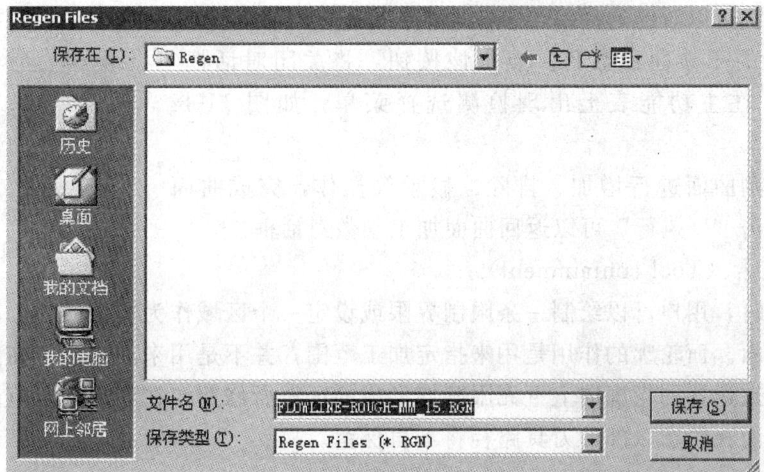

图 11-42　记录参数文件保存

校刀长位置参数是指设置铣刀补正至刀具端头的中心。可选择下列选项之一：

- 球心：刀具端头中心，补正至刀具端头中心。
- 刀尖：补正到刀具的刀尖。

5. 切削曲面或实体

切削曲面或实体中需要设置曲面或实体表面的加工预留量，提示当前选择的曲面数目，也可以重新选择加工曲面。

(1) 加工预留量　设置曲面加工余量，以作进一步的精加工用，可以直接输入数值。加工留量的确定与加工性质及材料、所用刀具有关系，一般精加工时的加工预留量设为0。

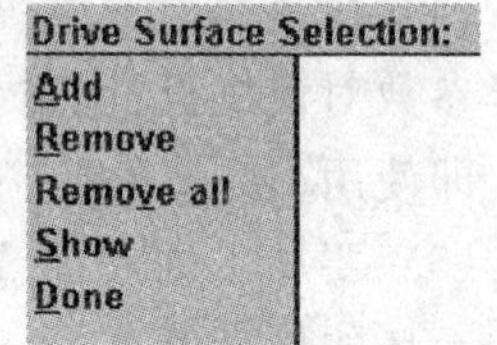

图 11-43　加工面选择菜单

(2) 选择按钮　可以对选择曲面或实体进行增加或删减。在按钮后的括号中显示是当前已选择的加工曲面数目。点击该按钮，将关闭对话框，返回到绘图，在主菜单上出现加工面选择菜单，如图 11-43 所示。

- 增加（Add）：将增加加工曲面，可以在绘图区选择曲面加到加工面中去。
- 移除（Remove）：将已选择的加工曲面排除。
- 全部移除（Remove all）：将所有已选择曲面排除，重新进行所有加工曲面的选择。
- 显示（Show）：显示已选择的加工曲面，通常用于检查是否有漏选或多选。
- 执行（Done）：完成曲面的选择后，点击“D 执行”可以返回曲面加工参数对话框。

6. 检测曲面或实体

在曲面加工前，为了防止切到禁止加工的表面，就要将禁止加工的曲面设为干涉面加以保护。另外，在某些时候干涉面也可以用来限制加工范围。如某零件，要加工圆角部分，由于其曲线十分复杂，很难用切削范围轮廓来限制，而使用干涉曲面方法，将圆角面以外的曲面设置为干涉面，即可生成只加工圆角部位的刀具路径。检测曲面或实体需要设置曲面或者实体表面的检测预留量，提示当前选择的曲面数目，可以重新选择加工曲面。

预留量（Stock to leave）：设置检测曲面余量，以对检测曲面有足够的保护，可以直接输入数值。

选择按钮：可以对已选择的干涉曲面或实体进行增加或删减。在按钮后的括号中显示的是当前已选择的干涉曲面数目。点击该按钮，将关闭对话框，返回到绘图，在主功能表上出现检测选择菜单，如图 11-44 所示。

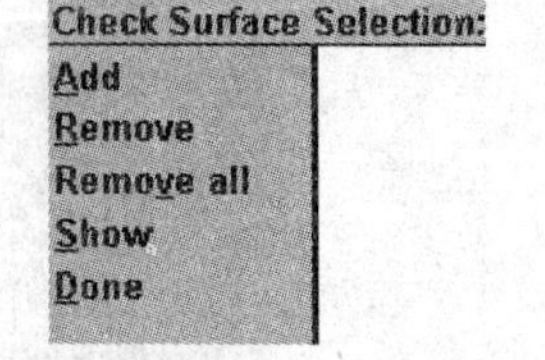

图 11-44　检测选择菜单

可以对检测曲面进行增加、排除、显示等操作，完成曲面的选择后，点击“D 执行”可以返回曲面加工参数对话框。

7. 刀具包含（Tool containment）

曲面加工时，用户可以绘制一条限制界限或设定一个区域作为特定的加工范围。曲面加工的对象是曲面。而轮廓的作用是用来指定加工范围，并不是用来加工的。在曲面上生成的刀具路径，将被选择的轮廓向上下无限延伸形成的区域所修剪。在轮廓限定范围内的刀具路径将被保留，而在轮廓以外的刀具路径将不再保留。

补偿到（Compensate）：

- 内侧（Inside）：要求刀具中心位置在轮廓线之内偏移一个半径值。

● 中心（Center）：刀具中心位置在轮廓线上。

● 外侧（Outside）：要求刀具中心位置在轮廓线之外偏移一个半径值。

附加补偿（Additional compensate）：可以对限制界限作一定量的偏移。如果要使加工范围大一点，可以输入一个负的轮廓补正，反之要使加工范围小点，可以输入一个正的轮廓补正。

选择（Select）：可以对已选择的限制轮廓进行增加或删减。在按钮后的括号中显示是当前已选择的轮廓线数目。点击该按钮，将关闭对话框，返回到绘图，在主菜单上出现选择刀具限制界限菜单，如图 11-45 所示。

（六）曲面粗加工

对于 Mastercam 中这么多的刀具路径类型，本书仅介绍常用的平行铣削粗加工、挖槽粗加工这两种常用的粗加工形式，其他粗加工形式的操作的设置参数可以参考这两种加工类型或者对应精加工方式的操作和参数设置。

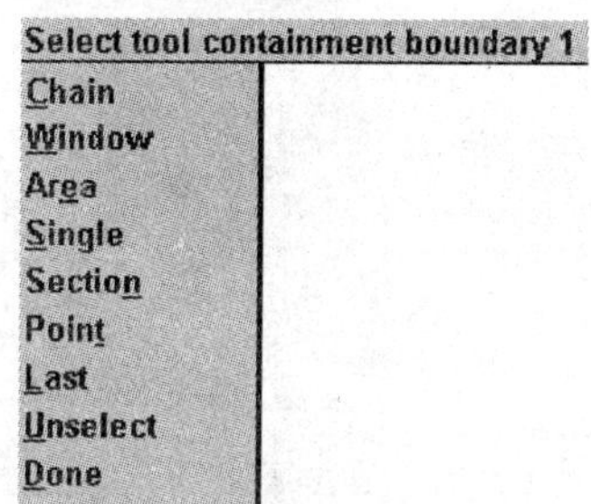

图 11-45　刀具限制界限

1. 平行铣削粗加工

平行铣削加工是一个简单、有效和常用的粗加工方法，加工刀具按指定的进给方向起进行切削，适用于工件形状中凸出物和沟槽较小的工件加工。

平行铣削粗加工的操作步骤：

1）选择曲面平行的铣削粗加工模块：在主功能表中依次点击“T 刀具路径”→“U 曲面加工”→“R 粗面加工”→“P 平行铣削”选项。

2）确定曲面类型，系统提示曲面类型有凸、凹或者未指定，从中选择一个。

3）选取加工曲面，在绘图区中选择要加工曲面，也可结合使用曲面选择子菜单进行快速选择。点击“D 执行”完成曲面选择进入加工参数设置。

4）选取加工刀具，设置机械参数：系统打开“曲面粗加工→平行铣削”对话框的“刀具参数”选项卡。在“刀具参数”选项卡中选择切削加工的主轴转速、切削进给、插入进给等机械参数。

5）设置曲面加工参数：单击“曲面加工参数”标签，设置安全高度、参考高度、下刀位置、要加工表面、校刀长位置和加工余量等参数。

6）如有必要，可以进行加工面的重新选择、干涉面的选择、干涉面预留设定、切削范围限制界限的定义及参数设定。

7）设置平行铣削粗加工参数：单击“平行铣削粗加工”标签，设置平行铣削粗加工参数。设置的参数有切削方向公差值、最大切削间距、切削方式、加工角度、最大 Z 轴进给参数等。

8）如有必要，要进行背吃刀量、间隙设定及高级参数的设置。

9）开始生成刀具路径：进行切削完所有参数的设置后，单击对话框中的“确定”按扭，系统即可按设置的参数计算出刀具路径。

10）工件形状选择（Part shape）。建立平行铣削粗加工刀具路径时，在进行曲面选择前，会有工件形状选择提示，如图 11-46 所示。对于这种工件形状选择，其实不一定是真正工件的凸凹形状，而是自动调整了一些

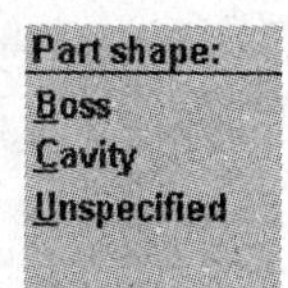

图 11-46　工件形状选择

参数。

① 凸（Boss）。选择凸选项时，平行铣削加工参数的某些参数将自动按此进行调整，其中切削方式设置为单向切削，Z 方向的控制设置为双侧切削，允许沿面上升（+Z）切削复选框也被选中。

图 11-47 所示为选择了“凸”形曲面的平行铣削加工参数对话框。

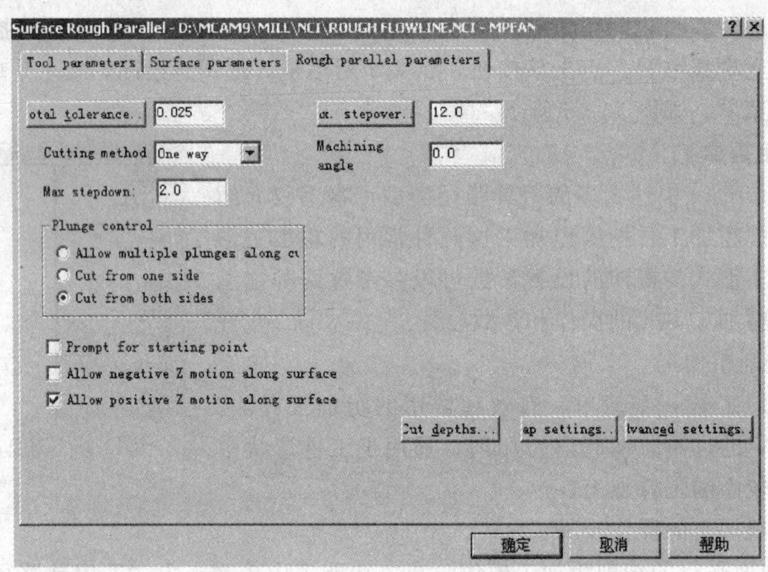

图 11-47　平行铣削加工参数对话框

② 凹（Cavity）。选择凹选项时，平行铣削加工参数的某些参数将自动按此进行调整。切削方式设置为双向切削，Z 方向的控制设置为切削路径允许连续的下刀及提刀，允许沿面下降（−Z）切削和允许沿面上升（+Z）切削复选框也被选中。图 11-48 所示为“凹”形曲面平行粗加工切削对话框的局部。

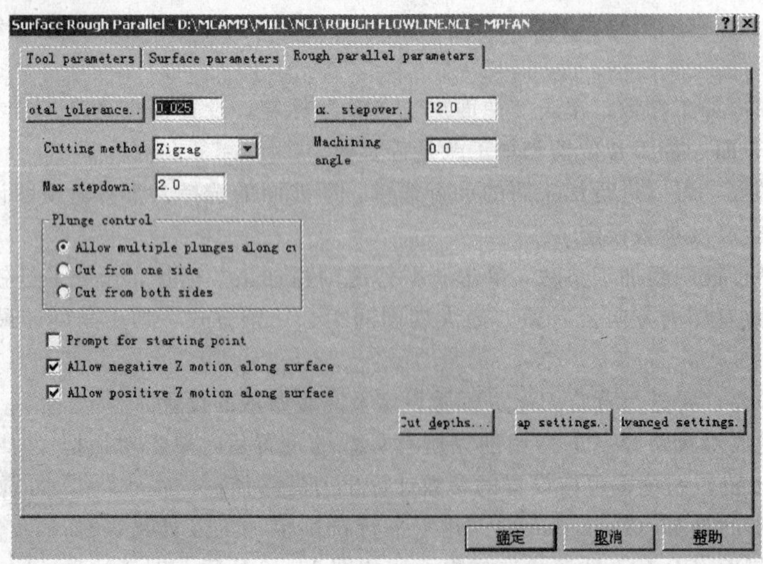

图 11-48　“凹”形曲面平行粗加工切削对话框

③ 未指定。当选择未指定选项时，参数表将采用默认参数，一般为前一次平行铣削加工设置的参数。

11）平行铣削粗加工专有参数设置。使用平行铣削粗加工，完成了曲面的选择后，弹出“曲面粗加工-平行铣削参数对话框”，除了刀具参数和曲面加工参数两组公用参数设置外，还需要设置平行铣削加工参数。平行铣削加工参数选项卡如图 11-47 所示。

① 切削方向误差值（Total tolerance）。切削方向误差值输入框用来设置曲面刀具路径的精度误差。公差值设置越小，加工得到的曲面越接近设置的曲面，而计算时间和加工程序也越长。一般在曲面粗加工时其设置可稍大些以提高计算速度，而在精加工时必须以较小公差来得到较高的加工精度。一般粗加工的公差应设置为加工预留量的 1/5～1/2。

② 切削方式（Cutting method）。切削方式列表框用来设置在 XY 方向的进给方式。用户可以双向选择切削或单向切削进给方式。选择双向切削时，加工刀具在完成一行切削后即转向进行下一行的切削；当选择单向进给方式时，加工时刀具只沿一个方向进行切削，完成一行切削后抬刀返回到起始边再进行下一行的切削。利用双向加工可以节省抬刀时间，而利用单向方式可以保证所有的刀具路径是统一按顺铣或逆铣，同时也容易取得更为理想的加工表面质量。

③ 最大 Z 轴进给量（Max stepdown）。最大 Z 轴进给量输入框用来设置两相邻切削路径层间的最大 Z 方向距离（背吃刀量）。也就是指定每次加工深度，背吃刀量也称为切深，是影响加工效率最主要的因素之一，背吃刀量的确定需考虑切削所用的刀具、被切削工件材料、切削余量、切削负荷、残余高度、切削进给等因素。

背吃刀量的确定还要考虑到其所留的残余高度。对于有斜度的曲面加工而言，较小的背吃刀量产生的层次较多，表面加工质量较好，但刀具轨迹也较长，加工时间长。而较大的背吃刀量则相反，效率较高，但是残余量较大。

背吃刀量的确定还要考虑刀具的承受能力，并考虑背吃刀量与进给的关系。大的背吃刀量，刀具所受负荷也较大，只能以相对较低进给加工。

④ 最大切削间距（Max stepover）。最大切削间距输入框用来设置同一层中相邻切削路径间的最大进刀量（步进）。该设置值必须小于刀具的直径。在刀具所能承受的负荷范围内，最大切削间距设置得大，生成的刀具路径数目少，加工效率高。一般粗加工使用可转位刀具时最大可以设定为刀具直径的 75％～85％。

⑤ 加工角度（Machining angle）

加工角度输入框用来设置加工角度，加工角度是指刀具路径与刀具面 X 轴的夹角。加工角度输入框中输入一个数值，这个角度以 X 轴正方向为零度，初始进给方向与 X 轴的夹角即为其值，逆时针为正。

⑥ Z 方向的控制（Plunge control）。Z 方向的控制是用来设置下刀和退刀时在 Z 方向的移动方式，共有三种方式。

- 切削路径允许连续的下刀及提刀（Allow multiple plunges along cut）：沿曲面刀具连续的下刀和提刀。
- 单侧切削（Cut from one side）：只在单侧下刀或退刀。
- 双侧切削（Cut from both side）：可在双侧下刀或退刀。

允许沿面下降（－Z）切削（Allow negative Z motion along surface）/允许沿面上升

(+Z) 切削 (Allow positive Z motion along surface) 用来设置沿曲面的 Z 向运动方式，当平行切削的刀具运行到曲面时，用来是否允许进行沿面的上升或下降切削。使用允许沿面上升 (下降) 切削可以得到光滑的表面。

⑦ 定义下刀点 (Prompt for starting point)。选中定义下刀点选项，要求用户指定刀具路径的起始点，系统依据指定的点最近的角点为刀具路径的起始点。

2. 粗加工扩展参数设置

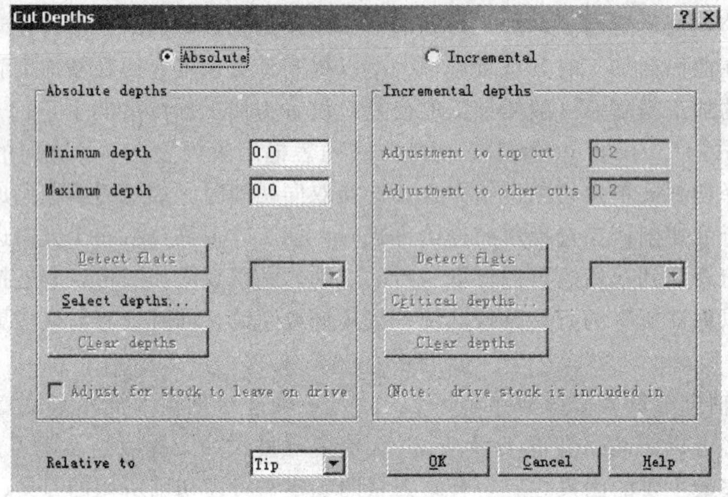

图 11-49 背吃刀量设置

在曲面粗加工参数中，下面的几个选项是各种曲面粗加工方式所共有的，包括背吃刀量、间隙设定与高级设定。在 Mastercam 中将这几个参数单独列出，并以弹出对话框的方式进行设置。

(1) 背吃刀量设置 (Cut Depths) 背吃刀量设置选项用来设置粗加工的背吃刀量，也就是限定曲面的粗加工的背吃刀量范围。点击背吃刀量按钮，弹出的对话框如图 11-49 所示。

可以选择绝对坐标 (Absolute) 和相对坐标 (Incremental)。当设置为绝对方式时，要输入最高点 (Maximum depth) 和最低点深度 (Minimum depth)，或者通过选择深度 (Select depths) 在图形上选择背吃刀量范围，限定切削的最高处和最低处。当设置为相对方式时，要输入顶部预留量 (Adjustment to top cut) 设置刀具的最低点与顶部切削边界的距离；输入其他切削部位偏移量 (Adjustment to other cuts) 设置刀具深度和它切削边界的距离。系统默认设置为相对坐标方式。

(2) 间隙设定 (Gap settings) 间隙设定用来设置刀具在不同间隙时的运动方式，用于定义当有间隙时的刀具动作。间隙就是在连续曲面中有缺口或曲面

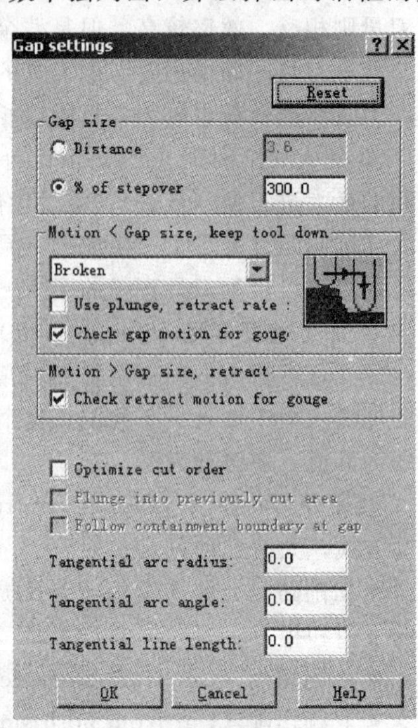

图 11-50 间隙设定

有断开的地方。它通常由下列原因造成，如相邻曲面没有连接；修剪后的曲面有缺口；删除过切的部分。在粗加工参数对话框中单击间隙设定按钮，弹出间隙设定对话框，如图 11-50 所示。

容许间隙：容许间隙可用“依照距离（Distance）”或“进刀量的百分比”（% of stepover），对于放射状和投影加工以刀具直径的百分比表示。在对话框的输入框中可以直接输入间隙的距离大小或者百分比数值。

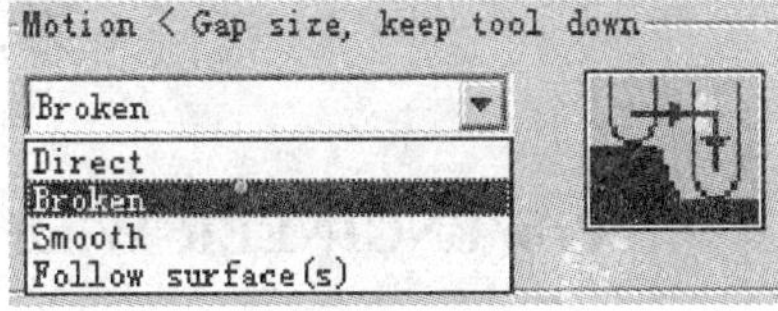

图 11-51

移动量小于容许间隙时，不提刀：刀具的移动量，刀具路径上一道的终点与下一道起点之间的距离小于容许间隙时，刀具不提刀，系统提供 4 种处理方式，如图 11-51 所示。在下拉列表中选择各参数说明如下。

- 横越（Direct）：直接以直线切削方式从前一刀具路径的终点移动到下一刀具路径的起点。
- 打断（Broken）：将移动量打断成 Z 方向和 XY 方向两段切削，刀具从前一路径的终点沿 Z 方向（或 XY 方向）移动，然后再沿 XY 方向（或 Z 方向）移动，到下一路径的起点。
- 平滑（Smooth）：用于高速加工，刀具路径沿着平滑方式越过间隙。
- 沿着曲面（Follow surfaces）：刀具从一曲面刀具路径的终点沿着曲面外形移到另一曲面刀具路径的起点。

移动量大于容许间隙，提刀：移动量大于容许间隙时，提刀到参考高度，再移动到下一点切削，选中检查提刀时的过切情况复选框，可对提刀和下刀进行过切检查。

（3）切削顺序最佳化　与二维挖槽加工中的路径最佳相似，选中该框，刀具将分区进行切削直到某一区域所有加工完成后才转入下一区域。

（4）边界进/退刀延伸切弧　在曲面的边界加工一段引导弧，其进/退刀切弧半径、进/退刀切弧扫掠角度和进/退刀切弧长度可根据需要设定。

（5）高级设定（Advanced settings）　曲面有封闭和开放两种形式，封闭曲面指曲面边界收缩为一点，开放曲面指曲面具有边界。对于在开放曲面的边界上，刀具路径根据边界而定。单击高级设定按钮弹出如图 11-52 所示的高级设定对话框。

该对话框用来设置刀具在曲面或实体边缘处运动方式，可以设置曲面边缘角落圆角加工。在加工曲面的周边生成切削圆角的刀具轨迹，或不生成周边切削圆角刀具轨迹。

刀具在曲面边缘走圆角［At surface (solid face) edge roll tool］共有三个选项。

1）自动计算［Automatically (based on geometry)］：如果在曲面加工参数表定义了加工切削范围，则在此范围内所有边缘全部走圆角，否则只有两曲面间边缘走圆角。

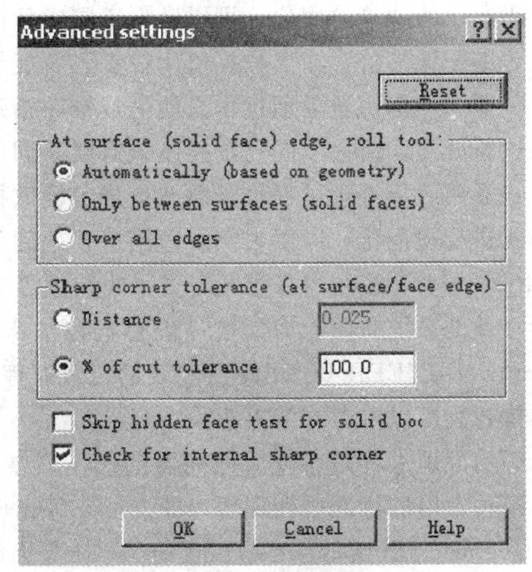

图 11-52　高级设定

2）两曲面间［Only between surfaces（solid faces）］：仅在两曲面间边缘走圆角。

3）所有曲面边缘（Over all edges）：所有曲面边缘都走圆角。

锐角部分的容差（Sharp corner tolerance）：用于设定边缘尖角部分的走圆角刀具路径计算精度。

第五节　后置处理

一、Pro/ENGINEER Wildfire NC 的后处理（Post Process）

在 Pro/ENGINEER Wildfire 中，建立好加工模型，并且设置完各项加工参数后，Pro/ENGINEER Wildfire NC 首先生成的是刀具路径数据文件（CL Data File）。这是一种 ASCⅠⅠ格式的数据文件。因为这种数据文件不能够驱动数控机床进行加工，所以必须对它进行一定是解释翻译，将其转化成指定数控机床（也就是特定的数控系统）能够执行的数控程序，这一过程就称为后处理。在 Pro/ENGINEER Wildfire 中，后处理产生的文件被称为加工控制（MCD）文件。

一个完整的自动编程系统必须包括主处理程序（Main Processor）和后置处理程序(Post Processor）两部分。主处理程序完全独立于具体的数控机床，其输出一般为刀位轨迹文件（Cutter Location Data），而后置处理程序是按数控机床的功能及数控加工编程格式的要求生成的程序，它将主处理程序产生的位置数据和功能信息转换成能被某种数控机床控制系统所接受的数控加工程序（代码）。

后处理器是一个用来处理由 CAD 或 APT 系统产生的刀位轨迹文件的应用程序，有通用后置处理器和专用后置处理器之分。

由于数控技术的不断进步，数控控制系统在品种和性能上都有很大的提高，对后置处理的要求也越来越高。不但要提高处理技术，满足新技术的要求，而且要有开发性和通用性，允许编程人员在后置处理模块中可以描述未来数控系统的功能。通用后置处理器就是指后置处理程序的功能通用化，可以针对不同类型的数控系统对刀位路径文件进行处理，结合数控机床的配置文件，输出数控机床控制系统能够接受的加工代码。

因为专用后置处理过程只能生成惟一指定数控机床代码，不能对其他数控机床的特性文件进行处理，所以不同的数控系统需要不同的后置处理系统。

通用后置处理过程可以动态生成各类数控机床特性文件，这些特性文件对各类数控机床格式进行规范化，以便它们由通用后置处理程序处理后生成不同格式的机床代码。Pro/ENGINEER Wildfire 本身已经配置了当前世界上比较有名的数控厂商的后处理文件，但是由于所涉及的系统有限，为了使一般是数控机床能够处理 Pro/NC 的加工工艺文件，可以通过 Pro/ENGINEER Wildfire 所配置的后置处理模块来设置机床配置文件，扩充后置处理功能，具体过程可以参考有关书籍。

后处理过程是通过后处理器的作用实现的。在 Pro/ ENGINEER Wildfire NC 模块中，有两种常用的标准后处理器，即 gpost 和 ncpost。

gpost（默认）：Intercim Corporation 提供的 G-Post 后处理器。

ncpost：使用 Pro/NC POST 后处理器。

可以通过设置配置文件（Config. pro）中的 ncpost _ type 选项来选择要使用的后处理器。对不同的 CNC 系统（数控系统），后置处理程序也不一样。

二、Mastercam 的后置处理与 DNC 加工

1. Mastercam 的后置处理

在 Mastercam 中，建立好加工模型，并且设置完各项加工参数后，Mastercam 首先生成的是刀具路径数据（NCI）文件。这是一种 ASCⅠⅠ格式的数据文件，它包含一系列刀具路径的坐标及加工信息，如主轴转速、进给速度、切削液控制等。后置处理模块则将刀具路径数据（NCI）文件转换为 CNC 控制器可以解读的 NC 代码。因为各个厂商生产的 CNC 控制器不同，Mastercam 采取从某种后处理数据文件（. PST）中提取程序格式转化所需的标识代码的方式，以获得适应某种控制系统的数控程序，如日本 FANUC 用 MPFAN. PST，美国的 DYNAPATH 用 MPDYPTH. PST；并且还允许用户根据所用机床的特殊性区修改后处理数据文件中的特征代码，从而使得由此生成的数控程序更适合用户的机床，尽可能减少再区手工修改程序的工作。

下面将以适用日本 FANUC 的 MPFAN. PST 为例，简单介绍后处理文件（. PST）的部分内容供参考，详细情况请查阅专门资料。请注意：华中世纪星数控系统（HNC—21M）可以接受用日本 FANUC 的 MPFAN. PST 进行后处理的 NC 代码，少量修改或不修改程序就可以进行加工，比较方便。对华中数控系统需要修改的地方，作者进行了注释。

PST 文件由多个数据区段构成，凡是行首用“#”标记的均为注释内容。“#（）”中内容为作者另加的注释。

```
# Post Name：MPFAN
# Product：MILL
# Machine Name：GENERIC FANUC
# Control Name：GENERIC FANUC
# Description：GENERIC FANUC MILL POST
# 4-axis/Axis subs：YES
# 5-axis：No
# Subprograms：YES
# Executable：MP v9.10
#
-----------------------------------------------------------------
# Start of File and Toolchange Setup #（程序文件开始）
#
-----------------------------------------------------------------
psof0 #Start of file for tool zero
    psof
psof #Start of file for non-zero tool number #（程序头）
    pcuttype
    toolchng=one
```

```
  if ntools=one,
    [
    #skip single tool outputs, stagetool must be on
    stagetool=m _ one
    ! next _ tool
    ]
  "%", sprogname, e #(此句加了 sprogname, 原来为"%", e)
  *progno, e #(程序号) #(此句对华中数控系统要去掉)
  "(PROGRAM NAME -", sprogname, ")", e  #(程序名)
  "(DATE=DD-MM-YY -", date," TIME=HH: MM -", time, ")", e # (日期和
时间, 也可以去掉)
  pbld, n, *smetric, e
  pbld, n, *sgcode, *sgplane, "G40", "G49", "G80", *sgabsinc, e
  sav _ absinc=absinc
  if mi1 <=one, #Work coordinate system
    [
    absinc=one
    pfbld, n, sgabsinc, *sg28ref, "Z0.", e
    pfbld, n, *sg28ref, "X0.", "Y0.", e
    pfbld, n, "G92", *xh, *yh, *zh, e
    absinc=sav _ absinc
    ]
  pcom _ moveb
  c _ mmlt #Multiple tool subprogram call
  ptoolcomment
  comment
  pcan
  if stagetool >=zero, pbld, n, *t, "M6", e
  pindex
  if mi1 > one, absinc=zero
  pcan1, pbld, n, *sgcode, *sgabsinc, pwcs, pfxout, pfyout,
    pfcout, *speed, *spindle, pgear, strcantext, e
 #(应去掉上句的 pfcout, 程序中不会出现 A 轴, 也可以不去掉, 不影响程序执行)
  pbld, n, "G43", *tlngno, pfzout, scoolant, next _ tool, e
  absinc=sav _ absinc
  pcom _ movea
  toolchng=zero
  c _ msng #Single tool subprogram call
ptlchg0 #Call from NCI null tool change (tool number repeats) # (换刀程序段)
```

```
    pcuttype
    pcom_moveb
    c_mmlt #Multiple tool subprogram call
    comment
    pcan
    result=newfs (15, feed)    #Reset the output format for 'feed'
    pbld, n, sgplane, e
    pspindchng
    pbld, n, scoolant, e
    if mil > one & workofs <> prv_workofs,
      [
      sav_absinc=absinc
      absinc=zero
      pbld, n, sgabsinc, pwcs, pfxout, pfyout, pfzout, pfcout, e
      pe_inc_calc
      ps_inc_calc
      absinc=sav_absinc
      ]
    if cuttype=zero, ppos_cax_lin
    if gcode=one, plinout
    else, prapidout
    pcom_movea
    c_msng #Single tool subprogram call
ptlchg  #Tool change
    pcuttype
    toolchng=one
    if mil=one, #Work coordinate system
      [
      pfbld, n, *sg28ref, "X0.", "Y0.", e
      pfbld, n, "G92", *xh, *yh, *zh, e
      ]
    pbld, n, "M01", e
    pcom_moveb
    c_mmlt #Multiple tool subprogram call
    ptoolcomment
    comment
    pcan
    result=newfs (15, feed)    #Reset the output format for 'feed'
    pbld, n, *t, "M6", e
```

```
    pindex
    sav _ absinc=absinc
    if mi1 > one, absinc=zero
    pcan1, pbld, n, * sgcode, * sgabsinc, pwcs, pfxout, pfyout,
      pfcout, * speed, * spindle, pgear, strcantext, e
    pbld, n, "G43", * tlngno, pfzout, scoolant, next _ tool, e
    absinc=sav _ absinc
    pcom _ movea
    toolchng=zero
    c _ msng # Single tool subprogram call
pretract # End of tool path, toolchange
    sav _ absinc=absinc
    absinc=one
    sav _ coolant=coolant
    coolant=zero
    # cc _ pos is reset in the toolchange here
    cc _ pos=zero
    gcode=zero
    pcan
  pbld, n, sccomp, * sm05, psub _ end _ mny, e
 #(去掉 G28 回参考点 下面 2 行应去掉，否则机床加工完后自动回参考点)
  pcan1, pbld, n, sgabsinc, sgcode, * sg28ref, "Z0.", scoolant, strcantext, e
    pbld, n, * sg28ref, "X0.", "Y0.", protretinc, e
    pcan2
    absinc=sav _ absinc
    coolant=sav _ coolant
 peof0 # End of file for tool zero # (程序尾)
    peof
 peof # End of file for non-zero tool
    pretract
    comment
    # Remove pound character to output first tool with staged tools
    # if stagetool=one, pbld, n, * first _ tool, e
    n, "M30", e
    mergesub
    clearsub
    mergeaux
    clearaux
    "%", e
```

```
pwcs #G54+ coordinate setting at toolchange # (G54 工件坐标系)
    if mi1 > one,
      [
      sav_frc_wcs=force_wcs
      if sub_level, force_wcs=zero
      if workofs <> prv_workofs | (force_wcs & toolchng),
        [
        if workofs < 6,
          [
          g_wcs=workofs + 54
           *g_wcs
          ]
        else,
          [
          p_wcs=workofs - five
          "G54.1", *p_wcs
          ]
        ]
    force_wcs=sav_frc_wcs
    ! workofs
    ]
pgear #Find spindle gear from lookup table
    if use_gear=one,
      [
      gear=frange (one, speed)
       *gear
      ]
#Toolchange setup
pspindchng #Spindle speed change
    if prv_spdir2 <> spdir2 & prv_speed <> zero, pbld, n, *sm05, e
    if prv_speed <> speed | prv_spdir2 <> spdir2,
      [
      if speed, pbld, n, *speed, *spindle, pgear, e
      ]
    ! speed, ! spdir2
    pspindle #Spindle speed calculations for RPM # (主轴转速计算)
    speed=abs (ss)
    if maxss=zero | maxss > max_speed, maxss=max_speed
    #zero indicates spindle off (not a mistake)
```

```
        if speed,
          [
          if speed > max _ speed, speed=maxss
          if speed < min _ speed, speed=min _ speed
          ]
        spdir2=fsg3 (spdir)
    pq # Setup post based on switch settings
        if stagetool=one, bldnxtool=one
        # Rotaxtyp=1 sets initial matrix to top
        # Rotaxtyp=-2 sets initial matrix to front
        if vmc, rotaxtyp=one
        else, rotaxtyp=-2
        # Shut off rotary axis if, Q164. Enable Rotary Axis button? n
        if ucase (sq164) =strn, rot _ on _ x=zero
        if arctype=one | arctype=four,
          [
          result=newfs (two, i)
          result=newfs (two, j)
          result=newfs (two, k)
          ]
        else,
          [
          result=newfs (three, i)
          result=newfs (three, j)
          result=newfs (three, k)
          ]
pheader # Call before start of file
        if met _ tool=one, # Metric constants and variable adjustments
          [
          ltol=ltol _ m
          vtol=vtol _ m
          maxfeedpm=maxfeedpm _ m
          ]
ptoolend # End of tool path, before reading new tool data
        ! speed, ! spdir2
ptlchg1002 # Call at actual toolchange, end last path here
        if cuttype <> one, sav _ rev=rev # Axis Sub does not update to rev
        pspindle
        whatline=four # Required for vector toolpaths
```

```
if gcode=1000,
  [
  #Null toolchange
  ]
else,
  [
  #Toolchange and Start of file
  if gcode=1002,
    [
    #Actual toolchange
    pretract
    ]
if stagetool=one, prv_next_tool=m_one
prv_xia=vequ (xh)
prv_feed=c9k
]
```

2. DNC加工

经过后置处理生成的NC代码，如果程序量较小，可以通过系统面板直径输入，但是容易输错，也可以通过磁盘拷贝到机床数控系统内。当程序量较大时，由于机床数控系统存储容量的限制，可以考虑将复杂零件的刀路分步定义，分为几次进行加工，以减少程序的存储容量，但其操作很复杂，容易出错。对于具有DNC加工功能的机床，可以由PC机直接控制加工，不需要转存程序。传送前需要将传送线连接好。以FANUC数控系统为例，DNC操作如下：

（1）机床数控系统方面的准备　将机床加工前所有的准备工作完成后，将机床手动操作面板上的方式开关置于“DNC加工”方式，按“PROG”程序功能键，输入给定一个程序号或直接用要传送加工程序文件中的程序号，然后按“循环启动”键，屏幕右下角闪烁显示“输入”字样。

（2）PC机方面的准备　当用Mastercam生成NC程序文件后，即可通过“File”→“Next menu”→“Communic”出现如图11-53所示的对话框，设置好传送参数，然后单击“Send”，在弹出的对话框中选择已经生成的NC程序文件名，再单击“打开”，即可开始DNC加工。

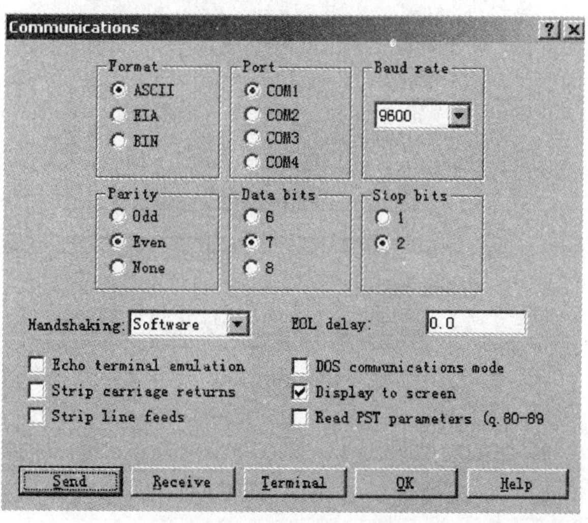

图11-53　数据传送对话框

第十二章　计算机辅助编程加工实训

本章重点介绍了利用 Pro/ENGINEER Wildfire 2.0 和 Mastercam V9.1 进行计算机辅助编程的几个实训例子，包括曲面、型腔、体积、轮廓和挖槽加工。介绍了计算机辅助编程过程中工艺参数的选用、操作步骤以及后置处理几个方面的内容。

第一节　实训一　曲面加工（Pro/ENGINEER Wildfire 2.0）

本例采用 Pro/ENGINEER Wildfire 2.0 NC 进行曲面辅助编程。

1. 新建加工文件

新建一个加工文件（见图 12-1），将名称命名为 mouse _ qm _ jg. mfg。

2. 建立加工模型

（1）加入参考模型　在 MANUFACTURE（加工）菜单管理器中依次单击 Mfg Model→Assemble→RefMode。

（2）进入 Open 对话框，选择文件 mouse _ qm. prt，在元件放置窗口中，单击 （在缺省位置放置）图标，单击确定按钮，参考零件即被加入加工模型中，如图 12-2 所示。

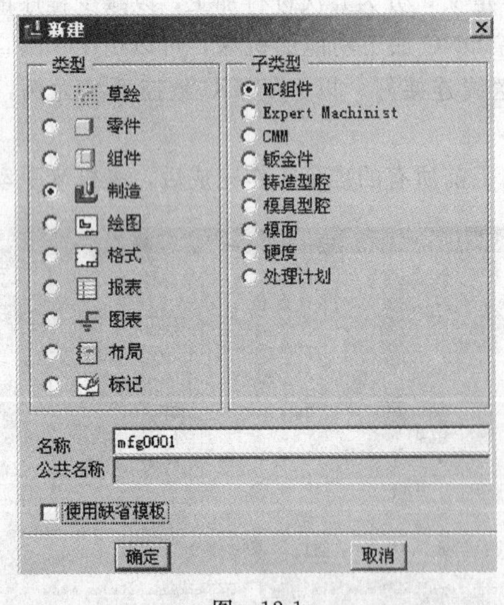

图　12-1

图 12-2　参考零件

3. 加工参数设定

（1）机床设置　在 MANUFACTURE（加工）菜单管理器中单击 Mfg Setup（制造设置）。系统弹出 Mfg Setup（制造设置）菜单，单击 Operation（操作），系统弹出操作设置窗口，如图 12-3 所示。单击图标 将机床类型设置为（铣），Number of Axes（轴数）选

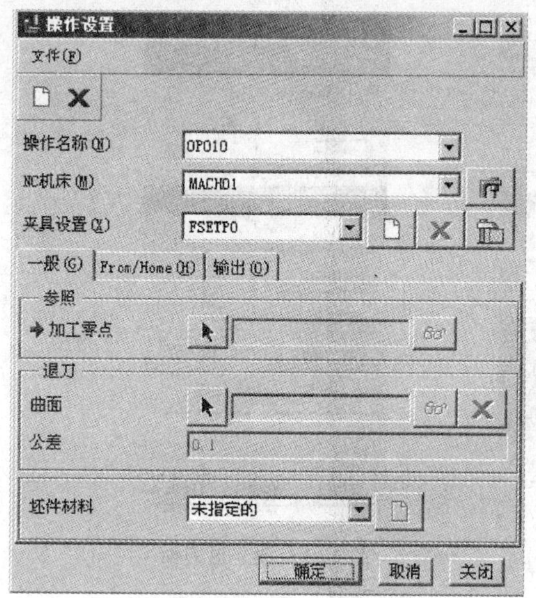

图 12-3　操作设置

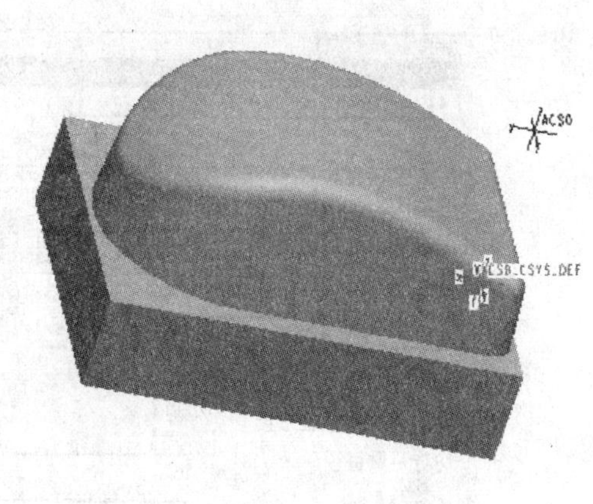

图 12-4　建立的坐标系

择 3 轴（3 Axis），保持窗口中其他默认值不变，单击确定按钮，完成机床设置，返回操作设置窗口。单击 Machine Zero（加工零点）右侧的按钮，屏幕提示选择坐标系，由于没有合适的坐标系供选择，需要新建立坐标系。选择零件中三个平面创建坐标系（注意：三个平面要互相垂直），注意坐标轴的方向，特别是 Z 轴的方向。一般情况下，先确定 Z 轴的方向（刀具离开工件加工的方向为 Z 轴正向），然后再确定 X 轴的方向（面对机床，朝右的方向为 X 轴正向），系统会根据右手定则确定第 3 轴 Y 轴的方向，建立好的坐标系如图 12-4 所示。接着定义退刀面，本例选择沿 Z 轴 15mm。如图 12-5 所示。

（2）加工刀具设置　单击 Mfg Setup（制造设置）→Tooling（刀具），在 SET MENU 菜单中选择使用刀具的加工机床，系统会弹出 Tools Setup（刀具设定）对话框，如图12-6 所示。将刀具参数设置成如图 12-6 所示的的参数，单击 Apply（应用）按钮，再单击“确定”按钮，刀具设置完成。注意：进行曲面加工，刀具要选择球刀，本例进行精加工，不留余量。如果系统配置有刀具库，可以打开刀具库，使用标准刀具，如图 12-7 所示。注意：也可以在机床设置窗口中单击“切削刀具（C）”，再单击图标进行刀具设置。

4. 创建 NC 序列

在 MANUFACTURE（加工）菜单管理器中单击 Machining（加工）→NC Sequence（NC 序列）→Surface Mill（曲面铣削），如图 12-8 所示。然后单击 Done（完成），弹出如图 12-9 所示的 SEQ SETUP（序列设置）菜单。系统默认选项有 Tool、Parameters、Surface，再加上第一项 Name，单击确定。

（1）输入名称　输入工序名称 mouse _ qmjg，确认。

（2）设置刀具　系统会弹出刀具设置窗口，由于已经设置好刀具，直接单击确定按钮即可。

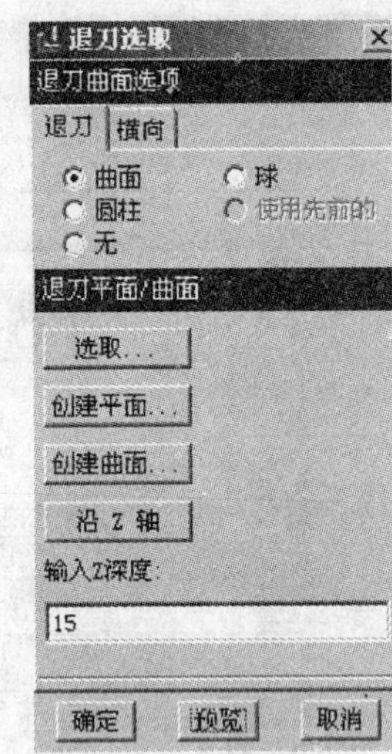

图 12-5　建立退刀面

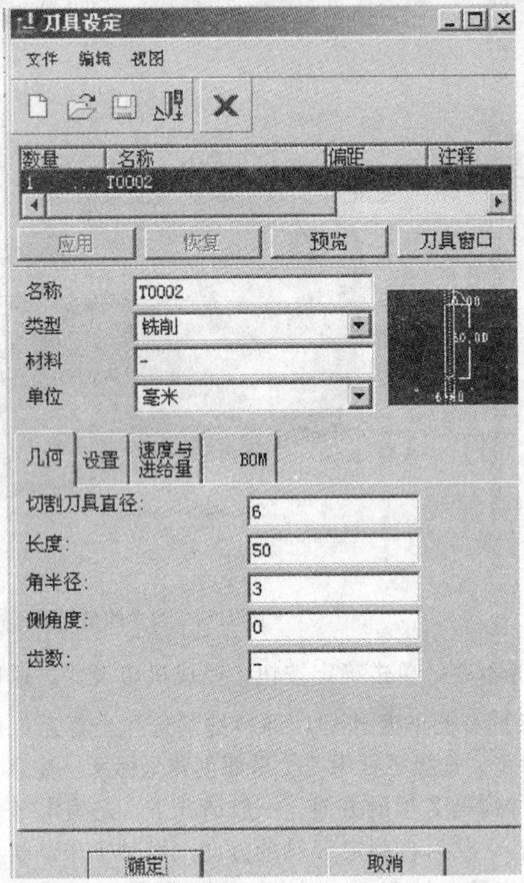

图 12-6　刀具设定

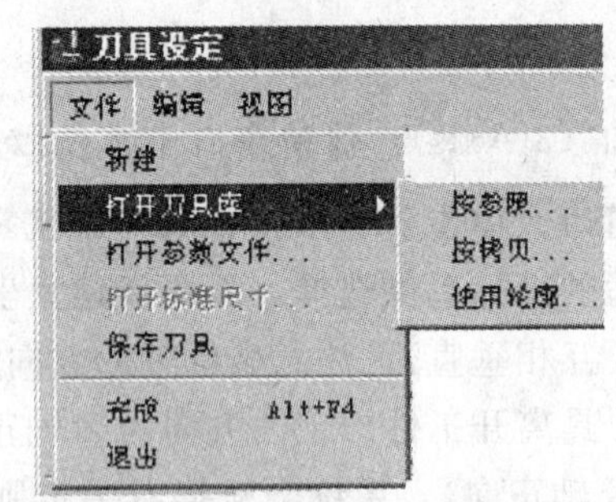

图 12-7　刀具库的使用

(3) 加工工艺参数设置　系统自动弹出 MFG PARAMS（制造参数）设置菜单管理器，如图 12-10 所示。在菜单管理器中单击 Set（设置），系统弹出参数设置窗口，将窗口中各参数设置成如图 12-11 所示。然后在图 12-10 制造参数菜单中单击 Save（保存）保存文件。

(4) 选择加工特征　选择鼠标的上面曲面，如图 12-12 所示。单击 Done/Return（完成/返回），弹出如图 12-13 所示的 Cut Define（切削定义）窗口，直接单击确定按钮完成设置。

5. 演示刀具路径

在菜单管理器中单击 Play Path（演示轨迹）→Screen Play（屏幕演示）。系统经过计算，计算出刀具路径，根据零件的复杂程度，计算过程时间长短不同。计算完毕后，弹出演示器，单击播放按钮（向右的单个箭头），开始演示进给路径，如图 12-14 所示。

也可以在菜单管理器中单击 Play Path→NC Check，系统自动进入 VERICUT 加工仿真环境，在该环境中可以进行加工分析。

6. 输出 NC 程序

依次选择 MANUFACTURE（加工）→CL Data（CL 数据）→Output（输出）→Select One（选取一）→NC Sequence（NC 序列）→选择 Surface Mill（曲面铣削）→Done（完成）→

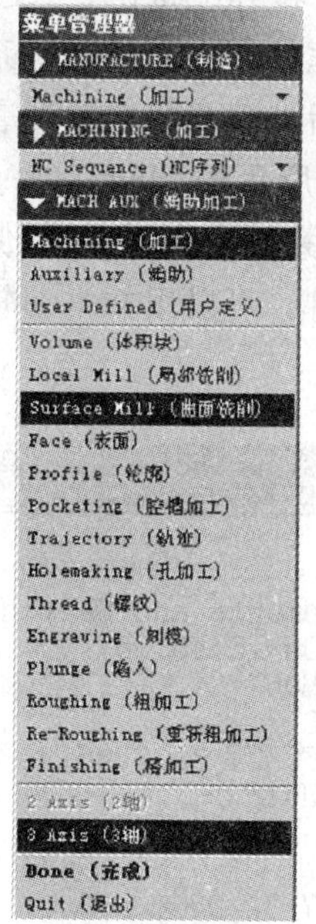

图 12-8 辅助加工

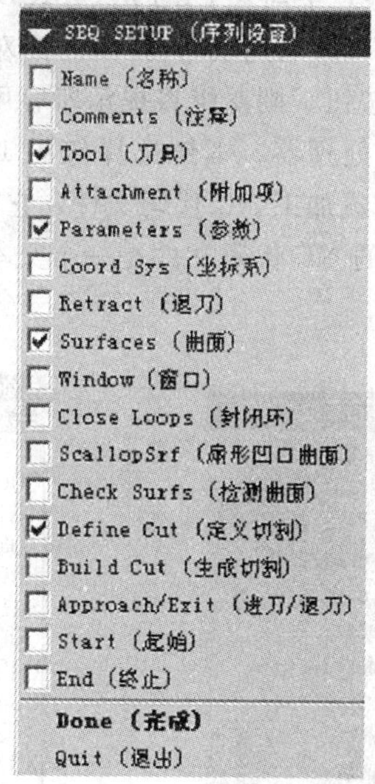

图 12-9 序列设置

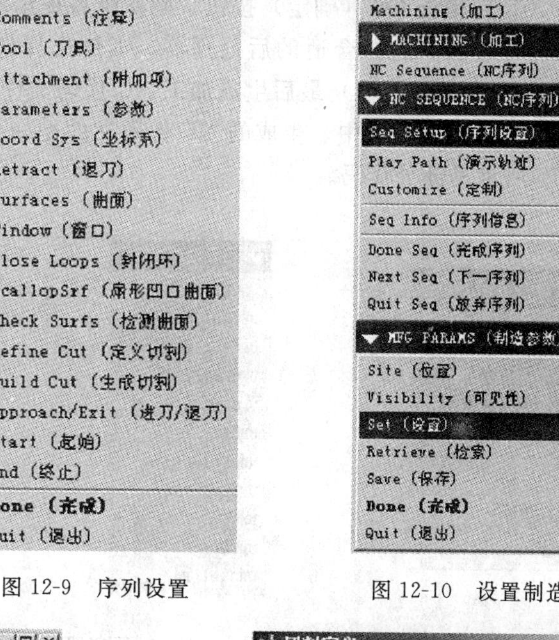

图 12-10 设置制造参数

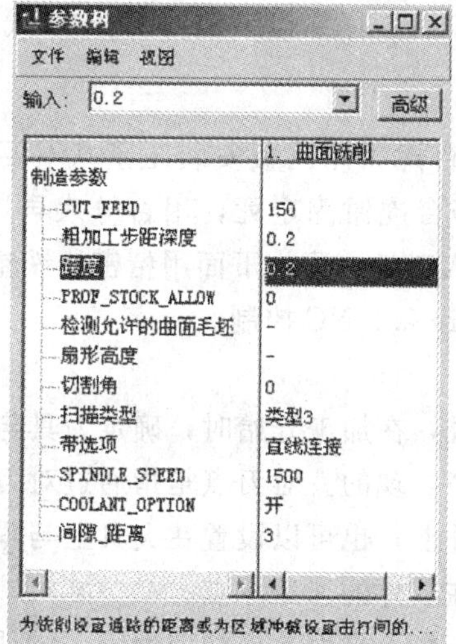

图 12-11 参数树

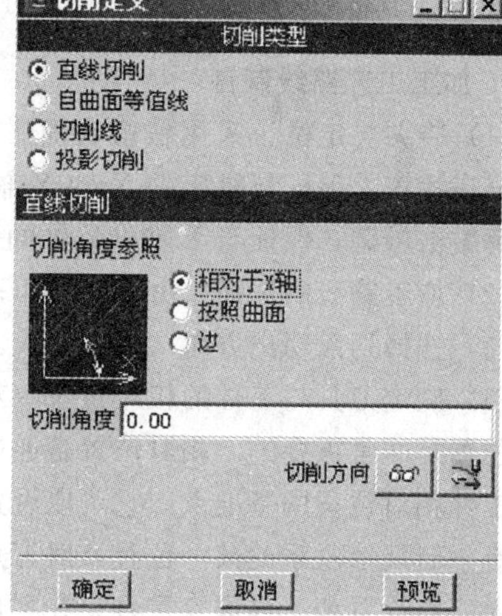

图 12-13 切削定义

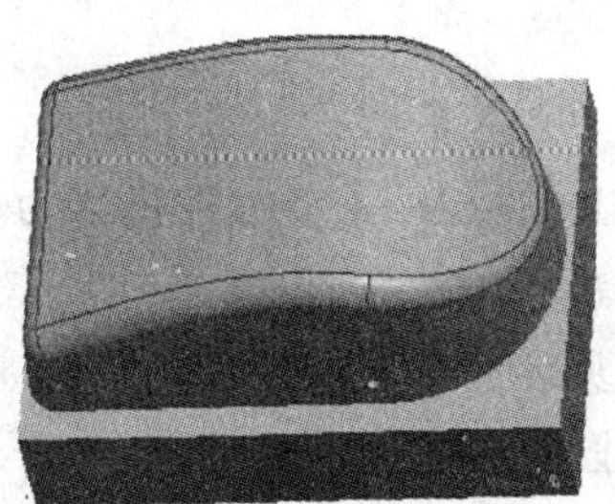

图 12-12 加工曲面选择

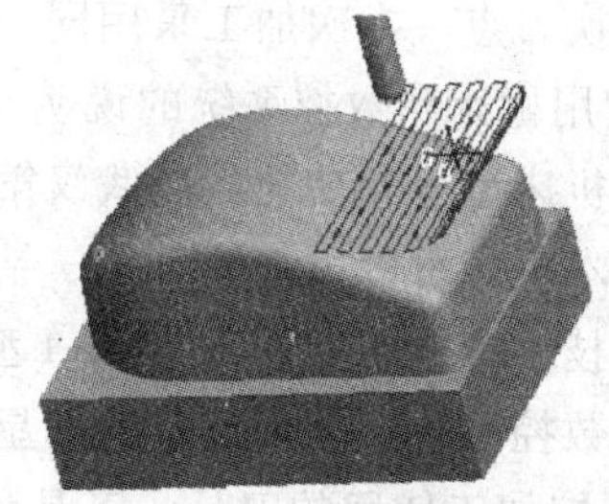

图 12-14 进给路径演示

File（文件）→在 OUT TYPE（输出类型）中勾选 CL File、MCD File 和 Interactive（交互）三个选项，如图 12-15 所示。最后单击 Done（完成），弹出一个对话框，给出文件名（系统默认值为 seq0001），单击 OK（确定）按钮。则系统将提示所有可用后处理器的名称列表莱单供设计选取后处理器，选择合适的后处理器，本例选择如图 12-16 所示的 UNCX01. P11（FANUC 公司的一个后处理器）最后生成加工 NC 代码文件，它的后缀名是 tap，一般保存在永久目录或用户指定的目录中。生成的 NC 代码文件是一个文本文件，可以用文本编辑器打开。图 12-17 所示是部分代码。

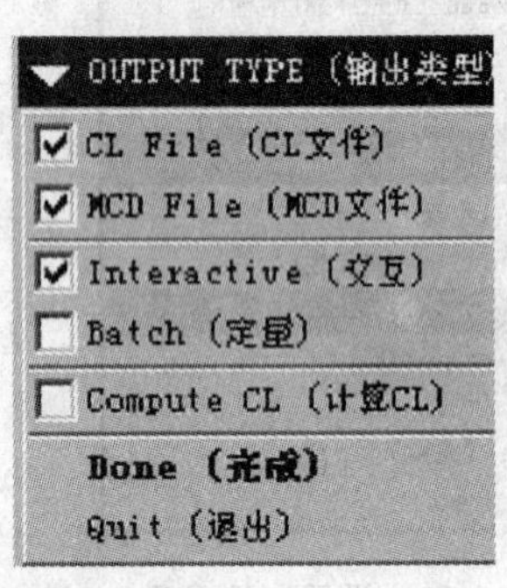

图 12-15 输出类型

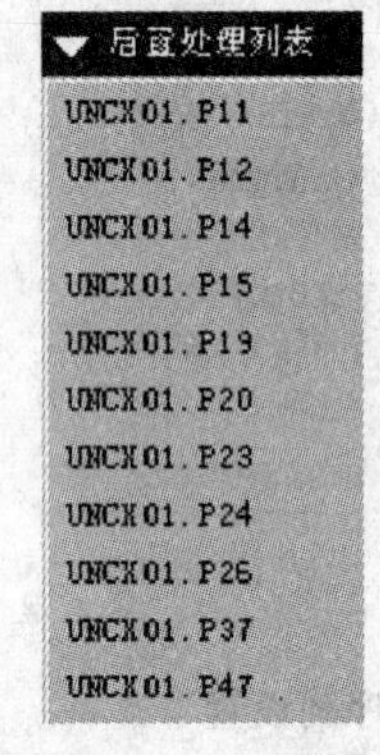

图 12-16 选择后处理器

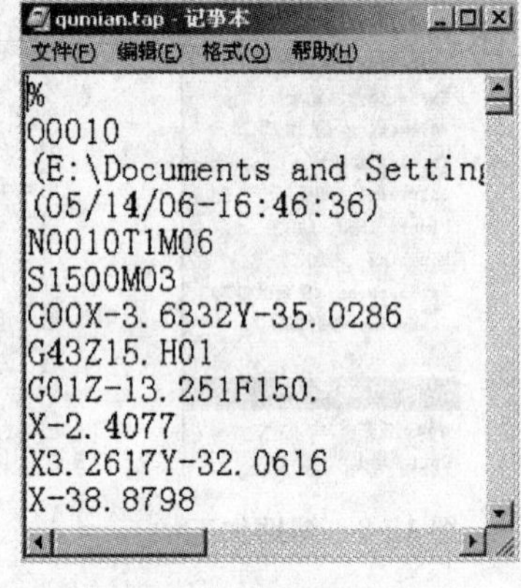

图 12-17 部分 NC 代码

7. 加工工艺路线制订

（1）装夹与定位　采用精密台虎钳装夹。将精密台虎钳用压板安装压紧（不要太紧），用百分表找正，保证与机床的 X 轴 Y 轴平行，将精密台虎钳固定死，用百分表再次找正，用木锤敲击微调，保证与 X 轴、Y 轴的平行度。将放入工件夹紧，下面用精密垫铁垫好。

（2）加工路线的选择　由 Pro/ENGINEER Wildfire 2.0 NC 控制。

（3）选择切入切出方向　垂直切入，垂直切出。

（4）确定刀具与工件的相对位置　对数控机床来说，在加工开始时，确定刀具与工件的相对位置是非常重要的。相对位置是通过确认对刀点来实现的。对刀点是指通过对刀确定刀具与工件相对位置的基准点。它可以设置在被加工零件上，也可以设置在夹具上与零件定位基准有一定尺寸联系的某一位置，对刀点往往就选择在零件的加工原点。

对刀点设置和工件原点重合，在零件中间靠右的一个上平面上，如前面图 12-4 所示。

（5）坐标系的选择（见图 12-4）。

（6）换刀点　本次加工采用同一把刀，不换刀。

8. 使用机床和数控系统的说明

（1）机床型号和功能　以武汉第四机床厂生产的 ZJK7532A—4 型数控机床为例进行操作介绍。本机床可以进行铣、镗、钻、绞等多种工序的切削加工。

（2）技术参数　ZJK7532A—4 型数控机床技术参数见表 7-6。

（3）数控系统　采用华中世纪星（HNC—21M）数控系统。

9. 数控加工使用的刀具、工具和量具

（1）刀具　采用 ϕ6mm 高速钢球刀进行曲面加工。

(2) 刀柄装夹　采用螺纹拉杆手动方式装夹刀柄，刀具通过弹簧夹头（ϕ6mm）装夹，刀柄及装夹如第七章图 7-16 所示。

(3) 工具、夹具　采用活扳手、六角头扳手、精密台虎钳、木锤、铜棒、压板、精密垫铁等。

(4) 量具　采用百分表、游标卡尺、10mm 标准塞尺等。

10. 生成 NC 代码的处理

由于数控机床采用 ZJK7532A-4 型数控机床，它使用的数控系统为华中世纪星，经过 Pro/ENGINEER Wildfire 2.0 NC 后置处理生成的程序还需要手工进行修改才能在 ZJK7532A—4 型数控机床上进行加工。

参照图 12-17，将 NC 程序前面修改成如下格式即可。

```
%123
G90   G54
M3   S1500
G0   Z50
G0   X0   Y0
Z5
G1   Z−0.2   F165
…
M30
```

请注意：由于华中数控系统要求程序文件不能有后缀，而 Pro/ENGINEER Wildfire 2.0 NC 生成的文件后缀为 tap，所以要去掉文件后缀，同时华中数控系要求文件名要以字母 O（注意：不是数字 0）开头，对程序文件重命名加上字母 O。如原来生成的文件名为 0315. tap（即 03 班 15 号），现在重命名为 O0315 即可。

11. 程序的传输

可以通过软盘或 RS-232 串行通信进行。

机床其他操作过程参看本章第四节。

第二节　实训二　型腔挖槽加工（Pro/ENGINEER Wildfire 2.0）

本例采用 Pro/ENGINEER Wildfire 2.0 NC 进行型腔挖槽辅助编程。

1. 新建加工文件

新建一个加工文件，命名为 mouse _ wc _ jg. mfg。

2. 建立加工模型

(1) 加入参考模型　在 MANUFACTURE（加工）菜单管理器中依次单击 Mfg Model→Assemble→RefMode。

(2) 进入 Open 对话框，选择文件 mouse _ wc. prt，在元件放置窗口中，单击 ▣（在缺省位置放置）图标，单击确定按钮，参考零件即被加入加工模型中，如图 12-18 所示。

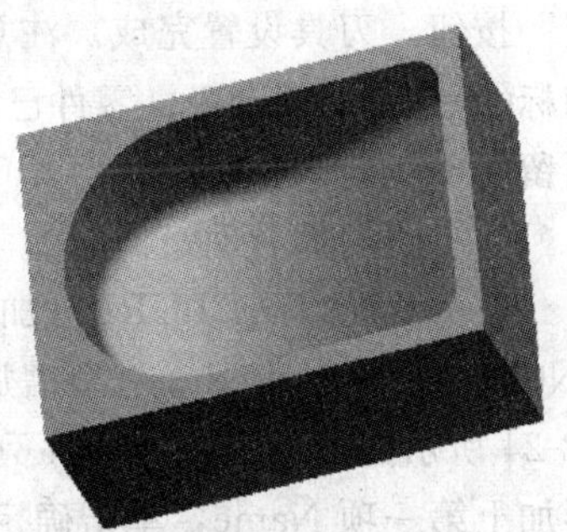

图 12-18　参考零件

3. 加工参数设定

（1）机床设置　在 MANUFACTURE（加工）菜单管理器中单击 Mfg Setup（制造设置）。系统弹出 Mfg Setup（制造设置）菜单，单击 Operation（操作），系统弹出操作设置窗口，如图 12-19 所示。单击图标将机床类型设置为（铣），Number of Axes（轴数）选择 3 轴（3 Axis），保持窗口中其他默认值不变，单击确定按钮，完成机床设置，返回操作设置窗口。单击 Machine Zero（加工零点）右侧的按钮，屏幕提示选择坐标系，由于没有合适的坐标系供选择，需要新建立坐标系。选择三个平面创建坐标系（注意：三个平面要互相垂直），注意坐标轴的方向，特别是 Z 轴的方向。一般情况下，先确定 Z 轴的方向（刀具离开工件加工的方向为 Z 轴正向），然后再确定 X 轴的方向（面对机床，朝右的方向为 X 轴正向），系统会根据右手定则确定第 3 轴 Y 轴的方向，建立好的坐标系如图 12-20 所示。接着定义退刀面，本例选择沿 Z 轴 15mm，如图 12-21 所示。

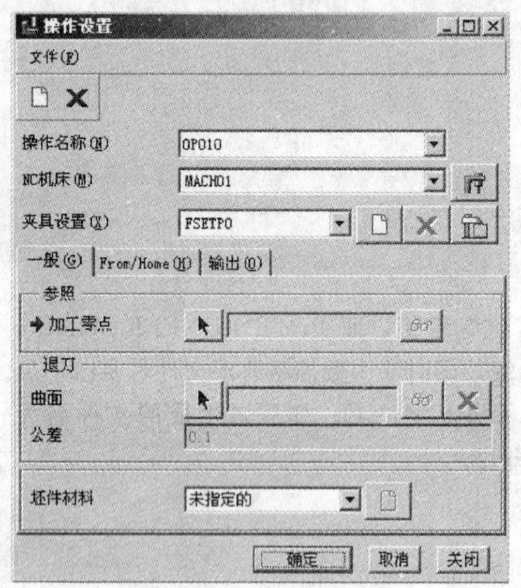

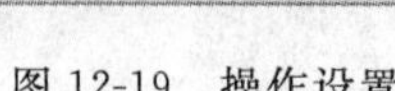
图 12-19　操作设置

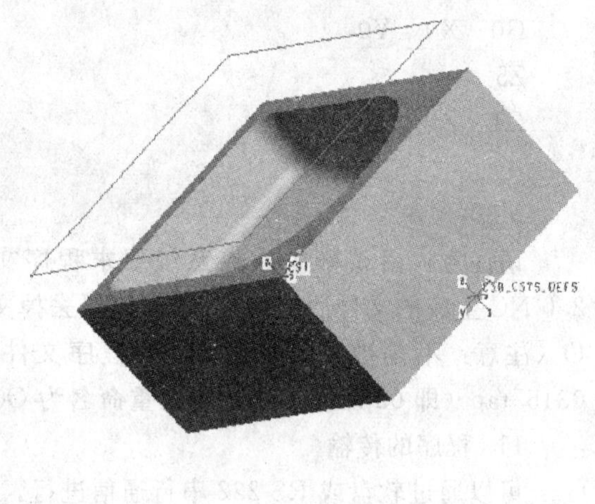
图 12-20　建立的坐标系 CS1 和退刀面

（2）加工刀具设置　单击 Mfg Setup（制造设置）→Tooling（刀具），在 SET MENU 菜单中选择使用刀具的加工机床，系统会弹出 Tools Setup（刀具设定）对话框，如图 12-22 所示。将刀具参数设置成如图 12-22 所示的参数，单击 Apply“应用”按钮，再单击“确定”按钮，刀具设置完成。注意：也可以在机床设置窗口中单击“切削刀具（C）”，再单击图标进行刀具设置。零件已经进行过粗加工，本例是进行半精加工，所以型腔底面和侧面留 1mm 余量。

4. 创建 NC 序列

在 MANUFACTURE（加工）菜单管理器中单击 Machining（加工）→NC Sequence（NC 序列）→Pocketing（型槽加工），如图 12-23 所示。然后单击 Done（完成），弹出如图 12-24 所示的 SEQ Setup（序列设置）菜单。系统默认选项有 Tool、Parameters、Surface，再加上第一项 Name，单击确定。

（1）输入名称　输入工序名称 mouse _ wcjg，确认。

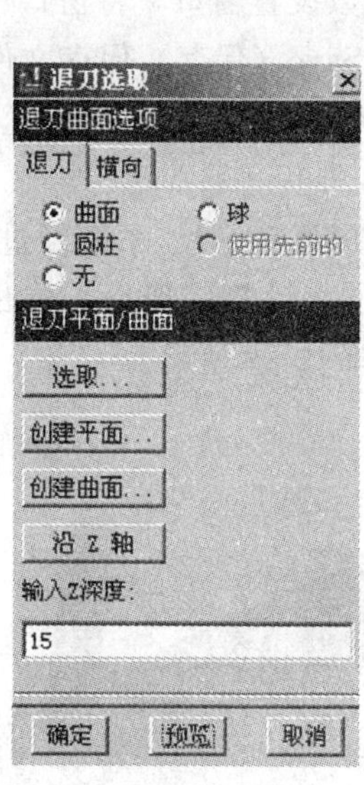

图 12-21　建立退刀面

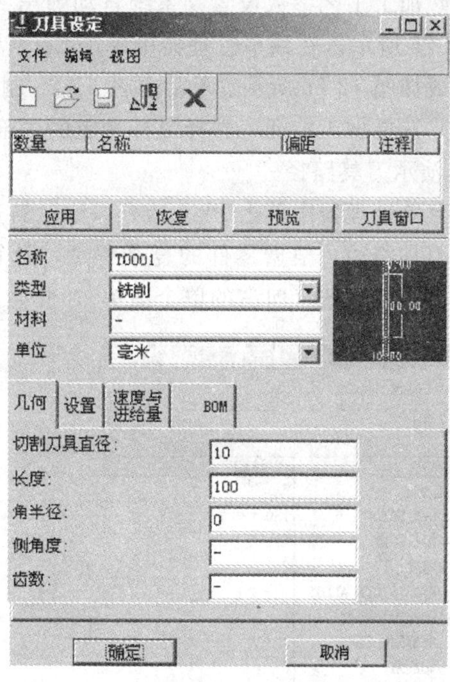

图 12-22　刀具设定

（2）设置刀具　系统会弹出刀具设置窗口，由于已经设置好刀具，直接单击确定按钮即可。

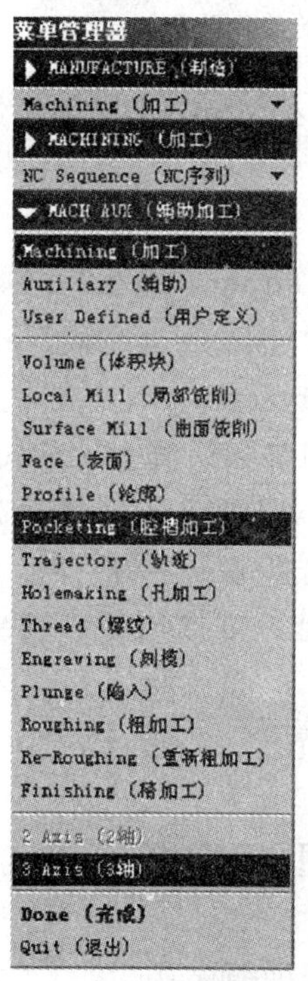

图 12-23　辅助加工

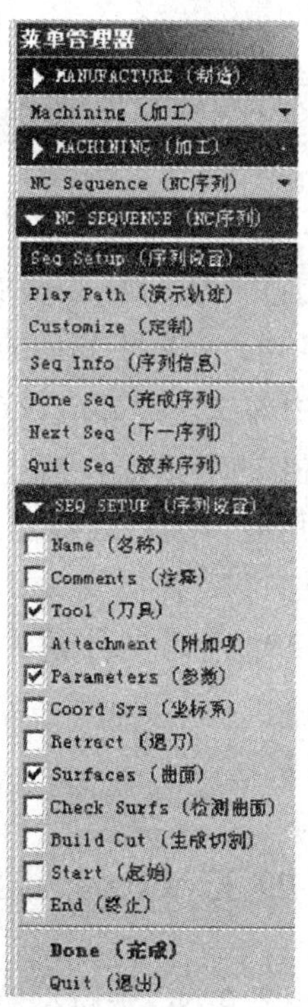

图 12-24　序列设置

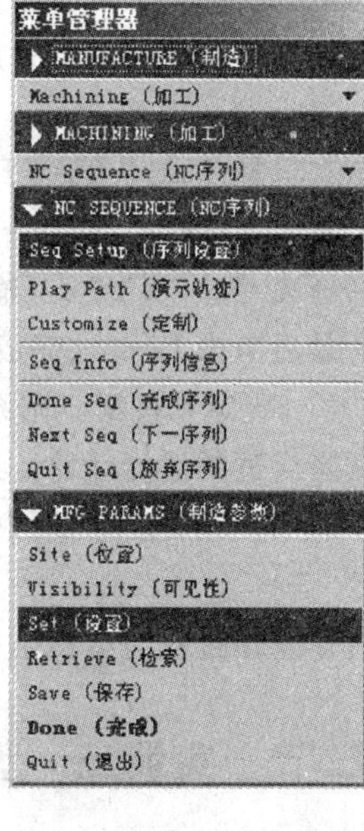

图 12-25　制造参数

(3) 加工工艺参数设置　系统自动弹出 MFG PARAMS（制造参数）设置菜单管理器，如图 12-25 所示。在菜单管理器中单击 Set（设置），系统弹出参数设置窗口，将窗口中各参数设置成如图 12-26 所示。然后在图 12-25 制造参数菜单中单击 Save（保存）保存文件。

(4) 选择加工特征　选择鼠标型腔的内部全部曲面，单击 Done/Return（完成/返回）。

5. 演示刀具路径

在菜单管理器中单击 Play Path（演示轨迹）→Screen Play（屏幕演示）。系统经过计算，计算出刀具路径，根据零件的复杂程度，计算过程时间长短不同。计算完毕后，弹出演示器，单击播放按钮（向右的单个箭头），开始演示进给路径，如图 12-27 所示。

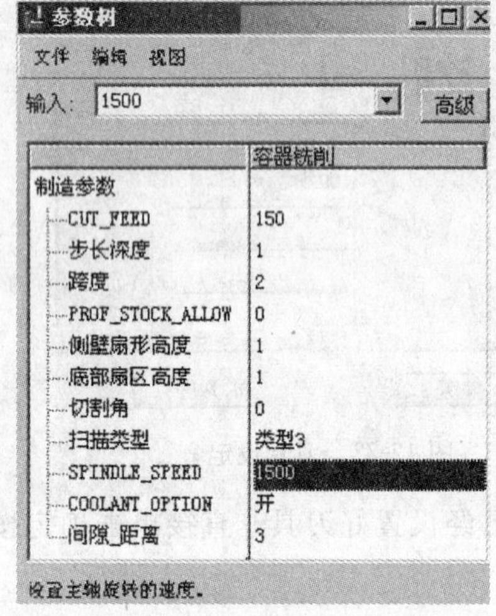

图 12-26　参数树

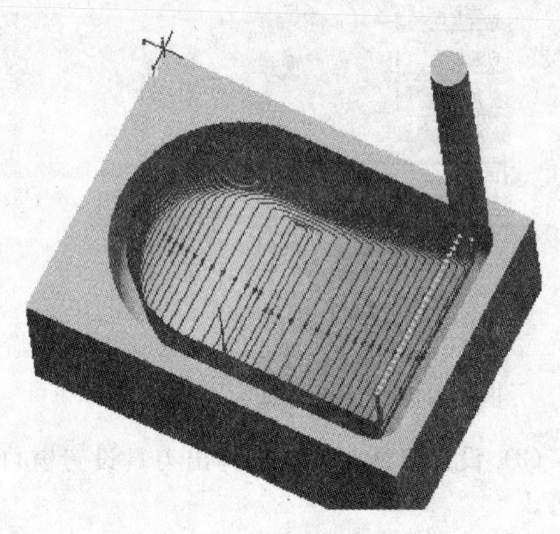

图 12-27　进给路径演示

也可以在菜单管理器中单击 Play Path→NC Check，系统自动进入 VERICUT 加工仿真环境，在该环境中可以进行加工分析。

6. 输出 NC 程序

依次选择 MANUFACTURE（加工）→CL Data（CL 数据）→Output（输出）→Select One（选取一）→NC Sequence（NC 序列）→选择 Pocketing（型腔）→Done（完成）→File（文件）→在 OUT TYPE（输出类型）中勾选 Cl File、MCD File 和 Interactive（交互）三个选项，最后单击 Done（完成），弹出一个的对话框，给出文件名（系统默认值为 seq0001），单击 OK（确定）按钮。则系统将提示所有可用后处理器的名称列表菜单供设计选取后处理器，选择合适的后处理器，最后生成加工 NC 代码文件，它的后缀名是 tap，一般保存在永久目录或用户指定的目录中。生成的 NC 代码文件是一个文本文件，可以用文本编辑器打开。

其他操作过程同本章第一节，不再赘述。

第三节　实训三　型腔体积加工（Pro/ENGINEER Wildfire 2.0）

本例采用 Pro/ENGINEER Wildfire 2.0 NC 进行型腔体积加工辅助编程。

1. 新建加工文件

新建一个加工文件，命名为 xingqiang _ tj _ jg. mfg。

2. 建立加工模型

(1) 加入参考模型　在 MANUFACTURE（加工）菜单管理器中依次单击 Mfg Model→Assemble→RefMode。

(2) 进入 Open 对话框，选择文件 xingqiang _ tj. prt，在元件放置窗口中，单击（在缺省位置放置）图标，单击确定按钮，参考零件即被加入加工模型中，如图 12-28 所示。

图 12-28　参考零件

3. 加工参数设定

(1) 机床设置　在 MANUFACTURE（加工）菜单管理器中单击 Mfg Setup（制造设置）。系统弹出 Mfg Setup（制造设置）菜单，单击 Operation（操作），系统弹出操作设置窗口，如图 12-29 所示。单击图标将机床类型设置为（铣），Number of Axes（轴数）选择 3 轴（3 Axis），保持窗口中其他默认值不变，单击确定按钮，完成机床设置，返回操作设置窗口。单击 Machine Zero（加工零点）右侧的按钮，屏幕提示选择坐标系，由于没有合适的坐标系供选择，需要新建立坐标系。选择三个平面创建坐标系（注意：选择的三个平面要互相垂直），注意坐标轴的方向，特别是 Z 轴的方向。一般情况下，先确定 Z 轴的方向（刀具离开工件加工的方向为 Z 轴正向），然后再确定 X 轴的方向（面对机床，朝右的方向为 X 轴正向），系统会根据右手定则确定第 3 轴 Y 轴的方向，建立好的坐标系如图 12-30 所示。接着定义退刀面，本例选择沿 Z 轴 15mm，如图 12-31 所示。

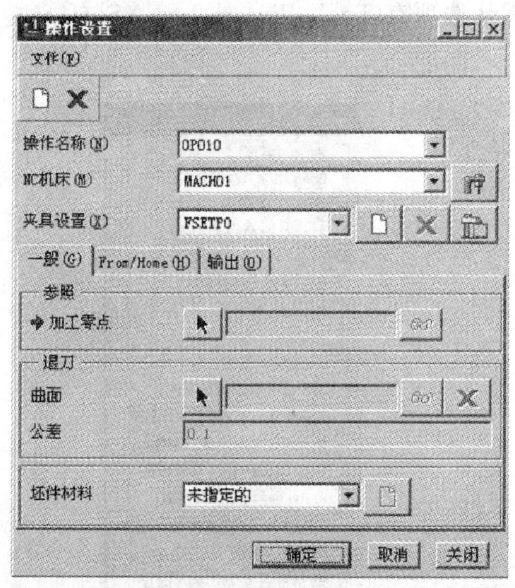

图 12-29　操作设置

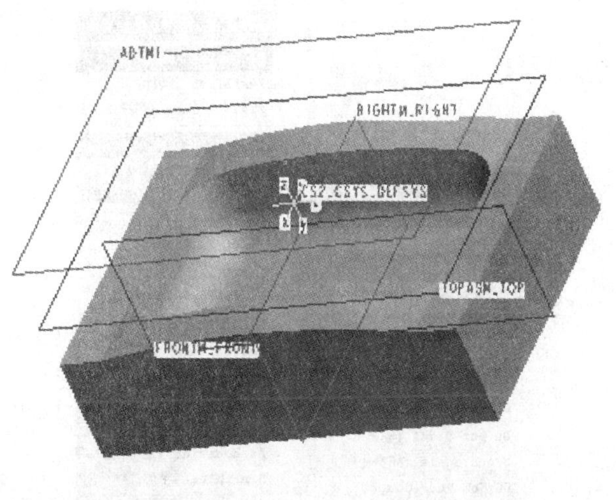

图 12-30　建立的坐标系 CS2 和退刀面图 ADM1

(2) 加工刀具设置　单击 Mfg Setup（制造设置）→Tooling（刀具），在 SET MENU 菜单中选择使用刀具的加工机床，系统会弹出 Tools Setup（刀具设定）对话框，如图 12-32

所示。将刀具参数设置成如图 12-32 所示的参数，单击 Apply“应用”按钮，再单击“确定”按钮，刀具设置完成。注意：也可以在机床设置窗口中单击“切削刀具（C）”，再单击图标 进行刀具设置。

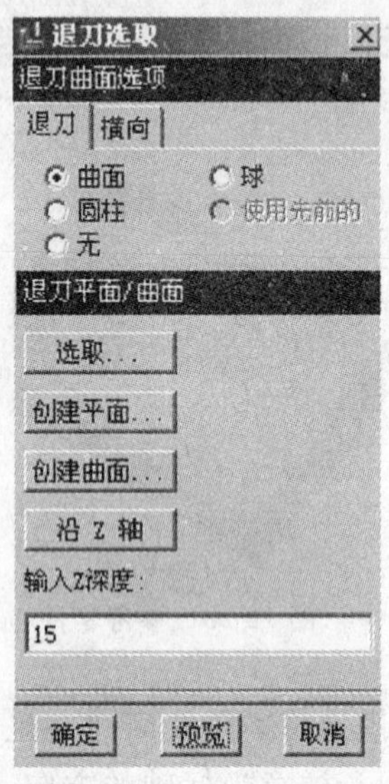

图 12-31　建立退刀面

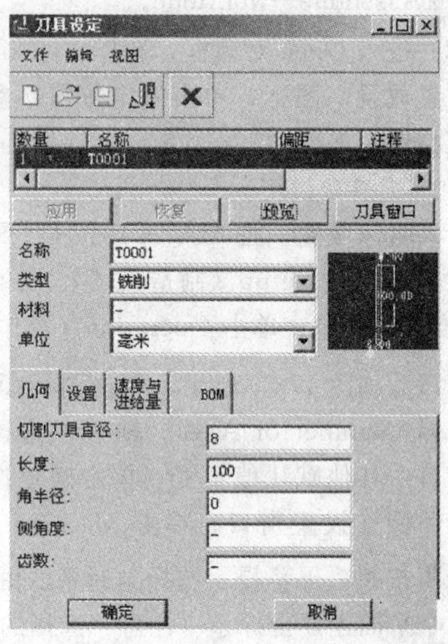

图 12-32　刀具设定

4. 创建 NC 序列

在 MANUFACTURE（加工）菜单管理器中单击 Machining（加工）→NC Sequence（NC 序列）→Volume（体积加工），如图 12-33 所示。然后单击 Done（完成），弹出如图 12-34所示的 SEQ SETUP（序列设置）菜单。系统默认选项有 Tool、Parameters、Surface、

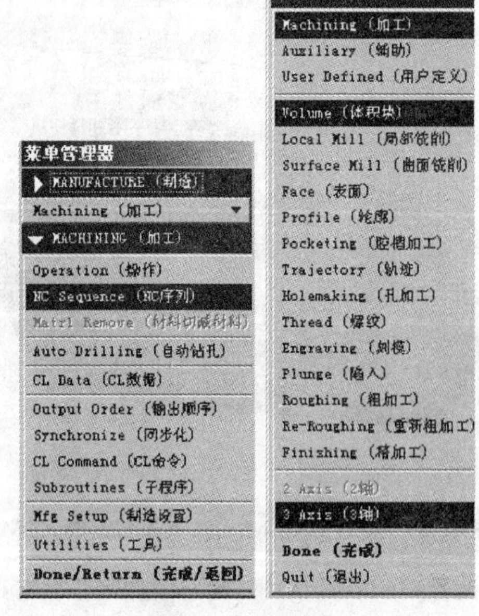

图 12-33　辅助加工

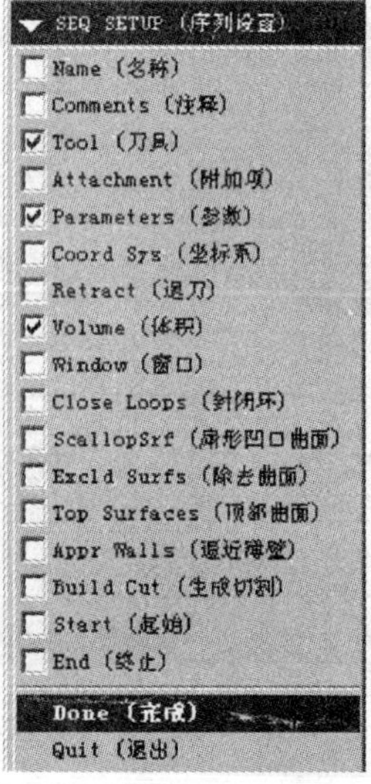

图 12-34　序列设置

Volume，再加上第一项 Name，单击确定。

（1）输入名称　输入工序名称 xingqiang _ tjjg，确认。

（2）设置刀具　系统会弹出刀具设置窗口，由于已经设置好刀具，直接单击确定按钮即可。

（3）加工工艺参数设置　系统自动弹出 MFG PARAMS（制造参数）设置菜单管理器，如图 12-35 所示。在菜单管理器中单击 Set（设置），系统弹出参数设置窗口，将窗口中各参数设置成如图 12-36 所示。

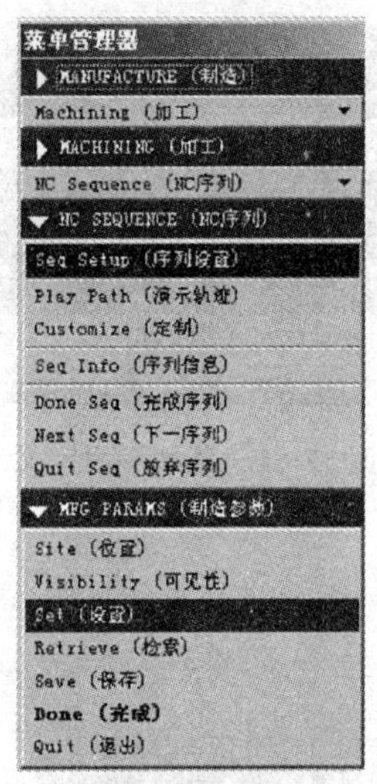

图 12-35　制造参数

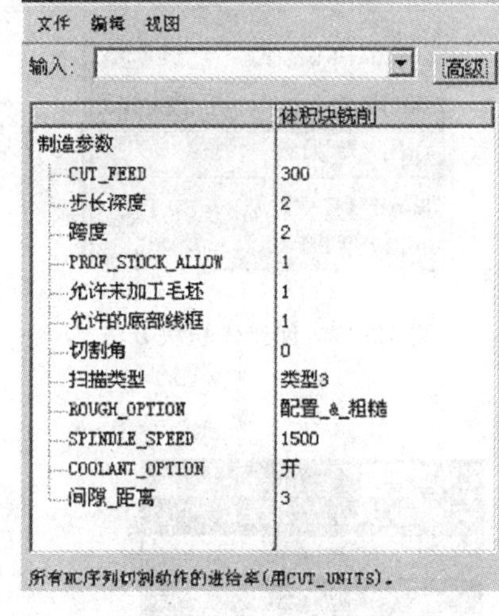

图 12-36　参数树

图 12-37　定义体积块

（4）创建体积块　在图 12-34 制造参数设置中单击 Done（完成）→系统弹出如图 12-37 所示定义体积块菜单→单击 Create Vol（创建体积块）→在弹出的输入框中，输入体积块名字：xingqiangt jk→单击右边的“√”→系统弹出如图 12-38 所示的创建体积块菜单→单击 Sketch（草绘）→系统弹出如图 12-39 所示的实体选项菜单→单击 Extrude（拉伸）和 Done（完成）→系统弹出如图 12-40 所示菜单→单击 One Side（单侧）→在图 12-41 中选择顶平面（NC _ ASM _ TOP）作为草绘平面→在图 12-42 单击 Flip（反向）然后单击 Okay（正向）→在图 12-43 中单击 Default（缺省）→进入草绘界面，利用“通过边创建图元”绘制如图 12-44 所示的一个矩形草图→单击“√”→系统弹出如图 12-45 所示的菜单，单击 Upto Surface（至曲面）和 Done（完成）→系统提示选择曲面，选取零件的顶平面，如图 12-46 所示→从对话框中单击“确定”→完成拉伸体积块的创建，同时返回如图 12-47 所示的菜单→单击 Trim（裁剪）→选择图中 xingqiang _ tj. prt 零件作为裁剪体，裁剪拉伸体积块后产生的切削体积块如图 12-48 所示。

5. 演示刀具路径

在菜单管理器中单击 Play Path（演示轨迹）→Screen Play（屏幕演示）。系统经过计算，计算出刀具路径，根据零件的复杂程度，计算过程时间长短不同。计算完毕后，弹出演示器，单击播放按钮（向右的单个箭头），开始演示进给路径，如图 12-49 所示。也可以在菜单管理器中单击 Play Path→NC Check，系统自动进入 VERICUT 加工仿真环境，在该环境中可以进行加工分析。

图 12-38 创建体积块

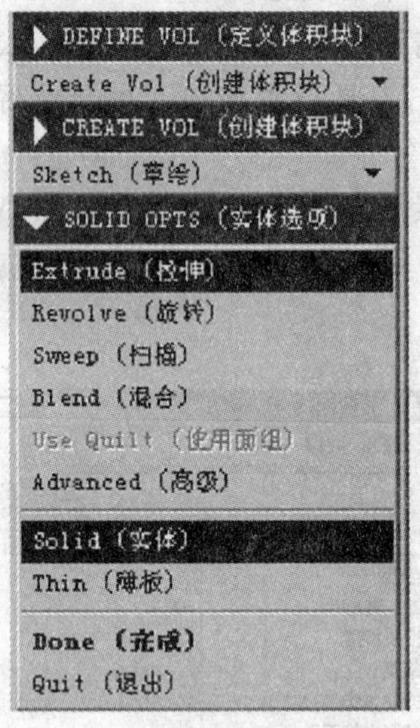

图 12-39 创建体积块方法

图 12-40 属性定义

图 12-41 草绘平面定义

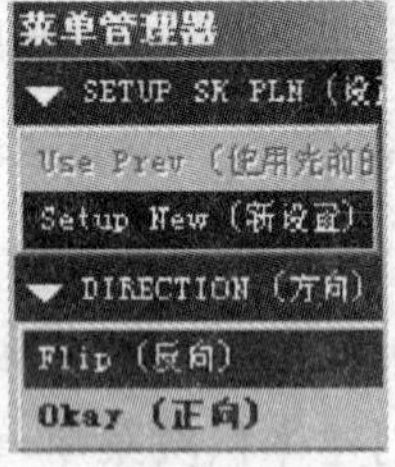

图 12-42 方向定义

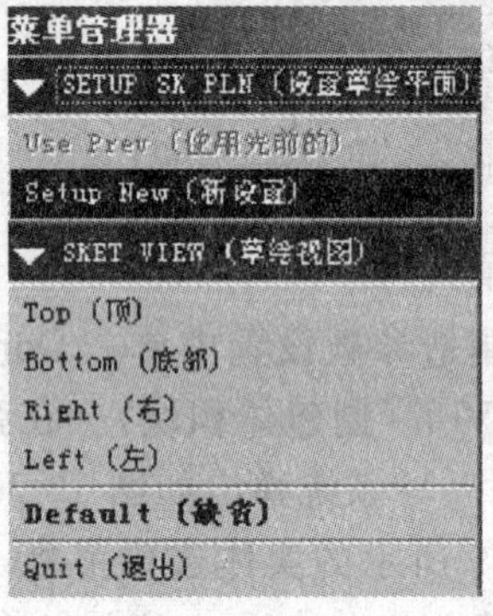

图 12-43 草绘平面设置

图 12-44 草绘形状（矩形）

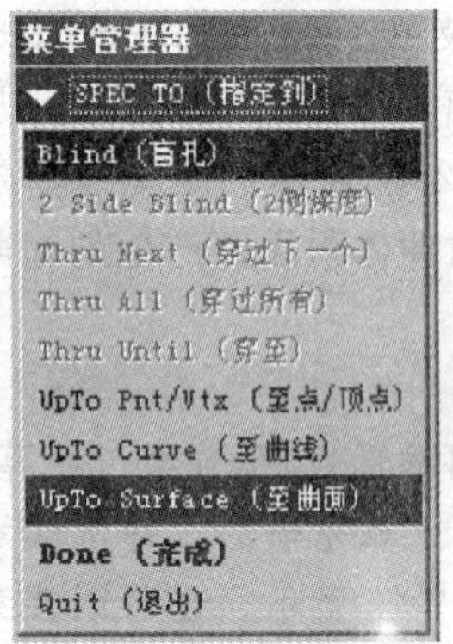

图 12-45 深度选项

图 12-46 体积块拉伸到曲面

图 12-47 裁剪体积块

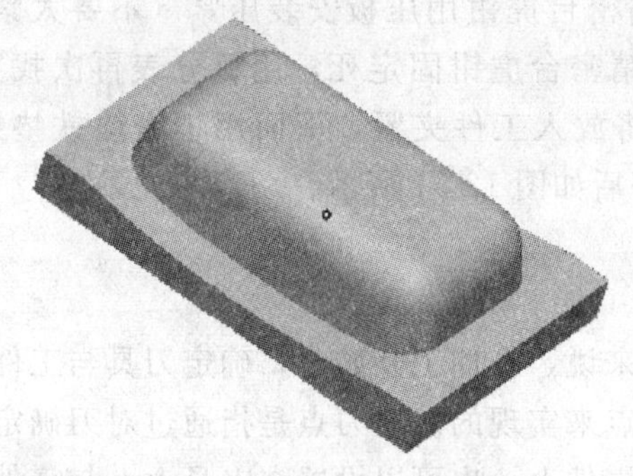

图 12-48 裁剪后产生的体积块

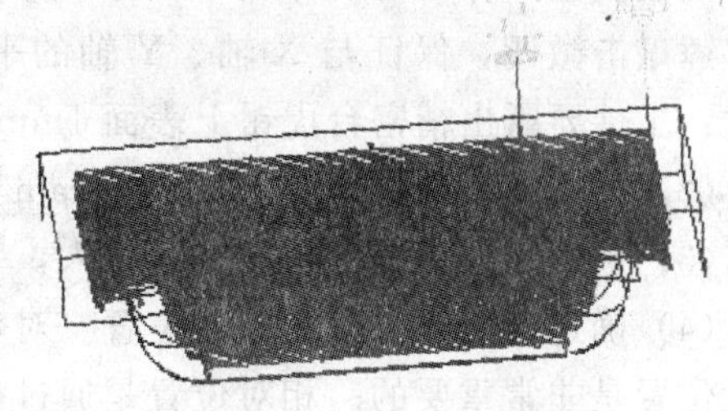

图 12-49 进给路径演示

6. 输出 NC 程序

依次选择 MANUFACTURE（加工）→CL Data（CL 数据）→Output（输出）→Select One（选取一）→NC Sequence（NC 序列）→选择 Surface Mill（曲面铣削）→Done（完成）→File（文件）→在 OUT TYPE（输出类型）中选择 Cl File MCD File 和 Interactive（交互）选项，最后单击 Done（完成），弹出一个的对话框，给出文件名（系统默认值为 seq0001），单击 OK（确定）按钮。则系统将提示所有可用后处理器的名称列表菜单供设计选取后处理器，选择合适的后处理器，最后生成加工 NC 代码文件，它的后缀名是 tap，一般保存在永久目录或用户指定的目录中。生成的 NC 代码文件是一个文本文件，可以用文本编辑器打开。

其他操作过程同本章第一节，不再赘述。

第四节 实训四 轮廓加工（Mastercam V9.1）

1. 设计模型的生成

材料为有机玻璃板，长 120mm，宽 100mm，厚 5mm。材料四周边用钢锉手工加工好，以便安装定位。根据图 12-50 设计 2D 模型（尺寸自定），注意外框边界，图形设计中心在板中心。按“F9”功能键可以显示图形设计原点（系统原点）。注意：构图面为俯视图，也就是刀具平面为俯视图。

2. 加工工艺路线制订

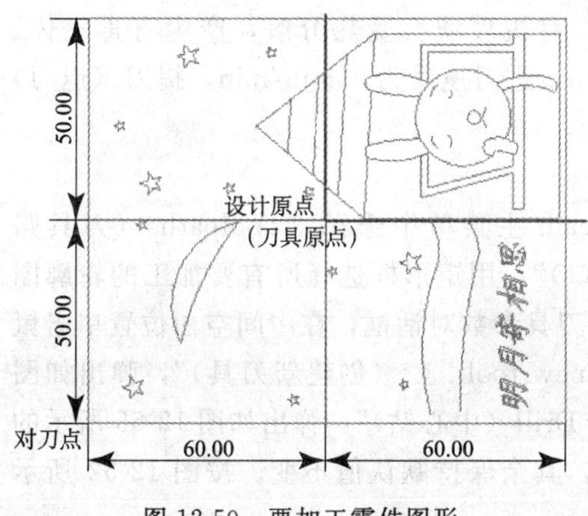

图 12-50 要加工零件图形

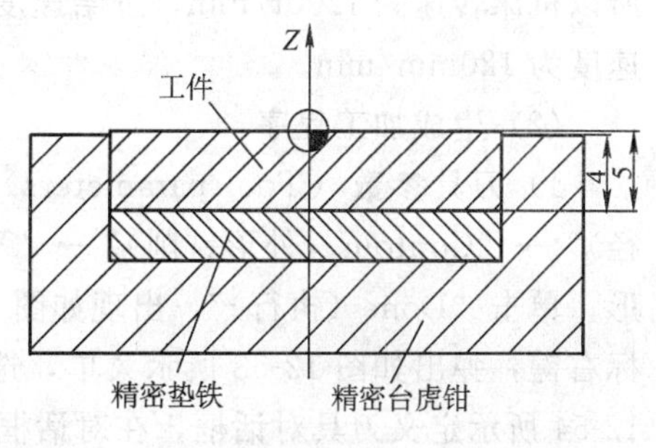

图 12-51 工件装夹图

（1）装夹与定位　采用精密台虎钳装夹。将精密台虎钳用压板安装压紧（不要太紧），用百分表找正，保证与机床的 X 轴 Y 轴平行，将精密台虎钳固定死，用百分表再次找正，用木锤敲击微调，保证与 X 轴、Y 轴的平行度。将放入工件夹紧，下面用精密垫铁垫好。注意：工件要露出精密台虎钳上表面 1mm，安装好后如图 12-51 所示。

（2）加工路线的选择　由 Mastercam 自动选择。

（3）选择切入切出方向　垂直切入，垂直切出。

（4）确定刀具与工件的相对位置　对数控机床来说，在加工开始时，确定刀具与工件的相对位置是非常重要的。相对位置是通过确认对刀点来实现的。对刀点是指通过对刀确定刀具与工件相对位置的基准点。它可以设置在被加工零件上，也可以设置在夹具上，与零件定位基准有一定尺寸联系的某一位置。对刀点往往就选择在零件的加工原点。

如图 12-50 所示，对刀点设置在左前角。加工原点（工件原点）设置在工件中心。通过对刀点数据换算进行设置。

（5）坐标系的选择（见图 12-50）。

（6）换刀点　本次加工采用同一把刀，不换刀。

3. 使用机床和数控系统的说明

（1）机床型号和功能　以武汉第四机床厂生产的 ZJK7532A—4 型数控机床为例进行操作介绍。本机床可以进行铣、镗、钻、绞等多种工序的切削加工。

（2）技术参数　ZJK7532A-4 型数控机床技术参数见表 7-6。

（3）数控系统　采用华中世纪星（HNC—21M）数控系统。

4. 数控加工使用的刀具、工具和量具

（1）刀具　采用 ϕ2mm 高速钢中心钻进行轮廓加工，中心钻夹持部分为 ϕ6mm。

（2）刀柄装夹　采用螺纹拉杆手动方式装夹刀柄，刀具通过弹簧夹头（ϕ6mm）装夹，如图 7-16 所示。

（3）工具、夹具　采用活扳手、六角头扳手、精密台虎钳、木锤、铜棒、压板、精密垫铁等。

（4）量具　采用百分表、游标卡尺、10mm 标准塞尺。

5. 生成加工程序

（1）确定加工工艺参数　根据制定的加工工艺，确定加工工艺参数。要求加工深度为 0.5mm。由于材料为有机玻璃，机床转速太高时，有机玻璃会受热分解，产生有毒气体，所以机床转速为 1200r/min，进给速度为 60mm/min，进刀速度为 50mm/min，提刀（退刀）速度为 120mm/min。

（2）生成加工程序

1）刀具参数（Tool parameters）。在 Mastercam 主菜单中选择“Toolpaths（刀具路径）”→“Contour（外形铣削）”→“Window（窗口）”，用矩形框选择所有要加工的轮廓图形，单击“Done（执行）”，出现如图 12-52 所示的刀具参数对话框，在中间空白位置单击鼠标右键，弹出如图 12-53 所示菜单，选择“Create new tool ...（创建新刀具）”，弹出如图 12-54 所示定义刀具对话框，在对话框中选择“Ctr Drill（中心钻）”，弹出如图 12-55 所示的对话框，将“Diameter（刀具直径）”修改为 2mm，其余保持默认值不变。按图 12-52 所示将刀具参数完成。

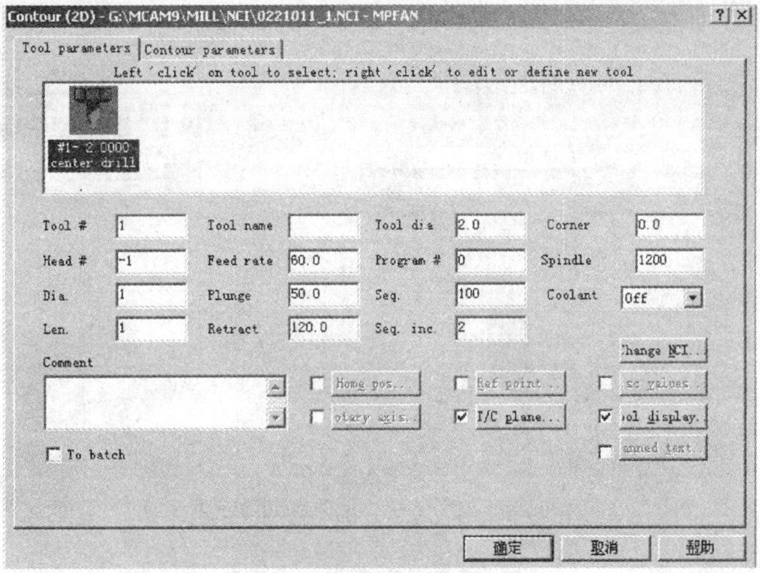

Contour (2D) - G:\MCAM9\MILL\NCI\0221011_1.NCI - MPFAN
Tool parameters
Contour parameters
Left 'click' on tool to select; right 'click' to edit or define new tool
#1- 2.0000
center drill
Tool #
1
Tool name
Tool dia
2.0
Corner
0.0
Head #
-1
Feed rate
60.0
Program #
0
Spindle
1200
Dia.
1
Plunge
50.0
Seq.
100
Coolant
Off
Len.
1
Retract
120.0
Seq. inc.
2
Comment
I/C plane...
To batch
确定
取消
帮助

图 12-52　刀具参数对话框

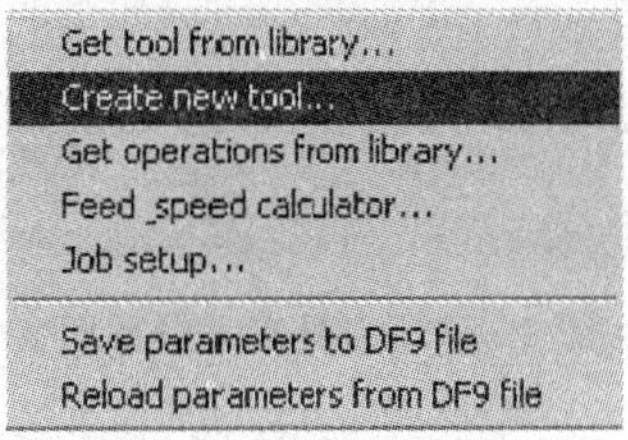

Get tool from library...
Create new tool...
Get operations from library...
Feed speed calculator...
Job setup...
Save parameters to DF9 file
Reload parameters from DF9 file

图 12-53　创建新刀具

Define Tool
Tool - Flat End Mill
Tool Type
Parameters
Job setup...
End Mill
Spher Mill
Bull Mill
Face Mill
Rad Mill
Chfr Mill
Slot Mill
Taper Mill
Dove Mill
Lol. Mill
Drill
Reamer
Bore Bar
Tap RH
Tap LH
Ctr Drill
Spot Drill
Cntr Bore
C. Sink
Undefined
OK
Cancel
Help

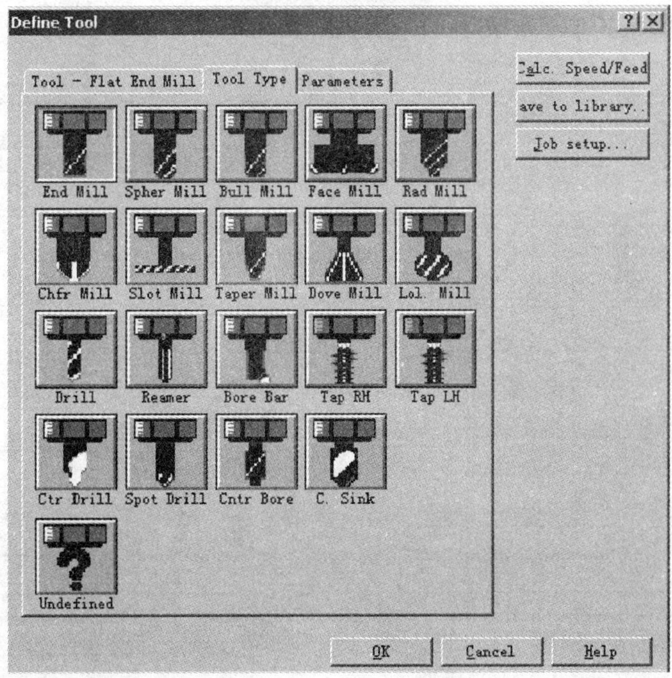

图 12-54　刀具定义对话框 1

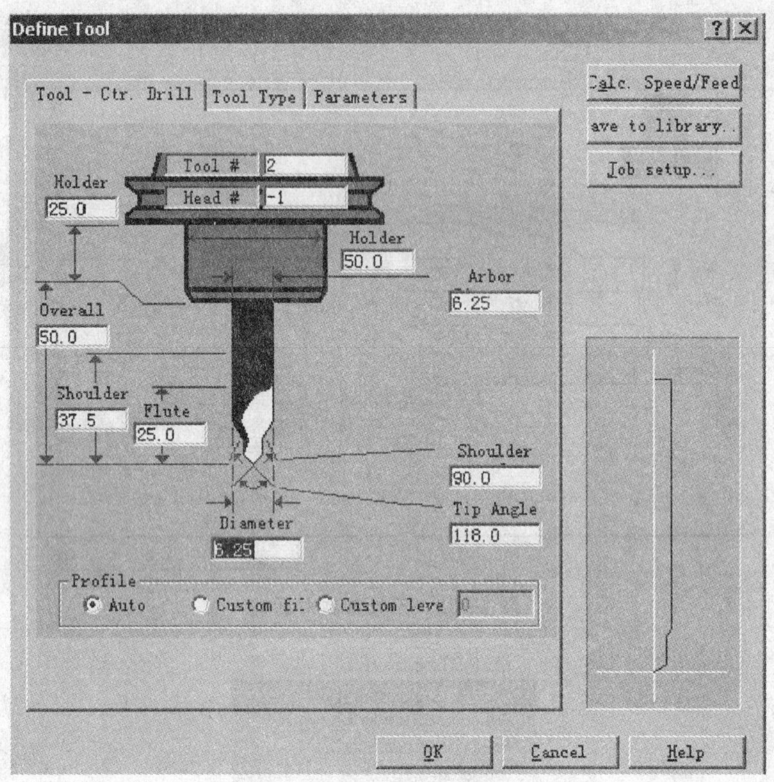

图 12-55　刀具定义对话框 2

2）外形铣削参数（Contour parameters）。按图 12-56 将参数设置好。主要参数有以下几项：

● 高度设置

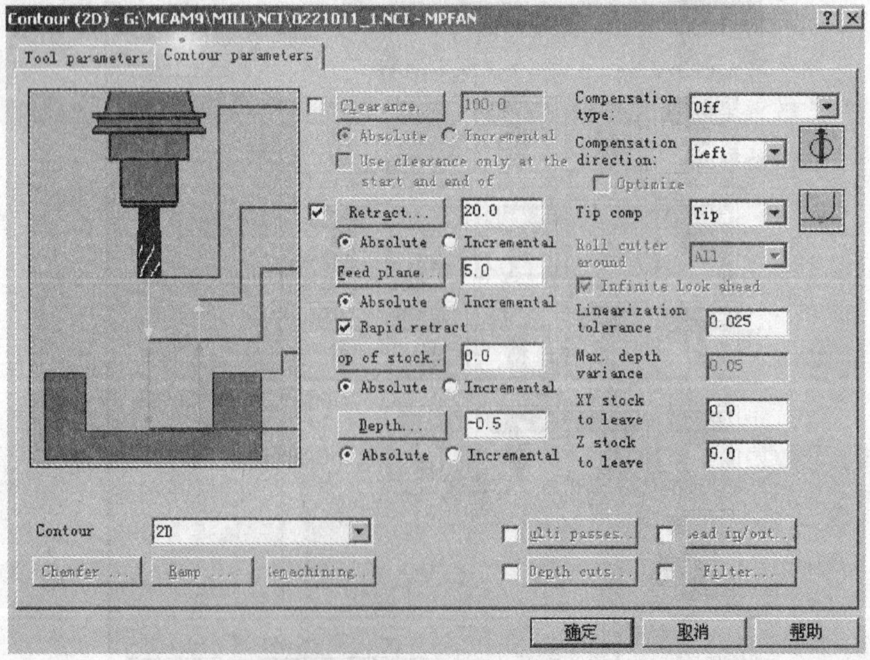

图 12-56　外形铣削参数

Clearance：安全高度，本例不设定。

Rectract：参考高度，设置为 20mm。

Feed Plane：进给下刀位置，设置为 5mm。

Top of stock：要加工的表面，即毛坯表面的高度，设置为 0mm。

Depth：深度，是外形加工的最后切削深度，设置为－0.5mm。

Rapid retract：快速提刀，选中后在加工后以快速（G0）提刀到进给高度。若不选此项，则加工后刀具以进给速度（G1）提刀到进给高度。本例选中，以提高加工效率。

● 刀具补偿

Compensation type：补偿形式。注意：本例由于采用中心钻加工，所以将 Compensation type（补偿方式）设置为“off”。

Compensation direction：补偿方向。本例不用设置，保持默认值即可。

● 刀长补偿位置参数

实际上补偿到哪一点就是以哪一点来计算刀具路径，那么在机床上就要以该点为对刀点。本例采用补偿到 Tip（刀尖）。

● lead in/out：进/退刀向量。注意：本例不能选择 lead in/out。

● Depth cuts：分层铣削。本例深度很浅，不选择分层铣削。

3）刀具路径模拟（Backplot）。单击图 12-56 中“确定”，弹出如图 12-57 所示的操作管理对话框，单击 Backplot（刀路模拟），弹出刀具路径模拟菜单，如图 12-58a 所示。单击菜单中的“Run（自动执行）”，则显示连续的刀具路径，如图 12-58b所示。

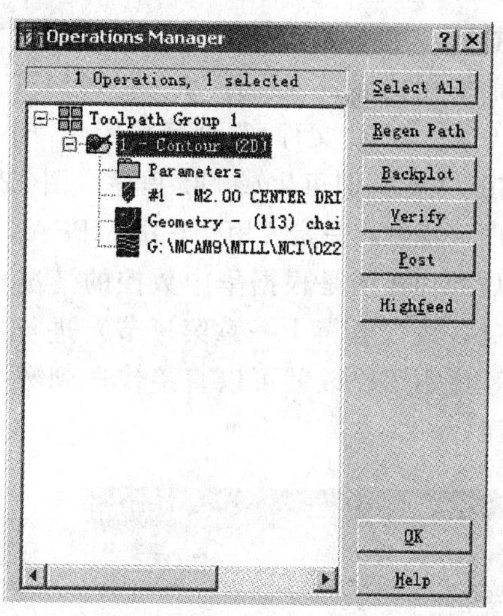

图 12-57　操作管理对话框

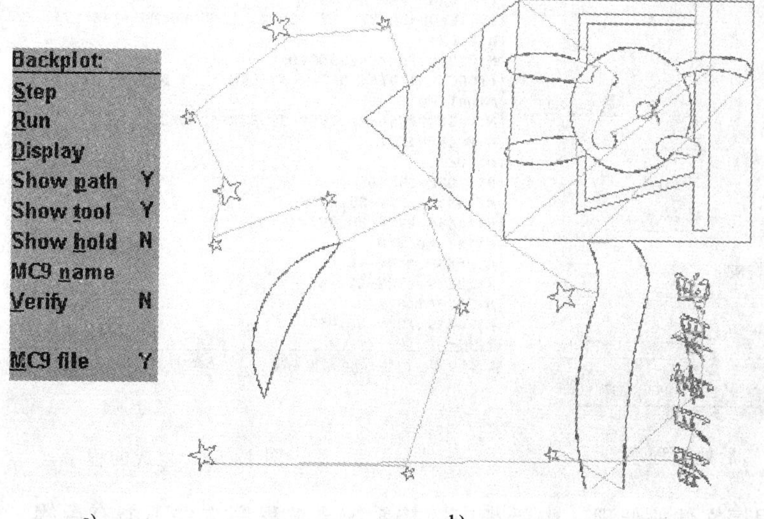

图 12-58　刀具路径模拟

4）实体切削验证（Verify）。在图 12-59 中单击“Verify（实体验证）”，弹出一个窗口，在窗口实体验证工具条中单击▶（播放）按钮，则验证结果如图 12-60 所示。

图 12-59　实体验证工具条

5）执行后处理（Post）。经过刀具路径模拟和实体切削验证，确认没有错误后，就可以由刀具路径产生 NC 代码。单击图 12-57 中“Post（后处理）”按钮，弹出如图所示“Post processing（后处理程序）”对话框，单击“Change Post”，浏览找到“华中 MPFAN. PST”，单击“打开”，使目前使用的后处理程序为“华中 MPFAN. PST”。“NC file（NC 文件）”设置按图 12-61 进行设置，单击“OK”即可生成 NC 程序。图 12-62 是部分程序。注意：一定要用“华中 MPFAN. PST”（这个后处理程序是根据华中数控的情况作者进行了定制，请参看第十一章第三节）进行后处理，这样程序不用修改就可以直接传送到数控机床进行加工。

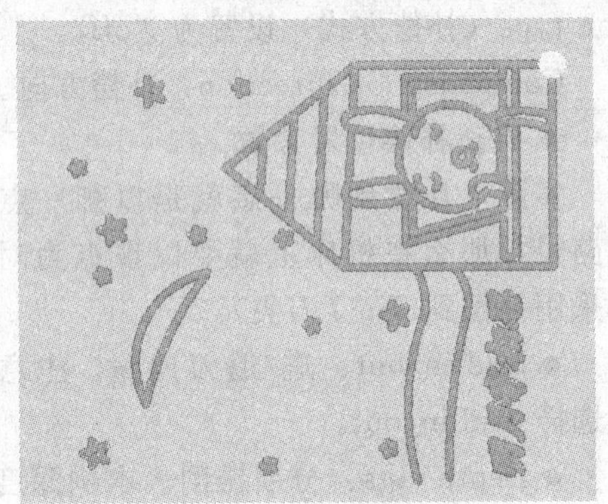

图 12-60　实体切削验证

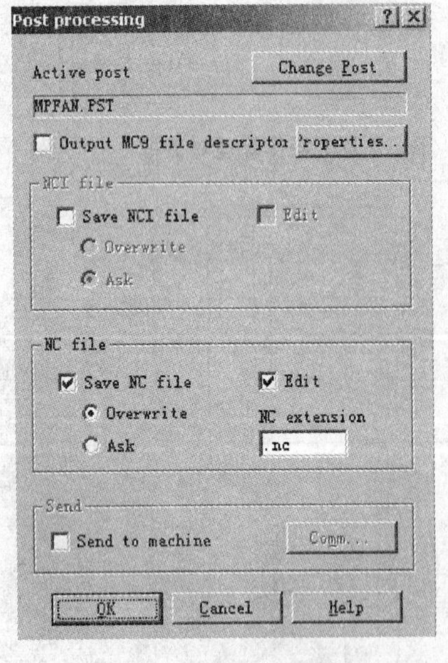

图 12-61　后处理程序

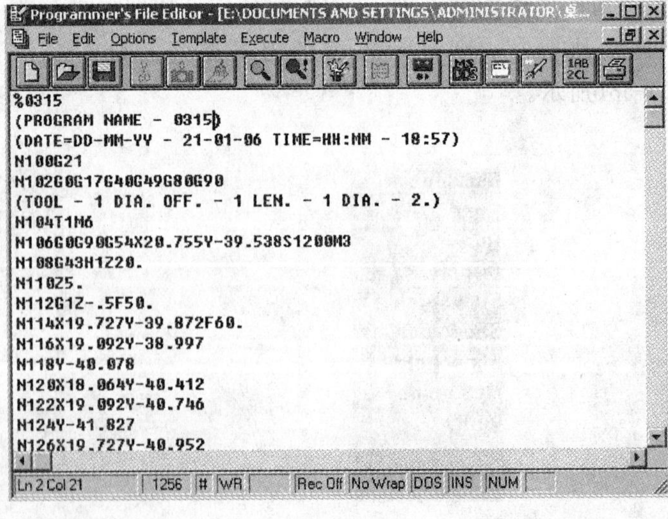


```
%0315
(PROGRAM NAME - 0315)
(DATE=DD-MM-YY - 21-01-06 TIME=HH:MM - 18:57)
N100G21
N102G0G17G40G49G80G90
(TOOL - 1 DIA. OFF. - 1 LEN. - 1 DIA. - 2.)
N104T1M6
N106G0G90G54X20.755Y-39.538S1200M3
N108G43H1Z20.
N110Z5.
N112G1Z-.5F50.
N114X19.727Y-39.872F60.
N116X19.092Y-38.997
N118Y-40.078
N120X18.064Y-40.412
N122X19.092Y-40.746
N124Y-41.827
N126X19.727Y-40.952
```


图 12-62　生成的程序

6）生成程序文件的处理。由于华中数控系统要求程序文件不能有后缀，而 Mastercam 生成的文件后缀为 NC，所以要去掉文件后缀，同时华中数控系要求文件名要以字母 O（注意：不是数字 0）开头，对文件重命名加上字母 O。如原来生成的文件名为 0315.NC（即 03 班 15 号），现在重命名为 O0315 即可。

6. ZJK7532A—4 型数控机床操作与首件加工

（1）加工前准备工作

● 检查机床的外表是否正常，特别是注意电控柜的门是否关上，工作台上有无杂物存在。

● 检查操作面板上的急停按钮是否按下，如没有按下，应按下，以减少开机时对数控系统的冲击，然后打开电控柜外面的机床主电源开关。

● 如工作正常，十几秒后才能操作数控系统上面的按钮，否则可能损坏机床。此时，机床会出现报警，顺时针方向松开急停按钮。

（2）数控机床操作　需要对机床的控制面板有所了解，机床的控制面板如图 12-63 所示。数控系统的面板参看前面图 3-4。

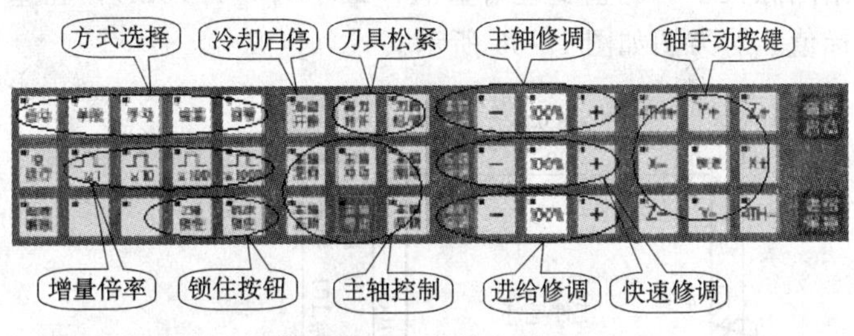

图 12-63　机床的控制面板

内容主要有：方式选择（包括自动、单段、手动、增量和回参考点五种方式）、冷却启停、刀具松紧（本机床采用手动装刀）、主轴修调（调节主轴转速，按“＋”键，转速递增 10%，按“－”键，转速递减 10%）、轴手动按钮（手动方式下控制机床运动）、增量倍率（有×1、×10、×100、×1000 四个按钮，单位为 0.001mm）、锁住按钮（可以用来锁住 Z 轴和整个机床）、主轴控制（正、反转和停止）、进给修调（工作进给速度，按“＋”键，速度递增 10%，按“－”键，速度递减 10%）、快速修调（调节快进速度，按“＋”键，速度递增 10%，按“－”键，速度递减 10%）。

软件的操作界面如图 12-64 所示。

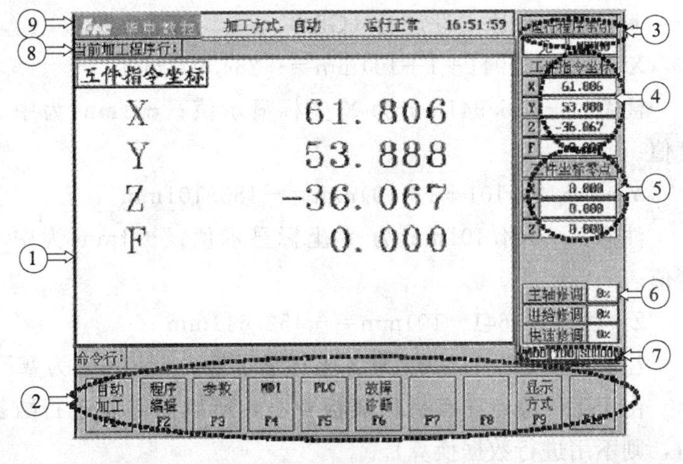

图 12-64　软件操作界面

（3）对刀

● 回参考点

数控机床的 CNC 系统在自动方式工作时必须先回参考点。按“回零”键，将机床工作方式选择到回参考点方式，本机床采用正回参考点方式。应先使 Z 轴先回参考点，以免发生碰撞。分别按“Z＋”、“X＋”、“Y＋”键，然后松开，使机床回参考点。

● 手动对刀

按“手动”键进入手动方式，按“X+”键使工作台移动到合适位置，也可以同时按下“快进”键使工作台快速（G00速度，由机床参数确定）移动。

将ϕ2mm中心钻装入主轴，移动工作台X向到合适位置，注意观察距离，然后按“增量”键使工作台以增量方式运行，增量设为×100（μm），将10mm标准塞尺塞入，根据间隙大小，调整增量值，最小为×1（μm），在塞尺正好能够塞入时，记下此时X坐标值。

按“手动”键进入手动方式，移动工作台Y向到合适位置，注意观察距离，然后按“增量”键使工作台以增量方式运行，增量设为×100（μm），将10mm标准塞尺塞入，根据间隙大小，调整步进增量值，最小为×1（μm），在塞尺正好能够塞入时，记下此时Y坐标值。对刀图如图12-65所示。

按“手动”键进入手动方式，移动主轴Z向到适当位置，注意观察距离，然后按“增量”键使工作台以步进增量方式运行，增量先设为×100（μm），将10mm标准塞尺塞入，根据间隙大小，调整步进增量值，最小为×1（μm），在塞尺正好能够塞入时，记下此时Z坐标值。对刀图如图12-66所示。

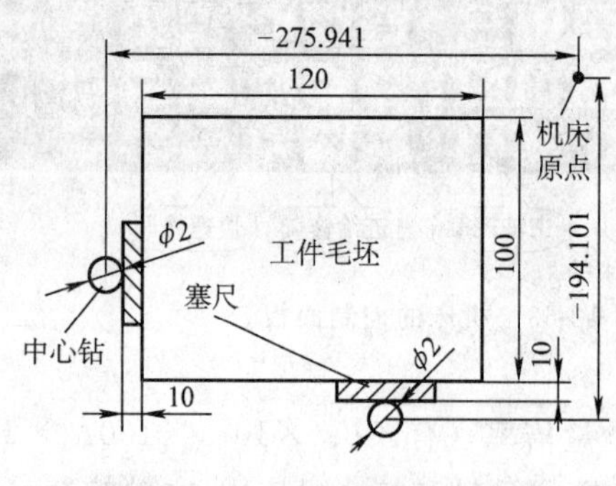

图12-65　X、Y向对刀图

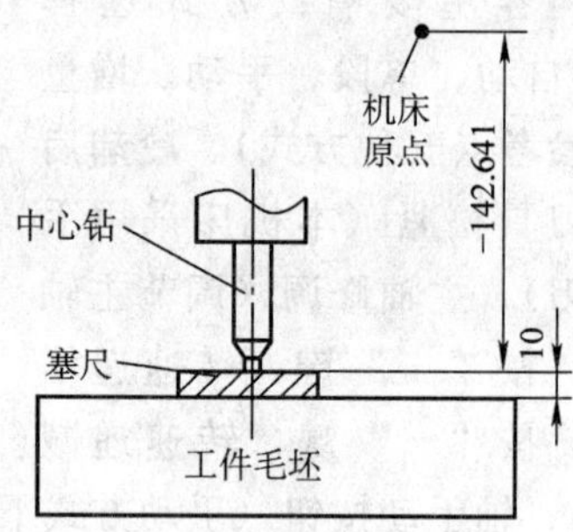

图12-66　Z向对刀图

（4）参数设置　编程原点设定值（G54）的计算与设置。

● 计算编程原点设定值（G54）

X=(−275.941+1+10)mm=−264.941mm

注意：−275.941mm为X坐标显示值；+1mm为中心钻半径值；+10mm为塞尺厚度值。

Y=(−194.101+1+10)mm=−183.101mm

注意：−194.101mm为Y坐标显示值；+1mm为中心钻半径值；+10mm为塞尺厚度值。

Z=(−142.641−10)mm=−152.641mm

注意：−142.641mm为Z坐标显示值；−10mm为塞尺厚度值。

由于工件原点在有机玻璃板中心，所以还需要进行数据换算（如果工件原点就在左下角，则不用进行数据换算）。

X=(−264.941+60)mm=−204.941mm

Y=(−183.101+50)mm=−133.101mm

+60mm为有机玻璃板长度的一半，+50mm为有机玻璃板宽度的一半。

Z坐标显示值不用进行数据换算，最后G54的值应为（−204.941，−133.101，

－152.641)，注意：G54的值一定要设置正确，否则，可能会出现严重事故。

● 设置程序（编程）原点（工件零点）

按“F10返回”键→按“F4设置”键→将按“F1坐标系设定”键，将屏幕切换到“坐标系设定”屏幕→按“G54 F1坐标系”，如图12-67所示。将右上侧显示的机床指令坐标X、Y、Z值分别输入对应的位置，每输入一个值，按“Enter”键确认，至此，G54的设置完成。注意，如果没有按“Enter”键确认，可以按“Esc”键退出编辑，但输入的值丢失，系统将保持原来的值不变。特别注意：如果图12-67右上侧显示的不是机床指令坐标，则需要进行转换显示，使其显示为机床指令坐标，可以通过“设置显示F3”键进行显示设置。

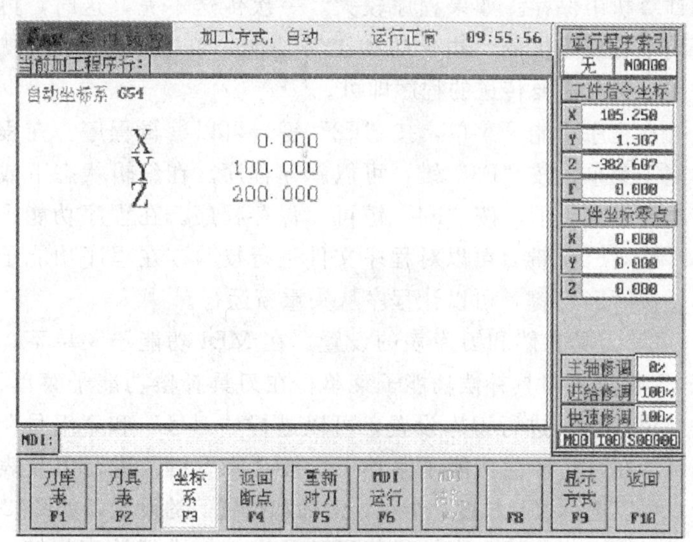

图12-67 坐标系设置画面

(5) 试切

1) 先选择程序。在系统主操作界面下，按“F1”键，进入程序功能子菜单，此时，可以对程序编辑、存储、校验等操作。

在程序功能子菜单，按“F1”键，弹出“选择程序”画面，可以“电子盘”、“软驱”和“DNC”三种方法选择已有的程序。

一般情况下可以采用将程序复制到磁盘，然后通过“软驱”进入数控机床；也可以通过DNC程序进行传送。过程如下：

● 通过单击或双击DNC.exe文件，运行“DNC”程序，出现如图12-68所示的界面。

图12-68 软件界面

● 在图12-68中，单击“参数设置”按钮，出现如图12-69所示的串口参数设置界面，对参数进行设置。注意：要与数控机床上数控系统的设置相同。

● 在图 12-68 中单击“打开串口”按钮（注意：此按钮打开后显示为“关闭串口”，如图 12-68 左上角所示）。

● 单击“发送 G 代码”按钮，选择要发送的程序即可。

注意：通过 DNC 程序中的“下载 G 代码”功能，也可以将数控系统中存储的程序下载到计算机中保存。如果程序较大，一次传送不完，这时，可以使用本软件提供的“边传边加工”功能。单击“边传边加工”按钮，选择需要传送的程序即可。

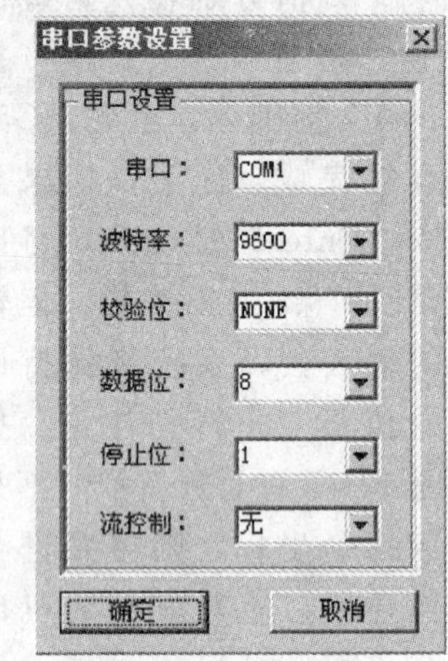

图 12-69　参数设置界面

在程序功能子菜单，按“F2”键，可以编辑程序。在程序功能子菜单，按“F3”键，可以新建程序。在编辑状态下或程序功能子菜单下，按“F4”键可以保存程序。在程序功能子菜单，按“F5”键，可以对程序文件进行校验。在程序功能子菜单，按“F7”键，可以让程序从头重新运行。

2）刀具补偿和刀库表的设置。在 MDI 功能子菜单下，按“F4”键进入刀具补偿功能子菜单。在刀具补偿功能子菜单下，按“F1”键，进行刀库设置，可以进行“刀号”和“组号”的编辑。在刀具补偿功能子菜单下，按“F2”键，进行刀具表设置，可以进行刀具长度、半径、寿命和位置等的设置，如图12-70所示。注意：由于本次加工使用的是中心钻进行轮廓加工，所以，要取消刀具补偿，将对应刀号的“半径”设置为 0；同时由于采用了编程原点设定值(G54)，已经将 Z 向值设置好了，所有长度补偿也要取消，将对应刀号的“长度”设置为 0，通常使用＃0001 号刀（1 号刀），所以将此刀号对应的“长度”和“半径”值设置为 0 即可。

刀具表：

刀号	组号	长度	半径	寿命	位置
#0000	206	0.000	0.000	0	0
#0001	1	1.000	1.000	0	1
#0002	1	3.000	2.000	0	2
#0003	-1	-1.000	3.000	0	-1
#0004	-1	0.000	0.000	0	-1
#0005	-1	-1.000	-1.000	0	-1
#0006	-1	0.000	0.000	0	-1
#0007	-1	0.000	0.000	0	-1
#0008	-1	-1.000	-1.000	0	-1
#0009	-1	0.000	0.000	0	-1
#0010	-1	0.000	0.000	0	-1
#0011	-1	0.000	0.000	0	-1
#0012	-1	0.000	0.000	0	-1
#0013	-1	0.000	0.000	0	-1

图 12-70　刀具表

3）程序校验。程序校验运行的操作步骤如下：

先调入要校验的加工程序，然后按机床控制面板上的自动或单段按键进入程序运行方式，在程序菜单下按“程序校验 F5”键，按机床控制面板上的“循环启动”键，程序校验开始。若程序正确，校验完后光标将返回到程序头，且软件操作界面的工作方式显示为“自动”或“单段”。若程序有错，命令行将提示程序的哪一行有错。注意：校验运行时机床不动作。

4）机床锁住。在“手动方式”下，按“机床锁住”按钮，指示灯亮，再按“自动”或“单段”键，然后按“循环启动”键，系统执行程序但禁止机床坐标轴动作，显示屏上的坐标轴位置信息变化但不输出伺服轴的移动指令，所以机床停止不动。这个功能用于校验程序。

5）Z 轴锁住。禁止进刀。在“手动方式”下，按“Z 轴锁住”按钮，指示灯亮，再按“自动”或“单段”键，然后按“循环启动”键，系统执行程序但禁止机床 Z 轴动作，机床只在 X、Y 方向运动。这个功能用于校验程序 X、Y 值是否超程。

6）首件加工。第一件加工，为了安全起见，采用单段运行方式。

先按“单段”键，这时将单段运行程序。按“循环启动”键，机床将执行当前显示的这一段程序，每按一次“循环启动”键，就执行一段程序，直至程序结束。在运行过程中可以屏幕上显示的剩余值判断工作台和主轴可能的移动量，及时发现编程错误，及时修改。当一个程序用单段方式连续运行二遍后没有问题时。再按一次“自动”键，程序将一直连续运行直至结束。按红色“进给保持”键，可以使程序在执行中停止（暂停），再按“循环启动”键，程序由停止处继续向下执行。

在试切一件后，测量零件，如果尺寸正确，可以用连续方式进行加工。

(6) 数据记录　记录对刀时测量的值，为以后设置编程原点（G54）提供数据，同时还可以记录首件试切零件的测量值和中间抽检的零件数据值，以便以后检查用。

7. 加工过程

(1) 中间抽检　进行连续加工时，应定期抽检，防止出现废品。

(2) 刀具磨损后调整　如果加工时间较长，刀具可能会磨损，这时，应该在刀具表中将磨损量记录加以补偿，或更换新的刀具。

(3) 其他注意事项　加工过程中，操作人员不得离开机床，注意润滑油液面的高低。加工完后，及时清理料屑和机床。

8. 关闭机床

按下控制面板上的急停按钮，然后关掉机床控制柜后面的主电源开关。

第五节　实训五　挖槽加工（Mastercam V9.1）

1. 设计模型的生成及工艺要求

零件材料为 45 钢，长 100mm，宽 100mm，厚 35mm，要求对中间部分型腔进行加工，深度为 20mm，进行粗加工和精加工，材料四周边及上下表面已经铣削加工好，根据图 12-71设计 2D 模型，图形设计中心在板中心。按“F9”功能键可以显示图形设计原点（系统原点）。注意：构图面为俯视图，也就是刀具平面为俯视图。

2. 加工工艺路线制订

(1) 装夹与定位　采用精密台虎钳装夹。将精密台虎钳用压板安装压紧（不要太紧），用百分表找正，保证与机床的 X 轴 Y 轴平行，将精密台虎钳固定死，用百分表再次找正，用木锤敲击微调，保证与 X 轴、Y 轴的平行度。将放入工件夹紧，下面用精密垫铁垫好。安装好后如图 12-72 所示。

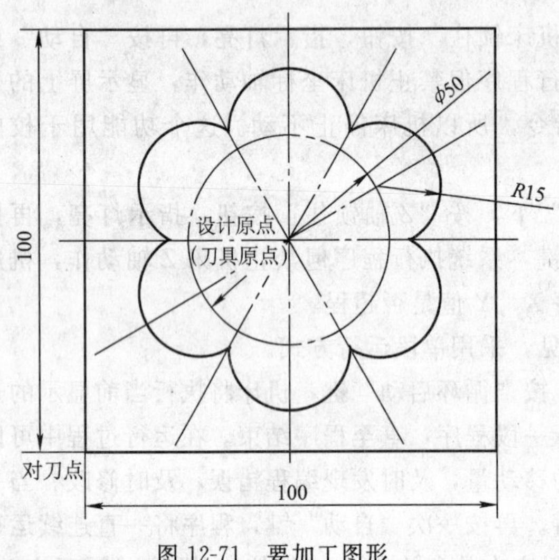

图 12-71　要加工图形

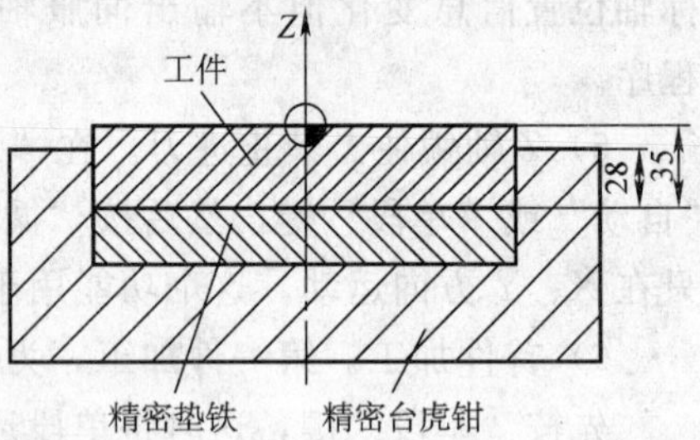

图 12-72　工件装夹图

（2）加工路线的选择　由 Mastercam 自动选择。

（3）选择切入切出方向　垂直切入，垂直切出。

（4）确定刀具与工件的相对位置　对刀点设置在左前角，如图 12-71 所示。加工原点（工件原点）设置在工件中心。通过对刀点数据换算进行设置。

（5）坐标系的选择（见图 12-71）。

（6）换刀点　本次加工采用同一把铣刀，进行粗加工和精加工，不换刀。

3. 使用机床和数控系统的说明

（1）主要功能和用途　以武汉第四机床厂生产的 ZJK7532A-4 型数控机床为例进行操作介绍。本机床可以进行铣、镗、钻、绞等多种工序的切削加工。

（2）技术参数　ZJK7532A-4 型数控机床技术参数见表 7-6。

（3）数控系统　采用华中世纪星（HNC—21M）数控系统。

4. 数控加工使用的刀具、工具和量具

（1）刀具　采用 $\phi10$mm 整体硬质合金键槽铣刀进行型腔加工。

（2）刀柄装夹　采用螺纹拉杆手动方式装夹刀柄，刀具通过弹簧夹头（$\phi10$mm）装夹，如图 7-16 所示。

（3）工具、夹具　采用活扳手、六角头扳手、精密台虎钳、木锤、铜棒、压板、精密垫铁等。

（4）量具　采用百分表、游标卡尺、10mm 标准塞尺、$\phi20$mm 标准测量棒。

5. 生成加工程序

（1）确定加工工艺参数　根据制定的加工工艺，确定加工工艺参数。要求加工深度为 20mm。由于材料为 45 钢，比较硬，所以机床转速为 1500r/min，进给速度为 70mm/min，下刀速度设置为 50mm/min，提刀（退刀）速度为 120mm/min。

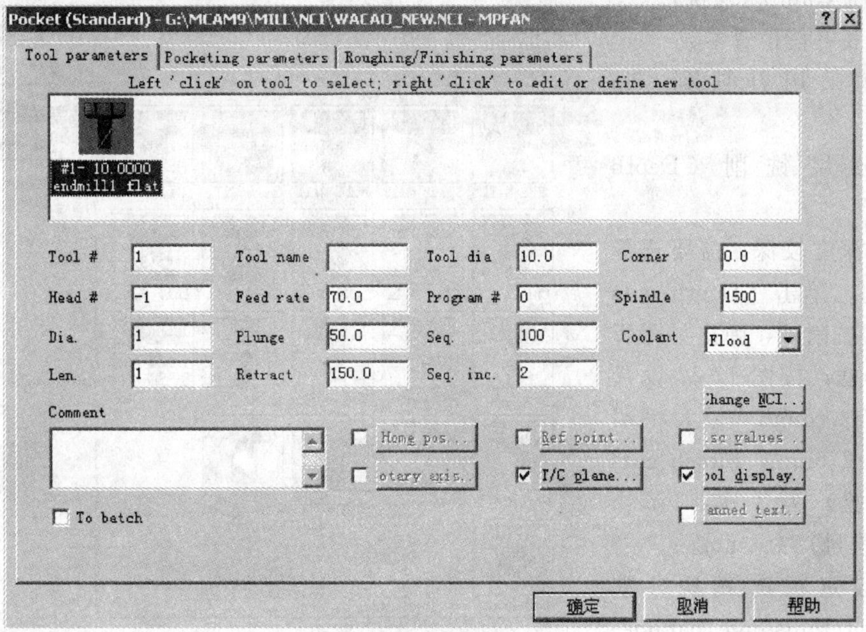

图 12-73 挖槽刀具参数对话框

（2）生成加工程序

1）刀具参数（Tool parameters）。在 Mastercam 主菜单中选择“Toolpaths（刀具路径）”→“Pocket（挖槽）”→“Chain（串联）”，在槽边界用鼠标单击，注意一定要把中间 6 个 $R15$ 圆弧全部选择上，单击“Done（执行）”，出现如图 12-73所示的刀具参数对话框，在中间空白位置单击鼠标右键，弹出如图 12-74 所示菜单，选择“Create new tool…（创建新刀具）”，弹出如图 12-75 所示定义刀具对话框，在对话框中选择“End Mill（平刀）”。注意：实际上机床上要安装键槽铣刀，如果用一般立铣刀（平刀），因为立铣刀不能在 Z 向垂直切入工件，所以需要在要挖槽区域预钻孔或采用螺旋式下刀，才能进行加工。在对话框将“Diameter（刀具直径）”，将刀具直径修改为 10mm，其余保持默认值不变。按图 12-73 所示将刀具参数完成。

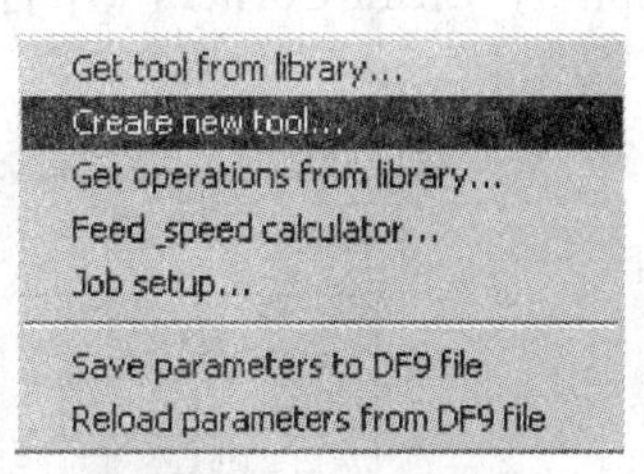

图 12-74 创建新刀具

2）设置挖槽参数（Pocketing parameters）。按图 12-76 将参数设置好。主要参数有：

● 高度设置

Clearance：安全高度，本例不设定。

Rectract：参考高度，设置为 30mm。

Feed Plane：进给下刀位置，设置为 5mm。

Top of stock：要加工的表面，即毛坯表面的高度，设置为 0mm。

Depth：深度，是外形加工的最后切削深度，设置为－20mm。

Rapid retract：快速提刀，选中后在加工后以快速（G0）提刀到进给高度。若不选此项，则加工后刀具以进给速度（G1）提刀到进给高度。本例选中，以提高加工效率。

● 精铣方向（Machining direction）

设置为 Climb（顺铣）。

● 刀长补偿位置参数

本例采用补偿到 Tip（刀尖）

● 分层铣削（Depth cuts）。

本例深度较深，需要选择分层铣削。单击“Depth cuts（Z 向分层铣削）”，弹出如图所示的对话框，按图 12-77 设置参数。Max rough（最大粗切深度）为 2.5mm，Finish cuts（精铣次数）为 1 次，Finish step（精铣量）为 1mm。

3）设定粗铣/精铣参数（Roughing/Finishing parameters）。按图 12-78 设定参数，注意设置正确，如果，用平铣刀加工，一定要勾选上“Entry-helix（螺旋式下刀）”，本例采用键槽铣刀，不用勾选此项。切削方式选择：“Parallel Spiral，Clean Corners（平行环切并清角）”。

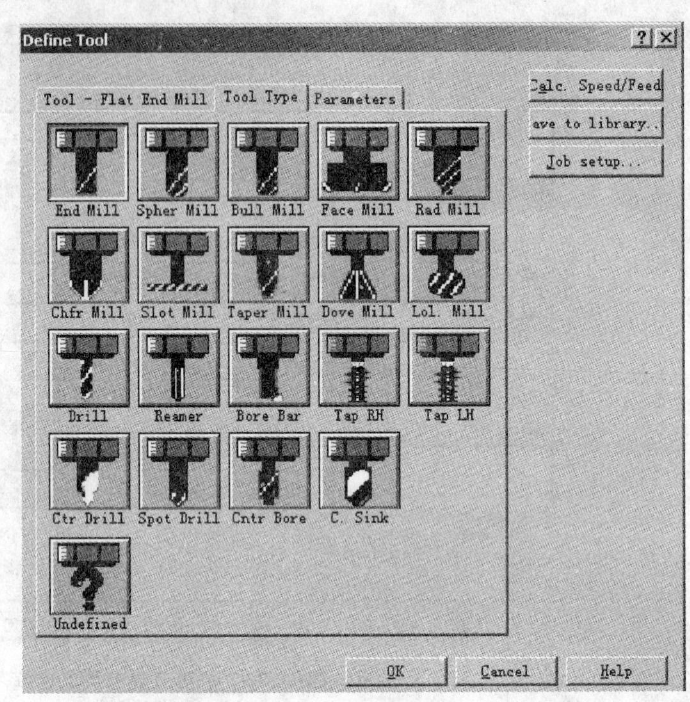

图 12-75　刀具定义对话框

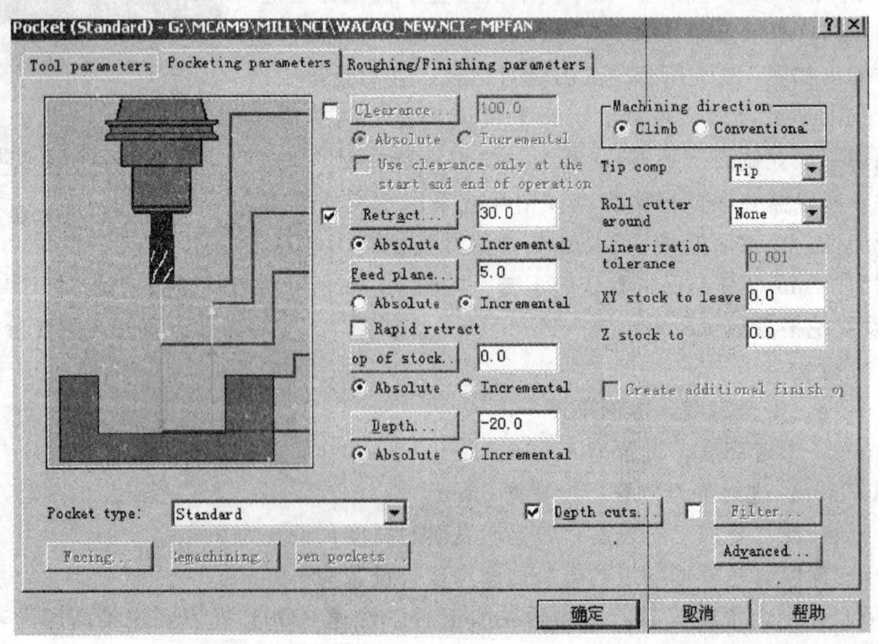

图 12-76　挖槽铣削参数

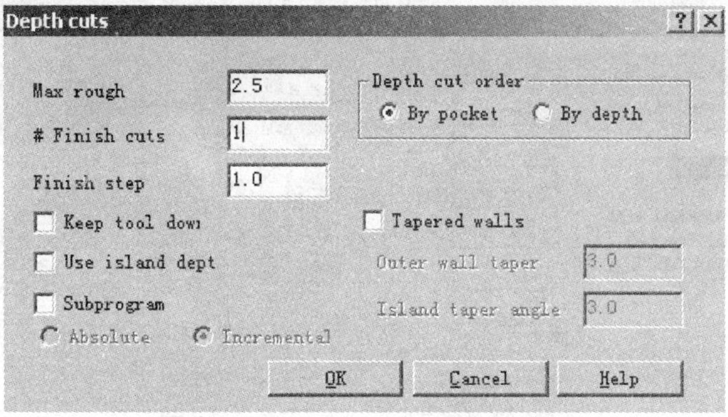

图 12-77　Z 向分层铣削参数

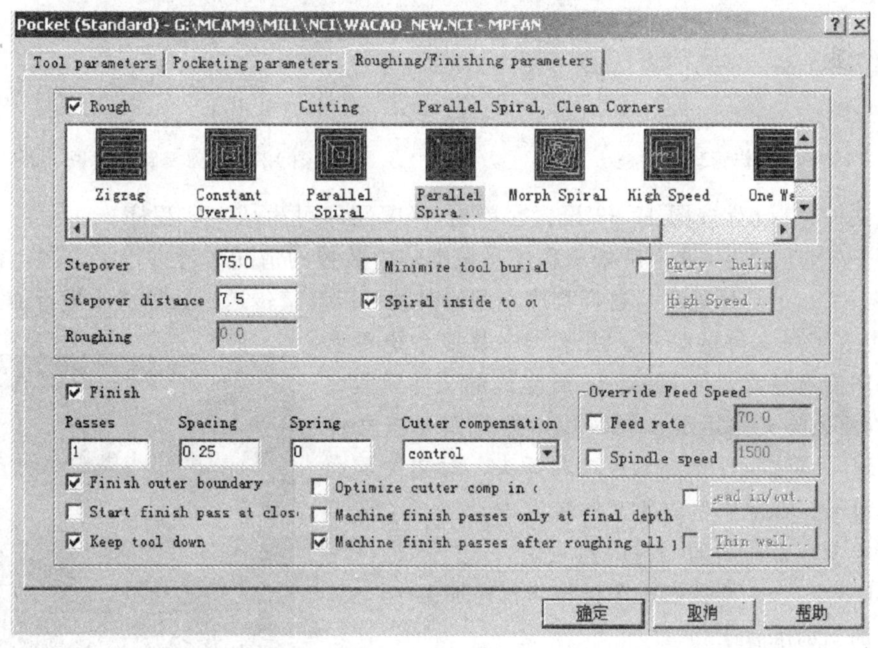

图 12-78　粗铣/精铣参数

4）刀具路径模拟（Backplot）。单击图 12-78 中“确定”，弹出如图 12-79 所示的操作管理对话框，单击 Backplot（刀路模拟），弹出刀具路径模拟菜单，单击菜单中的“Run（自动执行）”，则显示连续的刀具路径，如图 12-80 所示。

5）实体切削验证（Verify）。在图 12-79 中单击“Verify（实体验证）”，弹出一个窗口，在窗口实体验证工具条，如前面图 12-59 所示。单击前面图 12-59 中的▶（播放）按钮，则验证结果如图 12-81 所示。

6）执行后处理（Post）。经过刀具路径模拟和实体切削验证，确认没有错误后，就可以由刀具路径产生 NC 代码。单击图 12-79 中“Post（后处理）”按钮，弹出如图 12-82 所示“Post processing（后处理程序）”对话框，单击“Change Post”，浏览找到“华中 MPFAN. PST”，单击“打开”，使目前使用的后处理程序为“华中 MPFAN. PST”。“NC

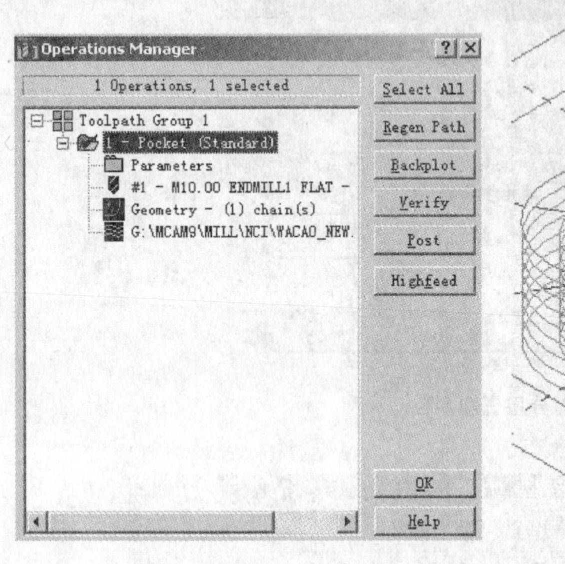

图 12-79　操作管理对话框

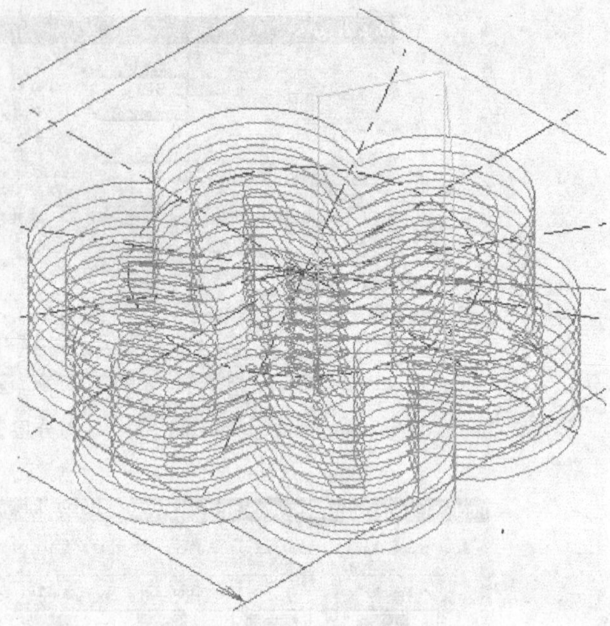

图 12-80　刀具路径模拟

file（NC 文件）”设置按图 12-82 设置，单击“OK”即可生成 NC 程序。注意：一定要用“华中 MPFAN. PST”（这个后处理程序是根据华中数控的情况作者进行了定制，请参看第十一章第三节）进行后处理，这样程序不用修改就可以直接传送到数控机床进行加工。

7）生成程序文件的处理。由于华中数控系统要求程序文件不能有后缀，而 Mastercam 生成的文件后缀为 NC，所以要去掉文件后缀，同时华中数控系要求文件名要以字母 O（注意：不是数字 0）开头，对文件重命名加上字母 O。如原来生成的文件名为 0415. NC（即 04 班 15 号），现在重命名为 O0415 即可。

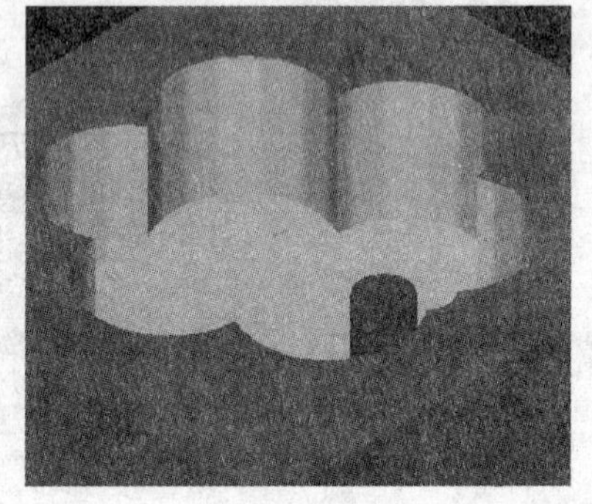

图 12-81　实体切削验证

6. ZJK7532A-4 型数控机床操作与首件加工

（1）加工前准备工作

● 检查机床的外表是否正常，特别是注意电控柜的门是否关上，工作台上有无杂物存在。

● 检查操作面板上的急停按钮是否按下，如没有按下，应按下，以减少开机时对数控系统的冲击，然后打开电控柜外面的机床主电源开关。

● 如工作正常，十几秒后才能操作数控系统上面的按钮，否则可能损坏机床。此时，机床会出现报警，顺时针方向松开急停按钮。

（2）数控机床操作　需要对机床的控制面板有所了解，机床的控制面板如本章前面图 12-63 所示。数控系统的面板参看前面图 3-4。

内容主要有：方式选择（包括自动、单段、手动、增量和回参考点五种方式）、进给速度、主轴转速修调等。

（3）对刀

● 回参考点

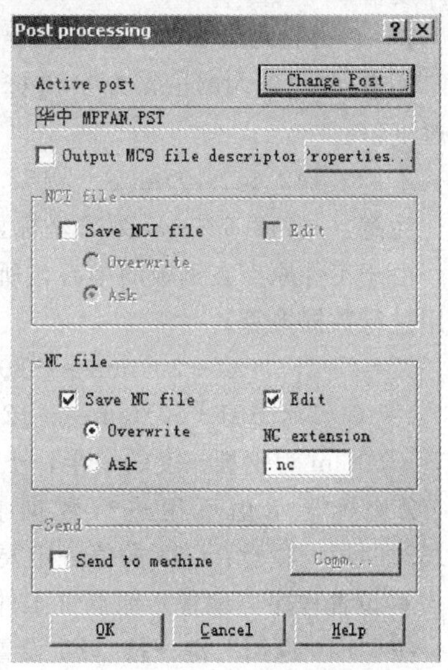

图 12-82 后处理程序

数控机床的 CNC 系统在自动方式工作时必须先回参考点。按“回零”键，将机床工作方式选择到回参考点方式，本机床采用正回参考点方式。应先使 Z 轴先回参考点，以免发生碰撞。分别按“Z+”、“X+”、“Y+”键，然后松开，使机床回参考点。

● 手动对刀

按“手动”键进入手动方式，按“X+”键使工作台移动到合适位置，也可以同时按下“快进”键使工作台快速（G00 速度，由机床参数确定）移动。

将 ϕ20mm 标准测量棒装入主轴，移动工作台 X 向到合适位置，注意观察距离，然后按“增量”键使工作台以增量方式运行，增量设为×100（μm），将 10mm 标准塞尺塞入，根据间隙大小，调整增量值，最小为×1（μm），在塞尺正好能够塞入时，记下此时 X 坐标值。

按“手动”键进入手动方式，移动工作台 Y 向到合适位置，注意观察距离，然后按“增量”键使工作台以增量方式运行，增量设为×100（μm），将 10mm 标准塞尺塞入，根据间隙大小，调整步进增量值，最小为×1（μm），在塞尺正好能够塞入时，记下此时 Y 坐标值。

按“手动”键进入手动方式，用 ϕ10mm 键槽铣刀刀柄换下 ϕ20mm 标准测量棒，移动主轴 Z 向到适当位置，注意观察距离，然后按“增量”键使工作台以步进增量方式运行，增量先设为×100（μm），将 10mm 标准塞尺塞入，根据间隙大小，调整步进增量值，最小为×1（μm），在塞尺正好能够塞入时，记下此时 Z 坐标值。对刀图如图 12-83 和图 12-84 所示。

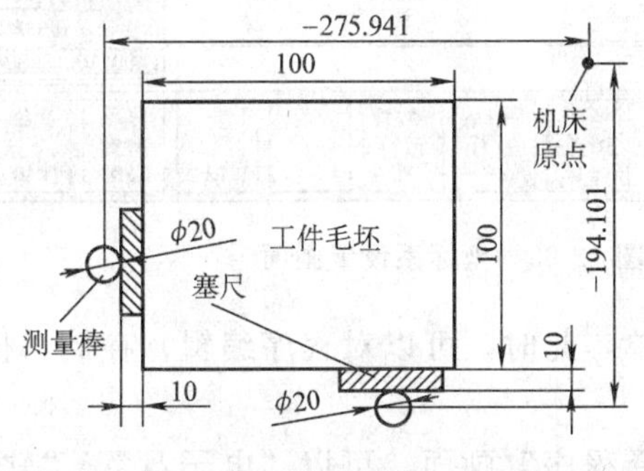

图 12-83 X、Y 向对刀图

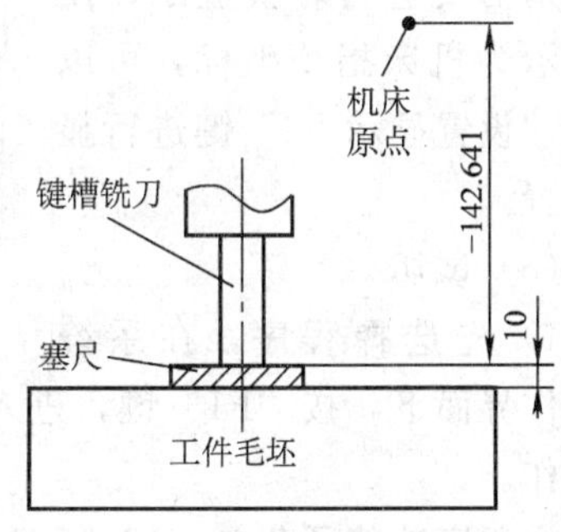

图 12-84 Z 向对刀图

(4) 参数设置 编程原点设定值（G54）的计算与设置。

● 计算编程原点设定值（G54）

X=(−275.941+10+10)mm=−255.941mm

注意：−275.941mm 为 X 坐标显示值；+10mm 为标准测量棒半径值；+10mm 为塞

尺厚度值。

Y=(−194.101+10+10)mm=−174.101mm

注意：−194.101mm 为 Y 坐标显示值；+10mm 为标准测量棒半径值；+10mm 为塞尺厚度值。

Z=(−142.641-10)mm=−152.641mm

注意：−142.641mm 为 Z 坐标显示值；−10mm 为塞尺厚度值。

由于工件原点在钢板的中心，所以还需要进行数据换算（如果工件原点就在左下角，则不用进行数据换算）。

X=(−255.941+50)mm=−205.941mm

Y=(−174.101+50)mm=−124.101mm

+50mm 为钢板长度的一半，+50mm 为钢板宽度的一半。

Z 坐标显示值不用进行数据换算，最后 G54 的值应为 (−205.941，−124.101，−152.641)，注意：G54 的值一定要设置正确，否则，可能会出现严重事故。

● 设置程序（编程）原点（工件零点）

按“F10 返回”键→按“F4 设置”键→将按“F1 坐标系设定”键，将屏幕切换到“坐标系设定”屏幕→按“G54 F1 坐标系”，如图 12-85 所示，将右上侧显示的机床指令坐标 X、Y、Z 值分别输入对应的位置，每输入一个值，按“Enter”键确认，至此，G54 的设置完成。注意：如果没有按“Enter”键确认，可以按“Esc”键退出编辑，但输入的值丢失，系统将保持原来的值不变。特别注意：如果图12-85 右上侧显示的不是机床指令坐标，则需要进行转换显示，使其显示为机床指令坐标，可以通过“设置显示 F3”键进行显示设置。

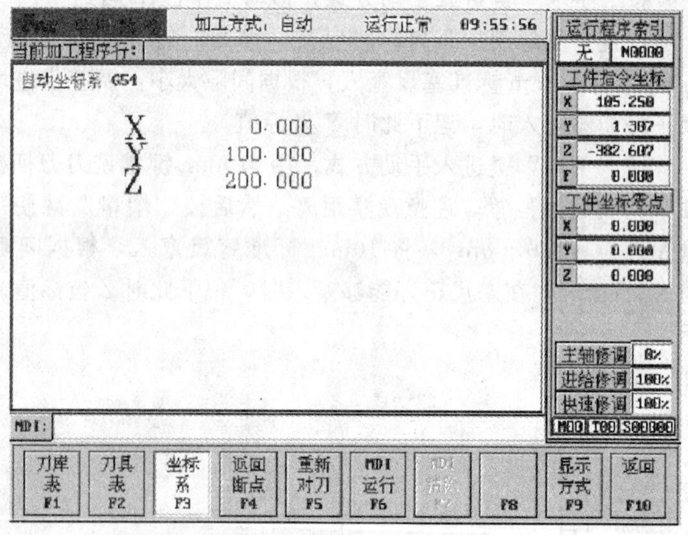

图 12-85　坐标系设置画面

（5）试切

1）先选择程序。在系统主操作界面下，按“F1”键，进入程序功能子菜单，此时，可以对程序编辑、存储、校验等操作。

在程序功能子菜单，按“F1”键，弹出“选择程序”画面。可以“电子盘”、“软驱”和“DNC”三种方法选择已有的程序。

一般情况下可以采用将程序复制到磁盘，然后通过“软驱”进入数控机床，也可以通过 DNC 程序进行传送。

在程序功能子菜单，按“F2”键，可以编辑程序。在程序功能子菜单，按“F3”键，可以新建程序。在编辑状态下或程序功能子菜单下，按“F4”键可以保存程序。在程序功能子菜单，按“F5”键，可以对程序文件进行校验。在程序功能子菜单，按“F7”键，可以让程序从头重新运行。

2）刀具补偿和刀库表的设置。在 MDI 功能子菜单下，按“F4”键进入刀具补偿功能子菜单。在刀具补偿功能子菜单下，按“F1”键，进行刀库设置，可以进行“刀号”和“组号”的编辑。在刀具补偿功能子菜单下，按“F2”键，进行刀具表设置，可以进行刀具长度、半径、寿命和位置等的设置，如图 12-86 所示。注意：由于本次加工使用的是键槽铣刀进行挖槽加工，所以，要设置刀具补偿，将对应刀号的“半径”设置为 5；同时由于采用了编程原点设定值（G54），已经将 Z 向值设置好了，所有长度补偿也要取消，将对应刀号的“长度”设置为 0，通常使用＃0001 号刀（1 号刀），所以将此刀号对应的“长度”设置为 0，“半径”值设置为 5 即可。

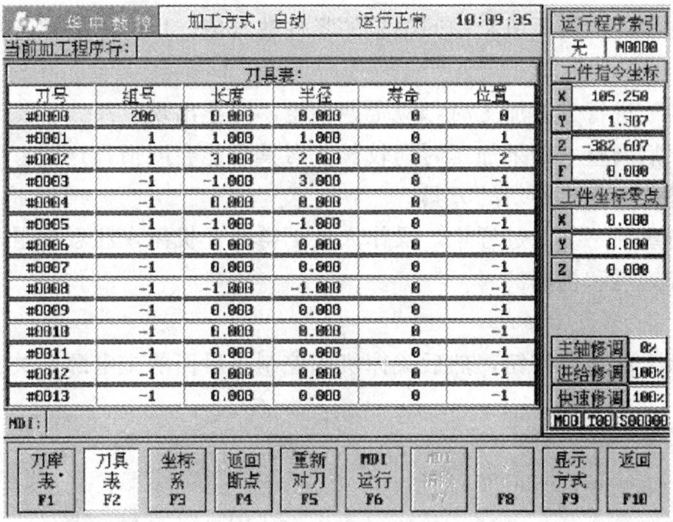

刀具表:

刀号	组号	长度	半径	寿命	位置
#0000	206	0.000	0.000	0	0
#0001	1	1.000	1.000	0	1
#0002	1	3.000	2.000	0	2
#0003	-1	-1.000	3.000	0	-1
#0004	-1	0.000	0.000	0	-1
#0005	-1	-1.000	-1.000	0	-1
#0006	-1	0.000	0.000	0	-1
#0007	-1	0.000	0.000	0	-1
#0008	-1	-1.000	-1.000	0	-1
#0009	-1	0.000	0.000	0	-1
#0010	-1	0.000	0.000	0	-1
#0011	-1	0.000	0.000	0	-1
#0012	-1	0.000	0.000	0	-1
#0013	-1	0.000	0.000	0	-1

图 12-86　刀具表

3）程序校验。程序校验用于对调入加工缓冲区的程序文件进行校验并提示可能的错误，以前未在机床上运行的新程序，在调入后最好先进行校验运行，正确无误后再启动自动运行方式。

程序校验运行的操作步骤如下：

先调入要校验的加工程序，然后按机床控制面板上的自动或单段按键进入程序运行方式，在程序菜单下按“程序校验 F5”键，按机床控制面板上的“循环启动”键，程序校验开始。若程序正确，校验完后光标将返回到程序头，且软件操作界面的工作方式显示为“自动”或“单段”。若程序有错，命令行将提示程序的哪一行有错。注意：校验运行时机床不动作。

4）机床锁住。在“手动方式”下，按“机床锁住”按钮，指示灯亮，再按“自动”或“单段”键，然后按“循环启动”键，系统执行程序但禁止机床坐标轴动作，显示屏上的坐标轴位置信息变化但不输出伺服轴的移动指令，所以机床停止不动，这个功能用于校验程序。

5）Z 轴锁住。禁止进刀。在“手动方式”下，按“Z 轴锁住”按钮，指示灯亮，再按

“自动”或“单段”键，然后按“循环启动”键，系统执行程序但禁止机床 Z 轴动作，机床只在 X、Y 方向运动，这个功能用于校验程序 X、Y 值是否超程。

6）首件加工。第一件加工，为了安全起见，采用单段运行方式。

先按“单段”键，这时将单段运行程序。按“循环启动”键，机床将执行当前显示的这一段程序，每按一次“循环启动”键，就执行一段程序，直至程序结束。在运行过程中可以屏幕上显示的剩余值判断工作台和主轴可能的移动量，及时发现编程错误，及时修改。当一个程序用单段方式连续运行二遍后没有问题时。再按一次“自动”键，程序将一直连续运行直至结束。按红色“进给保持”键，可以使程序在执行中停止（暂停），再按“循环启动”键，程序由停止处继续向下执行。

在试切一件后，测量零件，如果尺寸正确，可以用连续方式进行加工。

（6）数据记录　记录对刀时测量的值，为以后设置编程原点（G54）提供数据，同时还可以记录首件试切零件的测量值和中间抽检的零件数据值，以便以后检查用。

7. 加工过程

（1）中间抽检　进行连续加工时，应定期抽检，防止出现废品。

（2）刀具磨损后调整　如果加工时间较长，刀具可能会磨损，这时，应该在刀具表中将磨损量记录加以补偿，或更换新的刀具。

（3）其他注意事项　加工过程中，操作人员不得离开机床，注意润滑油液面的高低。加工完后，及时清理钢屑和机床。

8. 关闭机床

按下控制面板上的急停按钮，然后关掉机床控制柜后面的主电源开关。

小　结

计算机辅助编程是比较先进的一种编程方法，特别是对于复杂零件，只有采用此种方法才能进行数控加工。当前比较流行的 CAD/CAM 软件有 UG、Pro/ENGINEER、Cimatron、Mastercam 等，每种软件都有各自的优势和特点，可以根据具体情况选用。

练 习 题

12-1　对图 12-87 与图 12-88 用 CAD 软件造型，然后进行轮廓和型腔加工。

图　12-87

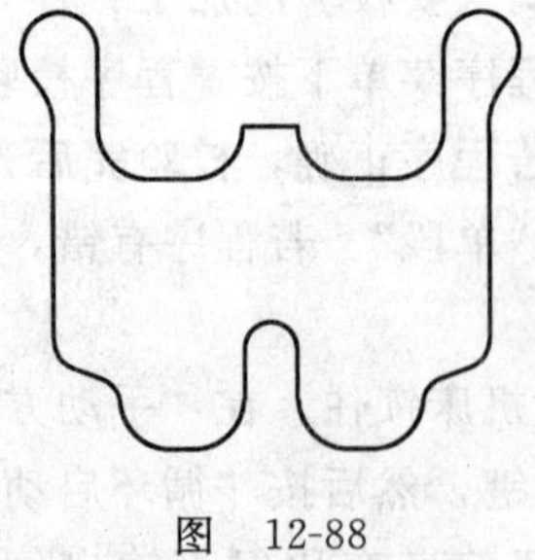

图　12-88

12-2　对图 12-89～图 12-92 用 CAD 软件造型，然后进行曲面加工。

12-3　对图 12-93 用 CAD 软件造型，然后进行曲面加工。

12-4　对图 12-94 用 CAD 软件造型，然后进行体积、曲面和型腔加工。

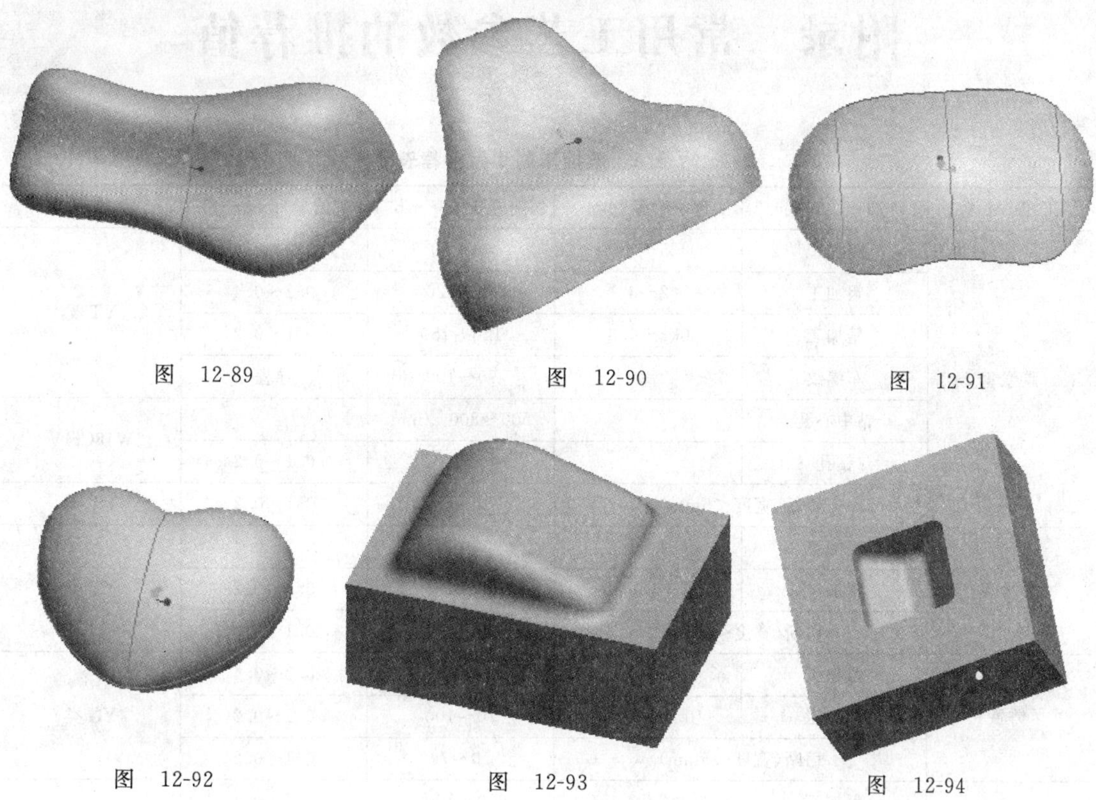

图　12-89　　图　12-90　　图　12-91

图　12-92　　图　12-93　　图　12-94

附录　常用工艺参数的推荐值

附录 A　数控车削用量推荐表

工件材料	加工方式	背吃刀量/mm	切削速度/m・min^{-1}	进给量/mm・r^{-1}	刀具材料
碳素钢	粗加工	5～7	60～80	0.2～0.4	YT 类
	粗加工	2～3	80～120	0.2～0.4	
	精加工	0.2～0.3	120～150	0.1～0.2	
	车螺纹		70～100	导程	
	钻中心孔		500～800 r/mm		W18Cr4V
	钻孔		＜30	0.1～0.2	
	切断（宽度＜5mm）		70～110	0.1～0.2	YT 类
合金钢	粗加工	2～3	50～80	0.2～0.4	YT 类
	精加工	0.1～0.15	60～100	0.1～0.2	
	切断（宽度＜5mm）		40～70	0.1～0.2	
铸铁	粗加工	2～3	50～70	0.2～0.4	YG 类
	精加工	0.1～0.15	70～100	0.1～0.2	
	切断（宽度＜5mm）		50～70	0.1～0.2	
铝	粗加工	2～3	600～1000	0.2～0.4	YG 类
	精加工	0.2～0.3	800～1200	0.1～0.2	
	切断（宽度＜5mm）		600～1000	0.1～0.2	
黄铜	粗加工	2～4	400～500	0.2～0.4	YG 类
	精加工	0.1～0.15	450～600	0.1～0.2	
	切断（宽度＜5mm）		400～500	0.1～0.2	

附录 B　铣刀的切削速度　(m/min)

工件材料	铣刀材料					
	碳素钢	高速钢	超高速钢	YW	YT	YG
铝	75～150	150～300		240～460		300～600
黄铜	12～25	20～50		45～75		100～180
青铜（硬）	10～20	20～40		30～50		60～130
青铜（最硬）		10～15	15～20			40～60
铸铁（软）	10～12	15～25	18～35	28～40		75～100
铸铁（硬）		10～15	10～20	18～28		45～60
铸铁（冷硬）			10～15	12～28		30～60
可锻铸铁	10～15	20～30	25～40	35～45		75～110
铜（软）	10～14	18～28	20～30		45～75	
铜（中）	10～15	15～25	18～28		40～60	
铜（硬）		10～15	12～20		30～45	

附录 C　铣刀的进给量

(mm/每齿)

工件材料	圆柱铣刀	面铣刀	立铣刀	杆铣刀	成型铣刀	高速钢嵌齿铣刀	硬质合金嵌齿铣刀
铸铁	0.2	0.2	0.07	0.05	0.04	0.3	0.1
软(中硬)钢	0.2	0.2	0.07	0.05	0.04	0.3	0.09
硬钢	0.15	0.15	0.06	0.04	0.03	0.2	0.08
镍铬钢	0.1	0.1	0.05	0.02	0.02	0.15	0.06
高镍铬钢	0.1	0.1	0.04	0.02	0.02	0.1	0.05
可锻铸铁	0.2	0.15	0.07	0.05	0.04	0.3	0.09
铸铁	0.15	0.1	0.07	0.05	0.04	0.2	0.08
青铜	0.15	0.15	0.07	0.05	0.04	0.3	0.1
黄铜	0.2	0.2	0.07	0.05	0.04	0.3	0.21
铝	0.1	0.1	0.07	0.05	0.04	0.2	0.1
Al-Si 合金	0.1	0.1	0.07	0.05	0.04	0.18	0.08
Mg-Al-Zn 合金	0.1	0.1	0.07	0.04	0.03	0.15	0.08
Al-Cu-Mg 合金 Al-Cu-Si 合金	0.15	0.1	0.07	0.05	0.04	0.2	0.1

附录 D　高速钢钻头的切削用量

(v_c：m/min，f：mm/r)

工件材料	σ_b /MPa	钻头直径/mm									
		2～5		6～11		12～18		19～25		26～50	
		v_c	f	v_c	f	v_c	f	v_c	f	v_c	f
钢	<490	20～25	0.1	20～25	0.2	30～35	0.1	30～35	0.3	25～30	0.4
	490～686	20～25	0.1	20～25	0.2	20～25	0.2	25～30	0.2	25	0.2
	686～882	15～18	0.05	15～18	0.1	15～18	0.2	18～22	0.3	15～20	0.35
	882～1078	10～14	0.05	10～14	0.1	12～18	0.15	16～20	0.2	14～16	0.3
铸铁	118～176	25～30	0.1	30～40	0.2	25～30	0.35	20	0.6	20	1.0
	176～294	15～18		14～18	0.15	16～20	0.2	16～18	0.3	16～8	0.4
黄铜	软	<50	0.05	<50	0.15	<50	0.3	<50	0.45	<50	—
青铜	软	<35	0.05	<35	0.1	<35	0.2	<35	0.35	<35	—

参考文献

[1] 顾京. 数控加工编程及操作 [M]. 北京：高等教育出版社，2003.

[2] 杨伟群. 数控工艺培训教程 [M]. 北京：清华大学出版社，2002.

[3] 蒋建强. 数控加工技术与实训 [M]. 北京：电子工业出版社，2003.

[4] 南京第二机床厂. XH0825立式铣加工中心使用说明书，1991.

[5] 西门子公司. SIEMENS 802S 操作编程. 德国西门子公司，2000.

[6] 西门子公司. SIEMENS 802D 操作编程. 德国西门子公司，2000.

[7] 西门子公司. SIEMENS 810D/840D 操作编程. 德国西门子公司，2000.

[8] 詹华西. 数控加工与编程 [M]. 西安：西安电子科技大学出版社，2004.

[9] 李郝林，方键. 机床数控技术 [M]. 北京：机械工业出版社，2003.

[10] 武汉华中数控股份有限公司. 世纪星车、铣数控装置操作说明书. 武汉：2004.

[11] 武汉华中数控股份有限公司. 世纪星车、铣数控装置编程说明书. 武汉：2004.

[12] 董献坤. 数控机床结构与编程 [M]. 北京：机械工业出版社，2003.

[13] 刘瑞新. Mastercam应用教程 [M]. 北京：机械工业出版社，2002.

[14] 胡如夫. MasterCAM V9.0 中文版教程 [M]. 北京：人民邮电出版社，2004.

[15] 易际明，等. Pro/Engineer Wildfire 模具设计与数控加工 [M]. 北京：清华大学出版社，2004.

[16] 孙江宏，陈秀梅. Pro/Engineer 2001 数控加工教程 [M]. 北京：清华大学出版社，2003.